高职高专园林工程技术专业规划教材

园 林 工 程

主 编 韩阳瑞
主 审 刘晓东

中国建材工业出版社

图书在版编目（CIP）数据

园林工程/韩阳瑞主编．—北京：中国建材工业出版社，2014.2（2021.7 重印）

高职高专园林工程技术专业规划教材

ISBN 978-7-5160-0703-7

Ⅰ.①园… Ⅱ.①韩… Ⅲ.①园林-工程施工-高等职业教育-教材 Ⅳ.①TU986.3

中国版本图书馆 CIP 数据核字（2013）第 312674 号

内 容 简 介

本教材按照教育部高职高专教材建设要求，紧紧围绕培养生产、建设、管理、服务第一线需求的高等技术应用型人才所编写。教材定位是：以应用为目的，以必需、够用为尺度，以讲清概念、强化应用为重点，加强针对性和实用性。本书分园林土方工程，园林给排水工程，园林水景工程，园路、场地与园桥工程，置石与假山工程，园林建筑及小品工程，园林绿化种植工程，园林景观照明工程，园林机械共九个项目，每个项目还设置了技能训练和练习题，可以帮助学生更好地巩固学习本门课程。

本书可供本科及高职高专院校园林、园艺、城市规划等相关专业教学使用，也可作为园林、景观工程人员及设计人员的参考用书。

园林工程

韩阳瑞　主编

出版发行：中国建材工业出版社

地　　址：北京市海淀区三里河路 1 号

邮　　编：100044

经　　销：全国各地新华书店

印　　刷：北京雁林吉兆印刷有限公司

开　　本：787mm×1092mm　1/16

印　　张：22.75

字　　数：562 千字

版　　次：2014 年 2 月第 1 版

印　　次：2021 年 7 月第 2 次

定　　价：58.00 元

本社网址：www.jccbs.com，微信公众号：zgjcgycbs

本书如有印装质量问题，由我社市场营销部负责调换，联系电话：（010）88386906

本书编委会

主　　编： 韩阳瑞

副 主 编： 孟家松　曹　冰　孙忠林

参编人员： 张伟艳　宋文军　庄　宸　张晓亮　陈晓梅　吴　平
顾　绘　张辉明　周蒋陈　杨献娟　温小玲　胡　琳
丁广建　丁　宁　唐义富　张　隽　般琳毅　周婷婷
袁玉娟　单丹丹　张　熹　许　可

主　　审： 刘晓东

FOREWORD

前　言

随着城市建设的发展，人们越来越重视环境，特别是环境的美化，园林建设正是城市美化的一个重要组成部分。园林不仅在城市的景观方面发挥着重要功能，而且在生态和休闲方面也发挥着重要功能。城市园林的建设越来越受到人们的重视，许多城市提出了要建设国际花园城市和生态园林城市的目标，加强了新城区的园林规划和老城区的绿地改造，促进了园林行业的蓬勃发展。与此相应，社会对园林类专业人才的需求也日益增加，特别是那些既懂得园林规划设计，又懂得园林工程施工，还能进行绿地养护的高技能人才，已成为园林行业的紧俏人才。为了满足各地城市建设发展对园林高技能人才的需要，全国的1000多所高等职业院校中有相当一部分院校增设了园林类专业。而且，近几年的招生规模得到不断扩大，与园林行业的发展遥相呼应。但与此不相适应的是适合高等职业教育特色的园林类教材建设速度相对缓慢，与高职园林教育的迅速发展形成明显反差。因此，编写出版高等职业教育园林类专业系列教材显得极为迫切和必要。

通过对部分高等职业院校教学和教材的使用情况的了解，我们发现目前众多高等职业院校的园林类教材短缺，有些院校直接使用普通本科院校的教材，既不能满足高等职业教育培养目标的要求，也不能体现高等职业教育的特点。本教材的编写是根据教育部对高等职业教育教材建设的要求，紧紧围绕以职业能力培养为核心设计，包含了园林工程技术专业的基本技能、专业技能和综合技术应用能力三大能力模块所需要的内容。本教材的特点是内容紧密结合生产实际，理论基础重点突出实际技能所需要的内容，并与实训项目密切配合，同时也注重对当今发展迅速的先进技术的介绍和训练，具有较强的实用性、技术性和可操作性三大特点，具有明显的高职特色，可供培养从事园林规划设计、园林工程施工与管理、园林植物生产与养护、园林植物应用以及园林企业经营管理等高级应用型人才的高等职业院校的园林技术、园林工程技术、观赏园艺等园林类相关专业和专业方向的学生使用。

本教材由南通农业职业技术学院韩阳瑞担任主编，扬州大学园艺与植保学院孟家松、辽宁林业职业技术学院曹冰、通化师范学院孙忠林任副主编。编写分工如下：韩阳瑞——绪论、项目一、项目二、项目三以及全书的图表整理及调整工作；孟家松——项目四、项目五、项目六；曹冰——项目七、项目八、项目九；孙忠林——图表的制作。全书由韩阳瑞进行统稿，东北林业大学园林学院刘晓东教授担任主审。

由于编者水平所限，教材中难免存在不当之处，恳请广大读者给予指正并提出宝贵意见，以便修订时改正 。

编 者

2013 年 12 月

CONTENTS

目　录

CONTENTS

CONTENTS

绪论

园林工程是研究具体实施园林建设的工程技术。包括竖向处理，地形塑造，土方填筑的场地工程；掇山、置石工程；风景园林理水工程（含水环境的中和处理、滨水地带生态修复、护岸护坡、水闸、水池及喷泉）；风景园林给水、排水工程（含节水灌溉，雨水收集、处理、回用技术）；园路和广场铺装工程；风景园林种植工程（含大树移植、屋顶种植、坡面种植）；风景园林绿地养护工程；风景园林建筑工程；风景园林景观照明工程及弱电工程（含监控、广播、通信）等。

我国素有“园林之母”的美誉，造就了风景园林工程的不断发展，前人的实践经验以及保留下来的实物与理论著作都是宝贵财富。我国历代的造园师以及工匠留下了许多传世之作，有的技艺之高超至今仍让人叹为观止。如经历了几百年的颐和园水系仍在新的时代发挥作用；圆明园的大水法、苏州古典园林中的花墙、亭、台、楼、榭、置石、假山等，不仅受到中国人民的喜爱，同时也落户到欧美各国，成为世界人民共同的文化财富。同时一些匠人、造园师也给后人留下许多名园的资料、图集。如明代计成所著《园冶》、北宋沈括所著《梦溪笔谈》、宋代李诫编修的《营造法式》、明代文震亨著《长物志》《徐霞客游记》、清代李渔著《闲情偶寄》和沈复著《浮生六记》等都有专门谈及，这些资料不仅反映了当时造园技术之高超，更是后人不断汲取造园技术之源泉。

随着经济与科学技术的发展，风景园林事业受到极大的关注，新技术、新材料、新工艺的不断出现与更新，使课程内容、授课方式发生了极大的改变，特别是计算机技术与互联网的普及已使许多过去需要大量人工计算与绘图及模型制作的工作变得简单与直观，“以人为本”、“可持续发展”、“科学发展观”以及“和谐社会”的思想也给风景园林工程注入了新的内涵。

本教材分为绪论，园林土方工程，园林给排水工程，园林水景工程，园路、场地与园桥工程，置石与假山工程，园林建筑及小品工程，园林绿化种植工程，园林景观照明工程，园林机械共 9 章内容，其章节的划分与国内外同类教材类似，但在内容上，除秉承《园林工程》的基本特色，即突出中华民族特有的风格，以自然山水园林讲述风景园林工程的基本理论外，还突出反映时代的面貌，风景园林工程中的新技术、新材料、新工艺、新成就。

园林工程是园林类专业的一门主要的专业课，是造园活动的理论基础和实践技能课，是实践性和综合性很强的课程。园林工程的教学环节包括课堂教学、课程设计及园林模型的制作、实践教学等方面的内容。实践教学最好能结合园林工程现场施工和重点园林景观景点的评价来进行。在园林工程的学习过程中要注意以下几个方面：

一、注重理论和实践的结合

园林工程是一门技术性很强的课程，主要包括园林工程中的相关施工技术、园林工程的预决算、工程的施工管理与监理。在学习的过程中，必须要掌握所学内容，并结合实践加深对理论知识的认识和掌握。在实习过程中并非仅仅观看园林美景，而应重视施工技术，同时还要运用园林美学和园林艺术的观点对所见园林景观和景观要素，如假山、园路、水景、园林建筑等进行评价，包括对某一园林景观与周围环境的协调程度，景观内部的设计，园林中各景点与整个园林景观的和谐，个体的造型艺术、制作手法及选材是否恰当，施工技术的好坏等方面进行评价，寻找景观优异之处，探寻不足之点，在提高自己的审美观及艺术造诣的同时，又加深了对施工技术的掌握程度。预决算与施工管理和监理也只有在实际操作过程中才能更加熟练。

二、注重多学科知识的综合运用

前已述及园林工程是一门涉及广泛的学科。不仅要学园林美学、园林艺术、园林制图、园林规划设计、园林建筑设计、生态学、城市生态学、气象学、园林植物等有关方面的课程，还要掌握园林的经营管理、园林工程的概预算与招投标、园林工程的组织管理与监理，使得这些知识在园林工程的施工及管理中能够加以综合运用。随着社会的发展，园林工程施工单位必须要紧跟时代的步伐，适应市场运作方式，园林工程施工技术和管理人员也必须要有经济学、社会科学等方面的知识，同时也要了解国家相关的法律法规。

三、注重新知识、新材料、新技术的学习和运用

园林风景和园林建设水平随社会的发展进步而不断提高。因此，在园林工程的学习过程中要紧跟时代发展的潮流，熟知园林的发展方向，掌握园林中新材料和新技术的应用，并能把它们灵活运用于园林建设之中。

【思考与练习】

1. 何谓园林工程？
2. 如何理解园林美学及园林艺术与园林工程的关系？
3. 园林工程有哪些特点？
4. 如何做才能学习好园林工程这门课程？

项目一　园林土方工程

【内容提要】

项目一主要介绍了地形在园林工程建设中的功能和作用，以及土壤的类型和园林地形的处理方法、竖向设计的方法与步骤等知识。要求学生能够识读地形设计图和土方施工图；能够运用体积公式法、垂直断面法、等高面法及方格网法进行土方工程量的估算和计算，尤其是要掌握土方平衡与调配的原则及步骤。

园林工程施工，必先动土，对施工场地地形进行整理和改造。土方工程是园林建设工程中的主要工程项目，挖湖筑山、平整场地、挖沟埋管、开槽筑路等。尤其是大规模的挖湖堆山、整理地形的工程，这些项目工期长，工程量大，投资大且艺术要求高。土方工程施工质量直接影响到工程的顺利进行、景观质量、施工成本和以后的日常维护管理。

任务一　土方工程量计算

【知识点】

土方量计算。

土方量估算。

土方的平衡和调配。

【技能点】

用求体积公式估算。

方格网法计算。

断面法计算。

土方的平衡。

土方的调配。

相关知识

一、土方工程量计算

土方工程分两类，一是建筑场地平整土方工程量，或称一次土方工程量；一是建筑、构筑物基础、道路、管线工程余方工程量，也称二次土方工程量。

土方量的计算工作，就其要求精度不同，可分为估算和计算两种。估算一般用于规划阶段，而施工设计时，土方量则必须精确计算。计算土方量的方法很多，常用的大致可以归纳为以下四类：体积公式估算法、断面法、等高面法、方格网法。

(一) 体积公式估算法

体积公式估算法，就是利用求体积的公式计算土方量（图 1-1）。在建园过程中，把所设计的地形近似地假定为锥体、棱台等几何形体，然后用相应的公式进行体积计算。这种方法简易便捷，但精度不够，一般多用于估算（表 1-1）。

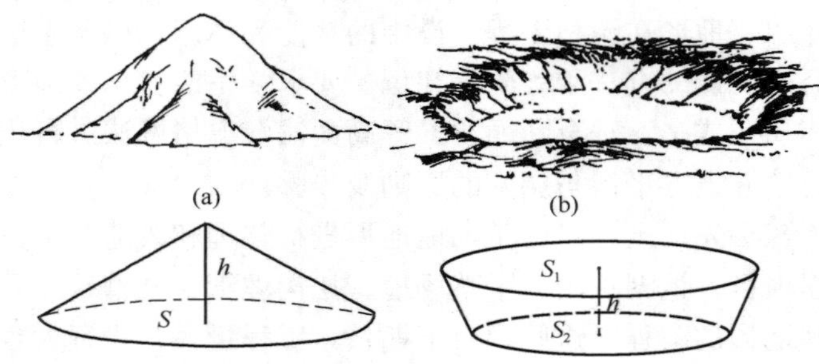

图 1-1　套用近似的规则图形估算土方量

各种近似于几何形状的土方计算公式如下所列：

圆锥体　$V = 1/3\pi r^2 h$

圆台体　$V = 1/3\pi h(r_1^2 + r_2^2 + r_1 + r_2)$

球缺体　$V = \pi h/6(h_2 + 3r^2)$

棱锥体　$V = 1/3S \cdot h$

棱台体　$V = 1/3h(S_1 + S_2 + S_1 S_2)$

式中　V——土方体积，m^3；

r——土体半径，m；

S——土体底面积，m^2；

h——土体高度，m；

r_1——圆台上底半径，m；

r_2——圆台下底半径，m。

表 1-1　几何体体积计算公式

序号	几何体名称	几何体形状	体　积
1	圆锥		$V=\frac{1}{3}\pi r^2 h$
2	圆台		$V=\frac{1}{3}\pi h(r_1^2+r_2^2+r_1r_2)$
3	棱锥		$V=\frac{1}{3}S\cdot h$
4	棱台		$V=\frac{1}{3}h(S_1+S_2+\sqrt{S_1S_2})$
5	球锥		$V=\frac{\pi h}{6}(h^2+3r^2)$
V—体积　r—半径；S—底面积；h—高；r_1，r_2—上、下底半径；S_1，S_2—上、下底面积			

(二) 断面计算法

垂直断面法多用于园林地形纵横坡度有规律变化地段的土方工程量计算，如带状的山体（图 1-2）、水体、沟渠、堤、路堑、路槽等（图 1-3）。此方法是以一组相互平行的垂直截断面将要计算的地形分截成多“段”，相邻两断面之间的距离要求小于 50m，然后分别计算每一单个“段”的体积，把各“段”的体积相加，即得总土方量。计算公式如下：

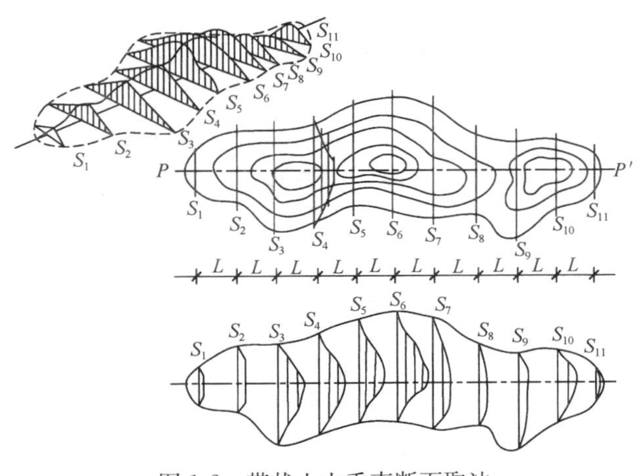

图 1-2　带状土山垂直断面取法

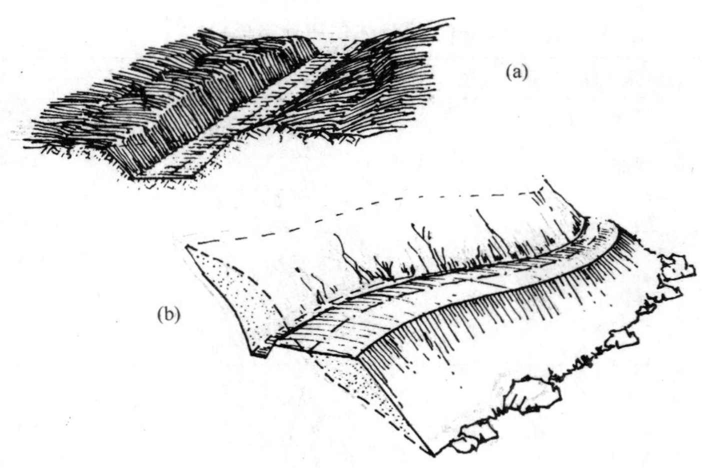

图 1-3 沟渠、路堑、半挖半填路基示意图

（a）沟渠、路堑；（b）半挖半填路基

$$V=\frac{1}{2}(S_1+S_2)\cdot L$$

式中 V——相邻两断面的挖、填方量，m^3；

S_1——截面 1 的挖、填方量面积，m^2；

S_2——截面 2 的挖、填方量面积，m^2；

L——相邻两截面间的距离，m。

截断面可以设在地形变化较大的位置，这种方法的精确度取决于截断面的数量。如果地形复杂、计算精度要求较高，就应多设截断面；如果地形变化小且变化均匀、要求仅作初步估算，截断面可以少一些。

（三）方格网计算法

方格网法是把平整场地的设计工作和土方量计算工作结合在一起进行的。园林中有多种用途的地坪，缓坡地需要整平。平整场地就是将原来高低不平，比较破碎的地形按设计要求整理为平坦的或具有一定坡度的场地，这时用方格网法计算土方量较为精确。

其方法是：第一，在附有等高线的施工现场地形图上做方格网来控制施工场地，方格边长数值取决于所要求的计算精度和地形变化的复杂程度。第二，在地形图上用插入法求出各角点的原地形标高，注记在方格网的角点的右下；第三，根据设计意图，确定各角点的设计标高，注记在角点的右上；第四，比较原地形标高和设计标高，求得施工标高，注记在角点的左上；第五，根据施工标高，计算零点的位置，确定挖填方范围；第六，根据公式，计算土方量。

（四）等高面计算法

在等高线处取断面的土方量计算方法，就是等高面法。园林中多有自然山水式地形，地面变化情况较为复杂，但采用等高面法来计算土方量，还是要方便一些。

等高线是将地面上标高相同的点相连接而成的直线和曲线，它是假想的线，而实际上是不存在的。它是天然地形与一组有高程的水平面相交后，投影在平面图上绘出的迹线，是地形轮廓的反映。等高线具有线上各点标高相同，线不相交，总是闭合等特点。

因此，利用等高线闭合形式的等高面作为土方计算断面，是比较方便且有一定精度的。

等高面法是在等高线处沿水平方向取断面（图 1-4），上下两层水平断面之间的高度差即为等高距值。等高面法与断面法基本相似，是由上底断面面积与下底断面面积的平均值乘以等高距，求得两层断面之间的土方量。这种方法的计算公式如下：

$$V=(S_1+S_2)/2\times h+(S_2+S_3)/2\times h+\cdots(S_{n-1}+S_n)/2+S_n/3\times h$$
$$=(S_1+S_n)/2\times S_2+S_3+S_4+\cdots+S_{n-1}+S_n/3\times h$$

式中　V——土方体积，m^3；

S——各层断面面积，m^2；

h——等高距，m。

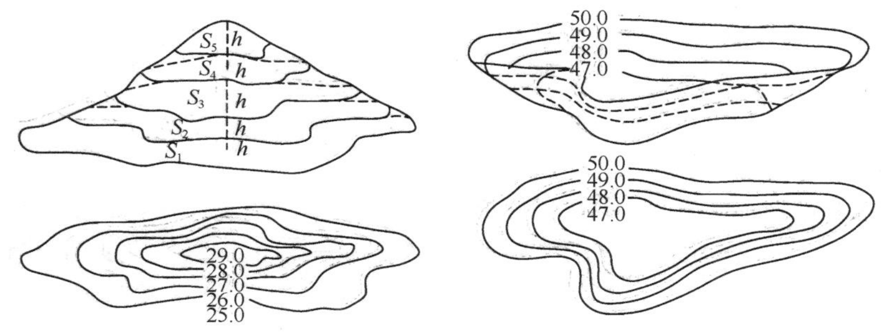

图 1-4　等高面法图示

二、土方的平衡与调配

（一）土方的平衡与调配原则

1. 充分考虑壤土的适用性，如种植区、道路广场区。
2. 充分尊重设计，不可在施工范围内随意借土或弃土。
3. 挖方与填方基本达到平衡，减少重复倒运。
4. 分区调配应与全场调配相协调，避免只顾局部平衡，任意挖填而破坏全局平衡。
5. 调配应与地下构筑物的施工相结合，地下设施的填土，应留土后填。
6. 选择恰当的调配方向、运输路线、施工顺序，避免土方运输出现对流和乱流现象，同时便于机具调配、机械化施工。

（二）土方的平衡与调配步骤

1. 划分土方调配区。在平面图上先划出挖、填方区的分界线，并在挖、填区分别划出若干个调配区，确定调配区的大小和位置。在划分调配区时应注意以下几点：一是调配区应考虑填方区拟建设施的种类和位置，以及开工顺序和分期施工顺序；二是调配区的大小应满足土方施工主导机械（如铲运机、挖土机等）的技术要求（如行驶、操作尺寸等），调配区的面积最好与施工段的大小相适应，调配区的范围要与土方工程量计算用的方格网协调，通常可由若干个方格组成一个调配区；三是当土方运距较远或场地范围内土方调配不能达到平衡时，可根据附近地区的地形情况，考虑就近借土或弃土，此时任意一个借土区或弃土区都可作为一个独立的调配区。

2. 计算各调配区的土方量并标于图上。

3. 计算各挖方调配区和各填方调配区之间的平均运距，亦即各挖方调配区中心至填方调配区中心之间的距离。一般当填、挖方调配区之间的距离较远或运土工具沿工地道路或规定线路运土时，其运距按实际计算。

4. 确定土方最优调配方案。

5. 绘出土方调配图。根据上述计算结果，标出调配方向、土方量及运距。

任务二　风景园林用地的竖向设计

【知识点】

竖向设计的原则。

竖向设计步骤。

竖向设计的方法。

【技能点】

掌握用等高线法进行园林竖向设计的方法。

具有地形设计资料的分析和收集分析能力。

熟练应用等高线法进行地形造景。

园林建筑和园林小品的竖向设计。

相关知识

地形是指地球表面在三维方向上的形状变化。地形既是园林造景的基本载体，又是园林各项功能得以实现的主要场所。地形的改造利用和工程设计与许多因素相关，如造景作用、地形要素、现状地形地物等。

一、园林地形的功能作用和园林地形的处理

在城市园林绿地规划与建设中，地形是构成整个园林景观的骨架。地形以其极富变化的表现力，赋予园林景观以生机和多样性，使之产生丰富多彩的景观效应。

（一）园林地形的作用

园林地形的作用是多方面的。在造园过程中，主要体现在骨架作用、空间作用、造景作用、背景作用、观景作用和工程作用等六个主要方面。

1. 骨架作用

园林地形是园林中所有景观与设施的基本结构骨架，是其他设计要素和使用功能布局的基础。作为园林景观的结构骨架，地形是园林基本景观的决定因素。

2、空间作用

园林空间的形成往往是受地形因素直接制约的。不同的地形具有构成不同形状、不同特点园林空间的作用。地形能影响人们对户外空间范围和气氛的感受。要形成好的园林景观，就必须处理好由地形要素组成的园林空间的几种界面，即水平界面、垂直界面

和依坡就势的斜界面。

3. 造景作用

山地、坡地、平地与水面等地形类别，都有着自身独特的易于识别的特征。地形改造在很大程度上决定着园林的风景面貌。改造和设计所依据的模式是自然界的山水风光，所遵循的是自然山水地形、地貌形成的规律。但是，不能机械地模仿照搬，而应最大限度地利用自然特点，最少量地动用土石方，在有限的园林用地内获得最好的地形景观效果。

4. 背景作用

景物具有前景、中景和背景的特征。红花也需绿叶来陪衬，一般着力表现的主景皆需良好的背景来衬托。各种地形要素能成为背景的良好选择。作为背景的各种地形要素，能够截留视线，衬托并凸显前景和主景，使前景或主景得到最突出的表现，使景观效果更加生动而鲜明。

5. 观景作用

园林地形还可为人们提供观景的位置和条件。坡地、山顶能让人登高望远，观赏辽阔无边的原野景致；草地、广场、湖池等平坦地形，可以使园林内部的立面景观集中地显露出来，让人们直接观赏到园林整体的艺术形象；在湖边的凸形岸段，能够观赏到湖周的大部分景观，观景条件良好；而狭长的谷地地形，则能引导视线集中投向谷地的端头，使端头处的景物显得最突出、最醒目。

6. 工程作用

地形因素在园林的给排水工程、绿化工程、环境生态工程和建筑工程中都起着重要的作用。地表的径流量、径流方向和径流速度都与地形有关。地形条件对园林绿化工程的影响作用，在山地造林、湿地植树、坡面种草和一般植物的生长等方面有明显的表现。同时，地形因素对园林管线工程的布置、施工和对建筑、道路的基础施工都存在着有利和不利的影响作用。地形还可影响光照、风向以及降雨量等，也就是说，地形能改善局部地区的小气候条件。某区域受到冬季阳光直接照射，就要使用朝南的坡向；而如需阻挡冬季寒风，则可利用凸面地形、脊地或土丘等。反过来，在夏季炎热的地方也可以利用地形来汇集和引导夏季凉风（图 1-5），改善通风条件，降低炎热程度。

（二）园林地形的处理

园林中所有的景物、景点及大多数的功能设施都对地形有着多方面的要求。由于功能、性质的不同，对地形条件的要求也多有不同。园林绿地要结合地形造景或修建必要的实用性建筑。如果原有地形条件与设计意图和使用功能不符，就需加以处理和改造，使之符合造园的需要。园林建设中，需要对地形进行处理的情况一般有如下几种。

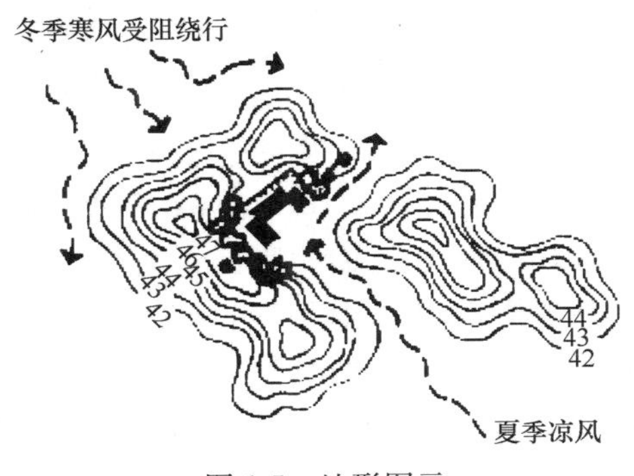

图 1-5 地形图示

1. 弥补自然地形现状缺陷的需要

由于我国现有耕地不足，城市用地紧张，加之城市环境污染严重，土质受到不同程度的污染，因此主要利用荒地、低洼地和不宜进行修建的破碎地形来布置园林绿地。土地的现状不一定能满足设计的需要，必须在改造处理之后，才能为园林建设所用。例如：设置园林建筑的地方在低洼处时，就必须通过土方工程填高地坪后才能修建；在缺少平地的荒坡地形上要开辟水体时，也必须通过土方工程造出平地才可能修筑水池。一些大城市建起了高层建筑，其周围的地上、地下管线星罗棋布，挤占或破坏了绿化用地，如果不进行改土换土，就不能栽种植物，因此也需要根据地形状况进行必要的处理。

2. 城市环境的要求

城市形象塑造对园林的绿化面貌、艺术风格、立面景观等都有比较高的要求，因此对园林内部地形的处理就有了一些限制。园林景观是城市面貌的组成部分，城市格局当然就会对园林地形的处理产生影响。如风景区或公园出入口的设计，就取决于周围地形环境因素和公园内外联系的需要。因为周围环境是一个定值，所以园林出入口的位置、集散广场、停车场的布置要根据环境的变化进行处理。

3. 园林的功能要求

园林中不同功能分区及景点设施对于地形的要求有所不同。如文化娱乐、体育活动、儿童游戏区要求场地平坦，而游览观赏区最好要有起伏的地形及空间的分隔，水上娱乐区应有满足不同需要的水面，管理服务区则要求地形能够满足兴造建筑的需要。因此，园林中的各项功能要求，决定了地形处理的必要性。

4. 园林造景的需要

园林造景要根据园林用地的具体条件及中国传统的造园手法，通过地形改造构成不同的空间。如要突出立面景观，就得使地形的起伏度、坡度较大；若要创设开朗风景，则可利用开阔的地段形成开敞的空间，地形的坡度要小。幽静的、富于层次的山地可形成峰回路转、山重水复的山林空间；而由低平地段到高耸的山巅则可形成一个流动的空间，同时在高处形成主景。

5. 园林工程技术的要求

在园林工程措施中，要考虑地形与园内排水的关系。地形要有利于排水，不能造成积水和涝害。同时，也要考虑排水对地形坡面稳定性的影响，进行有目的的护坡、护岸处理。在坡地设置建筑，需要对地形进行整平改造；在洼地开辟水体，也要改变原地形，挖湖堆山，降低和抬高一部分地面的高程。即便是一般的建筑修建，也要破土挖槽，首先做好基础工程。因此，地形处理也是园林工程技术的要求。

6. 植物种植方面的要求

植物有喜阳、耐阴、耐热、抗寒、耐涝、耐湿、耐旱等不同的生态习性，要想形成生物多样、生态稳定的植物群落景观，就必须对地形进行改造和处理，从而为各种植物创造出适宜的种植环境。这样既可丰富植物景观，又可保证植物有较好的生态条件。土质不适宜栽种时，还需通过局部换土来改变种植条件。

二、地形类型与造景特征

根据地形的功用不同和地形竖向变化，园林地形分陆地和水体两类，陆地又可分为平地、坡地和山地三类。下面分述各类地形的特征和造景设计特点。

（一）平地与造景

所谓平地，一般是指园林地形中坡度小于3%的比较平坦的用地。现代公共园林中必须设置一定比例的平地，以满足群众性的活动及风景游览的需要。园林中，需要平地条件的主要有建筑用地、草坪与草地、花坛群用地、园景广场、集散广场、停车场、回车场、游乐场、旱冰场、露天舞场、露天剧场、露天茶室、苗圃用地等。

按照地形设计、利用平地地形挖湖堆山，是营造园林水景和山景的常见处理方式。平地的造景作用还体现在可用其来修建图案优美、色彩丰富的花坛群和大草坪来美化和装饰地面，从而构成园林中美丽多姿、如诗如画的地面景观。

大多数园林树木与草本地被植物在平地上可获得最佳的生态环境，平地又有利于植物的栽种，能够营造四季不同的季相景观。一般的平地植物空间可分为林下空间、草坪空间、灌草丛空间以及疏林草地空间等，这些空间形态都能够在平地条件下获得良好的景观表现。

从地表径流的情况来看，平地的径流速度最慢，有利于保护地形环境，减少水土流失，维持地表的生态平衡。但是，在平地上要特别强调排水通畅，避免积水。为了排除地面水，要求平地也具有一定的坡度。坡度大小可根据地被植物覆盖和排水坡度而定，如草坪坡度为1%～3%比较理想，花坛、树木种植带的坡度宜为0.5%～2%，铺装硬地坡度宜为0.3～1%。另一方面，要注意避免单向坡面过长，否则就会加快地表径流速度，造成严重的水土流失。因此，把地面设计成多面坡的平地地形，才是比较合理的地形。

（二）坡地与造景

坡地就是指倾斜的地面。起伏变化的地形打破了平地地形的单调感，使地形具有明显的方向性和倾向性，增加了地形的生动性和方向感。坡地因地面倾斜程度的不同又分为缓坡、中坡和陡坡三种地形。

1. 缓坡地

缓坡地的坡度为3%～10%，一般的布置道路和建筑均不受这种地形的影响。缓坡地也可作为活动场地、游息草坪、疏林草地等的用地。缓坡地上通常栽植一些色木树种，以营造风景林，增加群落的季相变化。

2. 中坡地

中坡地的坡度为10%～25%，高度差异为2～3m。在这种坡地上布置园路，都要做成梯道，布置建筑区时也须设梯级道路。这种坡度的地形件对修建建筑限制较大，建筑要顺着等高线布置；即使这样，也还要进行一些地形改造才能修建房屋。但这种地形上不适宜布置占地面积较大的建筑群；除溪流之外，也不适宜开辟湖池等较宽的水体。中坡地比较宜于利用地形条件来创造空间和组织空间序列，使风景顺序地、一步步地展现出来，这就是我们通常所称的“步移景异”、“渐入佳景”或“引人入胜”的序列景观效果。

3. 陡坡地

陡坡地的坡度在25%以上。陡坡地一般难以用做活动场地或水体造景用地。如要开辟活动场地，也只能是小面的，而且土方工程量还比较大；如要布置建筑，则土方工程量更大，建筑群的布置受到较大限制；如要布置游览道路，则一般做成较陡的梯步道路；如要安排通车道路，则需根据地形曲折盘旋而上，做成盘山道。在陡坡地段的地形设计中要考虑护坡、固土等工程措施。

陡坡地的陡坡处水土流失严重，坡面土层很薄，许多地段还是岩石露头地，栽种树木较为困难也较难成活。如要在陡坡地进行绿化植树，则应把种植处的坡面改造为小块的平整台地，或者利用岩石之间的空隙地，而且树木宜以耐旱的灌木类为主。

在陡坡地的上部，适宜点缀少量占地宽度不大的亭、廊、轩等风景建筑，这样视野开阔，观景条件好，造景效果也很好。在少量的土方工程后，就可以把以小型建筑为主的坡地景点建好。

地形景观规划时应对原地形进行充分利用和改造，合理安排各种地面的坡度和高程，使所在的山、水、植物、建筑、园景工程等满足造景的需要，满足游人进行各种活动的要求。同时还要有良好的排水工程坡面，有效地防止滑坡和塌方。要改造和利用局部地段的地形条件，改善小气候，创造良好的、和谐的、平衡的园林生态环境。

变化的地形可以从缓坡过渡到陡坡与山体连接，在邻水的一面以缓坡逐渐伸入水中。在这些地形环境中，除作为活动的场所外，也是欣赏景色，游览休息的好地方。要在坡地上获得平地，可以选择较为平缓的坡地，修筑挡土墙，削高填低，或将缓坡地改造成有起伏变化的地形（图 1-6），挡土墙可以处理成自然式。

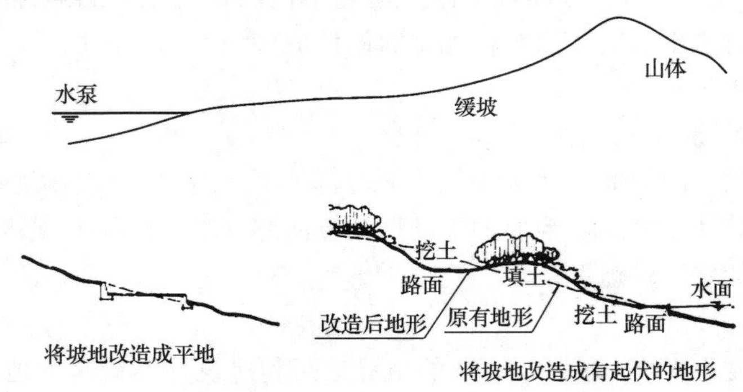

图 1-6　地形改造

（三）山地与造景

《园冶》中曾论及园地“唯山林最胜，有高有凹，有曲有深，有峻有悬，有平有坦，自成天然之趣，不烦人事之工”。园林中的山地一般是利用原有地形适当改造而成的，只有在需要建造大面积人工湖泊的时候，才通过挖湖堆山的方式营造人工土山，或者在面积不大的庭园中，利用自然山石堆叠来构造人工假山。

山地的地面坡度一般很大。根据坡度大小，山地又可分为急坡地和悬坡地两类。急坡地的地面坡度为50%～100%，悬坡地则指地面坡度在100%以上的坡地。山水是中国风景园林的骨干结构，中国园林从来就有“无园不山，无园不水”之说。山地能丰富园林建筑的环境类型和建造条件。悬崖边、山洞口、山顶、山腰、山脚、山谷、山坡等山地环境，都可由于点缀风景建筑而形成如画的风景和园林化的环境。还可利用山体和坡地的高差变化来调节游人的视点，为游人提供多角度、多视野的平视、仰视、俯视、鸟瞰、眺望等多种观景条件，组织观景空间。

（四）水体与造景

水体是园林的重要地形要素和造景要素。园林水体所占地面面积常常很大，有的甚至占全园面积的2/3以上。水景是园林环境空间中最重要的一类风景。园林中常以水为题，因水得景，充分利用水的流动、多变、透明、轻灵等特性，艺术地再现自然景色。用水造景，动静相补，声色相衬，虚实相映，层次丰富；有水则景活，有水则有生气。故历来就有“园无水不活”的说法。园林理水要“有自然之理，得自然之趣”，按自然景观形成、变化和发展的规律来营造水景，才能创造出生动自然的水景效果来。按照景观的动静状态，园林水体可分为动态的水景（河流、瀑布、喷泉等）和静态的水景（湖池、水生植物塘等）两类；而按照设计形式，园林水体则又可分为自然式水景和规则式水景两类。不同类别的园林水体，可分别适用于不同的园林环境。例如，园景广场上，可布置动态的水景如喷泉、涌泉等；庭院环境中，可设观鱼池、壁泉等；石假山的悬崖处，可布置瀑布、滴泉等；幽静的林地、假山山谷地带，可设小溪和山涧等。有条件的园林中，还可以布置面积较大的湖池，作为园林的中心景区或主景区，成为统率全国风景的平面构图中心。

三、竖向设计原则及任务

（一）竖向设计的原则

1. 满足园林建设项目的使用要求，根据公园的类型和公园的使用功能出发，安全、适用、舒适、美观。

（1）造景：丰富景观（假山、台地、缓坡、水体）；组织空间（建筑、围墙、地形、植物等）。

（2）为动植物的生存和游客的观赏创造良好的条件。

（3）改善局部小气候。

（4）减少噪声。

2. 使确定的设计标高和设计地形、地面能满足建筑物、构筑物之间和场地内外交通运输合理要求。也就是选择场地的整理方式和设计地面的连接形式；选择建筑物、构筑物的地坪标高和广场及运动场的整平标高；根据有关规范要求，确定场地内道路的标高和坡度，使它与场地内的建筑物、构筑物和场地外的道路在标高上相适应。

3. 保证地面水有组织地排除。拟定场地的排水系统，保证地面、绿地不积水，排水通畅。力求使设计地形和坡度适合污水、雨水的排水组织和坡度要求，避免出现凹地。道路纵坡不小于0.3％，地形条件限制难以达到时应做锯齿形街沟排水。建筑室内地坪标高应保证在沉降后仍高出室外地坪15～30cm。室外地坪纵坡不得小于0.3％，并且不得坡向建筑墙角。

4. 充分利用地形，减少土方工程量，力求土方平衡。计算土石方量，使挖方和填方量接近平衡，力争土石方工程总量达到最小。也即因地制宜，随坡就势，合理利用原有地形地貌，作好高程的完美安排，尽量减少土石方及防护工程量。设计应尽量结合自然地形，减少土、石方工程量。填方、挖方一般应考虑就地平衡，缩短运距。附近有土源或余方有用处时，可不必过于强调填、挖方平衡，一般情况土方宁多勿缺，多挖少填；石方则应少挖为宜。

5. 考虑建筑群体空间景观设计的要求。尽可能保留原有地形和植被。建筑标高的确定应考虑建筑群体高低起伏富有韵律感而不杂乱。必须重视空间的连续、鸟瞰、仰视及对景的景观效果。斜坡、台地、挡土墙等细部处理的形式、尺度、材料应细致、亲切宜人。

6. 便利施工，符合工程技术经济要求。挖土阶段宜作建筑基地，填方地段做绿地，场地、道路较合适。

（1）岩石、砾石地段应避免或减少挖方，垃圾、淤泥需挖除。

（2）人工平整场地，竖向设计应尽量结合地形，减少土方工程量，采用大型机械施工平整场地时，地形设计不宜起伏多变，以免施工不便。

（3）建筑和场地的标高要满足防洪的要求。

（4）地下水位高的地方应少挖。

（5）在规划过程中，公园基地上可能会有些有保留价值的老树。其周围的地面依设计如需增高或降低，应在图纸上标注出保护老树的范围、地面标高和适当的工程措施。

（6）植物对地下水很敏感，有的耐水，有的不耐水。规划时应与不同树种创造不同的生活环境。

7. 满足其他方面的功能，如城市规划中所要求的控制高程。了解和服从城市规划对公园的要求，有利于保护和改善城市环境景观的规划要求。遵守公园设计规范，符合国家现行有关强制性标准的规定。

（二）竖向设计的任务内容

1. 地形设计

地形设计和整理是园林竖向设计的一项主要内容。挖湖堆山进行山水布局，峰峦、坡谷、河湖、泉瀑等地貌小品的设置，它们之间的相对位置、高低、大小、比例、尺度、外观形态、坡度的控制及高程关系等都要通过地形设计来解决。

2. 园路、广场、桥涵和其他铺装场地的设计

图纸上用设计等高线表示出道路或广场的纵横坡和坡向，道桥连接处及桥面标高。在小比例图纸中用变坡点标高来表示园路的坡度和坡向。

（1）道路

机动车纵坡一般≤6%，困难时可达9%，山区城市局部路段坡度可达12%。但坡度超过4%，必须限制其坡长；5%～6%，坡长≤600m；6%～7%，坡长≤400m；7%～8%，坡长≤150m。非机动车道纵坡一般≤2%，困难时可达3%，但坡长应限制在50m以内；桥梁引坡≤4%。人行道纵坡以≤5%为宜，>8%行走费力，宜采用踏级。一般园路坡度≤8%，超过此值应设台阶，台阶要集中设置，避免设置单级台阶，保障游人行走安全。台阶应附设坡道，方便残疾人和儿童。交叉口纵坡≤2%，并保证主要交通平顺。道路的横坡应为1%～2%。

（2）广场、停车场

广场坡度以≥0.3%，≤7%为宜，0.5%～1.5%最佳，横坡不大于2%。儿童游戏场坡度0.3%～2.5%，车场坡度0.2%～2.5%，运动场坡度0.5%～2%。

3. 建筑和其他园林小品

建筑和其他园林小品（如纪念碑、雕塑等）应标出地坪标高及其周围环境的高程关系，大比例图纸建筑应标注各角点标高。例如坡地上的建筑，是随形就势还是设台筑屋。在水边的建筑物或小品，则要标明其与水体的关系。

建筑室内地坪高于室外地坪：住宅30～60cm，学校45～90cm。

应避免室外雨水流入建筑物内，并引导室外雨水顺利地排除，保证建筑物间的交通有良好的联系，建筑物至道路的地面排水坡度最好在1%～3%之间。道路中心标高一般应比建筑物的室内标高低0.25～0.3m。

4. 植物种植在高程上的要求

在规划过程中，公园基地上可能会有些有保留价值的老树。其周围的地面依设计如需增高或降低，应在图纸上标注出保护老树的范围、地面标高和适当的工程措施。

植物对地下水很敏感，有的耐水，有的不耐水。规划时应为不同树种创造不同的生活环境。水生植物种植，不同的水生植物对水深有不同要求，分为湿生、沼生、水生等多种。如荷花适宜生活在水深0.6～1m的水中。

一般要求绿地要不小于5%，草坪、休息绿地坡度最小0.3%，最大10%，有利于排水。

5. 排水设计

在地形设计的同时要考虑地面水的排除。一般规定无铺装地面的最小排水坡度为1%，而铺装地面则为0.5%，但这只是参考限值，具体设计还要根据土壤性质和汇水区的大小、植被情况等因素而定。

6. 管道综合

园内各种管道（如供水、排水、供暖、煤气管道等）的布置，难免有些地方会出现交叉，在规划上就需按一定原则，统筹安排各种管道交会时合理的高程关系，以及它们和地面上的构筑物或园内乔灌木的关系。

四、竖向设计的方法与步骤

（一）竖向设计的方法

地形的竖向设计方法有多种，下面主要介绍几种常用的地形表达方法。

1. 等高线法

在地形变化不很复杂的丘陵、低山区进行园林竖向设计，大多要采用设计等高线法。这种方法能够比较完整地将任何一个设计用地或一条道路与原来的自然地貌作比较，随时一目了然地判别出设计的地面或路面的挖填方情况。是园林设计中使用最多的一种方法。一般地形测绘图都是用等高线或点标高表示的。在绘有原地形等高线的地图上用设计等高线进行地形改造，我们在同一张图纸上便可表达原有地形、设计地形状况及公园的平面布置、各部分高程关系，非常方便设计过程中方案的比较和修改。它是一种比较好的设计方法，最适宜自然山水园的土方计算（图1-7）。

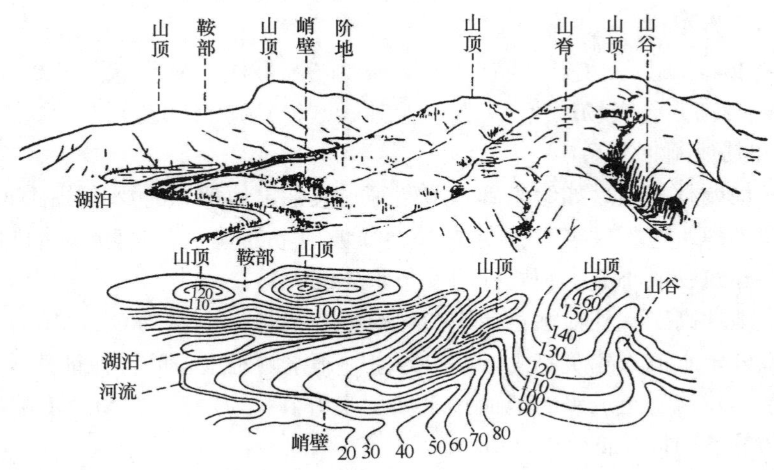

图 1-7　山地等高线示意图

用设计等高线和原有地形的自然等高线，可以在图上表示地形被改动的情况。绘图时，设计等高线用细实线绘制，自然等高线则用细虚线绘制。在竖向设计图上，设计等高线低于自然等高线之处为挖方，高于自然等高线处则为填方。

用设计等高线进行设计时，经常要用到两个公式，一是用插入法求两相邻等高线之间任意点高程的公式；其二是坡度公式：

$$i = \frac{h}{L}$$

式中　i——坡度，%；

h——高差，m；

L——水平距离，m。

（1）陡坡变缓或缓坡变陡。等高线间距的疏密表示地形的陡缓。在设计时，如果高差 h 不变，可用改变等高线间距 L 来减缓或增加地形的坡度（图 1-8）。

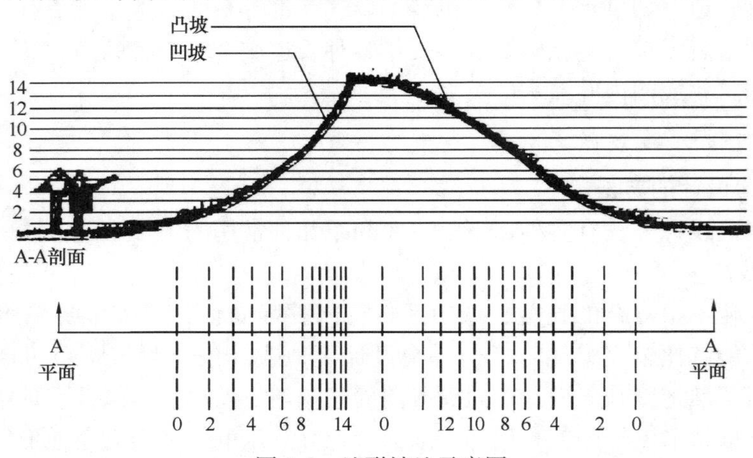

图 1-8　地形坡地示意图

（2）平垫沟谷。在园林建设中，有些沟谷须垫平。平垫这类场地，可以用平直的设计等高线和准备平垫部分的同值等高线连接。其连接点就是不挖不填的点，叫做“零点”；这些相邻点的连线，叫做“零点线”，也就是垫土范围，在图上大致框出，再以平直的同值等高线连接原地形等高线即可。如果将沟谷部分依指定的坡度平整场地时，则所设计的设计等高线应互相平行，间距相等。

（3）削平山脊。将山脊铲平的设计方法和平垫沟谷的方法相同，只是设计等高线所切割的原地形等高线方向正好相反。

（4）平整场地。园林中的场地包括铺装广场，建筑地坪及各种文体活动场地和较平缓的种植地段，如草坪、较宽的种植带等。非铺装场地对坡度要求不太严格，目的是垫平凹凸，将坡度理顺，而地表坡度则任其自然起伏，排水通畅即可。铺装地面的坡度则要求严格，各种场地因其使用功能不同对坡度的要求也各异。通常为了排水，一般集散广场在1%～7%，足球场3‰～4‰，篮球场2%～5%，排球场2%～5%，这类广场的排水坡度可以是沿长轴的两面坡或沿横轴的两面坡，也可以设计成四面坡，这取决于周围环境条件。一般铺装场地都采取规则的坡面（即同一坡度的坡面）。

2. 重点高程坡向标注法

重点高程坡向标注法，往往将图中某些特殊点（园路交叉点、建筑物的转交基底地坪、园桥顶点等）用十字或水平三角标记符号▽来标明高程，用细线小箭头来表示地形从高至低的排水方向。这种方法的特点对地面坡向变化情况的表达比较直观，容易理解；设计工作量小，图纸易于修改和变动，绘制图纸的过程比较快，缺点是对地形竖向变化的表达比较粗略，在确定标高的时候要有综合处理竖向关系的工作经验。因此，重点高程坡向标注法比较适合于在园林地形设计的初步方案阶段使用，也可在地貌变化复杂时作为一种指导性的地形设计方法（图1-9）。

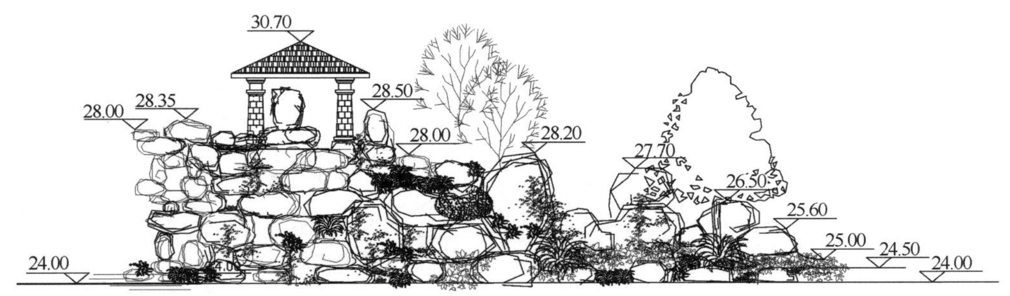

图1-9　假山工程重点高程标注法

应用高程箭头法，能够快速判断设计地段的自然地貌与规划总平面地形的关系。它借助于水从高处流向低处的自然特性，在地图上用细线小箭头表示人工改变地貌时大致的地形变化情况，表示对地面坡向的具体处理情况，并且比较直观表明了不同地段、不同坡面地表水的排出方向，反映出对地面排水的组织情况。它还根据等高线所指示的地面高程，大致判断和确定园路路口中心点的设计标高和园林建筑室内地坪的设计标高。见图1-10。

3. 坡度标注法

对地形的描述还可以采用坡度标注法。坡度即地形的倾斜度，通过坡度的垂直距离与水平距离的比率说明坡度大小，采用指向下坡方向的箭头表示坡向，将坡度百分数标

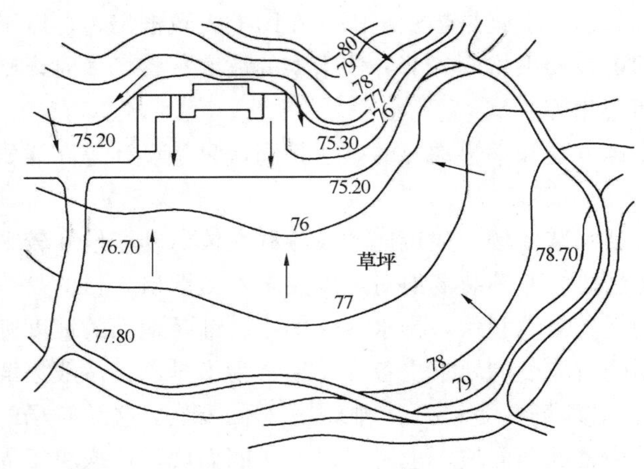

图 1-10　重点高程坡向标注法示意图

注在箭头的短线上（图 1-11）。

坡度的计算可用下面的公式来表示：

$$i = H/L \times 100\%$$

式中　i——坡度；

H——垂直高差；

L——水平距离。

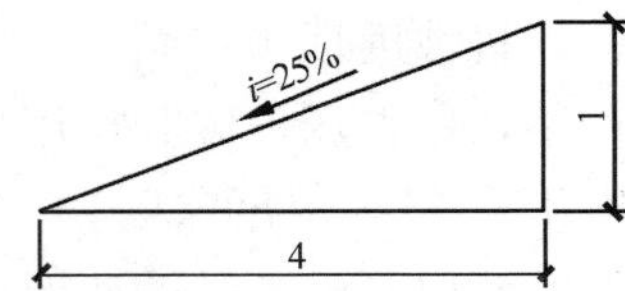

图 1-11　坡度标注法示意图

在此要注意的是，坡度不能与角度的概念相混淆。这里的角度即指坡面与水平面的夹角。表 1-2 列出了坡度与角度的对照关系。

表 1-2　坡度与角度的对照关系表

坡度/%	角度	坡度/%	角度	坡度/%	角度
1	0°34′	21	11°52′	41	22°18′
2	1°09′	22	12°25′	42	22°45′
3	1°40′	23	12°58′	43	23°18′
4	2°18′	24	13°30′	44	23°45′
5	2°52′	25	14°02′	45	24°16′
6	3°26′	26	14°35′	46	24°44′
7	4°00′	27	15°06′	47	25°10′
8	4°35′	28	15°40′	48	25°40′
9	5°10′	29	16°11′	49	26°08′
10	5°45′	30	16°42′	50	26°37′
11	6°17′	31	17°14′	51	27°02′
12	6°50′	35	17°45′	52	27°30′
13	7°25′	33	18°17′	53	27°55′
14	7°59′	34	18°47′	54	28°12′
15	8°32′	35	19°19′	55	28°50′
16	9°06′	36	19°08′	56	29°17′
17	9°40′	37	20°10′	57	29°40′
18	10°13′	38	20°48′	58	30°08′
19	10°47′	39	21°20′	59	30°35′
20	11°19′	40	21°50′	60	30°58′

（二）竖向设计的步骤

园林竖向设计是一项细致而烦琐的工作，设计和调整、修改的工作量都很大。一般经过以下一些设计步骤。

1. 资料的收集

（1）全园用地及附近地区的地形图，比例 1∶500 或 1∶1000，这是竖向设计最基本的设计资料，必须收集到，不能缺少。

（2）当地水文地质、气象、土壤、植物等的现状和历史资料。

（3）城市规划对该园林用地及附近地区的规划资料，市政建设及其地下管线资料。

（4）园林总体规划初步方案及规划所依据的基础资料。

（5）所在地区的园林施工队伍状况和施工技术水平、劳动力素质与施工机械化程度等方面的参考材料。

竖向设计资料的收集原则是：关键资料必须齐备，技术支持资料要尽量齐备，相关的参考资料越多越好。

2. 现场踏勘与调研

在掌握上述资料的基础上，应亲临园林建设现场，进行认真的踏勘、调查，并对地形图等关键资料进行核实。如发现地形、地物现状与地形图上有不吻合处或有变动处，要搞清变动原因，进行补测或现场记录，以修正和补充地形图的不足之处。对保留利用的地形、水体、建筑、文物古迹等要加以特别注意，要记载下来。对现有的大树或古树名木的具体位置，必须重点标明。还要查明地形现状中地面水的汇集规律和集中排放方向及位置，城市给水干管接入园林的接口位置等情况。

3. 设计图纸的表达

竖向设计应是总体规划的组成部分，需要与总体规划同时进行。在中小型园林工程中，竖向设计一般可以结合在总平面图中表达。但是，如果园林地形比较复杂，或者园林工程规模较大时，在总平面图上就不易清楚地把总体规划内容和竖向设计内容同时都表达得很清楚。因此，就要单独绘制园林竖向设计。

根据竖向设计方法的不同，竖向设计图的表达也有高程箭头法、纵横断面法和设计等高线法等三种方法。由于在前面已经讲过纵横断面设计法的图纸表达方法，下面就按高程箭头法和设计等高线法相结合进行竖向设计的情况来介绍图纸的表达方法和步骤。

（1）在设计总平面底图上，用红线绘出自然地形。

（2）在进行地形改造的地方，用设计等高线对地形作重新设计，设计等高线可暂以绿色线条绘出。

（3）标注园林内各处场地的控制性标高、主要园林建筑的坐标、室内地坪标高以及室外整平标高。

（4）注明园路的纵坡度、变坡点距离和园路交叉口中心的坐标及标高。

（5）注明排水的沟底面起点和转折点的标高、坡度和明渠的高宽比。

（6）进行土方工程量计算，根据算出的挖方量和填方量进行平衡；如不能平衡，则调整部分地方的标高，使土方量基本达到平衡。

（7）用排水箭头，标出地面排水方向。

（8）将以上设计结果汇总，用另纸绘出竖向设计图。绘制竖向设计的要求如下：

①图纸平面比例：采用1∶200～1∶1000，常用1∶500。

②等高距：设计等高线的等高距应与地形图相同。如果图纸经过放大，则应按放大后的图纸比例，选用合适的等高距。一般可用的等高距在0.25～1.0m之间。

③图纸内容：表明园林各项工程平面位置的详细标高，如建筑物、绿化、园路、广

场、沟渠的控制标高等；并要表示坡面排水走向。作土方施工用的图纸，则要注明进行土方施工各点的原地形标高与设计标高，标明填方区和挖方区，编制出土方调配表。

（9）在有明显特征的地方，如园路、广场、堆山、挖湖等土方施工项目所在地，绘出设计剖面图或施工断面图，直接反映标高变化和设计意图，以方便施工。

（10）编制出正式的土方估算表和土方工程预算表。

（11）将图、表不能表达出的设计要求、设计目的及施工注意事项等需要说明的内容，编定成竖向设计说明书，以供施工参考。

（12）在园林地形的竖向设计中，如何减少土方的工程量，节约投资和缩短工期，这对整个园林工程具有很重要的意义。因此，对土方施工工程量应该进行必要的计算，同时还须提高工作的效率，保证工程质量。

任务三 土方施工

【知识点】

土壤的工程性质及工程分类。

土方施工前准备及土方施工技术要求。

【技能点】

掌握不同土壤性质情况下施工如何开展。

掌握土方施工准备的开展和土方工程施工挖，运，填压四个基本内容。

相关知识

一、土方工程概况

园林用地设计地形的实现必然要依靠土方施工来完成。

任何建筑物、构筑物、道路及广场等工程的修建，都要在地面作一定的基础，挖掘基坑、路槽等，这些工程都是从土方施工开始的。在园林中地形的利用、改造或创造，如挖湖堆山，平整场地都要依靠动土方来完成。土方工程量，一般来说在园林建设中是一项大工程，而且在建园中它又是先行的项目。它完成的速度和质量，直接影响着后续工程，所以它和整个建设工程的进度关系密切。土方工程的投资和工程量一般都很大，有的大工程施工期很长。如上海植物园，由于地势过低，需要普遍垫高，挖湖堆山，动土量近百万方，施工期从1974～1980年断断续续前后达6～7年之久。由此可见土方工程在城市建设和园林建设工程中占有重要地位。为了使工程能多快好省地完成，必须做好土方工程的设计和施工的安排。

（一）土方工程的种类及其施工要求

土方工程根据其使用期限和施工要求，可分为永久性和临时性两种，但是不论是永久性还是临时性的土方工程，都要求具有足够的稳定性和密实度，使工程质量和艺术造型都符合原设计的要求。同时在施工中还要遵守有关的技术规范和原设计的各项要求，以保证工程的稳定和持久。

（二）土壤的工程性质及工程分类

土壤的工程性质对土方工程的稳定性、施工方法、工程量及工程投资有很大关系，也涉及工程设计，施工技术和施工组织的安排。因此，对土壤的这些性质要进行研究并掌握它，以下是土壤的几种主要的工程性质：

1. 土壤的容重

单位体积内天然状况下的土壤重量，单位为 kg/m^3，土壤容重的大小直接影响着施工的难易程度，容重越大挖掘越难，在土方施工中把土壤分为松土、半坚土、坚土等类，所以施工中施工技术和定额应根据具体的土壤类别来制定。

2. 土壤的自然倾斜角（安息角）

土壤自然堆积，经沉落稳定后的表面与地平面所形成的夹角（图 1-12），就是土壤的自然倾斜角。在工程设计时，为了使工程稳定，其边坡坡度数值应参考相应土壤的自然倾斜角的数值，土壤自然倾斜角还受到其含水量的影响，见表 1-3。

图 1-12 土壤自然安息角示意图

表 1-3 土壤的自然倾斜角

土壤名称	土壤的含水量			土壤颗粒尺寸/mm
	干的	潮的	湿的	
砾石	40°	40°	35°	2～20
卵石	35°	45°	25°	20～200
粗砂	30°	32°	27°	1～2
中砂	28°	35°	25°	0.5～1
细砂	25°	30°	20°	0.05～0.5
黏土	45°	35°	15°	0.001～0.005
壤土	50°	40°	30°	
腐殖土	40°	35°	25°	

土方工程不论是挖方还是填方都要求有稳定的边坡。进行土方工程的设计或施工时，应该结合工程本身的要求（如：填方或挖方，永久性或临时性）以及当地的具体条件（如：土壤的种类及分层情况、压力情况）使挖方或填方的坡度合乎技术规范的要求，如情况在规范之外，必须进行实地测试来决定。

在高填或深挖时，应考虑土壤各层分布的土壤性质以及同一土层中土壤所受压力的变化，根据其压力变化采取相应的边坡坡度，例如填筑座高 12m 的山（土壤质地相同），因考虑到各层土壤所承受的压力不同，可按其高度分层确定边坡坡度，由此可见挖方或填方的坡度是否合理，直接影响着土方工程的质量与数量，从而也影响到工程投资。关于边坡坡度的规定见表 1-4～表 1-7。

表 1-4　永久性土工结构物挖方的边坡坡度

项次	挖方性质	边坡坡度
1	在天然湿度，层理均匀，不易膨胀的黏土、砂质黏土、黏质砂土和砂类土内挖方深度≤3m	1∶1.25
2	土质同上，挖深 3～12 m	1∶1.5
3	在碎石土和泥炭土内挖方，深度为 12 m 及 12 m 以下，根据土的性质，层理特性和边坡高度确定	1∶1.5～1∶0.5
4	在风化岩石内挖方，根据岩石性质、风化程度、层理特性和挖方深度确定	1∶1.5～1∶0.2
5	在轻微风化岩石内的挖方，岩石无裂缝且无倾向挖方坡角的岩层	1∶0.1
6	在未风化的完整岩石内挖方	直立的

表 1-5　深度在 5m 之内的基坑基槽和管沟边坡的最大坡度（不加支撑）

项次	土类名称	边坡坡度		
		人工挖土并将土置于坑、槽或沟的上边	机械施工	
			在坑、槽或沟底挖土	在坑、槽或沟的上边挖土
1	砂土	1∶0.75	1∶0.67	1∶1
2	黏质砂土	1∶0.67	1∶0.5	1∶0.75
3	砂质黏土	1∶0.5	1∶0.33	1∶0.75
4	黏土	1∶0.33	1∶0.25	1∶0.67
5	含砾石卵石土	1∶0.67	1∶0.5	1∶0.75
6	泥灰岩白垩土	1∶0.33	1∶0.25	1∶0.67
7	干黄土	1∶0.25	1∶0.1	1∶0.33

表 1-6　永久性填方的边坡坡度

项次	土的种类	填方高度/m	边坡坡度
1	黏土、粉土	6	1∶1.5
2	砂质黏土、泥灰岩土	6～7	1∶1.5
3	黏质砂土、细砂	6～8	1∶1.5
4	中砂和粗砂	10	1∶1.5
5	砾石和碎石块	10～12	1∶1.5
6	易风化的岩石	12	1∶1.5

表 1-7　临时性填方的边坡坡度

项次	土的种类	填方高度/m	边坡坡度
1	砂石土和粗砂土	12	1∶1.25
2	天然湿度的黏土、砂质黏土和砂土	8	1∶1.25
3	大石块	6	1∶0.75
4	大石块（平整的）	5	1∶0.5
5	黄土	3	1∶1.5

3. 土壤含水量

土壤的含水量是土壤孔隙中的水重和土壤颗粒重的比值。土壤含水量在5%以内称干土，在30%以内称潮土，大于30%称湿土。土壤含水量的多少，对土方施工的难易也有直接的影响，土壤含水量过小，土质过于坚实，不易挖掘；含水量过大，土壤易泥泞，也不利于施工，无论用人力或机械施工，工效均降低。以黏土为例，含水量在30%以内最易挖掘，若含水量过大时，则其本身性质发生很大变化，并丧失其稳定性，此时无论是填方或挖方其坡度都显著下降，因此含水量过大的土壤不宜做回填使用。

在填方工程中，土壤的相对密实度是检查土壤施工中密实程度的标准，为了使土壤达到设计要求的密实度可以采用人力夯实或机械夯实。一般采用机械压实，其密实度可达95%，人力夯实在87%左右。大面积填方如堆山等，通常不加夯压，而是借土壤的自重慢慢沉落，久而久之也可达到一定的密实度。

4. 土壤的可松性

土壤经挖掘后，其原有紧密结构遭到破坏，土体松散而使体积增加的性质叫做可松性。这一性质与土方工程的挖土和填土量的计算及运输等都有很大关系。

二、土石方施工准备

土石方工程施工包括挖、运、填、压四方面内容。其施工方法可有人力施工、机械化和半机械化施工等。施工方式需要根据施工现场的现状、工程量和当地的施工条件决定。在规模大、土方较集中的工程中，应采用机械化施工；但对工程量小、施工点分散的工程，或因受场地限制等不便用机械化施工的地段，采用人工施工或半机械化施工。

（一）施工计划与安排

在土石方开始前，首先要对照园林总平面图、竖向设计图和地形图，在施工现场一面踏勘，一面核实自然地形现状，掌握了翔实的现状情况以后，可按照园林总平面工程的施工组织设计，做好土石方工程的施工计划。要根据甲方要求的施工进度及施工质量进行可行性分析和研究，制定出符合本工程要求及特点的各项施工方案和措施。对土方施工的分期工程量、施工条件、施工人员、施工机具、施工时间安排、施工进度、施工总平面布置、临时施工设施搭建等，都要进行周密的安排，力求使开工后施工工作能够有条不紊地进行。

由于土石方工程在园林工程中一般是影响全局的最重要的基础工程，因此它的施工计划或施工组织可以直接按照园林的总平面施工进行组织和实施。

（二）土石方调配

在做土石方施工组织设计或施工计划安排时，还要确定土石方量的相互调配关系。竖向设计所定的填方区，其需要填入的土方从什么地点取土？取多少土？挖湖挖出的土方，运到哪些地点堆填？运多少到各个填方点？这些问题都要在施工开始前切实解决，也就是说，在施工前必须做好土石方调配计划。

土石方调配的一个原则是：就近挖方，就近填方。使土石方的转运距离最短。因此，在实际进行土石方调配时，一个地点挖起的土，优先调动到与其距离最近的填方区；近处填满后，余下的土方才向稍远的填方区转运。

（三）施工及现场准备

有一些土石方施工工地可能残留了少量待拆除的建筑物或地下构筑物，在施工前要拆除掉。施工现场残留有一些影响施工并经有关部门审查同意砍伐的树木，要进行伐除工作。如遇到大树古树很有保留价值时，要提请建设单位或设计单位对设计进行修改，以便将大树保留下来。因此，大树的伐除要慎而又慎，凡能保留的要尽量设法保留。

如果施工现场内的地面、地下或水下发现有管线通过，或有其他异常物体如地下文物、地下矿物或地下不明物时，应事先请有关部门协同查清。未查清前，不可动工，以免发生危险或造成严重损失。

准备好施工工具和必要的施工消耗材料，做好调用工程机械、运土车辆的台班计划，落实机械设备的进场时间。按照施工计划，组织好足够的劳动力和施工技术人员，落实施工管理责任。做好一切进场施工的准备。

三、土方施工作业

（一）土方的挖掘

1. 人力施工

施工工具主要是：锹、镐、钢钎等，人力施工不但要组织好劳动力，而且要注意安全和保证工程质量。

2. 机械施工

主要施工机械有：推土机、挖土机等。在园林施工中推土机应用比较广泛，例如在挖掘水体时，以推土机推挖，将土推至水体四周，再行运走或堆置地形，最后岸坡用人工修整。用推土机挖湖堆山效率较高。

（二）土方运输

一般竖向设计都力求土方就地平衡，以减少土方的搬运量。土方运输是较艰巨的劳动，人工运土一般都是短途的小搬运。运输距离较长的，最好使用机械或半机械化运输。运输路线的组织很重要，卸土地点要明确，施工人员随时指点，避免混乱和窝工。如果使用外来土垫地堆山，必然会给下一步施工增加许多不必要的小搬运，从而浪费了人力物力。

（三）土方的填筑

填土应该满足工程的质量要求，土壤的质量要依据填方的用途和要求加以选择，在绿化地段土壤应满足种植植物的要求，而作为建筑用地则以要求将来地基的稳定为原则。利用外来土垫地堆山，对土质应该验定放行，劣土及受污染土壤，不应放入园内以免将来影响植物的生长和妨害游人健康。

（四）土方的压实

人力夯压可用夯、碾等工具；机械碾压可用碾压机或用拖拉机带动的铁碾。小型的夯压机械有内燃夯、蛙式夯等。

为了保证土壤的压实质量，土壤应该具有最佳含水率（表 1-8）。

表 1-8　各种土壤最佳含水率

土壤名称	最佳含水率	土壤名称	最佳含水率
粗砂	8%～10%	黏土质砂质黏土和黏土	20%～30%
细砂和黏质砂土	10%～15%	重黏土	30%～35%
砂质黏土	6%～22%		

如土壤过分干燥，需先洒水湿润后再压实。在压实过程中应注意以下几点：

1. 压实工作必须分层进行。
2. 压实工作要注意均匀。
3. 压实松土时夯压工具应先轻后重。
4. 压实工作应自边缘开始逐渐向中间收拢，否则边缘土方外挤易引起坍落。

四、修坡工程的施工

（一）场地准备

对修坡工程而言，场地准备涉及四个方面：计划保留的现有植被和结构的保护、表层土的移走和储存、侵蚀和沉积控制以及清除和拆除。

1. 植物的保护

对于计划保留的树，应尽可能地避免在滴水线之内的任何干扰。这不仅是指开挖和回填，而且也指材料的存放和设备的移动，因为这将引起树和灌木根区压缩的增加以及透气性的减少。

2. 表层土的移走

应该对场地进行勘察，以确定表层土的数量和质量是否适合存放。表层土应仅仅在施工区域被剥去，若适合的话，可以在场地上堆积起来以备使用。如果表层土要堆放很长一段时间，应该种上一年生的草以减少侵蚀损失。

3. 侵蚀和沉积控制

恰当地把雨水从受干扰区域引出，维持表面稳定性，过滤、收集沉积物等。这些措施必须符合调整的需要和规范。

4. 清除和拆除

如果建筑物、道路或别的结构影响拟定的开发项目，必须在施工开始前移走。对于有干扰的树和灌木以及任何可能在场地发现的杂物应同样处理。

对一个要开挖的场地来说，准备的最后一步是布置坡度标桩，坡度标桩表明了要完成拟定地基所需的开挖和回填量。

（二）大开挖

在大规模或初步的土方平整阶段，主要进行土方挖掘和成型工作。大开挖的范围取决于工程的规模和复杂性。大开挖包括基本地形和基角的修整以及所有结构的基础开挖。

（三）回填和精整

在初步坡度已经完成，结构已经建造好后，就要进行精整工作，这包括回填建筑物开挖的部分，如挡土墙和建筑基础，回填公共水管、污水管等的地沟。所有的回填材料必须正确压实，最大程度上减少将来的沉降问题，同时必须在不损坏公共设施和结构的方式下进行。最后一步是要确保土的形状和表面正确的成型，以及地基达到正确的标高。

（四）表面平整

为完成这项工程，必须铺设表面平整材料，通常是首先铺坚硬的表面（如铺面），然后再铺表面土。因为表面土和铺面代表竣工材料，这些材料最后的坡度必须和修坡平面图上所示的拟建竣工坡度（等高线和点高程）一致。

土方工程实例——杭州植物园山水园

山水园位于玉泉山东北麓，是杭州植物园的一个局部，与“玉泉观鱼”景点浑然一体，自然多变，山明水秀。在建园前，这里是一处山洼地，洼处有几块不同高程的稻田，两侧为坡地，坡地上有排水谷涧和少量裸岩。玉泉泉水流入洼地，出谷而去。

山水园的地形设计本着因地制宜，顺应自然的原则，将山洼处高低不等的几块稻田整理成两个大小不等的上下湖，两湖之间以半岛分隔。这样处理不如将其拉成一个湖面开阔，但却使岸坡贴近水面，同时也减少了土方工程量，增加水面的层次，且由于两湖间有落差，水声潺潺，水景自然多趣。湖周地形基本上是利用原有坡地，局部略加整理，山间小道适当降低路面，余土培于道路两侧坡地以增加局部地形的起伏变化。水园有二溪涧：一道玉泉；一通山涧。溪涧处理甚好，这两条溪涧把园中湖面和四周坡地建筑有机结合起来（图 1-13）。

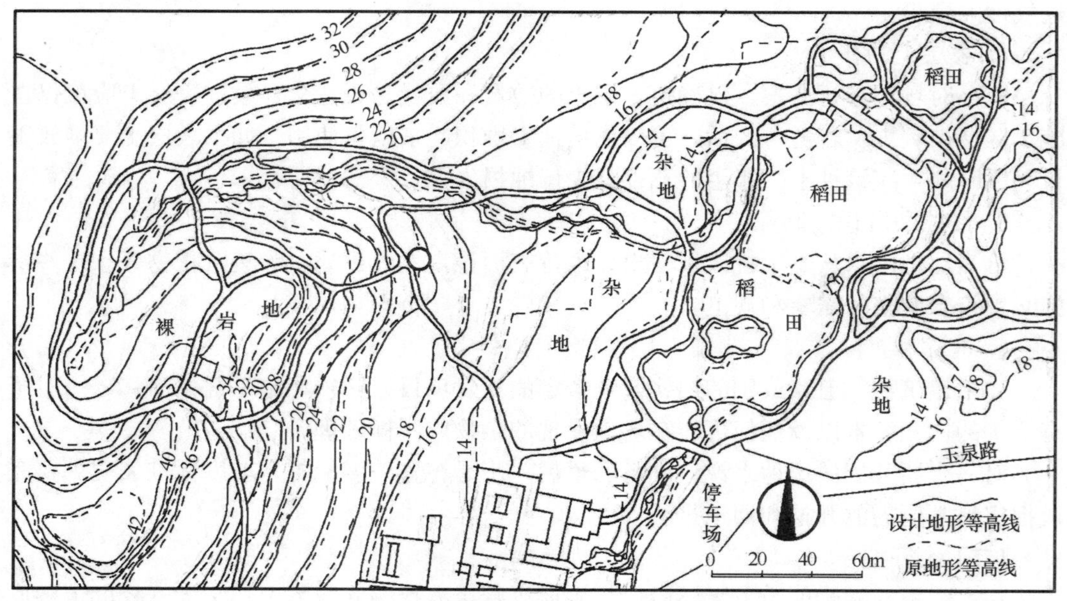

图 1-13 杭州植物园山水园地形设计

【思考与练习】

1. 在园林工程中，为什么要经常进行地形的改造，其作用是什么？
2. 在土方施工的过程中如何做到土方施工的安全？
3. 地形设计的方法有哪些？
4. 土壤的工程性质有哪些？
5. 土方施工前的准备工作有哪些？
6. 影响土方施工进度与施工质量的因素有哪些？实际工作中如何加快施工进度？
7. 土方施工前应做好哪些工作？安排适合的施工准备期有何意义？
8. 常用于土方工程计算的方法有哪几种？园林工程施工中该如何进行选择？

【技能训练】

技能训练一 地形改造及土方量计算

一、训练目的

掌握地形设计的原则和方法，熟练掌握土方量计算方法。

二、材料及用具

图纸、圆规、尺、比例尺。

三、方法步骤

老师给出地形图，上有原地形等高线，并给出地形的环境状况，改造后用途及要求。要求学生：

1. 对地形进行改造设计；
2. 写设计说明；
3. 绘制土方量调配表和土方量调配图。

四、要求

每人交两份图纸，一份是放大的该地形图纸；另一份图纸有设计说明、土方量计算表、土方量调配表。

技能训练二 园林施工放样

一、训练目的

掌握根据施工图进行园林施工放样的步骤和方法。

二、材料及用具

施工图、经纬仪、标尺、丈绳、木桩、石灰等。

三、方法步骤

1. 在施工图上设置方格网；
2. 用经纬仪将方格网测设到实地，并在设计地形等高线和方格网的交点处立桩；
3. 在桩木上标出每个角点的原地形标高，设计标高及施工标高；
4. 如果是山体放线要注意桩木的高度。

四、要求

将施工过程写成实习报告。

技能训练三 土山设计及模型制作

一、训练目的

理解和掌握竖向设计的基本理论和方法，能够独立完成土山模型制作。

二、材料及用具

橡皮泥、苯板、吹塑纸、大头钉、颜料、毛笔及绘图纸、笔等。

三、方法步骤

1. 用等高线在图纸上绘制一处土山地形；
2. 把平面等高线侧放到苯板上；
3. 根据设计等高线用吹塑纸按比例及等高距制作土山骨架，固定在苯板上；
4. 用橡皮泥完善土山骨架，根据需要的颜色涂色，完成土山模型的制作。

四、要求

交土山模型。

项目二　园林给排水工程

【内容提要】

园林绿地的给水与排水系统是保证风景园林绿地实现其功能和效益的重要基础设施，它为游人和各种动植物的生活生存提供了基本保证，也确保园林绿地免遭洪涝之灾与环境安全威胁。风景园林给排水工程是城市给排水工程的一个组成部分，二者有共同点，而风景园林绿地又有自身的特点。

任务一　园林给水工程施工

【知识点】

掌握园林给水的基本知识。

了解园林给水管网设计的方法。

【技能点】

掌握给水管线设计和施工。

相关知识

一、概述

1. 园林用水的类型

公园中用水大致可分为以下几个方面。

（1）生活用水：餐厅、商店、小卖部、消毒饮水器及卫生设备等的用水。

（2）养护用水：植物灌溉、动物饲养、笼舍的冲洗以及夏季广场园路的喷洒用水。

（3）造景用水：各种水体如溪涧、湖泊、池沼、瀑布、跌水、喷泉等的用水。

（4）消防用水：公园中的主要建筑或古建筑周围应设的消防用水。

公园中除生活用水外，其他地方的用水的水质要求可以根据情况适当降低。无害于植物、不污染环境的水都可使用。近几年，我国许多地区采用经处理的生活污水即中水进行园林灌溉和水景用水。园林给水工程的任务就是如何经济合理、安全可靠地满足用水要求。

2. 园林给水的特点

（1）用水点较分散。

（2）由于用水点分布于起伏的地形上，高程变化大。

（3）水质可根据用途的不同分别处理。

（4）用水高峰时间可以错开。

（5）饮用水（沏茶用水）的水质要求较高，以水质好的山泉最佳。

二、水源和水质

风景园林由于其所在地区的供水情况不同，取水方式也各异。城区的园林，可以从就近的市政给水管网引水，成为从属式的给水系统。郊区的园林绿地，可以采用多样的水源，其中以地表水和地下水两种水源为主。在干旱和用水紧张的地区，除这两种水源外，雨水、再生水等水源可以作为非饮用水的水源；在不影响园林绿地使用功能的前提下，甚至可以使用优质杂排水或污水进行绿地灌溉。不同水源的水质差异较大，需要进行相应的处理以达到卫生标准和使用标准。

（一）水源

1. 市政给水

市政给水的水质符合饮用水的标准，具有一定的水压，是风景园林用水的重要水源。

2. 地表水

在风景园林绿地附近，水质较好的地表水可以作为园林给水的水源，包括江、河、湖、库、塘和浅井中的水，这些水具有取水方便、水量充沛的特点，但由于长期暴露于地面，容易受到外界各种人为污染。

3. 地下水

地下水较丰富的地区可自行打井抽水。地下水包括泉水以及从深管井中取用的水。浅层地下水易受地面污染物的影响；深层地下水在地层渗透流动过程中，悬浮物和胶体已经大部分被截留去除，且不易受外界污染，故水质较好且稳定，但硬度较大。深层地下水一般情况下除作必要的消毒外，不必再净化。

4. 再生水

再生水（reclaimed water）也叫中水、回用水，是指污水经适当再生工艺处理后具有一定使用功能的水。经深度处理的再生水可以代替自来水，用于绿地灌溉、河湖等景观水体，道路冲刷，降尘，洗车，冲厕等非饮用用途。

（二）水质

1. 生活用水

生活用水必须经过严格净化消毒，水质应无色、无臭、无味、不混浊、无有害物质，特别是不含传染病菌，须符合国家颁布的《生活饮用水卫生标准》（GB 5749）的规定。生活用水的常规净化处理工艺一般采用混凝沉淀、过滤和消毒三个步骤。

风景园林绿地对饮用水水质的要求并不满足于一般的符合卫生标准，尤其是沏茶用的水对水质还有更高要求，历代都有人给宜茶的泉水评级分等。

2. 养护用水

养护用水对水质要求相对较低。灌溉植物、冲洗动物笼舍、清洒道路广场等用水只要无害于动植物，不污染环境且满足设备要求即可，甚至可以使用中水或经过一定处理的生活污水。

3. 造景用水

造景用水对水质的要求因水体的使用功能不同也略有差异。造景水体需符合相应类别的水标准，依据地表水水域环境功能和保护目标划分为 5 类：Ⅰ～Ⅲ类水质适用于各种水景要求，如儿童戏水池、游泳区、喷泉等；Ⅳ类水质适用于人体非直接接触的水景用水；Ⅴ类水质较差，主要适用一般景观要求水域（图 2-1，图 2-2）。

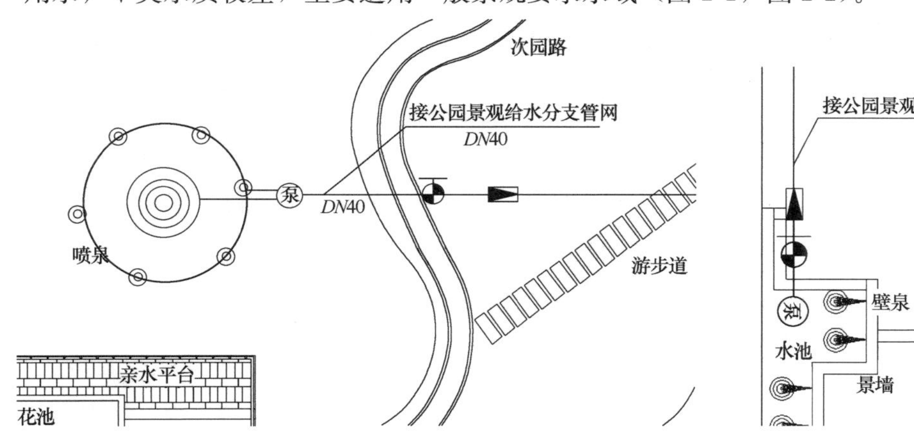

图 2-1　喷泉景观用水点

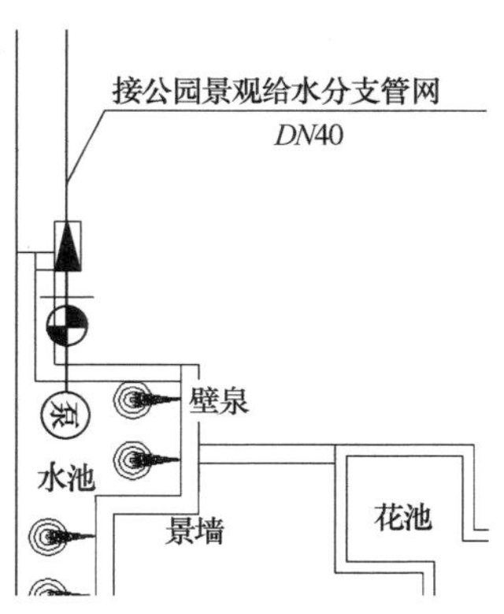

图 2-2　水池及壁泉景观用水点

4. 消防用水

消防用水是备用水源，对水质无特殊要求，允许使用有一定污染的水。备用的消防水池应定期维护，保持一定的水量和水质，以备不时之需。

（三）水质的处理

必须对水进行净化处理后才能作为生活饮用水使用。净化水的基本方法包括混凝沉淀、过滤和消毒三个步骤。

1. 混凝沉淀（澄清）

在水中加入混凝剂，使水中产生一种絮状物，和杂质凝聚在一起，沉淀到水底。可以用硫酸铝作为混凝剂，在每吨水中加入粗制硫酸铝 20～50g，搅拌后进行混凝沉淀。

2. 过滤（沙滤）

将经过混凝沉淀并澄清的水送进过滤池，透过过滤沙层，滤去杂质，进一步使水洁净。

3. 消毒

水过滤后，还会含有一些细菌，通过杀菌消毒处理，可使水净化到符合使用要求。通常采用加氯法，这是目前最基本的方法。

三、园林给水方式

（一）根据给水性质和给水系统构成分类

根据给水性质和给水系统构成的不同，可将园林给水分成三种方式。

（1）从属式。公园的水源来自城市管网，是城市给水管网的一个用户。

（2）独立式。水源取自园内水体，独立取水进行水的处理和使用。如北京的颐和园，即采用较丰富的地下水自行打井抽水。

（3）复合式。公园的水源兼由城市管网供水和园内水体供水。

（二）根据水质、水压或地形高差要求分类

在地形高差显著或者对水质、水压有不同要求的园林绿地，可采用分区、分质、分压供水。

（1）分区供水。如园内地形起伏较大，或管网延伸很远时，可以采用分区供水。

（2）分质供水。用户对水质要求不同，可采取分质供水的方式，如：园内游人生活用水，要求使用符合人们饮用的高水质水；浇洒绿地、灌溉植物及水景用水，只要符合无害于植物、不污染环境即可使用。

（3）分压供水。用户对水压要求不同而采取的供水方式，如：园内大型喷泉、瀑布或高层建筑对水压要求较高，因此要考虑设水泵加压循环使用；其他地方的用水对水压要求较低，可直接采用城市管网水压。

采用不同的给水系统的布置方式既可降低水处理费用和水泵动力费用,又可以节省管材。

（三）园林给水管网的布置

园林给水管网的布置除了要了解园内用水的特点外，其周围的给水情况也很重要，它往往影响管网的布置方式。一般小公园可以由一点引水，但对大型的公园，特别是地形复杂的公园，最好多点引水，这样可以节约管材，减少水头损失。

（四）管网布置的一般规定

1. 给水管网的基本布置形式和布置要点

1）给水管网基本布置形式

（1）树枝状管网。这种布置方式较简单，省管材。管线形式就像树干分权分枝，它适合于用水点较分散的情况，对分期建设的公园有利。但树枝状管网供水的保证率较差，一旦管网出现问题或需维修时影响面较大。

（2）环状管网。是指把供水管网闭合成环，使管网供水能互相调剂。当管网中的某一管段出现故障，也不致影响其他管段的供水，从而提高可靠性。但这种布置形式使用的管材较多，投资较大。需要可靠供水的公园绿地以及风景园林中的主供水干管宜布置成环状，如图 2-3 所示。

2）给水管网的布置要点

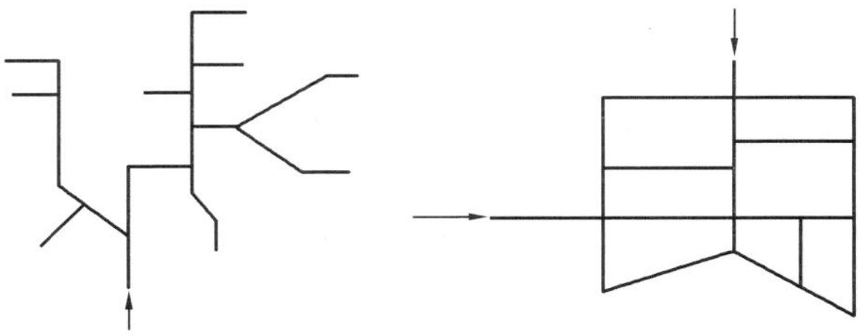

(1) 管网布置应力求经济与满足最佳水力条件

①干管应靠近用水量最大处及主要用水点；

②干管应靠近调节设施处（如高位水池或水塔）；

③管道应力求短而直。

图 2-3　树枝状管网和环状管网

(2) 管网布置应便于检修维护

①干管应尽量埋设于绿地下，减少对道路、广场和水体的穿越；

②在阀门、仪表、附件等处应留有检查井；

③给水管网应有不小于 0.003 的坡度坡向泄水阀门井以便于放空检修；

④在保证不受冻的情况下，干管宜随地形起伏敷设，避开复杂地形和难于施工的地段，以减少敷设土石方工程量和便于检修。

(3) 管网布置应保证使用安全，避免损坏和受到污染

①给水管网和其他管道应按规定保持一定的安全距离，避免出现被污染的情况；

②管道埋深及敷设应符合规定，避免受冻、受压和受不均匀沉降的影响；

③穿越道路、广场、河流、水面以及其他构筑物等障碍物时应设置必要的防护措施。

3) 管网布置的一般规定

(1) 管道埋深

风景园林给水干管的覆土深度应根据土壤冰冻深度、车辆荷载、管道材质及管道交叉等因素确定。管顶最小覆土深度不得小于土壤冰冻线以下 0.15m，行车道下的管线覆土深度不宜小于 0.70m，埋设在绿地中的给水支管最小埋深不应小于 0.50m。管道不宜埋得过深，埋得过深工程造价高，过浅则管道易遭破坏。

(2) 阀门及消防栓

在给水管道上应设置阀门。阀门的安装位置包括：从给水管道的引入管段上、水表前和立管、环形管网的节点处，配水管起端，接有 3 个及 3 个以上配水点的支管，水池，水箱等处。阀门除安装在支管和干管的连接处外，要求每 500m 直线距离设一个阀门（图 2-4）。

在园林建筑设计时应同时设计消防给水系统。设置在给水管网上的消防栓，其间距不应超过 120m，保护半径不应大于 150m；设有消防栓的室外给水管网管径不应小于 100mm。室外消火栓应沿道路设置，为了便于消防车补给水，消火栓距路边不应超过 2m，距房屋外墙不宜小于 5m。

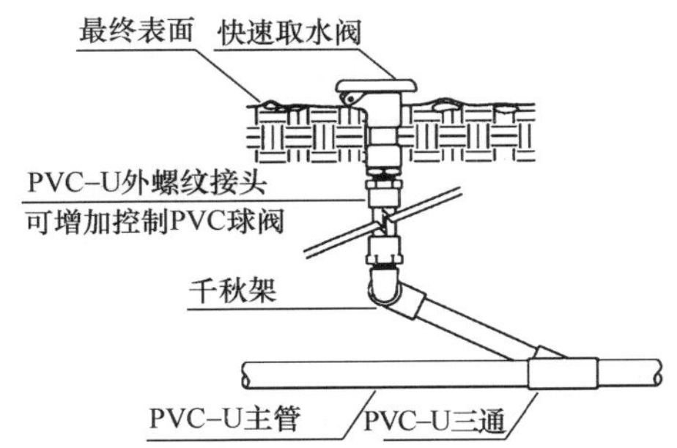

图 2-4　快速取水阀门安装示意图

(3) 管道材料的选择

给水管材可分为金属管材和非金属管材两大类，水管材料的选择取决于水管承受的压力、管内水质、敷设场所的条件及敷设方式等。埋地管道的管材应具有耐腐蚀性和承受相应的地面荷载的能力。当 DN≥75mm 时可采用有内衬的给水

铸铁管、球墨铸铁管、给水塑料管和复合管。当 DN＜75mm 时可采用水煤气钢管、给水塑料管、复合管等。由于钢管耐腐蚀性差，容易污染水质，因此使用钢管时必须做好防腐处理。

四、园林给水的特点

(1) 园林中用水点较分散；

(2) 由于用水点分布于起伏的地形上，高程变化大；

(3) 水质可根据用途不同分别处理；

(4) 用水高峰时间可以错开。

五、园林给水管网的计算

1. 设计用水量

园林给水系统的设计年限，应符合园林建设的总体规划，近、远期结合，以近期为主。一般近期规划年限采用 5～10 年，远期规划年限采用 10～20 年。设计给水系统时，首先须确定该系统在设计年限内达到的用水量。园林设计用水量主要包括园内生活用水量、养护用水量、造景用水量、消防用水量以及未预见用水量和管网漏失水量。

2. 最高日用水量

公园的用水量在任何时间都不是固定不变的。它随着一天中游人数量的变化而变化，随着一年中季节的变化而变化，因此，我们把一年中用水最多的一天的用水量称为最高日用水量。

3. 最高时用水量

最高日用水最多的当天一小时的用水量，叫做最高时用水量，这就是给水管网的设计用水量或设计流量，其单位换算为 L/s 时称为设计秒流量。以这个用水量进行设计时可在用水高峰保证水的正常供应。

4. 日变化系数和时变化系数

最高日用水量与平均日用水量的比值，叫做日变化系数，记做 K_d；K_d= 最高日用水量/平均日用水量。日变化系数 K_d 的值，在城镇一般取 1.2～2.0，在农村由于用水时间很集中，各时段用水量变化很大，一般取 1.5～3.0。

最高时用水量与平均时用水量的比值，称为时变化系数，记做 K_h，K_h=最高时用水量/平均时用水量；时变化系数 K_h 的值，在城镇通常取 1.3～2.5，在农村则取5～6。

公园中的各种活动、饮食、服务设施及各种养护工作、造景设施的运转基本上都集中在白天进行，随着时间的变化，用水量变化很大。而且，游人更多集中在假日游玩，随着日期的不同，用水量变化也很大。因此园林的时变化系数和日变化系数与城镇的相比，取值要更大些。在没有统一规定之前，建议 K_d 取 2～3、K_h 取 4～6。具体的取值要根据公园的位置、大小、使用性质等方面情况具体分析。

5. 流量、流速和管径

管道中的流量指的是单位时间内流过管道的水量，其计量单位 m^3/h、m^3/s、L/s。流量（Q）与管径（d）和流速（v）有关。管径大，流量也大；流速越快，流量也越大。园林管网中的流量，实际上就是该管网供水范围内所有用水点的总用水量。

管道的流量就是管的过流断面与流速的乘积，即 $Q=\frac{\pi d^2}{4}\times v$

由此式可导出：$d=\sqrt{\frac{4Q}{\pi v}}$

由此式可以看出，管径不但与流量有关，也与流速有关。流速的选择较复杂，涉及管网设计使用年限、管材价格、电费高低等，在实际工作中通常按经济流速的经验数值取用：$d<100$mm 时，$v=0.2\sim0.6$m/s；$d=100\sim400$mm 时，$v=0.6\sim1.0$m/s，此时的流速为经济流速，在此流速范围下，整个给水系统的成本降到最低；$d>400$mm 时，$v=1.0\sim1.4$m/s。

6. 水头

在给水管上任意点接上压力表所测得的读数即为该点的水压力值。通常以 kg/cm^2 表示。为便于计算管道阻力，并对压力有一较形象的概念，常以“水柱高度”表示。水力学上又将水柱高度称为“水头”，即 1kg/cm^2 水压力等于 10m 水头。

在进行水头计算时，一般选择园内一个或几个最不利点进行计算，因为最不利点的水压可以满足，则同一管网的其他用水点的水压也能满足。所谓最不利点是指处在地势高、距离引水点远、用水量大或要求工作水头特别高的用水点。水在管道中流动，必须具有足够的水压来克服沿程的水头损失，并使供水达到一定的高度以满足用水点的要求。水头计算的目的有两方面：一是计算出最不利点的水头要求，二是校核城市自来水配水管的水压（或水泵扬程）是否能满足公园内最不利点配水的水头要求。

公园给水管段所需水压可以下式表示：

$$H=H_1+H_2+H_3+H_4$$

式中　H——引水管处所需的总水头（或水泵的扬程），mH_2O；

H_1——引水点与用水点之间的地面高程差，m；

H_2——计算配水点与建筑物进水管的高差，m；

H_3——计算配水点所需流出水头，m；

H_4——管内因沿程和局部阻力而产生的水头损失值，mH_2O。

H_2 与 H_3 之和是计算用水点建筑物或构筑物从地面算起所需要的水压值。此数值在估算总水头时可参考以下数值，即按建筑物层数，确定从地面算起的最小保证水头值：平房 10mH_2O；二层 12mH_2O；三层 16mH_2O；三层以上每增加一层，增加 4mH_2O。

H_3 值随阀门类型而定，其水头值一般取 1.5～2.0mH_2O。

H_4 为沿程水头损失和局部水头损失之和。

沿程水头损失可通过查水力计算表求得，局部水头损失通常根据管网性质按相应沿程水头损失的一定百分比计取：生活用水管网取 25%～30%；生产用水管网取 20%；消防用水管网取 10%。

通过水头计算，应使城市自来水配水管的水头大于公园内给水管网所需总水头 H。当城市配水管的水头大于 H 很多时，应充分利用城市配水管的水头，在允许的限值内适当缩小某些管段的管径，以节约管材；当城市配水管的水头小于 H 不很多时，为了避免设置局部升压设备而增加投资，可采取放大某些管段的管径，减少管网的水头损失来满足。

公园中的消防用水对一般较大型建筑物如一些文艺演出场地、展览馆等特别是古建筑应该有专门设计。一般来说对消灭 2～3 层建筑物的火灾，消防管网的水头值不小于 25mH_2O。

六、管网水力计算步骤

给水管网水力计算的目的，是为确定主干给水管道和各用水点配水管道的选用提供依据。

管网的设计与计算步骤如下：

（1）收集并分析有关的图纸、资料。首先从公园设计图纸、说明书上，了解原有的或拟建的建筑物、设施等的用途及用水要求、各用水点的高程等，然后掌握公园附近市政干管布置情况或其他水源情况。

（2）布置管网。在公园设计平面图上根据用水点分布情况、其他设施布置情况等，定出给水干管的位置、走向，并对节点进行编号，量出节点间的长度。

（3）求公园中各用水点的最高时用水量（设计流量）。在计算整个管网时，先将各用水点的设计流量 Q 及所要求的水头 H 求出，如各用水点用水时间一致，则各点设计流量的总和 $\sum Q$ 就是公园给水干管的设计流量。根据这一设计流量及公园给水管网布置所确定的管段长度，就可以查表求出各管段的管径、流速及其水头损失值。

（4）通过查水力计算表，确定支管和干管管段的管径，以及与该管径相应的流速和单位长度的水头损失。

（5）总水头 H 的计算（图 2-5）。

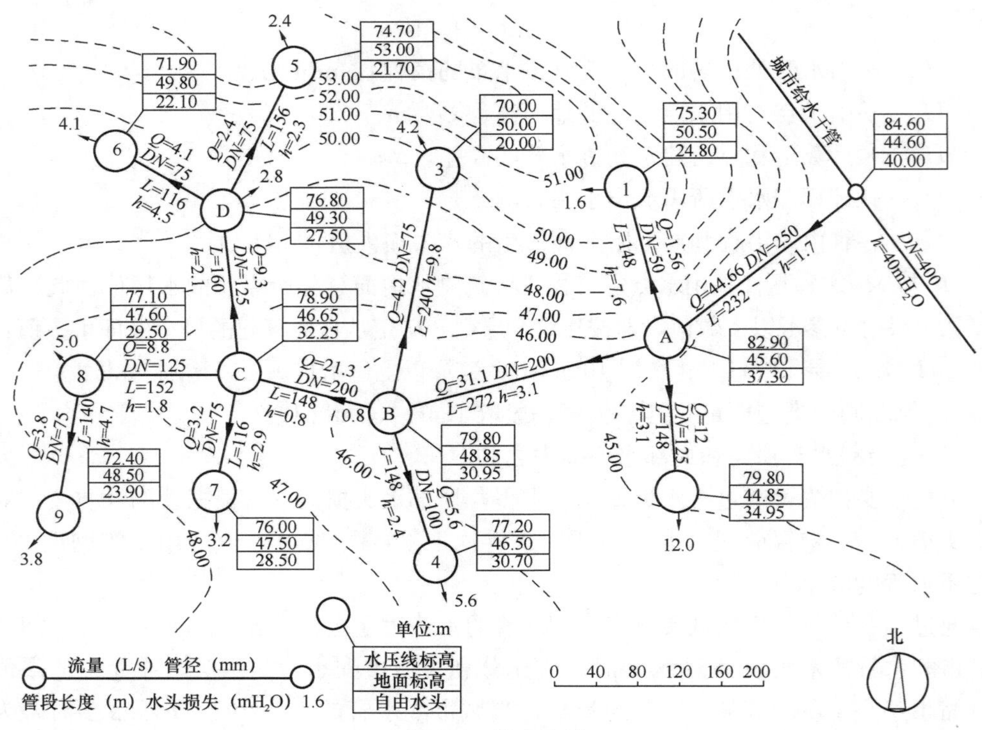

图 2-5　节点流量

七、园林给水施工方法及技术

（一）园林给水工程测量

（1）平面控制测量。根据总平面图和建设单位提供的施工现场的基准控制点，用全站仪在场区按要求的导线精度进行测角、测距，联测的数据精度满足测量规范的要求后，即将其作为工程布设平面控制网的基准点和起算数据。

（2）工程定位放线。根据设计图纸，计算待测点坐标，应用全站仪的坐标测量模式进行测量，测量点必须进行复核。全站仪坐标测量示意图如图 2-6 所示。

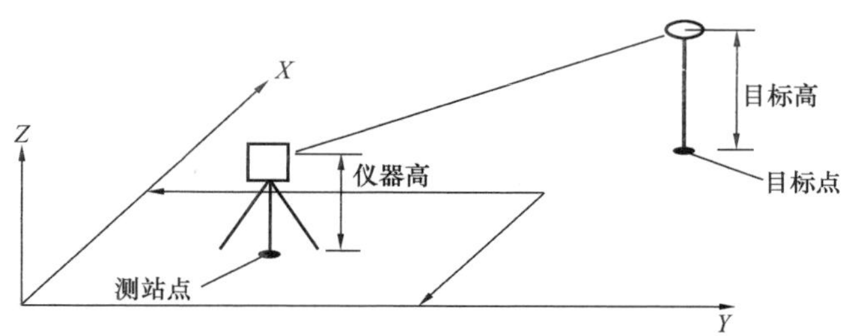

图 2-6　全站仪坐标测量示意图

（3）高程控制测量。测定地面点高程的测量工作，称为高程测量，根据仪器不同分为水准测量、三角高程测量、气压高程测量。

（二）园林给水工程施工

1. 管道选材

（1）管道选材及接口。目前埋地给水管材选用范围有碳钢管、球墨铸铁管、灰口铸铁管、预制混凝土管、预制钢筋混凝土管、各类塑料管、玻璃钢管、有衬里的金属管、不锈钢管等。

（2）管道基础。根据设计管顶覆土的深度要求不同，管道基础可分为素土基础、碎石基础、混凝土基础，施工中沟槽应采取适当的排水措施防止基土扰动，遇到软弱地基再另作处理。

2. 园林给水的特点

（1）地形复杂。需认真确定供水最不利点；

（2）用水点分散。需找出合理有序的供水路线；

（3）用途多样。需分别处理，并应错开用水高峰期；

（4）饮用水要求较高，宜单独供给。

3. 给水管道安装

施工原则为先深后浅，自下而上；跨越挡土墙或结构物处要先于墙基础施工，采取有力措施，保护既有管线；分段开挖见缝插针，为总体施工创造条件。

施工方法分为五步进行：

（1）管沟开挖

开挖前现场要进行清理，根据管径大小，埋设深度和土质情况，确定底宽和边坡坡度。根据施工方案采用机械开挖或人工开挖，一般当挖深较小，或避免振动周围及需探查时才用人工开挖。使用机械开挖时，底部预留 20cm 用人工清理修整，不得超挖。挖出的土方不应堆在坡顶，以免因荷载增加引起边坡坍塌，多余土方要及时运走。沟底不应积水，应有排水和集水措施，及时将水用抽水泵排走。

（2）给水管道基础

①在管基土质情况较好的地层采用天然素土夯实；

②管基在岩石地段采用砂基础，砂垫层厚度为 150mm，砂垫层宽度为 $D+20$mm；

③管基在回填土地段，管基的密实度要求达到 95％再垫砂 200mm 厚；

④管基在软地基地段时，请设计验槽，视具体情况现场处理。

（3）管道安装

给水管道及管件应采用兜身吊带或专用工具起吊，装卸时应轻装轻放，运输时应垫稳、绑牢，不得相互撞击；接口及管道的内外防腐层应采取保护措施。

安装前，宜将管、管件按施工设计的规定摆放，摆放的位置应便于起吊及运送。管道应在沟槽地基、管基质量检验合格后安装，安装时宜自下游开始，承口朝向施工前进的方向。

接口工作坑应配合管道铺设的方向及时开挖，开挖尺寸应符合规范规定。管节下沟槽时，不得与槽壁支撑与槽下的管道相互碰撞；沟内运管不得扰动天然地基。管道安装时，应将管节的中心及高程逐节调整正确，安装后的管节应进行复测，合格后方可进行下一道工序的施工；应随时清扫管道中的杂物，给水管道暂时停止安装时，两端应临时封堵。管道安装完毕后进行水压试验，试验压力为 1.0MPa。

（4）管道试验

给水管道安装完成后，应进行强度和严密性试验。

应按试压的有关规定执行：管道分段试压的长度，一般不超过 1000m，试验压力按设计要求为 1.1MPa。

试压段两端后背和管堵头接口，初次受力时，需特别慎重，要有专职人员监视两端管堵及后背的工作状况，另外，还要有一人来回联系，以便发现问题及时停止加压和处理，保证试压安全。试压时应逐步升压，不可一次加压过高，以免发生事故。每次升压后应随即观察检查，在没有发现问题后，再继续升压，逐渐加到所规定的试验压力为止。加压过程中若有接口泄漏，应立即降压修理，并保证安全。

（5）管道回填

管道回填应在管道安装、管道基础完成后，并且井室砂浆强度达到设计强度等级 70％后进行。回填分两步进行：先填两侧及管顶 0.5m 处，预留出接口处，待水压试验、管道安装等合乎要求后再填筑其余部分。回填应对称、分层进行，每层约 30cm，按要求夯实，以防移位，逐层测压实度。

任务二　园林排水工程施工

【知识点】

掌握园林排水的基础知识。

掌握如何选择合理的排水方式。

【技能点】

能进行园林排水系统的设计及施工。

相关知识

一、排水系统

城市污水，是指排入城镇污水排水系统的生活污水、工业废水和截流的雨水。污水量是以L或m^3计量的。单位时间（s、h、d）内的污水量称污水流量。排水的收集、输送、处理和排放等设施以一定方式组合成的总体，称为排水系统。排水系统通常由管道系统（或称排水管网）和污水处理系统（污水处理厂）组成。管道系统是收集和输送废水的设施，把废水从产生处输送至污水厂或出水口，主要包括排水设备、检查井、管渠、水泵站等工程设施。污水处理系统是处理和利用废水的设施，它包括城市及工业企业污水厂（站）中的各种处理构筑物及除害设施等。

经过无害化处理的污废水，可以进行重复循环使用。公园污水相对于城镇的污、废水构成还是比较简单的，仅仅包括少量的生活污水和雨水，处理起来比较方便、简单。而且公园的用水特点也比较突出，除生活用水外，其他方面用水的水质要求可以根据情况适当降低，无害于植物、不污染环境的水都可使用。因此在一些面积很大、用水量高、离城市管网较远的大型的公园中，可以考虑建设中水回用系统，建设小型水处理构筑物或安装水处理设备，将公园的污水回用，用于园林灌溉和水景用水。这样既能解决公园自用水问题，又为缓解用水压力和环境保护做出了贡献。如果公园距离城市污水处理厂较近，因为中水的水费与城市自来水水费相比更便宜，也可以直接在园中接入城市中水管道。事实上随着社会的发展和环境问题的凸显，中水会越来越多地被作为水源使用，甚至成为每个公园必不可少的供水水源。

二、排水系统的体制

分为合流制和分流制。将生活污水、工业废水和雨水混合在同一套沟道内排除的系统称为合流制。将生活污水、工业废水和雨水分别在两个或两个以上各自独立的管渠内排除的系统称为分流制。分流制又分两种：完全分流制，既有污水排水系统，又有雨水排水系统；不完全分流制，即只有污水排水系统，没有完整的雨水系统。

三、影响城市排水系统的布置的因素

影响因素有地形、竖向规划、污水厂位置、土壤条件、河流情况、污水种类和污染程度几个方面。下面介绍以地形为主要因素的几种布置形式（图 2-7）。

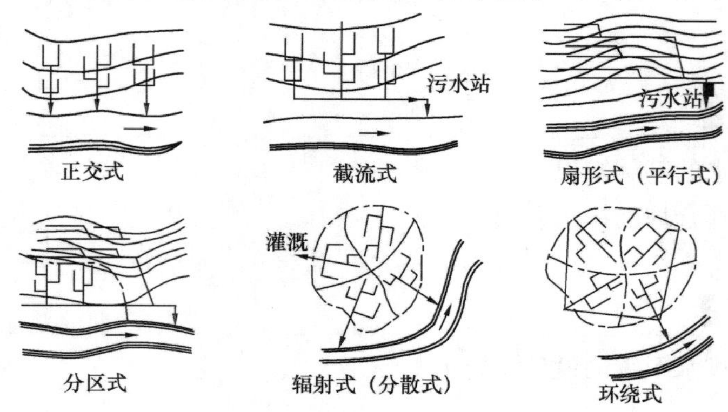

图 2-7　排水管网的布置形式

（1）正交式布置。其特点是干管长度短、管径小，方便、经济、排除污水迅速，但是易受污染，适用于分流制排水系统。

（2）截流式布置。适用于分流制污水排水系统。

（3）平行式布置。适用于地势向河流有较大倾斜的地区。

（4）分区式布置。适用于地势有高、低区的地区。

（5）辐射分散式布置。适用于城市四周有河流，中间地势高的地区。

（6）环绕式布置。

四、园林排水工程概述

（一）园林排水的特点

（1）主要是排除雨水和少量生活污水。

（2）园林中地形起伏多变有利于地面水的排除。

（3）雨水可就近排入园中水体。

（4）园林绿地通常植被丰富，地面吸收能力强，地面径流较小，因此雨水一般采取以地面排除为主、沟渠和管道排除为辅的综合排水方式。

（5）排水方式应尽量结合造景，可以利用排水设施创造瀑布、跌水、溪流等景观。

（6）排水的同时还要考虑土壤能吸收到足够的水分，以利植物生长，干旱地区应注意保水。

（7）可以考虑在园中建造小型水处理构筑物或水处理设备。

（二）园林排水工程的组成

园林排水工程是由从天然降水、污废水的收集和输送，到污水的处理和排放等一系列过程组成。从排水工程设施来分，可以分为两部分，一部分是作为排水工程主体部分的排水管渠，其作用是收集、输送和排放园林各处的污废水以及天然降水；另一部分是污水处理设施，包括必要的水池、泵房等构筑物。从排水的种类方面来分，分为雨水排水系统和污水排水系统。

1. 雨水排水系统的组成

园林内的雨水排水系统排除的对象包括雨水、园林生产废水和游乐废水。其基本构成部分有：

（1）汇水坡地、给水浅沟和建筑物屋面、天沟、雨水斗、竖管、散水。

（2）排水明沟、暗沟、截水沟、排洪沟。

（3）雨水口、雨水井、雨水排水管网、出水口。

（4）在利用重力自流排水困难的地方，还可能设置雨水排水泵站。

2. 污水排水系统的组成

园林内污水排水系统排出的对象主要是生活污水，包括室内和室外部分：

（1）室内污水排放设施如厨、厕的卫生设备，下水管道等；

（2）除油池、化粪池、污水集水口；

（3）污水排水干管、支管组成的管网；

（4）管网附属构筑物如检查井、连接井、跌水井等；

（5）污水处理站或污水处理设备，包括污水泵房、澄清池、过滤池、消毒池、清水池等；

（6）出水口。

3. 合流制排水系统的组成

合流制排水系统是只设一套排水管网，其基本组成是雨水系统和污水系统的组合。常见的组成部分是：

（1）雨水集水口、室内污水集水口；

（2）雨水管渠、污水支管；

（3）雨、污合流的干管；

（4）管网上附属的构筑物如雨水井、检查井、跌水井、截流式合流制系统的截流干管与污水支管交接处所设的溢流井等；

（5）污水处理设施如混凝澄清池、过滤池、消毒池、污水泵房等；

（6）出水口。

五、园林排水方式

（一）地面排水

地面排水是最经济、最常用的园林排水方式，即利用地面坡度使雨水汇集，再通过沟、谷、涧、山道等加以组织引导，就近排入附近水体或城市雨水管渠。在我国，大部分公园绿地都采用地面排水为主，沟渠和管道排水为辅的综合排水方式。如颐和园、广州动物园、上海复兴岛公园等。复兴岛公园完全采用地面和浅明沟排水，不仅经济实用，便于维修，而且景观自然（图 2-8）。

雨水径流对地表的冲刷，是地面排水所面临的主要问题，必须进行合理的安排，采取措施防止地表径流冲刷地面，保持水土，维护园林景观（图 2-9）。通常可从以下三方面着手。

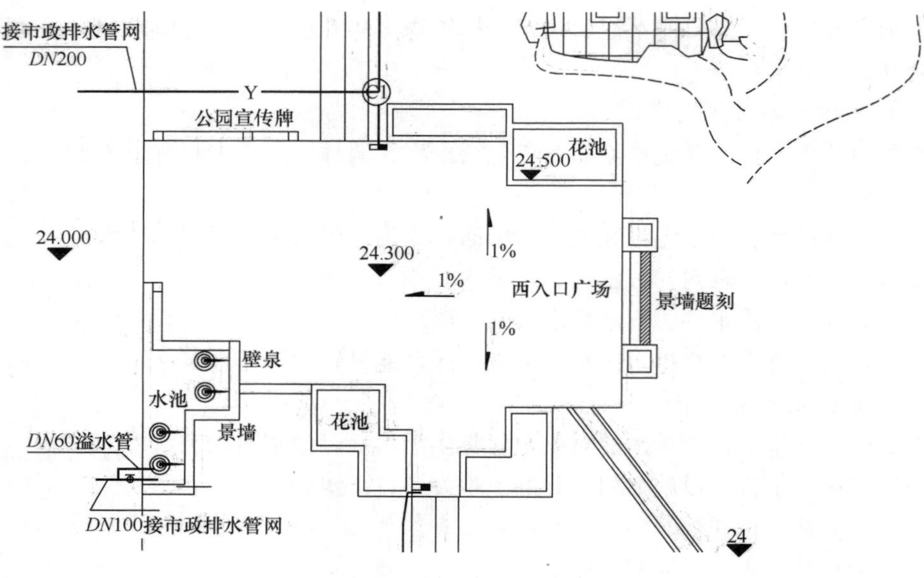

图 2-8　广场排水设置

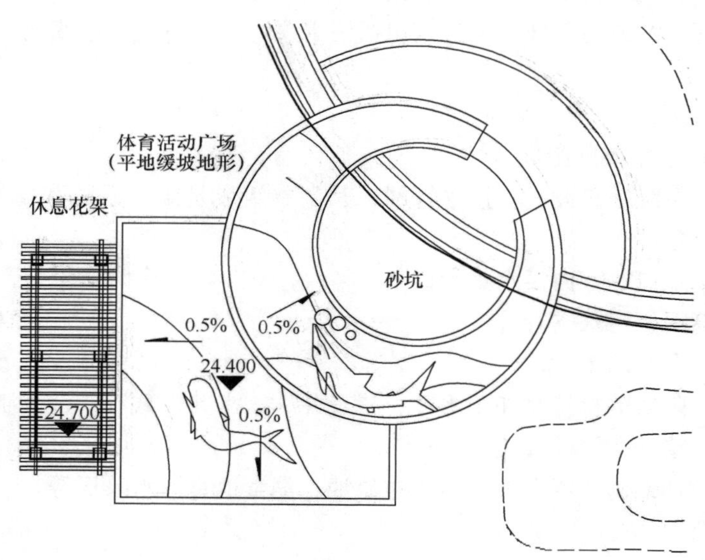

图 2-9　体育活动场所排水设置

1. 地形设计时充分考虑排水要求

（1）注意控制地面坡度，使之不至于过陡，否则应另采取措施以减少水土流失。

（2）同一坡度（即使坡度不大）的坡面不宜延伸过陡，应该有起伏变化，以阻碍缓冲径流速度，同时也可以丰富园林地貌景观。

（3）用顺等高线的盘山道、谷线等拦截和组织排水。

2. 发挥地被植物的护坡作用

地被植物具有对地表径流加以阻碍、吸收以及固土等诸多作用，因而通过加强绿化，合理种植，用植被覆盖地面是防止地表水土流失的有效措施与合理选择。

3. 采取工程措施

在过长（或纵坡较大）的汇水线上以及较陡的出水口处，地表径流速度很大，则需利用工程措施进行护坡。以下介绍几种常用工程措施。

（1）“谷方”、“挡水石”。地表径流在谷线或山洼处汇集，形成大流速径流，为防止其对地表的冲刷，可在汇水线上布置一些山石，借以减缓水流冲力降低流速，起到保护地表的作用，这些山石就叫做“谷方”，“谷方”需深埋浅露加以稳固；“挡水石”则是布置在山道边沟坡度较大处，作用和布置方式同“谷方”相近。

（2）出水口处理。园林中利用地面或明渠排水，在排入园内水体时，为了保护岸坡，出水口应做适当处理。常见的有以下两种方式：

①“水簸箕”。它是一种敞口排水槽，槽身的主体可采用三合土、浆砌块石（或砖）或混凝土。当排水槽上下口高差大时可采取如下措施，可在下口设栅栏起消力和防护作用；在槽底设置“消力阶”；槽底做成连续的浅阶；在槽底砌消力块等。

②埋管排水。利用路面或道路边沟将雨水引至濒水地段低处或排放点，设雨水口埋置暗管将水排入水体。

（二）明沟排水

公园排水用的明沟大多是土质明沟，其断面为梯形、三角形或自然式浅沟等形式（图 2-10 ），通常采用梯形断面。沟内可植草种花，也可任其生长杂草。在某些地段根据需要也可砌砖、石或混凝土明沟，断面常采用梯形或矩形（图 2-11）。

图 2-10　明沟排水

明沟的优点是工程费用较少、造价较低。但明沟容易淤积，滋生蚊蝇，影响环境卫生。在建筑物密度较高，交通繁忙的地区，可采用加盖明沟。

（三）暗渠排水

暗渠又叫盲沟，是一种地下排水渠道，用以排除地下水，降低地下水位。在一些要求排水良好的活动场地和地下水位较高的地区，以及作为某些不耐水的植物生长区的工程措施，效果较好，如体育场、儿童游戏场等，或地下水位过高影响植物种植和开展游园活动的地段，都可以采用暗渠排水。

1. 暗渠排水的优点

（1）取材方便，可废物利用，造价低廉；

（2）不需要检查井或雨水井之类的排水构筑物，地面不留“痕迹”，从而保持了绿地或其他活动场地的完整性；这对公园草坪的排水尤其适用。

2. 暗渠的布置和做法

（1）暗渠的布置

依地形及地下水的流动方向可做成干渠和支渠相结合的地下排水系统，暗渠渠底纵坡不小于 5‰，只要地形等条件许可，纵坡坡度应尽可能取大些，以利地下水的排出。

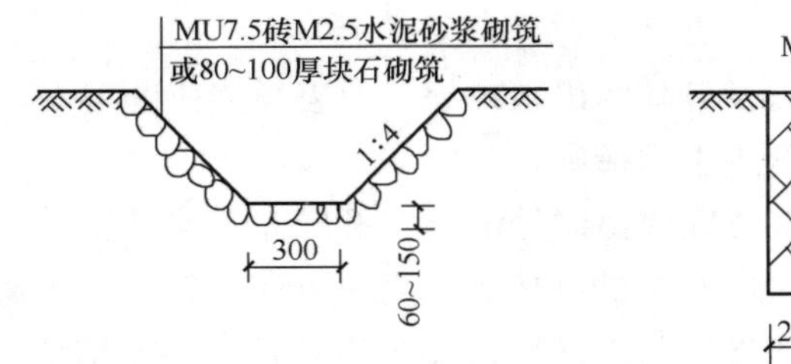

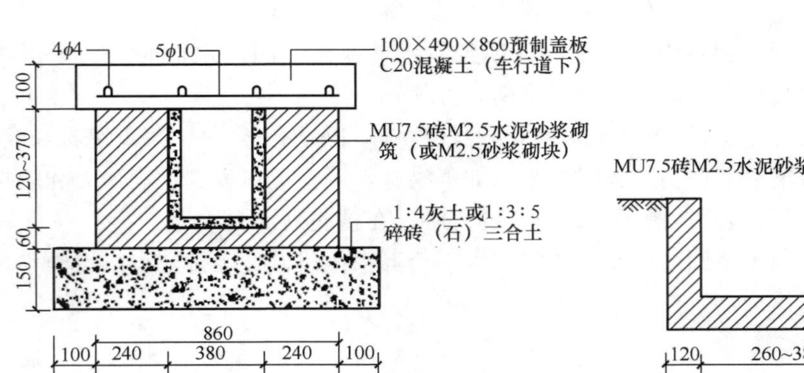

图 2-11　砌筑明沟

（2）暗渠埋深和间距

暗渠的排水量与其埋置深度和间距有关，而暗渠的埋深和间距又取决于土壤的质地。

（3）暗渠的埋置深度

影响埋深的因素有如下几方面：

①植物对水位的要求，例如草坪区的暗渠的深度不小于1m，不耐水的松柏类乔木，要求地下水距地面不小于1.5m；

②受根系破坏的影响，不同的植物其根系的大小深浅各异；

③土壤质地的影响，土质疏松可浅，重黏土应该深些，见表2-1；

④地面上有无荷载；

⑤在北方冬季严寒地区，还有冰冻破坏的影响。

3. 支管的设置间距

暗渠支管的数量和排水量及地下水的排除速度有直接的关系。在公园或绿地中如需设暗渠排地下水以降低地下水位，暗渠的深度和密度可根据表2-1和表2-2选择。

表 2-1　不同土壤类别埋设深度

土壤类别	埋 深/m
砂 质 土	1.2
壤 土	1. 4～1. 6
黏 土	1. 4～1. 6
泥 炭 土	1.7

表 2-2　柯派克氏管深管距

土壤种类	管距/m	管深/m
重黏土	8～9	1.15～1.30
致密黏土和泥炭岩黏土	9～10	1.20～1.35
沙质或黏壤土	10～12	1.1～1.6
致密壤土	12～14	1.15～1.55
砂质壤土	14～16	1.15～1.55
多砂壤土或砂质中含腐殖质	16～18	1.15～1.50
砂	20～24	

暗渠的造型，因采用透水材料多种多样，所以类型也多。图 2-12 是排水暗渠的几种构造，可供参考。

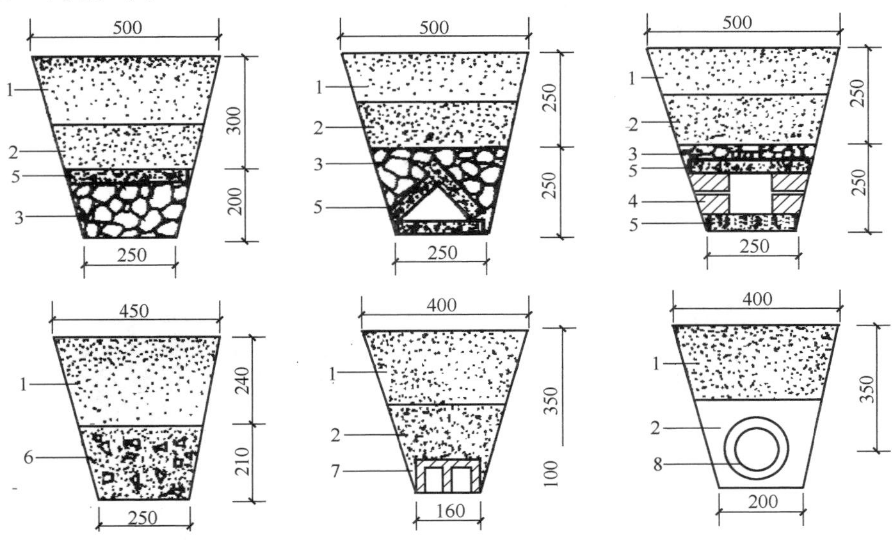

图 2-12　排水暗渠的几种构造

1—土；2—砂；3—石块；4—砖块；5—预制混凝土盖板；6—碎石及碎砖块；7—砖块干叠排水管；8—陶管

（四）管道排水

在园林中的某些地方，如低洼的绿地，广场及休息场所，建筑物周围的积水、污水的排除，需要或只能利用敷设管道的方式进行。利用管道排水的优点是不妨碍地面活动，卫生且美观，排水效率高。但造价高，检修困难（图 2-13）。

六、排水管网的附属构筑物

为了排除污水，除管渠本身外，还需在管渠系统上设置某些附属构筑物。在园林绿地中，这些构筑物常见的有：雨水口、检查井、跌水井、闸门井、倒虹管、出水口等。

（一）雨水口

雨水口是在雨水管渠或合流管渠上收集雨水的构筑物。一般的雨水口，都是由基础、井身、井口、井箅几部分构成的（图 2-14）。其底部及基础可用 C15 混凝土做成，

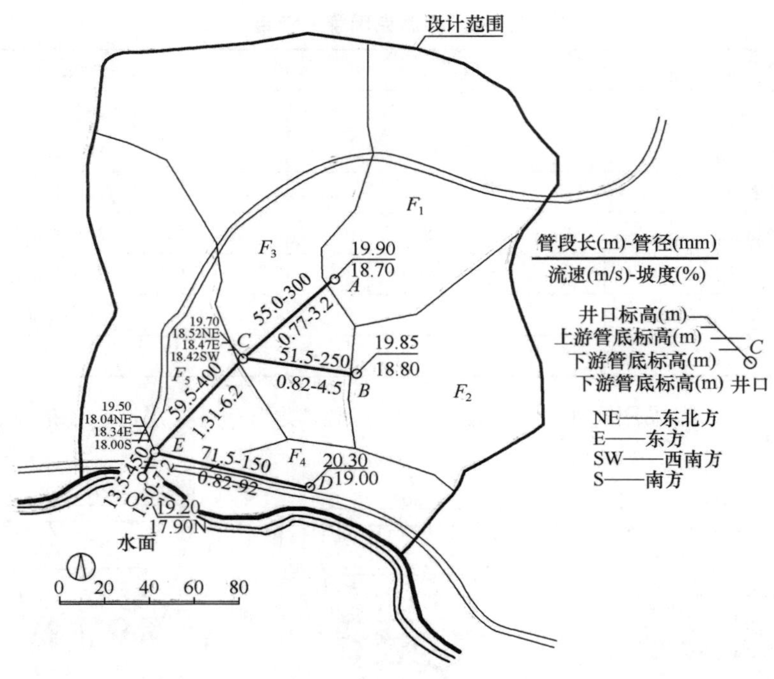

图 2-13　雨水管示意图

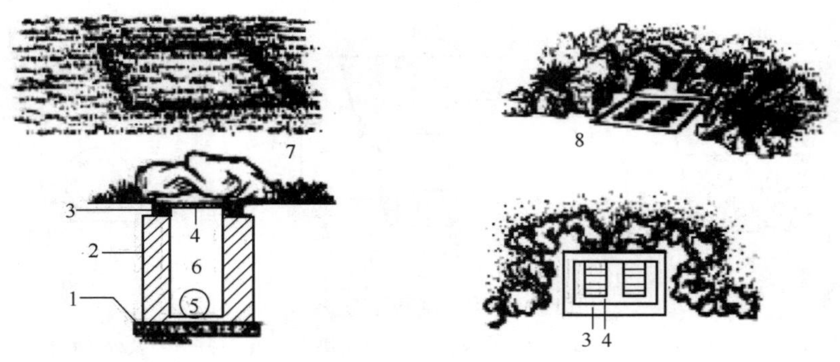

图 2-14　雨水口构筑物

1—基础；2—井深；3—井口；4—井箅；5—支管；6—井室；7—草坪窨井盖；
8—山石维护雨水口

尺寸在 120 mm×900 mm×100 mm 以上。井身、井口可用混凝土浇制，也可以用砖砌筑，砖壁厚 240 mm（图 2-15）。为了避免过快的锈蚀和保持较高的透水率，井箅应当用铸铁制作，箅条宽 15 mm 左右，间距 20～30 mm。雨水口的水平截面一般为矩形，长 1m 以上，宽 0.8 m 以上。竖向深度一般为 1 m 左右，井身内需要设置沉泥槽时，沉泥槽的深度应不小于 12 cm。雨水管的管口设在井身的底部。雨水管和合流制干管相接时，雨水口支管与干管的水流方向以在平面上呈 60°角为好。支管的坡度一般不应小于 1%。雨水口呈水平方向设置时，井箅应略低于周围路面及地面 3cm 左右，并与路面或地面顺接，以方便雨水的汇集和泄入，雨水口的泄水能力及适用条件见表 2-3。

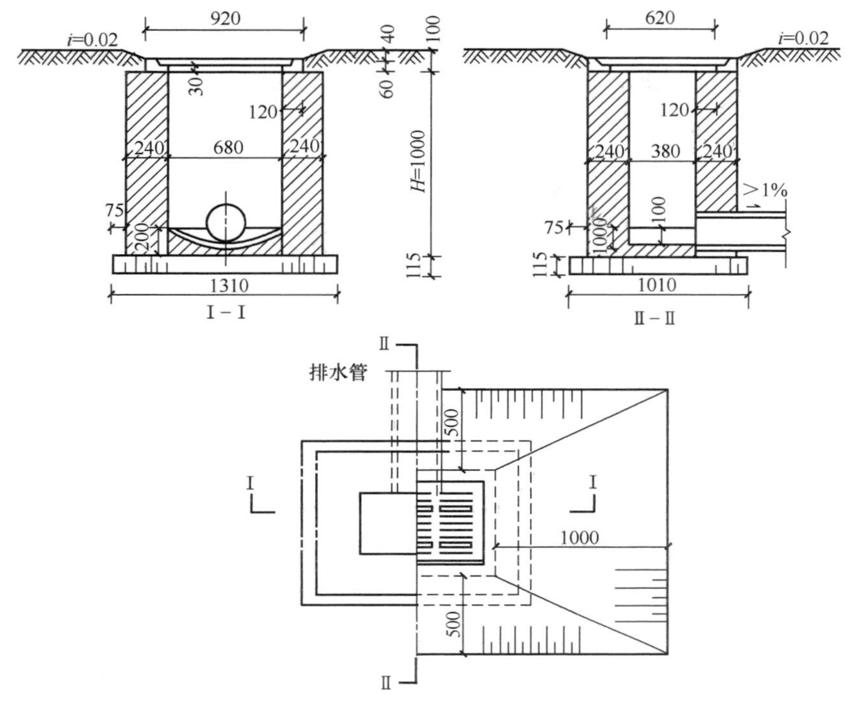

图 2-15　雨水井构造

表 2-3　常用雨水口的泄水能力和适用条件

名称	泄水能力	适用条件
（单箅） 边沟式 雨水口 （双箅）	20 35	有道牙道路，纵坡平缓
（单箅） 联合式 雨水口 （双箅）	30 50	有道牙道路，箅隙易被树叶堵塞时
（单箅） 平箅式（双箅）雨水口 （三箅）	15～20 35 50	有道牙道路，比较低洼处且箅易被树叶堵塞时
（单箅） 平箅式（双箅）雨水口 （三箅）	15～20 35 50	无道牙道路、广场、地面
小雨水口	约 10	降雨强度较小地区、有道牙道路

（二）检查井

检查井的功能是便于管道维护人员检查和清理管道。通常设在管渠交汇、转弯、管渠尺寸或坡度改变、跌水等处以及相隔一定距离的直线管渠段上。一般采用圆形，由井底（包括基础）、井身和井盖（包括盖底）几部分组成（图 2-16）。检查井的最大间距见表 2-4。

表 2-4 检查井的最大间距

管径或暗渠净高/mm	最大间距/m	
	污水管道	雨水（合流）管道
200～400	40	50
500～700	60	70
800～1000	80	90
1100～1500	100	120
1600～2000	120	120

(三) 跌水井

跌水井是设有消能设施的检查井。目前常用的跌水井有两种形式：竖管式（或矩形竖槽式）和溢流堰式（图 2-17）。前者适用于直径等于或小于 400 mm 的管道，后者适用于 400mm 以上的管道。当上、下游管底标高落差小于 1m 时，一般只将检查井底部做成斜坡，不采取专门的跌水措施。

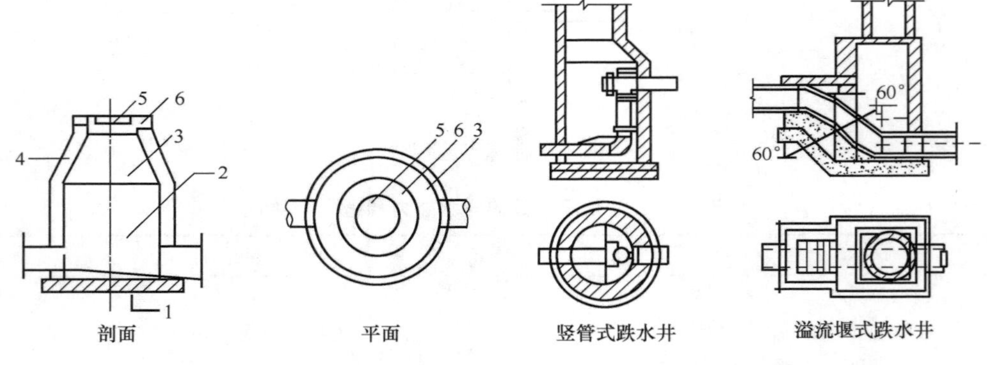

图 2-16 圆形检查井的构造

1—基础；2—井室；3—肩部；4—井颈；5—井盖；6—井口

图 2-17 两种形式的跌水井构造

(四) 闸门井

由于降雨或潮汐的影响，使园林水体水位增高，可能对排水管形成倒灌，或者为了防止无雨时污水对园林水体的污染，控制排水管道内水的方向与流量，就要在排水管网中或排水泵站的出口处设置闸门井。闸门井由基础、井室和井口组成。

(五) 倒虹管

由于排水管道在园路下布置时有可能与其他管线发生交叉，而它又是一种重力自流式的管道，因此，要尽可能在管线综合中解决好交叉时管道之间的标高关系，但有时受地形所限，如果要穿过沟渠和地下障碍物时，排水管道就不能按照正常情况敷设，而不得不以一个下凹的折线形式从障碍物下面穿过，这段管道就成了倒置的虹吸管，即所谓的倒虹管（图 2-18）。一般排水管网中的倒虹管是由进水井、下行管、平行管、上行管和出水井等部分构成的，倒虹管采用的最小管径为 200 mm，管内流速一般为 1.2～1.5m/s，同时不得低于 0.9m/s，并应大于上游管内流速。平行管与上行管之间的夹角

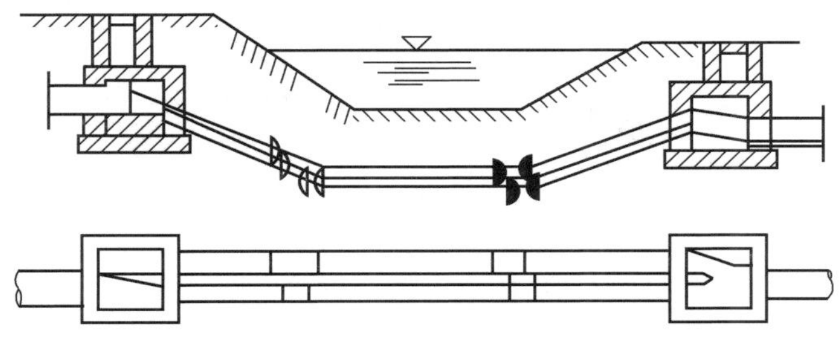

图 2-18　穿越河道的倒虹管示意图

不小于 150°，要保证管内的水流有较好的水力条件，以防止管内污物滞留。为了减少管内泥沙和污物淤积，可在倒虹管进水井之前的检查井内，设一沉淀槽，使部分泥沙污物在此预沉下来。

（六）出水口

出水口是排水管渠内水流排入水体的构筑物，其形式和位置视水位、水流方向而定，管渠出水口不要淹没于水中，最好令其露在水面上。为了保护河岸或池壁及固定出水口的位置，通常在出水口和河道连接部分做护坡或挡土墙等（图 2-19，图 2-20）。常见出水口形式见表 2-5。

表 2-5　常用出水口形式和适用条件

名称	适用条件
一字出水口	排出管道与河流渠顺接处，岸坡较陡时
八字出水口	排出管道排入河渠岸坡较平缓时
门字出水口	排出管道排入河渠岸坡较陡时
淹没出水口	排出管道末端标高低于正常水位时
跌水水口	排出管道末端标高高出洪水位较大时

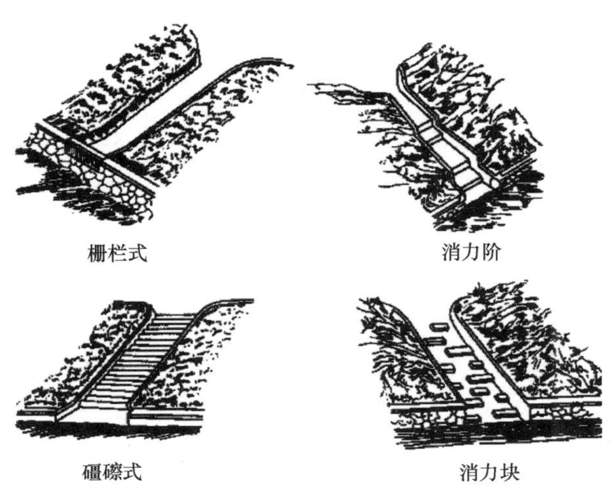

图 2-19　出水口的处理形式

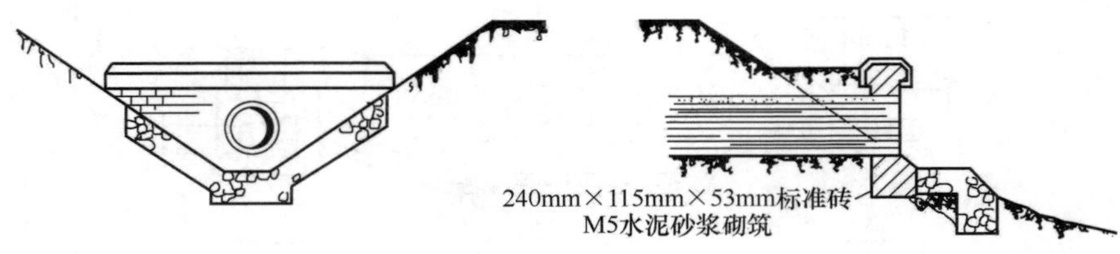

图 2-20 出水口构造

七、雨水管渠的布置与设计

公园绿地应尽可能利用地形排除雨水，但在某些局部如广场、主要建筑周围或难以利用地面排水的局部，可以设置暗管或排水渠来排水。

（一）雨水管渠的布置

1. 雨水管道系统的组成

雨水管道系统通常由雨水口（图 2-21，图 2-22）、连接管、检查井（图 2-23）、干管、支管和出水口组成。

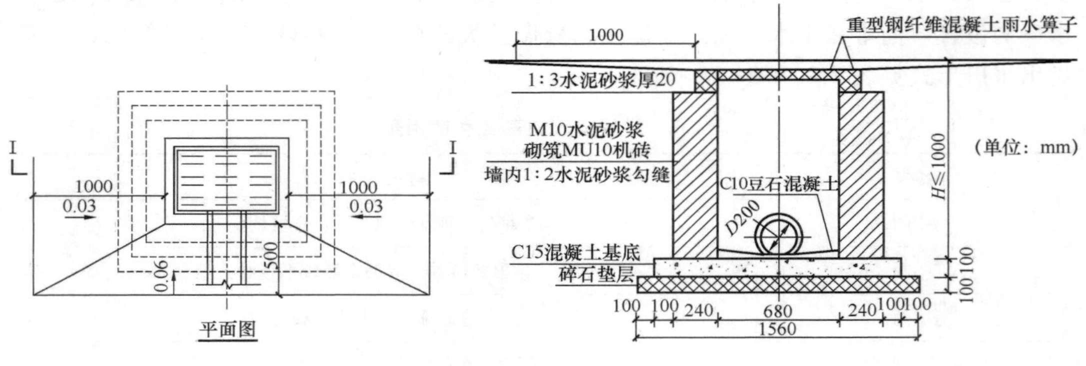

图 2-21 雨水口平面图　　　图 2-22 雨水口剖面图

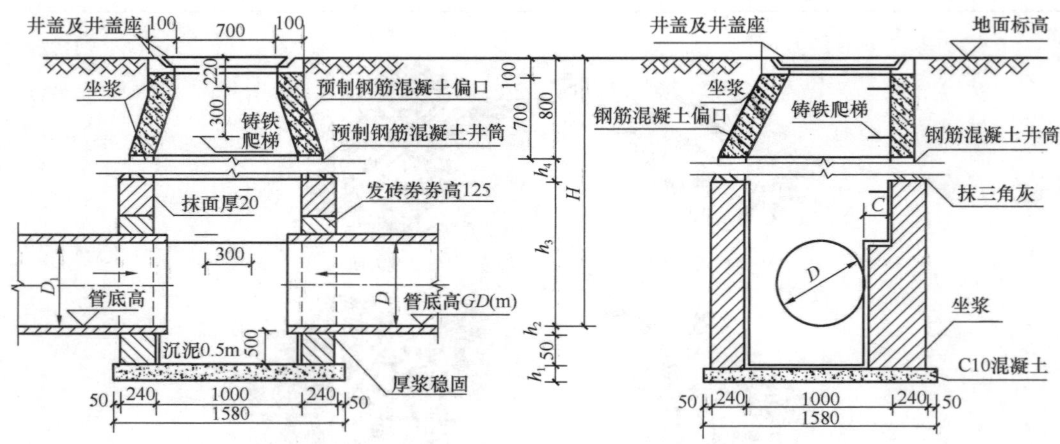

图 2-23 检查井结构剖面图

2. 雨水管渠布置的一般规定

（1）管道的最小覆土深度。根据雨水井连接管的坡度、冰冻深度和外部荷载情况决定。雨水管道的最小覆土深度不小于 0.7 m。

(2) 最小坡度。雨水管道多为无压自流管，只有具有一定的纵坡值雨水才能靠自身重力向前流动，而且管径越小所需最小纵坡值越大。管渠纵坡的最小限值见表 2-6。

表 2-6　管渠纵坡的最小限值

管径	最小纵坡	管径	最小纵坡	管径	最小纵坡
200mm	0.4%	350mm	0.3%	土质明沟	0.2%
300mm	0.33%	400mm	0.2%	砌筑梯形明渠	0.02%

(3) 最小容许流速。流速过小，不仅影响排水速度，水中杂质也容易沉淀淤积。各种管道在自流条件下的最小容许流速不得小于 0.75 m/s；各种明渠不得小于 0.4 m/s (个别地方可以酌减)。

(4) 最大设计流速。流速过大，会磨损管壁，降低管道的使用年限。金属管的最大设计流速为 10m/s，非金属管为 5m/s，明渠的水流深度 h 为 0.4～10m 时，最大设计流速见表 2-7。

表 2-7　管渠的最大设计流速

明渠类别	最大设计流速/ (m/s)	明渠类别	最大设计流速/ (m/s)
粗砂及贫砂质黏土	0.8	草皮护面	1.6
砂质黏土	1.0	干砌块石	2.0
黏土	1.2	浆砌块石及浆砌砖	3.0
石灰岩及中砂岩	4.0	混凝土	4.0

(5) 最小管径尺寸及沟槽尺寸：

①雨水管最小管径一般不小于 150 mm，公园绿地的径流中因携带的泥沙较多，容易堵塞管道，故最小管径尺寸采用 300 mm。

②梯形明渠为了便于维修和排水通畅，渠底宽度不得小于 30 cm；梯形明渠的边坡，用砖、石或混凝土砌筑时一般采用 1∶0.75～1∶1 的边坡。边坡在无铺装情况下，根据其土壤性质可采用表 2-8 的数值。

表 2-8　梯形明渠的边坡

土质	边坡	土质	边坡
粉砂	1∶3～1∶3.5	砂质黏土和黏土	1∶1.25～1∶1.15
松散的细砂、中砂、粗砂	1∶2～1∶2.5	砾石土和卵石土	1∶1.25～1∶1.5
细实的细砂、中砂、粗砂	1∶1.5～1∶2	半岩性土	1∶0.5～1∶1
黏质砂土	1∶1.5～1∶2	风化岩石	1∶0.25～1∶0.5

③管道材料的选择。排水管材的种类有铸铁管、钢管、陶土管、混凝土管和钢筋混凝土管等。室外雨水的无压排除通常选用陶土管、混凝土管和钢筋混凝土管。

3. 雨水管渠布置的要点

①尽量利用地表面的坡度汇集雨水，以使所需管线最短。在可以利用地面输送雨水的地方尽量不设置管道，使雨水能顺利地靠重力流排入附近水体。

②当地形坡度较大时，雨水干管应布置在地形低的地方；在地形平坦时，雨水干管应布置在排水区域的中间地带，以尽可能地扩大重力流排除范围。

③应结合区域的总体规划进行考虑，如道路情况、建筑物情况、远景建设规划等。

④雨水口的布置应考虑到能及时排除附近地面的雨水，不致雨水漫过路面而影响交通。

⑤为及时快速地将雨水排入水体，若条件允许，应尽快采用分散出水口的布置形式。

⑥在满足冰冻深度和荷载要求的前提下，管道坡度宜尽量接近地面坡度。

（二）雨水管道设计步骤

雨水管道设计的主要步骤包括以下内容。

1. 收集资料

收集和整理所在地区和设计区域的各种原始资料，包括设计区域总平面布置图、竖向设计图，当地的水文、地质、暴雨等资料。

2. 划分流域

划分排水流域（汇水区），进行雨水管渠的定线；根据排水区域地形、地物等情况划分汇水区，通常沿山脊线（分水岭）、建筑外端、道路等进行划分。

3. 作管道布置草图

根据汇水区划分、水流方向及附近城市雨水干管分布情况等，确定管道走向以及雨水口、检查井的位置。给各检查井编号并求其地面标高，标出各段管长。

4. 划分并计算各设计管段的汇水面积 F

各设计管段汇水面积的划分应结合地形坡度、汇水面积的大小以及雨水管道布置等情况而划定。地形较平坦时，可按就近排入附近雨水干管的原则划分汇水面积；地形坡度较大时，按地面雨水径流的水流方向划分汇水面积。将每块面积进行编号，计算其面积的数值并标明在图中。

5. 确定各排水流域的平均径流系数值 ψ

径流系数 ψ 是单位面积径流量与单位面积降雨量的比值，地面性质不同，其径流系数也不同，所以这一比值的大小取决于地表或地面物的性质。覆盖类型较多的汇水区，其平均径流系数应采用加权平均法求取。各类地面径流系数参考表 2-9。

表 2-9　不同性质地面的径流系数值

地面种类	ψ 值	地面种类	ψ 值
各种屋面、混凝土和沥青路面	0.9	干砌砖石和碎石路面	0.4
大块石铺砌路面和沥青表面处理的碎石路面	0.6	非铺砌土地面	0.3
级配碎石路面	0.45	绿地	0.15

八、园林排水工程的综合布置

管线综合布置的目的是为了合理安排各种管线，综合解决各种管线在平面和竖向上的相互影响，以避免在各种管线埋设时发生矛盾，造成人力、物力、财力和时间上的浪费。

（一）一般原则

（1）地下管线的布置，一般是按管线的埋深，由浅至深（由建筑物向道路）布置，常用的顺序如下：①建筑物基础；②电信电缆；③电力电缆；④热力管道；⑤煤气管；⑥给水管；⑦雨水管道；⑧污水管道；⑨路缘。

（2）管线的竖向综合布置应遵循小管让大管，有压管让自流管，临时管让永久管，新建管让已建管的原则。

（3）管线平面应做到管线短，转弯小，减少与道路及其他管线的交叉，并同主要建筑物和道路的中心线平行或垂直敷设。

（4）干管应靠近主要使用单位和连接支管较多的一侧敷设。

（5）地下管线一般布置在道路以外，但检修较少的管线（如污水管、雨水管、给水管）也可布置在道路下面。

（6）雨水管应尽量布置在路边，带消防栓的给水管也应沿路敷设。

（二）各种管线最小水平净距

为保证安全，避免各种管线、建筑物和树木之间相互影响，便于施工和维护，各种管线间水平距离应满足最小水平净距的规定。

九、园林排水工程的施工

园林绿地的排水主要采用地表及明沟排水方式为宜，采用暗管排水只是局部的地方采用，仅作为辅助性的。采用明沟排水应因地制宜，不宜搞得方方正正，而应该结合当地地形情况，因势利导，做成一种浅沟式，适宜植物生长的形式。

（一）排水管施工方法

（1）施工流程。沟槽开挖→基坑支护→地基处理→基础施工→管道安装→基坑回填土。

（2）管沟开挖。一般采取平行流水作业，避免沟槽开挖后暴露过久，引起沟槽坍塌；同时可充分利用开挖土进行基坑回填，以减少施工现场的土方堆积和土方外运数量。根据现有管线的分布和实际地质情况，拟采用人工配合机械开挖的方法。

（3）地基处理。管沟开挖完毕，按规定对基底整平，并清除沟底杂物，如遇不良地质情况或承载力不符合设计要求，应及时与建设、设计、监理单位协商，根据实际情况分别采用重锤夯实，换填灰土、填筑碎石、排水、降低水位等方法处理。

（4）管道安装。管道安装应首先测定管道中线及管底标高，安装时按设计中线和纵向排水坡度在垂直和水平方向保持平顺，无竖向和水平挠曲现象。排水管道安装时，管道接口要密贴，接口与下管应保持一定距离，防止接口振动。管道安装前应先检查管材是否破裂，承插口内外工作面是否光滑。管材或管件在接口前，用棉纱或干布将承口内侧和插口外侧擦拭干净，使接口面保持清洁，无尘砂与水迹。当表面沾有油污时，用棉纱蘸丙酮等清洁剂擦净。

(5) 管沟回填。回填前应排除积水，并保护接口不受损坏。回填填料符合设计及有关规定要求，施工中可与沟槽开挖、基础处理、管道安装流水作业，分段填筑，分段填筑的每层应预留 0.3m 以上与下段相互衔接的搭接平台。管道两侧和检查井四周应同时分层、对称回填夯实。

(二) 雨污排放系统施工

雨污排放系统施工前，先由技术部门复核检查井的位置、数量，管道标高、坡度等。现场测量图纸设计的市政雨污系统接口标高和现场实测口是否一致，确定无误后再进行施工。施工时总体上遵循由下而上的顺序进行，具体顺序如下：

(1) 雨水井、污水井、检查井的施工。首先将现场的雨污管引出，确定井的位置，再根据图纸上的标高确定井的深度。然后进行挖土、垫层、砌筑抹灰等施工。

(2) 雨水、污水管安装。雨水、污水排水管材插口与承口的工作面，应表面平整，尺寸准确，既要保证安装时插入容易，又要保证接口的密封性能。管材及配件在运输、装卸及堆放过程中严禁抛扔或激烈碰撞，避免阳光暴晒，以防变形和老化。管材、配件堆放时，放平垫实，堆放高度不超过 1.5m；对于承插式管材、配件堆放时，相邻两层管材的承口相互倒置并让出承口部位，以免承口承受集中荷载。

(三) 雨水、污水管道的闭水试验

排水管道闭水试验是在试验段内灌水，井内水位应为试验段上游管内顶以上 2m (一般以一个井段为一段)，然后，在规定的时间里，观察管道的渗水量是否符合标准。试验前，用 1∶3 水泥砂浆将试验段两井内的上游管口砌 24cm 厚的砖堵头，并用 1∶2.5 砂浆抹面，将管段封闭严密。当堵头砌好后，养护 3～4d 达到一定强度后，方可进行灌水试验。灌水前，应先对管接口进行外观检查，如果有裂缝、脱落等缺陷，应及时进行修补，以防灌水时发生漏水而影响试验。漏水时，窨井边应设临时行人便桥，以保证灌水及检查渗水量等工作时的安全。严禁站在井壁上口操作，上下沟槽必须设置立梯、戴上安全帽，并预先对沟壁的土质、支撑等进行检查，如有异常现象应及时排除，以保证闭水试验过程中的安全。

任务三　园林喷灌系统工程

【知识点】

固定式喷灌系统设计和施工的方法。

【技能点】

进行固定式喷灌系统的设计及施工。

相关知识

灌溉对于风景园林发挥其最佳使用功能和审美功能是非常重要的。虽然在自然条件下乡土树种都能够靠降水正常生长，但是经常有一些引进的物种或处于非理想生长状态的物种，需要一定的灌溉量来保证生长。灌溉系统是用于向绿地输水的完整的管、阀、喷水装置、控制装置、监测仪表和相关部件的组合。在水资源持续短缺的今天，应大力发展节水灌溉技术以提高水资源的利用效率。节水灌溉技术包括喷灌、微喷灌、滴灌、小管出流、渗灌等技术措施。

喷灌是利用机械加压把水压送到喷头，经喷头作用将水分散成细小水滴后均匀地降落到地面进行灌溉。喷灌近似于天然降水，对植物全株进行灌溉，可以洗去树叶上的尘土，增加空气湿度，而且节约用水，灌水均匀，有利于实现灌溉自动化，对盐碱土的改良也有一定作用，但基本建设投资高、耗能、工作时受风的影响较大，超过 3～4 级风不宜进行。

滴灌和渗灌属于局部灌溉，通过管道系统和灌水器将水分和养分及其他可溶于水的物质以较小的流量均匀、准确地直接输送到植物根部附近的土壤表面或土层中，具有省水节能、灌水均匀、适应性强、操作方便等优点。

一、喷灌系统的组成与分类

（一）喷灌系统的组成

喷灌系统的组成包括水源、输水管道系统、控制设备、过滤设备、加压设备、喷头（图 2-24，图 2-25）等部分。喷灌系统的设计就是要求得一个完善的供水管网，通过这一管网为喷头提供足够的水量和必要工作压力，供所有喷头正常工作。

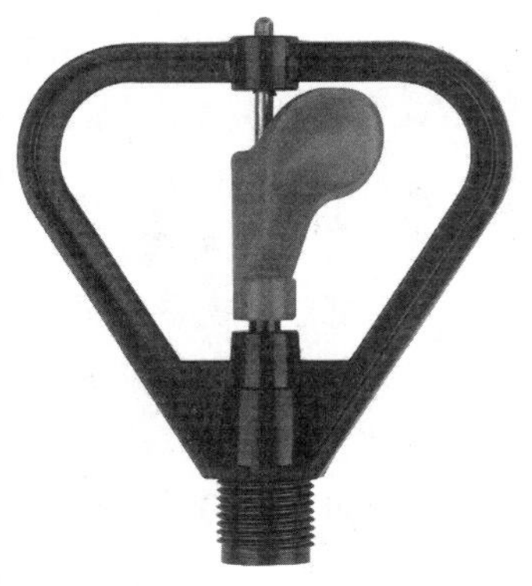

图 2-24　折射式喷头

图 2-25　摇臂式喷头

喷灌系统的水源可以有较多的选择，在可能的情况下应首先选择中水或地表水作为喷灌的水源，尽量减少对地下水和市政自来水等优质水资源的依赖，同时喷灌水源的水质应能满足植物生长的要求，不应改变原有土壤的物理和化学性质。当用中水作为灌溉用水时，应定期检验中水的出水水质。当一个水源不能完全保证喷灌用水的水量要求时，可以考虑使用多个水源同时供水。

当选择压力管网作为喷灌系统的水源时，可以直接利用管网压力为喷头供水，在压力不足或无压力水源时，需要采用水泵及动力设备升压。喷灌系统常用的加压设备有离心泵、潜水泵和深井泵。水泵的设计出水量应满足最大轮灌区的用水量，水泵的扬程应满足最不利点喷头的工作压力。

输水管道系统可以将水配送到各个喷头，通常由主管和支管两级管道组成。主管是全部或大部分时间都有水和压力的管网段，始于水源并延伸到支管的控制阀为止。主管上安装闸阀以便分区管理，也可以安装取水阀，便于临时连接水管取水。支管是工作管道，按一定间距安装有连接喷头的立管，只有喷头工作时支管内才充水。

在管道系统上还接有其他连接和控制的附属配件，如过滤器、化肥及农药添加器、水表，以及各种手控阀门、电磁阀和控制器等。手控阀门包括球阀、闸阀、蝶阀等。喷灌控制器应用于自动控制喷灌系统，可实现园林灌溉无人值守，提高自动化管理水平，其附属设备包括遥控器和传感器等。常用的传感器有降水传感器、土壤湿度传感器和风速传感器等。往往因为水压条件、游人游览需要、再生水灌溉等原因，绿地灌溉的时间段选择在夜间或清晨进行，时间控制器可以控制喷灌开始进行的时间、时长和间隔时间。遥控器和传感器配合使用，可以感应风力、气温、降雨、土壤湿度变化等，自动进行定时、定量灌溉。其他控制设备包括减压阀、止回阀、倒流防止器、排气阀、水锤消除阀、自动泄水阀、排空装置等。在使用饮用水作为喷灌水源或者水源之一时，必须通过安装止回阀等措施，防止喷灌系统中的水倒流进入自来水管网系统中，以免污染饮用水，造成卫生安全事故。

喷头是喷灌的专用设备，其作用是将有压力的集中水分散成细小的水滴，均匀撒布到土壤表面。喷头性能参数是喷灌设计的重要数据，可以从工厂提供的产品性能参数中获得，主要包括有效射程、工作压力、仰射角、喷灌强度和单位时间喷水量等。

（二）喷灌系统的分类

依管道敷设方式，喷灌系统可分为移动式、固定式和半固定式 3 类。3 种系统可根据灌溉地的情况酌情采用。

图 2-26　移动式喷灌系统

1. 移动式喷灌系统

移动式喷灌系统要求灌溉区有天然水源（池塘、河流等），其动力（电动机或汽油发动机）、水泵、管道和喷头等是可以移动的，由于管道等设备不必埋入地下，所以投资较小，机动性强，但管理劳动强度大。适用于水网地区的园林绿地、苗圃和花圃的灌溉。如图 2-26 所示。

2. 固定式喷灌系统

这种系统有固定的泵站，供水的干管、支管均埋于地下，喷头固定于竖管上，也可临时安装。固定式喷灌系统的设备费较高，但操作方便，节约劳力，便于实现自动化和遥控操作。适用于需要经常灌溉和灌溉期较长的草坪、大型花坛、花圃、庭院绿地等。如图 2-27 所示。

3. 半固定式喷灌系统

其泵站和干管固定，支管及喷头可移动，优缺点介于上述二者之间。适用于大型花圃或苗圃。如图 2-28 所示。

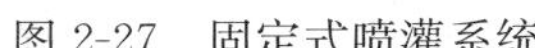

图 2-27 固定式喷灌系统

图 2-28 半固定式喷灌系统

此外，喷灌系统依供水方式分类，可以分为自压型喷灌系统和加压型喷灌系统。喷灌系统依控制方式分类，可以分为程序控制型喷灌系统和手动控制型喷灌系统。喷灌系统依喷头喷射距离分类，可以分为近射程喷灌系统和中、远射程喷灌系统。

二、固定式喷灌系统设计

固定式喷灌系统规划设计的内容一般包括：勘测调查、喷灌系统选型、管网规划、水力计算和结构设计等内容。

（一）喷灌地区的勘测调查

要设计一个喷灌系统首先要在灌区范围内进行调查，收集地形、气象、土壤、水文、植物材料等有关资料，并进行实地踏勘取得第一手材料。如果地形、土壤等资料不足，还需预先进行测量、实地观测等工作。喷灌系统设计必需的基本资料有以下几类：

（1）地形图。比例尺为 1∶1000～1∶500 的地形图，灌溉区的面积、位置、边界、形状、地形地势以及其他影响喷灌设计的道路、建筑等。

（2）气象资料。包括气温、降水、蒸发、湿度、风向风速等，其中尤以风对喷灌影响最大，作为确定植物需水量和制订灌溉制度的主要依据，风向风速资料是确定支管布置方向和确定喷灌系统有效工作时间所必需的。

（3）土壤资料。包括土壤的质地、持水能力、吸水能力和土层厚度等，主要用以确定灌溉制度和最大允许喷灌强度。

（4）植被情况。包括植被（或作物）的种类、种植面积、耗水量情况、根系深度等。植物的生长期、生长季节的降水量或降水速度、蒸发速度、土壤类型、植物的蒸腾量、植物的需水量等是喷灌设计的基础资料。喷灌的水量就是在生长期间植物所需的水量与天然降水之间的差值，不同植物种类有所差异。

（5）水源条件。灌溉区水源的选择。

（6）动力条件。可选择高位水、内燃机、电机等与水泵组成动力机组等。

（二）喷灌系统的设计

1. 喷头选择

喷灌区域的大小和喷头的安装位置是选择喷头喷洒范围的主要依据。面积狭小区域应采用低射程喷头；面积较大时应使用中、远射程喷头，以降低综合造价。安装在绿地边界的喷头，应选择可调角度或固定角度的喷头，避免漏喷或喷出边界。喷头的水力性能应适合植物和土壤的特点，根据植物种类来选择水滴大小（也即雾化指标），还要根据土壤透水性来选定喷头，使系统的组合喷灌强度小于土壤的渗吸速度。

2. 喷头布置

喷头的布置应等间距、等密度布置，最大限度地满足喷灌均匀度的要求，并充分考虑风对喷灌水量分布的影响，将这种影响的程度降到最低，做到无风或微风情况下不向喷灌区域外大量喷洒。充分考虑植物等对喷洒效果的影响，喷头与树木、草坪灯、音箱、果皮箱等物体的间距应该大于其射程的一半，避免由于遮挡出现漏喷的现象。有封闭边界的喷灌区域应首先在边界的转折点布置喷头，然后在转折点之间的边界上按一定的间距布置，最后在边界之间的区域里布置喷头，要求一个轮灌区里喷头的密度尽量相等。对于无封闭边界的喷灌区域，喷头的布置应首先从喷灌技术要求最高的区域开始布置，然后向外延伸。

喷头的喷洒方式有圆形喷洒和扇形喷洒两种。除了位于地块边缘的喷头作扇形喷洒外，其余均采用圆形喷洒。喷头的组合形式（也叫布置形式）是指各喷头相对位置的安排。喷头的基本布置形式有矩形和三角形两种。在喷头射程相同的情况下，不同的布置形式，其支管和喷头的间距也不同。

喷头布置完成以后应该核算喷灌强度和喷灌均匀度，如果不能满足设计要求必须重新进行喷头选型和布置，直到喷灌强度和均匀度均满足设计要求为止。

3. 管网布置及轮灌区划分

干管用于连接水源接入点和各个支管，一般情况下干管走向应与地块轴线一致，应尽量使干管与支管垂直相交。支管用于连接一组喷头，由阀门控制喷头的启闭。支管连接的喷头数量可以根据管理要求和经济因素等确定。较少的喷头管理灵活，而较多喷头可以减少控制阀门的数量。

4. 灌溉制度的设计

灌水定额是指一次灌水的水层深度（mm）或一次灌水单位面积的用水量（m^3/hm^2）。而设计灌水定额则是指作为设计依据的最大灌水定额。确定这一定额旨在使灌溉区获得合理的灌水量，使被灌溉的植被既能得到足够的水分，又不造成水的浪费。

5. 喷灌系统管道的水力计算

喷灌系统管道的水力计算和一般的给水管道的水力计算相仿，也是在保证用水量的前提下，通过计算水头损失来正确地选定管径及选配水泵与动力。

喷灌系统管径选择的原则是在满足下一级管道流量和压力的前提下，管道的年费用最小。管道的年费用包括投资成本和运行费用。对于一般规模的绿地喷灌系统，如果采用 PVC 管材，可以利用下面公式确定管径：

$$D=\sqrt{\frac{4Q}{\pi v}}$$

式中 D——管道的公称外径，mm；

Q——设计流量，m^3/h；

v——设计流速，m/s。

上式的适用条件是，设计流量 $Q=0.5\sim200m^3/h$，设计流速 $v=1.0\sim2.5m/s$。当计算的管径介于两种常用规格之间时，取大者。当管径 $D\leqslant50mm$ 时，设计流速不应超过表2-10规定的数值。从安全运行的角度考虑，所有规格的管道流速不宜超过2.5m/s。

表 2-10 管道外径与最大流速对照表

外径/mm	15	20	25	32	40	50
最大流速/（m/s）	0.9	1.0	1.2	1.5	1.8	2.1

水头损失包括沿程水头损失和局部水头损失。沿程水头损失可用公式计算，也可以查管道水力计算表。根据已知的流量和管道品种，查相应管材的水力计算表，便可求得该管段的沿程水头损失值。局部水头损失，可按沿程水头损失值的10%计算。

在喷灌系统的支管上，一般都要安装若干个竖管和喷头，在喷头同时工作时，每隔一定距离（喷头在支管上的间距）都有部分水量流出，所以支管流量是向管末端逐段减少的，在求取这种多孔口管道的水头损失时，为了便于计算，采用一个叫“多口系数”的概念。多口系数是指相同进口流量时，多出口等流量出流时的沿程水头损失与该管道只有末端出流时的沿程水头损失的比值。

三、微灌系统设计

与喷灌系统相反，微灌是直接将水浇到单个植物的灌溉系统，通过灌水器以微小的流量湿润植物根部附近土壤，利用轻度但频繁的灌溉以适应不同植物和土壤气候条件的需要。微灌可以按照植物需水要求适时适量地灌水，显著减少水的损失，省水省工。系统工作所需要的压力较小，减少了能耗。系统灌水均匀，对土壤和地形的适应性强。缺点是投资较大，对水质要求较高。

根据微灌所用的设备（主要是灌水器）及出流形式不同，主要有滴灌、微喷灌、小管出流和渗灌4种。

（1）滴灌。是利用安装在末级管道（称为毛管）上的滴灌器将压力水以水滴状湿润土壤。如将毛管和滴灌器放在地面称为地表滴灌；也可以把它们埋入地下30～40cm，称为地下滴灌。滴灌滴水器的流量通常为2～12L/h。

（2）微喷灌。是利用直接安装在毛管上或与毛管连接的微喷头将压力水以喷洒状湿润土壤，微喷头的流量通常为20～250L/h。

（3）小管出流。是利用小塑料管与毛管连接作为灌水器，以射流形式局部湿润植物附近的土壤，其流量为80～250L/h。

（4）渗灌。是将渗水毛管埋入地下一定深度，压力水通过渗水毛管管壁的毛细孔以渗流形式湿润周围的土壤。其流量一般为2～3L/h。

在场地的喷灌系统中，往往会因为场地中存在一些不适宜大中型喷头喷洒的区域，会在局部地方结合微灌系统配合使用。一些植物的特殊生长时期或某些特定植物也需要独立的微灌系统进行灌溉。

（一）滴灌系统

滴灌系统具有极大的灵活性，可以为不同植物选择不同流速的滴灌器或安排滴灌器的不同量，以适应植物个体的差异，节水的同时，连续地提供水分以接近最佳的土壤湿度，如图 2-29 所示。滴灌系统常与喷灌系统同时使用，以满足园林种植的复杂多样性。喷灌系统用于灌溉大面积的草坪或密林，而对于灌木、孤植乔木、行道树等，滴灌则具有大量优点。

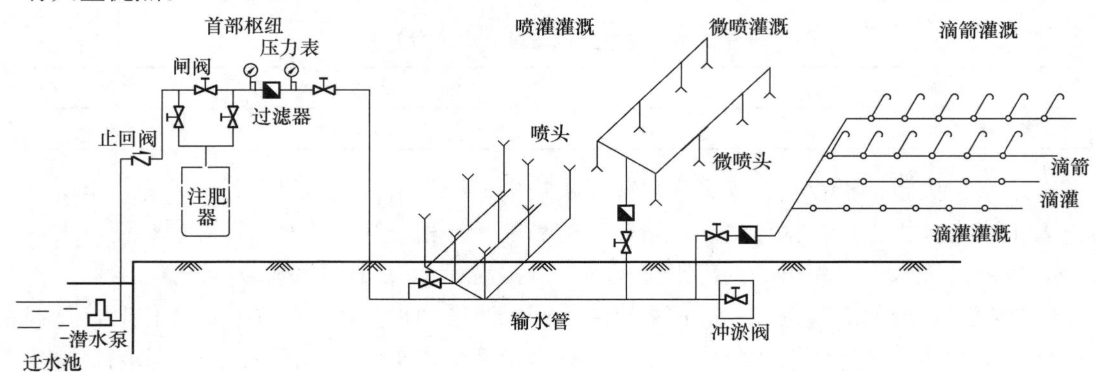

图 2-29　滴灌系统图示

滴灌器的布置应围绕植物的根系尤其是毛细根区对称布置，一般配有偶数个滴灌器，系统的设置应能适应植物的生长而进行微调。滴灌器数量应根据植物的大小、水流速度以及土壤类型确定。在滴灌器下方不同种类的土壤会出现不同的浸润形状，因此在不同土壤条件下浇灌同等面积土地需要的滴灌器数量是不同的。

（二）微喷灌系统

微喷灌是通过低压管道系统，以小的流量将水喷洒到土壤表面进行局部灌溉。微喷灌时水流以较大的流速由微喷头喷出，在空气阻力的作用下粉碎成细小的水滴降落在地面。微喷灌的特点是灌水流量小，一次灌水延续时间较长，灌溉周期短，需要的工作压力较低，能够较精确地控制灌水量，把水和养分直接输送到植物根部附近的土壤中。微喷灌系统在园林中适用于宽度和面积较小的绿地、花池花坛以及灌丛、树丛等的灌溉。

（三）渗灌系统

渗灌是一种地下节水灌溉方法，又称为地下滴灌。灌溉水是通过渗灌管直接供给植物根部，地表及植物叶面均保持干燥。植物蒸发减至最小，计划湿润层土壤含水率均低于饱和含水率，因此，渗灌技术水的利用率是目前所有灌溉技术中最高的。可为植物定量提供水、肥、药、气等生长所必需要素。它有疏松土壤、增强地力、提高肥力、增加地表温度、减少杂草和病虫害的功效。

四、园林喷灌系统工程施工

（一）施工工序

喷灌系统施工安装的总的要求是，严格按设计进行，必须修改设计时应先征得建设单位、设计单位同意。喷灌系统施工工序：施工准备→施工放样→立标志桩、分组放线→水源管沟开挖→安装主管管线及线缆、安装支管管线→安装各种控制阀及砌闸阀井→泵站管沟夯实、回填土→安装球道分控制器→冲洗管道→安装喷头、快速给水阀→管道试运行、电路试运行。

（二）施工准备

（1）根据园林工程设计的总体布局，认真进行现场查勘，做到心中有数，了解当地冻土层厚度，确定给水管线的埋置深度。

（2）在进行施工之前先要询问建设单位水源位置，并测下静态水压。

（3）按照设计要求，采购喷灌系统的所有设备和材料，要预先了解各种设备、材料的型号、性能，并掌握其安装技术。

（三）喷灌施工放样

先喷头后管道，对于每一块独立的喷灌区域，施工放样时应先确定喷头位置，再确定管道位置。管道定位前应对喷头定位结果进行认真核查，包括喷头数量和间距。绿地喷灌的区域一般属于闭边界区域，草场、高尔夫球场等大型绿地喷灌区域多为开边界区域。对于不同的喷灌区域，施工放样的方法有所不同。

（四）绿化喷灌系统施工

不同形式的喷灌系统，其管道施工的内容也不同。移动式喷灌系统只是在绿地内布置水源（井、渠、塘等），主要是土石方工程，而固定式喷灌系统则还要进行管道的敷设。

（1）定线就是把设计图纸上的设计方案，直接布置到地面上去，对于水泵定线应确定水泵的轴线位置和泵房的基脚位置及开挖深度，对于管道系统则应确定干管的轴线位置，弯头、三通、四通及喷点（即竖管）的位置和管槽的深度。

（2）挖基槽和管槽。在便于施工的前提下管槽尽量挖得窄些，只是在接头处为一较大的坑，这样管子承受的压力较小，土方量也小。管槽的底面就是管子的敷设平面，所以要挖平以减少不均匀沉陷。基坑管槽开挖后最好立即浇筑基础敷设管道，以免长期敞开造成塌方和风化底土，影响施工质量及增加土方工作量。

（3）浇筑水泵基座。关键在于严格控制基脚螺钉的位置和深度，常用一个木框架，按水泵基脚尺寸打孔，按水泵的安装条件把基脚螺钉穿在孔内进行浇筑。

（4）安装水泵和管道。管道安装工作包括接收、装卸、运到现场、机械加工、接头、装配等。

（5）冲洗。管子装好后先不装喷头，开泵冲洗管道，把竖管敞开任其自由溢流把管中砂石都冲洗出来，以免以后堵塞喷头。

（6）试压。将开口部分全部封闭，竖管用堵头不应当有漏水，如发现漏水应及时修补，直至不漏为止。

（7）回填。经试压证明整个系统施工质量合乎要求，才可以回填。如管子埋深较大应分层轻轻夯实。采用塑料管应掌握回填时间，最好在气温等于土壤平均温度时以减少温度变形。

（8）试喷。最后装上喷头进行试喷，必要时还应检查正常工作条件下各喷点处是否达到喷头的工作压力，用量雨筒测量系统均匀度，看是否达到设计要求，检查水泵和喷头运转是否正常。

【思考与练习】

1. 简述园林用水的类型和园林给水的特点有哪些？
2. 现代喷灌系统在园林绿地建设中有何作用？
3. 如何正确理解和运用管网布置的两种基本形式？
4. 按管道敷设方式不同，喷灌系统分为哪几种类型？
5. 简述喷灌工程施工工序。
6. 园林排水的方式有哪几种？
7. 管网布置的一般原则是什么？布置形式有哪些？
8. 固定式喷灌设计的步骤和方法有哪些？
9. 管道基础常用的形式有哪几种？
10. 为什么园林排水通常采用地面排水方式？

【技能训练】

技能训练一　参观喷灌工程设施

1. 选择的实习对象应具有代表性，设施种类较齐全。有条件时应以大、中型喷灌系统为好。隐蔽设施尽可能选择现场施工场合进行。

2. 喷灌系统工作时，观察记录喷头的性能，如射程、射角、喷洒角度、喷灌均匀度、单喷头射程与喷头组合间距的关系以及组合喷灌均匀度等。

3. 喷灌系统停歇时，观察控制设备和加压设备，了解设备的种类、作用、主要性能指标及安全操作要领；绘制某一轮灌区管网平面布置草图。

技能训练二　喷灌设计与施工

一、训练目的

1. 通过实训，使同学掌握场地实测的方法。
2. 掌握喷灌设计的基本原理，并绘制喷灌设计图。
3. 掌握管道、管沟的开挖、下管、闭水试验及管道回填土的方法。
4. 掌握喷灌系统喷头喷水调试的方法。

二、材料及用具

图纸、经纬仪、标尺、丈绳、木桩、石灰、铁锹、镐、PVC 管道、PVC 接头、喷头、控制器、安装工具、堵头、压力试验机

三、方法步骤

教学实训安排要与当地园林公司的具体工程项目相结合或虚拟一处场地进行喷灌系统的布置。主要内容包括：

1. 熟悉喷灌系统布置的有关技术要求。

2. 施工场地的测量。

3. 进行喷灌系统的施工图设计。

4. 利用必要的工具将喷灌系统施工图准确无误的测放在地面上。

5. 基槽开挖和验收，管道连接、闭水试验。

6. 喷头连接，喷水试验。

7. 管沟回填，施工现场清理。

四、作业

以实训小组为单位，进行场地实测、施工图设计、备料和放线施工。实训报告每小组交一份，内容包括施工组织设计与施工记录报告。

技能训练三　参观调查某园林景观绿地的排水系统

1. 园林绿地最好具有明显的地貌变化兼有管渠排水方式。

2. 通过调查、观察、分析、测绘园林绿地汇水区划分情况，标出水流方向，确认汇水线；确认该公园防止径流冲刷的措施和方法；观测雨水口、检查井和出水口等管渠附属构筑物的形式、平面布置及其关系等。

3. 概括总结该公园排水系统及设施的设计思路。

项目三 园林水景工程

【内容提要】

水景工程是风景园林与水景相关的工程总称。水与其他造园要素配合，才能建造出符合现代人们需要的水景。在现代园林中，水仍然是一个重要的主题，尤其是水资源相对充沛的南方，无论是城市公共空间还是居住环境中，水景都得到广泛的应用。随着科学的进步，使得现代园林及环境设计的设计要素在表现手法上更加宽广与自由。夸张尺度的水池、瀑布、屋顶水池、旱喷泉技术等的应用，将形与色、动与静、秩序与自由、限定与引导等水的特性和作用发挥得淋漓尽致。水具有流动性，也就具有可塑性，我们对水的设计实际上就是对盛水的容器的设计。水景工程即是城市园林中与水景相关的工程总称，其中包括水景设计、水景构造与施工。

一、水景的类型与作用

（一）水景的类型

1. 按水体的来源和存在状态划分

（1）天然型

天然型水景就是景观区域毗邻天然存在的水体（如江、河、湖等）而建，经过一定的设计，把自然水景“引借”到景观区域中的水景。

（2）引入型

引入型水景就是天然水体穿过景观区域，或经水利和规划部门的批准把天然水体引入景观区域，并结合人工造景的水景。

（3）人工型

人工型水景就是在景观区域内外均没有天然的水体，而是采用人工开挖蓄水，其所用水体完全来自人工，纯粹为人造景观的水景。

2. 按水体的形态划分

水的四种基本形式还反映了水从源头（喷涌的）到过渡的形式（流动的或跌落的）、到终结（平静的）运动的一般趋势。因此在水景设计中可以以一种形式为主，其他形式为辅。也可利用水的运动过程创造水景系列，融不同水的形式于一体，体现水运动序列的完整过程。

（二）水景的作用

1. 景观作用

（1）基底作用

大面积的水面视域开阔、坦荡，能托浮岸畔和水中景观。即使水面不大，但水面在整个空间中仍具有面的感觉时，水面仍可作为岸畔和水中景观的基底，从而产生倒影，扩大和丰富空间。

（2）系带作用

水面具有将不同的园林空间、景点连接起来产生整体感的作用，还具有作为一种关联因素，使散落的景点统一起来的作用。前者称为线形系带作用，后者称为面形系带作用。

（3）焦点作用

喷涌的喷泉、跌落的瀑布等动态形式的水的形态和声响能引起人们的注意，吸引住人们的视线。此类水景通常安排在向心空间的焦点、轴线的交点、空间醒目处或视线容易集中的地方，以突出其焦点作用。

2. 生态作用

地球上以各种形式存在的水构成了水圈，与大气圈、岩石圈及土壤圈共同构成了生物物质环境。作为地球水圈一部分的水景，为各种不同的动植物提供了栖息、生长、繁衍的水生环境，有利于维护生物的多样性，进而维持水体及其周边环境的生态平衡，对城市区域的生态环境的维持和改善起到了重要的作用。

3. 调节气候，改善环境质量

水景中的水，对于改善居住区环境微气候以及城市区域气候都有着重要的作用，这主要表现在它可以增加空气湿度、降低温度、净化空气、增加负氧离子、降低噪声等。

4. 休闲娱乐作用

人类本能地喜爱水，接近、触摸水都会感到舒服、愉快。在水上还能从事多项娱乐活动，如划船、游泳、垂钓等。因此在现代景观中，水是人们消遣娱乐的一种载体，可以带给人们无穷的乐趣。

5. 蓄水、灌溉及防灾作用

水景中大面积的水体，可以在雨季起到蓄积雨水，减轻市政排污压力，减少洪涝灾害发生的作用。而蓄积的水源，又可以用来灌溉周围的树木、花丛、灌木和绿地等。特别是在干旱季节和震灾发生时，蓄水既可以用作饮用、洗漱等生活用水，还可用于地震引起的火灾扑救等。

二、城市水系规划概述

（一）城市水系

园林中的水体是城市水系的一个重要组成部分。园林水体不仅要满足园林绿地本身的要求，而且必须担负城市水系规划所赋予的任务，因此，在设计园林水体时，首先要了解城市水系。城市规划部门的任务之一就是调节和治理天然水体、开辟人工河湖、争取水利、防治水害，将城市水系联系成一个整体。同时，城市水系规划为各段水体确定了一些水工控制数据，如最高水位、最低水位、常水位、水容量、桥涵过水量、流速及各种水工设施。在进行园林内部水体设计时，要依据这些数据来进一步确定一些水工数据，进水、出水的水工构筑物和水位，并完成城市水系规划所赋予的功能。

（二）水系规划的内容

园林内部水景工程建设之前，要对以下内容进行调查。

1. 河段的等级划分及其主要功能。

2. 河段的近期及远期水位，包括最高水位、最低水位、常水位、水体高程、驳岸线高程。

3. 通过河段在城市负担任务的大小，确定水面面积及水体容积。

4. 确定滨河路高程及其断面形式。

5. 水工构筑物的位置、规格和要求。

园林水景工程除了满足以上水工要求以外，还要尽可能将水工与园景其他要素的关系相协调，同时满足生态需求，统一水工与水景的矛盾。

（三）水文知识

1. 水位：水体上表面的高程称为水位，通常通过水位标尺判定。

2. 流速：水在单位时间所走的距离，单位为 m/s。水中一般上表面流速大于下表面流速、中心流速大于岸边流速，因此要从多部位观察并取其平均值。对一定深度水流的流速必须用流速仪测定。

3. 流量：在一定水流断面内，单位时间内流过的水量称流量。

任务一　水 池 工 程

【知识点】

水池的分类、结构、设计及施工。

水池设计的内容。

刚性水池施工技术过程。

柔性结构水池施工过程。

【技能点】

水池及植物种植水池的设计及施工。

刚性水池和柔性结构施工过程和技术要点。

相关知识

水池在园林中的用途很广泛，可用作广场中心、道路尽端以及和亭、廊、花架等各种建筑小品组合形成富于变化的各种景观效果。常见的喷水池、观鱼池、海兽池及水生植物种植池等都属于这种水体类型。水池平面形状和规模主要取决于园林总体规划以及详细规划中的观赏与功能要求，水景中水池的形态种类众多，深浅和材料也各不相同。

一、水池的分类

（一）按修建的材料和结构分类

目前，园林景观用人工水池按修建的材料和结构可分为刚性结构水池、柔性结构水池、临时简易水池三种。

1. 刚性结构水池

刚性结构水池也称钢筋混凝土水池。特点是池底池壁均配钢筋，寿命长、防漏性好，适用于大部分水池（图3-1）。

图 3-1　刚性结构水池

2. 柔性结构水池

近几年，随着建筑材料的不断革新，出现了各种各样的柔性衬垫薄膜材料，改变了以往光靠加厚混凝土和加粗加密钢筋网防水的做法。例如北方地区水池的渗透冻害，开始选用柔性不渗水材料做防水层。其特点是寿命长，施工方便且自重轻，不漏水，特别适用于小型水池和屋顶花园水池。目前，在水池工程中常用的柔性材料有玻璃布沥青席、三元乙丙橡胶（EPDM）薄膜、聚氯乙烯（PVC）衬垫薄膜、膨润土防水毯等。某软性水池结构如图 3-2 所示。

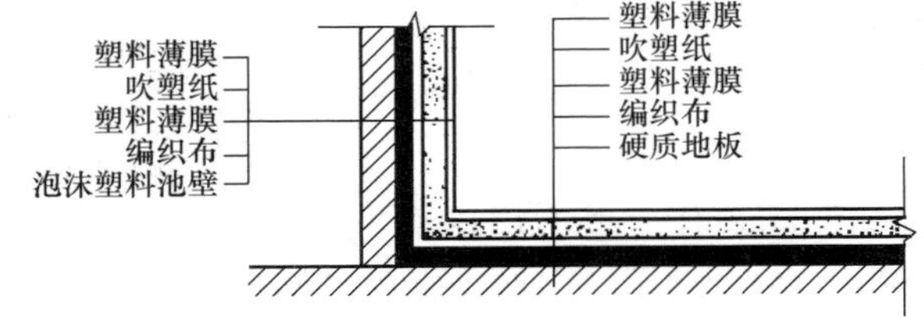

图 3-2　某柔性结构水池结构剖面图

3. 临时简易水池

此类水池结构简单，安装方便，使用完毕后能随时拆除，甚至还能反复利用。一般适用于节日、庆典、小型展览等水池的施工。

临时水池的结构形式不一。对于铺设在硬质地面上的水池。一般可采用角钢焊接、红砖砌筑或者泡沫塑料制成池壁，再用吹塑纸、塑料布等分层将池底和池壁铺垫，并将塑料布反卷包住池壁外侧，用素土或其他重物固定。内侧池壁可用树桩做成驳岸，或用盆花遮挡，池底可视需要再铺设砂石或点缀少量卵石；另一种可用挖水池基坑的方法建造：先按设计要求挖好基坑并夯实，再铺上塑料布，塑料布应至少留15cm 在池缘，并用天然石块压紧，池周按设计要求种上草坪或铺上苔藓，一个临时水池便可完成。

（二）按功能分类

1. 喷水池　以喷水为主要景观，水池主要起到承接流动水容器的作用。

2. 观鱼池　在园林中养鱼池主要是用作饲养各式观赏鱼类、水生动物等，根据水生动物的种类不同，对水池的水、池壁结构、水的种类等要求都不同。

3. 海兽池　主要对象是养育海兽，如海豚、海豹、海狮等，在设计前应充分了解所养育动物的生物特性。

4. 水生植物池　规则式或自然式水景池都可以搭配适用的水生植物，增加观赏的情趣。

5. 假山水池　将假山置入水池，山水的结合相得益彰，是我国传统园林中常见的手法。

6. 海浪池　利用高科技手段，模拟自然界中海洋的各种形态，使人们在其中享受海的惊险与刺激。

7. 涉水池　为人们特别是儿童嬉水之用，一般水深为30cm以下，池底应作防滑处理，并尽量设置过滤和消毒装置，以防儿童误饮。

（三）按水的形态分类

1. 静水水池　水体保持相对的静止状态，常以成片状汇集的水体如湖、塘、池等形式出现。给人以宁静、安谧、祥和的感受。而其平静如镜的水面有着周围景色的倒影，增加了空间层次感。

2. 动水水池　以水的动态特征作为观赏与利用的形式，有自然的，也有人工的。如瀑布、跌水、涌流、喷泉等。

二、水池的基本结构

水池的结构形式较多，下面主要介绍园林中常用的刚性结构水池的基本结构。

（一）压顶

压顶属池壁顶端装饰部位，作用是保护池壁，防止污水泥沙流入池内。下沉式水池压顶至少要高出地面5～10 cm，且压顶距水池常水位为200～300mm。其材料一般采用花岗岩等石材或混凝土，厚10～15 cm。常见的压顶形式有两种，一种是有沿口的压顶，它可以减少水花向上溅溢，并能使波动的水面快速平静下来，形成镜面倒影；另一种为无沿口的压顶，会使浪花四溅，有强烈的动感。

（二）池壁

池壁是水池竖向部分，承受池水的水平压力。一般采用混凝土、钢筋混凝土或砖块。钢筋混凝土池壁厚度一般不超过300 mm，常用150～200 mm，宜配直径8 mm、12 mm钢筋，中心距200 mm，C20混凝土现浇。同时，为加强防渗效果，混凝土中需加入适量防水粉，一般占混凝土的3%～5%，过多会降低混凝土的强度。

（三）池底

池底直接承受水的竖向压力，要求坚固耐久。多用现浇钢筋混凝土池底，厚度应大于20 cm，如果水池容积大，需配双层双向钢筋网。池底设计需有一个排水坡度，一般不小于1%，坡向向泄水口。

（四）防水层

水池工程中，好的防水层是保持水池质量的关键。目前，水池防水材料种类较多，有防水卷材、防水涂料、防水嵌缝油膏等。一般水池用普通防水材料即可，钢筋混凝土水池防水层可以采用抹5层防水砂浆做法，层厚30～40 mm。还可用防水涂料，如沥青、聚氨酯、聚苯酯等。

（五）基础

基础是水池的承重部分，一般由灰土或砾石三合土组成，要求较高的水池可用级配碎石。一般灰土层厚 15～30 cm，C10 混凝土层厚 10～15 cm。

（六）施工缝

水池池底与池壁混凝土一般分开浇筑，为使池底与池壁紧密连接，池底与池壁连接处的施工缝可设置在基础上方 20 cm 处。施工缝可留成台阶形，也可加金属止水片或遇水膨胀胶带。

（七）变形缝

长度在 25m 以上水池要设变形缝，以缓解局部受力。变形缝间距不大于 20 cm，要求从池壁到池底结构完全断开，用止水带或浇灌沥青做防水处理。

（八）溢水口、溢水管

溢水口常设在理想水位处，当雨季或地面径流大时，水流大量进入池中，超过既定水位，溢水口提供溢水通道。一般情况下，溢水口通过溢水管与排水管相连。溢水口的形式有附壁式、直立式、套叠式。

（九）进水口及给水管道

一般设有截门井，以控制水量。

（十）泄水口及排水管道

设在池底，有管道连接，用于池水的排放。通常也安装截门以控制排水量。

三、阀门井

阀门井即截门，为控制进、排水而设。

四、种植池（槽）

种植池不同于一般水池，其构筑要求要保证水质的控制与调节。应有进水口及进水管道、溢水口、泄水口等。不同种类的植物，应有不同的池深。

五、水池设计

水池设计包括平面设计、立面设计、剖面结构设计、管线设计等。

（一）水池的平面设计

水池的平面设计显示水池在地面以上的平面位置和尺寸。水池平面可以标注各部分的高程，标注进水口、溢水口、泄水口、喷头、集水坑、种植池等的平面位置以及所取剖面的位置等内容。

（二）水池的立面设计

水池的立面设计反映主要朝向立面的高度和变化，水池的深度一般根据水池的景观要求和功能要求而定。水池池壁顶面与周围的环境要有合适的高程关系，一般以最大限度地满足游人的亲水性要求为原则。池壁顶除了使用天然材料，表现其天然特性外，还可用规整的形式，加工成平顶，或中间折拱或曲拱，或向水池一面倾斜等多种形式。

（三）水池的剖面设计

水池的剖面设计应从地基至池壁顶注明各层的材料和施工要求。剖面应有足够的代表性。如一个剖面不足以反映时可增加剖面。某水景工程水池剖面如图 3-3 所示。

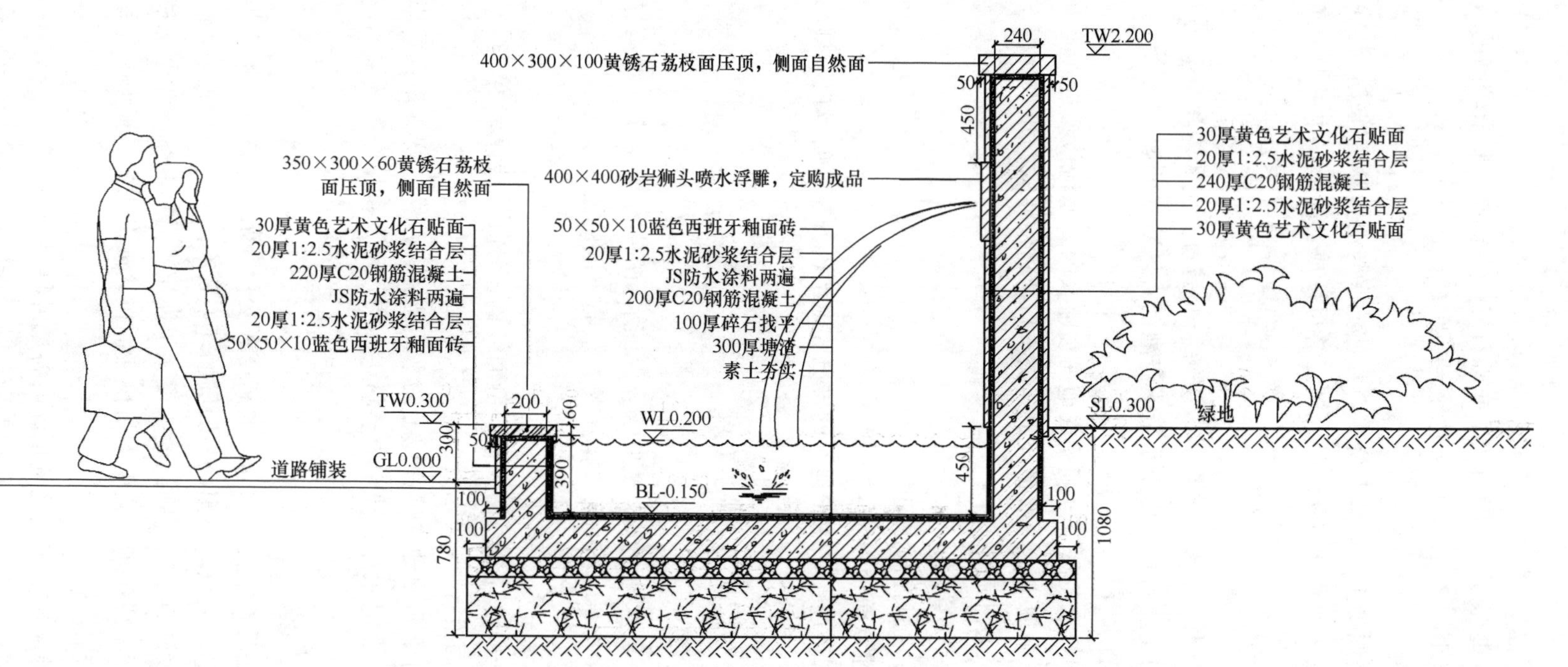

图 3-3　特色水景工程集水池剖面图

（四）水池的管线设计

水池中的基本管线包括给水管、补水管、泄水管、溢水管等。有时给水与补水管道使用同一根管子。给水管、补水管和泄水管为可控制的管道，以便更有效地控制水的进出。溢水管为自由管道，不加闸阀等控制设备以保证其畅通。对于循环用水的溪流、跌水、瀑布等还包括循环水的管道。对配有喷泉、水下灯光的水池还存在供电系统设计问题（图 3-4）。

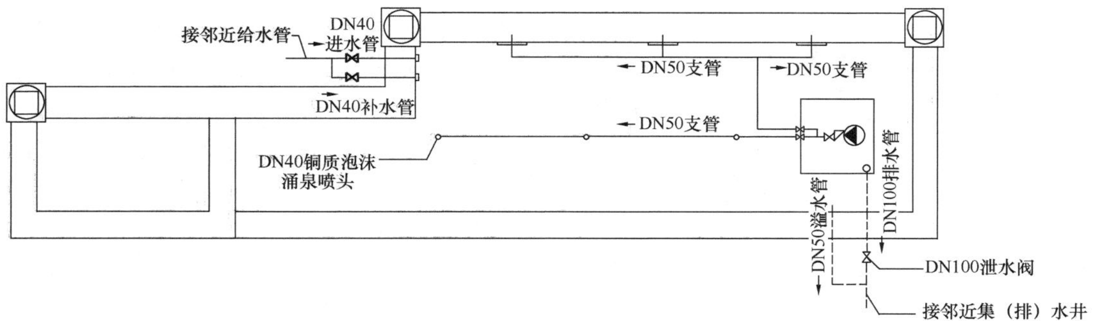

图 3-4　水池管线布置平面图

一般水景工程的管线可直接敷设在水池内或直接埋在土中。大型水景工程中，如果管线多而且复杂时，应将主要管线布置在专用管沟内。

水池设置溢水管，以维持一定的水位和进行表面排污，保持水面清洁。溢水口应设格栅或格网，以防止较大漂浮物堵塞管道。

水池应设泄水口，以便于清扫、检修和防止停用时水质腐败或结冰，池底都应有不小于 0.01 的坡度，坡向泄水口或集水坑。水池一般采用重力泄水，也可利用水泵的吸水口兼作泄水。水池管线布置如图 3-5 所示。

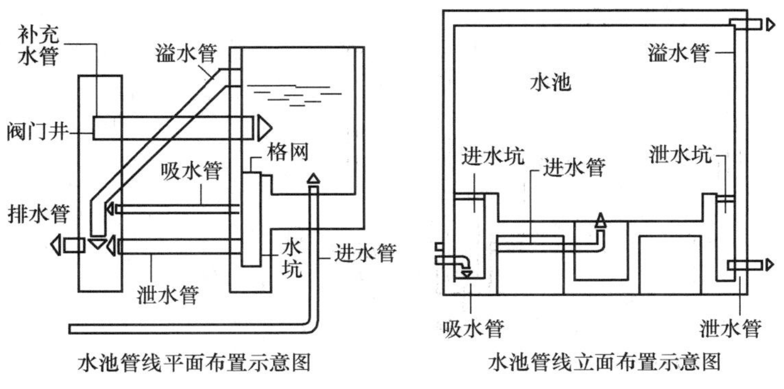

图 3-5　水池管线布置示意图

（五）其他配套设计

在水池中可以布设卵石、汀步、跳水石、跌水台阶、置石、雕塑等景观设施，共同组成景观。对于有跌水的水池，跌水线可以设计成规整或不规整的形式，是设计时重点强调的地方。池底装饰可利用人工铺砌砂土、砾石或钢筋混凝土池底，再在其上选用池底装饰材料。

六、水池施工技术

目前，园林上人工水池从结构上可以分为刚性结构水池和柔性结构水池两种，具体施工技术可根据功能的需要适当选用。

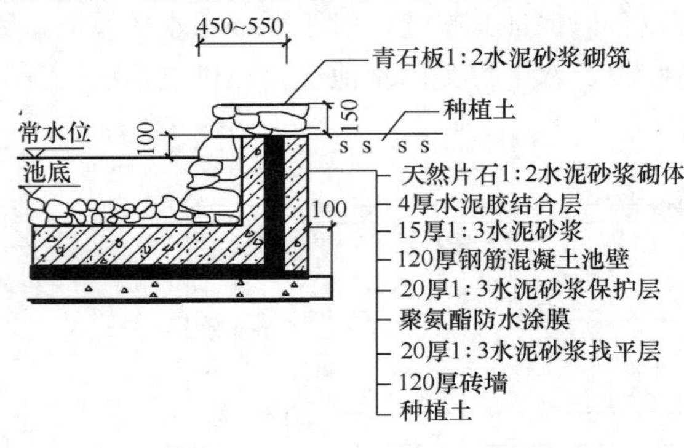

图 3-6　刚性水池结构

（一）刚性结构水池施工

刚性结构水池也称钢筋混凝土水池，池底和池壁均配钢筋，因此寿命长、防漏性好，适用于大部分水池（图 3-6）。钢筋混凝土水池的施工过程可分为：材料准备→池面开挖→池底施工→浇注混凝土池壁→混凝土抹灰→试水等。

1. 施工准备

混凝土配料　基础与池底：水泥 1 份，细砂 2 份，粒料 4 份，所配的混凝土型号为 C20。池底与池壁：水泥 1 份，细砂 2 份，0.6～2.5cm 粒料 3 份，所配的混凝土型号为 C15。防水层：防水剂 3 份，或其他防水卷材。

添加剂　混凝土中有时需要加入适量添加剂，常见的有：U 型混凝土膨胀剂、加气剂、氯化钙促凝剂、缓凝剂、着色剂等。

池底池壁必须采用 C20 以上普通硅酸盐水泥，水灰比≤0.55；粒料直径不得大于 40mm，吸水率不大于 1.5%，混凝土抹灰和砌砖抹灰用 C15 水泥或 C20 水泥。

场地放线　根据设计图纸定点放线。放线时，水池的外轮廓应包括池壁厚度。为使施工方便，池外沿各边加宽 50cm，用石灰或黄沙放出起挖线，每隔 5～10m（视水池大小）打一小木桩，并标记清楚。方形（含长方形）水池，直角处要校正，并最少打三个桩，圆形水池，应先定出水池的中心点，再用线绳（足够长）以该点为圆心，水池宽的一半为半径（注意池壁厚度）画圆，石灰标明，即可放出圆形轮廓。

2. 池基开挖

目前挖方有人工挖方和人工结合机械挖方，可以根据现场施工条件确定挖方方法。开挖时一定要考虑池底和池壁的厚度。如为下沉式水池，应做好池壁的保护，挖至设计标高后，池底应整平并夯实，再铺上一层碎石、碎砖作为底座。如果池底设置有沉泥池，应结合池底开挖同时施工。

3. 池底施工

混凝土池底这种结构的水池，如其形状比较规整，则 50m 内可不做伸缩缝。如其形状变化较大，则在其长度约 20 m 处及其断面狭窄处，做伸缩缝。一般池底可根据景观需要，进行色彩上的变化，如贴蓝色的瓷砖等，以增加美感。混凝土池底施工要点如下：

（1）依情况不同加以处理。如基土稍湿而松软时，可在其上铺以厚 10cm 的碎石层，并加以夯实，然后浇灌混凝土垫层。

（2）混凝土垫层浇完隔 1～2d（应视施工时的温度而定），在垫层面测量确定底板中心，然后根据设计尺寸进行放线，定出柱基以及底板的边线，画出钢筋布线，依线绑扎钢筋，接着安装柱基和底板外围的模板。

（3）在绑扎钢筋时，应详细检查钢筋的直径、间距、位置、搭接长度、上下层钢筋的间距、保护层及埋件的位置和数量，看其是否符合设计要求。上下层钢筋均应用铁撑（铁马凳）加以固定，使之在浇捣过程中不发生变化。如钢筋过水后生锈，应进行除锈处理。

（4）底板应一次连续浇完，不留施工缝。施工间歇时间不得超过混凝土的初凝时间。如混凝土在运输过程中产生初凝或离析现象，应在现场进行二次搅拌后方可入模浇捣。底板厚度在 20cm 以内，可采用平板振动器，20cm 以上则采用插入式振动器。

（5）池壁为现浇混凝土时，底板与池壁连接处的施工缝可留在基础上 20cm 处。施工缝可留成台阶形、凹槽形、加金属止水片或遇水膨胀橡胶带。各种施工缝的优缺点及做法见表 3-1。

表 3-1　各种施工缝的优缺点及做法

施工缝种类	简图	优点	缺点	做法
台阶形	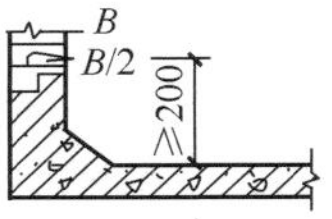 B B/2 ≥200	可增加接触面积，使渗水路线延长和受阻，施工简单，接缝表面易清理	接触面简单，双面配筋时，不易支模，阻水效果一般	支模时，可在外侧安设木方，混凝土终凝后取出
凹槽形	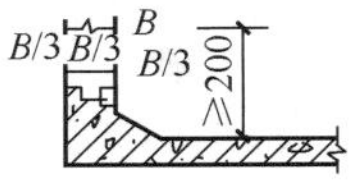 B/3 B/3 B B/3 ≥200	加大了混凝土的接触面，使渗水路线受更大阻力，提高了防水质量	在凹槽内易于积水和存留杂物，清理不净时影响接缝的严密性	支模时将木方置于池壁中部，混凝土终凝后取出
加金属止水片	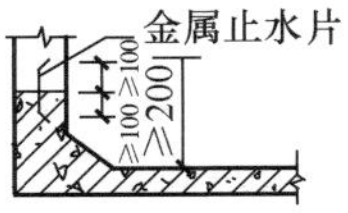 金属止水片 ≥100 ≥100 ≥200	适用于池壁较薄的施工缝，防水效果比较可靠	安装困难，且需耗费一定数量的钢材	将金属止水片固定在池壁中部，两侧等距
遇水膨胀橡胶止水带	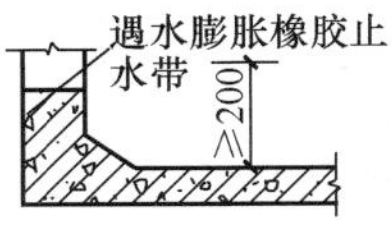 遇水膨胀橡胶止水带 ≥200	施工方便，操作简单，橡胶止水带遇水后体积迅速膨胀，将缝隙塞满、挤密		将腻子型橡胶止水带置于已浇筑好的施工缝中部即可

4. 水池池壁施工技术

人造水池一般采用垂直形池壁。垂直形的优点是池水降落之后，不至于在池壁淤积泥土，从而使低等水生植物无从寄生，同时易于保持水面洁净。垂直形的池壁，可用砖石或水泥砌筑，以瓷砖、罗马砖等饰面，甚至做成图案加以装饰。某特色水池立面及平面图如图 3-7 所示。

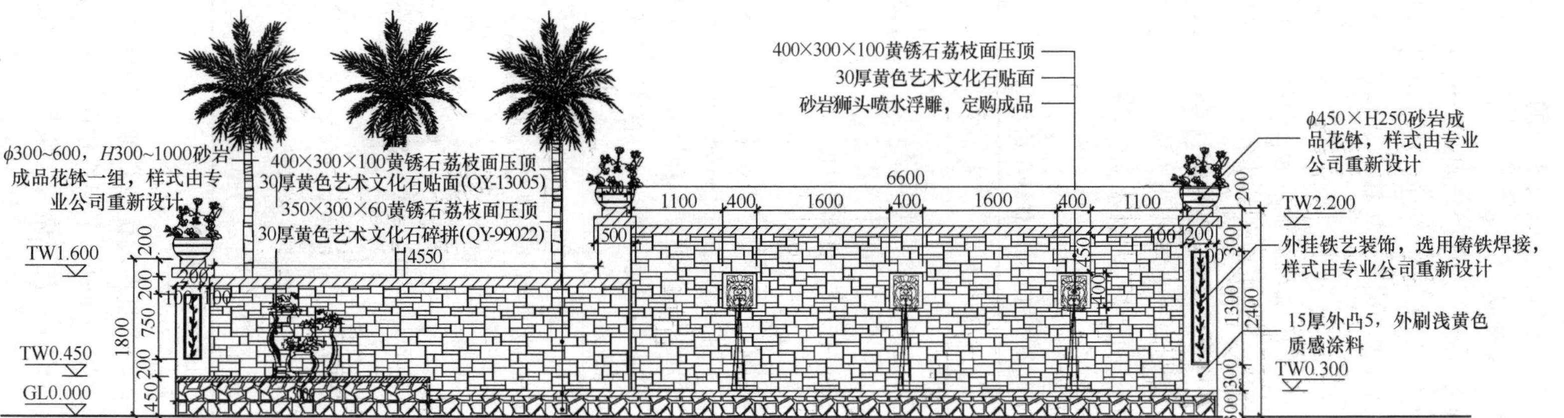

图 3-7　特色水景水池及景墙立面图

(1) 混凝土浇筑池壁的施工技术

做水泥池壁，尤其是矩形钢筋混凝土池壁时，应先做模板以固定之，池壁厚15～25cm，水泥成分与池底同。目前有无撑及有撑支模两种方法，有撑支模为常用的方法。当矩形池壁较厚时，内外模可在钢筋绑扎完毕后一次立好。浇捣混凝土时操作人员可进入模内振捣，并应用串筒将混凝土灌入，分层浇捣。矩形池壁拆模后，应将外露的止水螺栓头割去。池壁施工要点：

①水池施工时所用的水泥强度等级不宜低于C20，水泥品种应优先选用普通硅酸盐水泥，不宜采用火山灰质硅酸盐水泥和粉煤灰硅酸盐水泥。所用石子的最大粒径不宜大于40mm，吸水率不大于1.5%。

②池壁混凝土每立方米水泥用量不少于320kg，含砂率宜为35%～40%，灰砂比为1∶2～1∶2.5，水灰比不大于0.6。

③固定模板用的铁丝和螺栓不宜直接穿过池壁。当螺栓或套管必须穿过池壁时，应采取止水措施。常见的止水措施有：螺栓上加焊止水环，止水环应满焊，环数应根据池壁厚度确定；套管上加焊止水环，在混凝土中预埋套管时，管外侧应加焊止水环，管中穿螺栓，拆模后将螺栓取出，套管内用膨胀水泥砂浆封堵；螺栓加堵头，支模时，在螺栓两边加堵头，拆模后，将螺栓沿平凹坑底割去角，用膨胀水泥砂浆封塞严密。

④在池壁混凝土浇筑前，应先将施工缝处的混凝土表面凿毛，清除浮粒和杂物，用水冲洗干净，保持湿润。再铺上一层厚20～25mm的水泥砂浆。水泥砂浆所用材料的灰砂比应与混凝土材料的灰砂比相同。

⑤浇筑池壁混凝土时，应连续施工，一次浇筑完毕，不留施工缝。

⑥池壁有密集管群穿过预埋件或钢筋稠密处浇筑混凝土有困难时，可采用相同抗渗等级的细石混凝土浇筑。

⑦池壁混凝土浇筑完后，应立即进行养护，并充分保持湿润，养护时间不得少于14昼夜。拆摸时池壁表面温度与周围气温的温差不得超过15℃。

(2) 混凝土砖砌池壁施工技术

用混凝土砖砌造池壁大大简化了混凝土施工的程序。但混凝土砖一般只适用于古典风格或设计规整的池塘。混凝土砖10 cm厚，结实耐用，常用于池塘建造；也有大规格的空心砖，但使用空心砖时，中心必须用混凝土浆填塞。有时也用双层空心砖墙中间填混凝土的方法来增加池壁的强度。用混凝土砖砌池壁的一个好处是，池壁可以在池底浇筑完工后的第二天再砌。一定要趁池底混凝土未干时将边缘处拉毛，池底与池壁相交处的钢筋要向上弯伸入池壁，以加强结合部的强度，钢筋伸到混凝土砌块池壁后或池壁中间。由于混凝土砖是预制的，所以池壁四周必须保持绝对的水平。砌混凝土砖时要特别注意保持砂浆厚度均匀。

5. 池壁抹灰施工技术

抹灰在混凝土及砖结构的池塘施工中是一道十分重要的工序。它使池面平滑，不会伤及池鱼。此外，池面光滑也便于清洁工作。

(1) 砖壁抹灰施工要点

①内壁抹灰前2天应将墙面扫清，用水洗刷干净，并用铁皮将所有灰缝刮一下，要

求凹进 1～1.5cm。

②应采用 C15 普通水泥配制水泥砂浆，配合比 1∶2，必须称量准确，可掺适量防水粉，搅拌均匀。

③在抹第一层底层砂浆时，应用铁板用力将砂浆挤入砖缝内，增加砂浆与砖壁的粘结力。底层灰不宜太厚，一般在 5～10mm。第二层将墙面找平，厚度 5～12mm。第三层面层进行压光，厚度 2～3mm。

④砖壁与钢筋混凝土底板结合处，要特别注意操作，加强转角抹灰厚度，使呈圆角，防止渗漏。

⑤外壁抹灰可采用 1∶3 水泥砂浆一般操作法。

(2) 钢筋混凝土池壁抹灰要点

①抹灰前将池内壁表面凿毛，不平处铲平，并用水冲洗干净。

②抹灰时可在混凝土墙面上刷一遍薄的纯水泥浆，以增加粘结力。其他做法与砖壁抹灰相同。

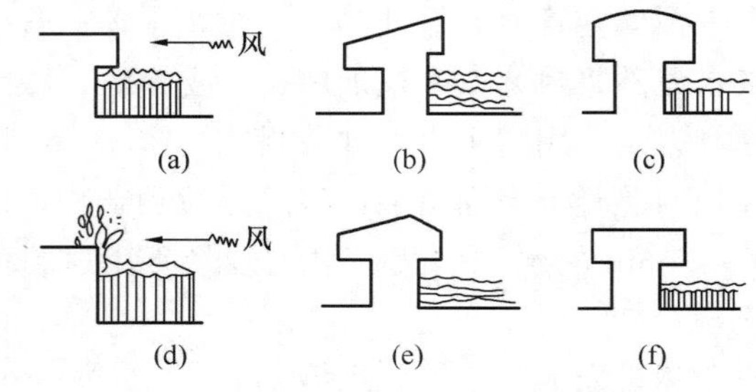

图 3-8 水池池壁压顶形式与做法
(a) 有沿口；(b) 单坡；(c) 圆弧；(d) 无沿口；(e) 双坡；(f) 平顶

6. 压顶

规则水池顶上应以砖、石块、石板、大理石或水泥预制板等作压顶。压顶或与地面平，或高出地面。当压顶与地面平时，应注意勿使土壤流入池内，可将池周围地面稍向外倾。有时在适当的位置上，将顶石部分放宽，以便容纳盆钵或其他摆饰。以下是几种常见压顶的做法（图 3-8）。

7. 刚性水池施工工程质量要求

(1) 砖壁砌筑必须做到横圆竖直，灰浆饱满。不得留踏步式或马牙槎。砖的强度等级不低于 MU7.5，砌筑时要挑选，砂浆配合比要称量准确，搅拌均匀。

(2) 钢筋混凝土壁板和壁槽灌缝之前，必须将模板内杂物清除干净，用水将模板湿润。

(3) 池壁模板不论采用无支撑法还是有支撑法，都必须将模板紧固好，防止混凝土浇筑时，模板发生变形。

(4) 防渗混凝土可掺用素磺酸钙减水剂，掺用减水剂配制的混凝土，耐油、抗渗性好，而且节约水泥。

(5) 矩形钢筋混凝土水池，由于工艺需要，长度较长，在底板、池壁上没有伸缩缝。施工中必须将止水钢板或止水胶皮正确固定好，并注意浇注，防止止水钢板、止水胶皮移位。

(6) 水池混凝土强度的好坏，养护是重要的一环。底板浇筑完后，在施工池壁时，应注意养护，保持湿润。池壁混凝土浇筑完后，在气温较高或干燥情况下，过早拆模会引起混凝土收缩产生裂缝。因此，应继续浇水养护，底板、池壁和池壁灌缝的混凝土的养护期应不少于 14d。

8. 试水

试水工作应在水池全部施工完成后方可进行，其目的是检验结构安全度，检查施工质量。试水时应先封闭管道孔，由池顶放水入池，一般分几次进水，根据具体情况，控制每次进水高度。从四周上下进行外观检查，做好记录，如无特殊情况，可继续灌水到储水设计标高。同时要做好沉降观察。

灌水到设计标高后，停 1d，进行外观检查，并做好水面高度标记，连续观察 7d，外表面无渗漏及水位无明显降落方为合格。水池施工中还涉及到许多其他工种与分项工程，如假山工程、给排水工程、电气工程、设备安装工程等，可参考其他相关章节或其他相关书籍。

（二）柔性结构水池施工

（1）玻璃布沥青席水池（图 3-9）

这种水池施工前得先准备好沥青席。方法是以沥青 0 号∶3 号＝2∶1 调配好，按调配好的沥青 30%，石灰石矿粉 70%的配比，且分别加热至 100℃，再将矿粉加入沥青锅拌匀，把准备好的玻璃纤维布（孔目 8mm×8mm 或者 10mm×10mm）放入锅内蘸匀后慢慢拉出，确保粘结在布上的沥青层厚度在 2～3mm，拉出后立即洒滑石粉，并用机械碾压密实，每块席长 40m 左右。

施工时，先将水池土基夯实，铺 300 mm 厚 3∶7 灰土保护层，再将沥青席铺在灰土层上，搭接长 5～100mm，同时用火焰喷灯焊牢，端部用大块石压紧，随即铺小碎石一层。最后在表层散铺 150～200mm 厚卵石一层即可。

（2）三元乙丙橡胶（EPDM）薄膜水池（图 3-10）

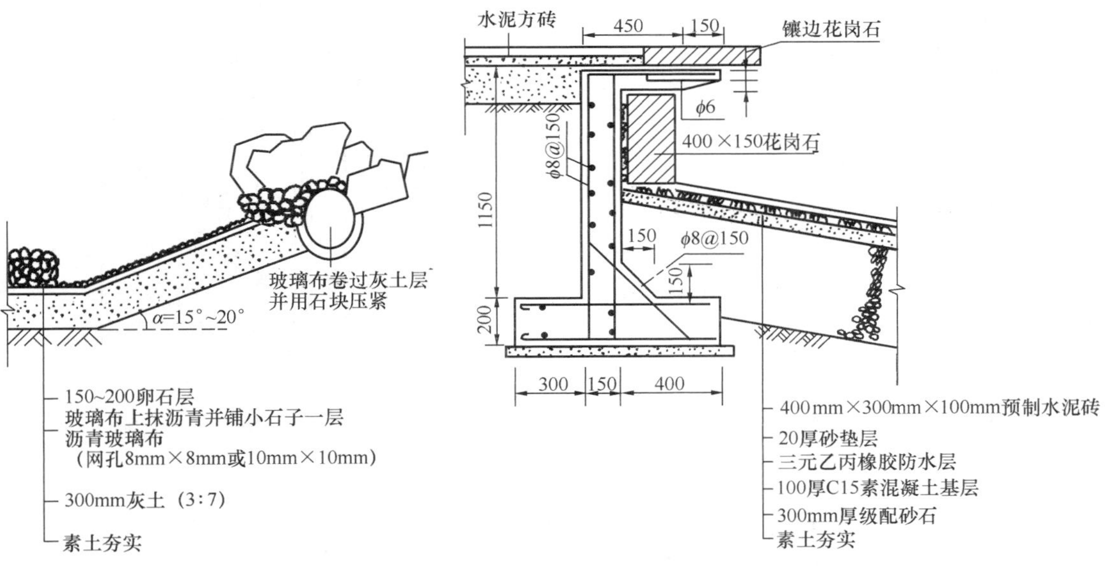

图 3-9　玻璃布沥青席水池　　　　图 3-10　三元乙丙橡胶（EPDM）薄膜水池结构

EPDM 薄膜类似于丁基橡胶，是一种黑色柔性橡胶膜，厚度为 3～5mm，能经受温度－40～80℃，扯断强度＞7.35N/mm²，使用寿命可达 50 年，施工方便自重轻，不漏水，特别适用于大型展览用临时水池和屋顶花园用水池。建造 EPDM 薄膜水池，要注意衬垫薄膜与池底之间必须铺设一层保护垫层，材料可以是细砂（厚度＞5cm）、废报纸、旧地毯或合成纤维。薄膜的需要量可视水池面积而定，不过要注意薄膜的宽度必须包括池沿，并保持在 30cm 以上。铺设时，先在池底混凝土基层上均匀地铺一层 5cm 厚的沙子，并洒水使沙子湿润。

然后在整个池中铺上保护材料，之后就可铺 EPDM 衬垫薄膜了，注意薄膜四周至少多出池边 15cm。如是屋顶花园水池或临时性水池，可直接在池底铺沙子和保护层，再铺 EPDM 即可。

常见水池做法如图 3-11～图 3-14 所示。

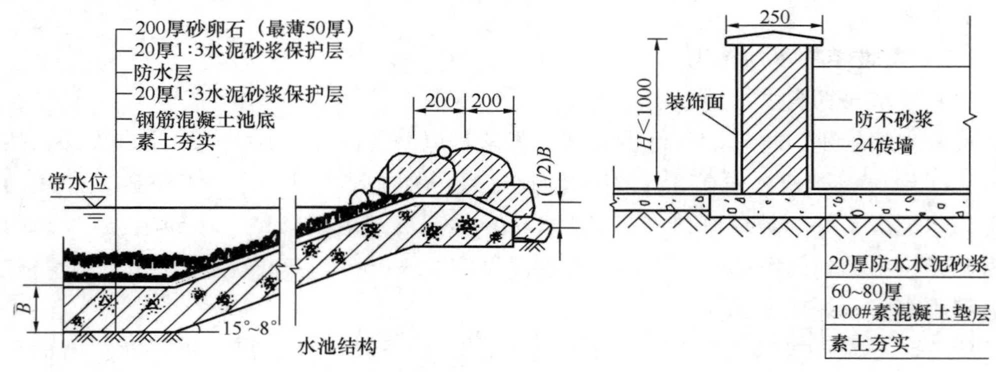

图 3-11　水池做法一　　　图 3-12　砖水池

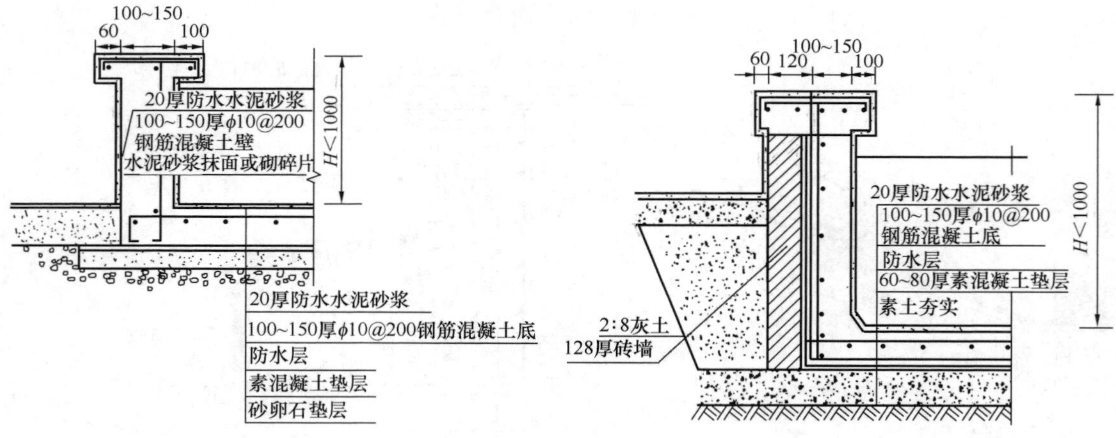

图 3-13　钢筋混凝土地上水池　　　图 3-14　钢筋混凝土地下水池

任务二　喷泉工程施工

【知识点】

喷泉的分类。

喷泉的作用、布置形式和布置要点。

喷头和喷泉的造型。

喷头设计和现代喷泉的类型。

【技能点】

喷泉的设计及施工。

相关知识

一、概述

喷泉原是一种自然景观，是承压水的地面露头。但人工喷泉却是将压力水喷出后所形成的各种姿态作为一种动态水景供人们欣赏。目前在城市、风景园林以及住宅小区中大量运用人工喷泉这种水景形式，出现各种各样的喷泉，如音乐喷泉、程序控制喷泉、旱地喷泉、雾化喷泉等。

这主要是为了造景的需要，同时喷泉可以湿润周围空气、减少尘埃、降低气温。喷泉的细小水珠同空气分子撞击，能产生大量的负氧离子。因此，喷泉有益于改善城市面貌和增进居民身心健康。

二、喷泉的布置形式

喷泉有很多种类和形式，如果进行大体上的区分，可以分为如下几类：

（一）普通装饰性喷泉　它是由各种普通的水花图案组成的固定喷水型喷泉。

（二）与雕塑结合的喷泉　喷泉的各种喷水花与雕塑、观赏柱等共同组成景观。

（三）水雕塑　用人工或机械塑造出各种大型水柱的姿态。

（四）自控喷泉　一般用各种电子技术，按设计程序来控制水、光、音、色形成多变奇异的景观。

三、喷泉布置要点

在选择喷泉位置，布置喷水池周围的环境时，首先要考虑喷泉的主题、形式，要与环境相协调，把喷泉和环境统一考虑，用环境渲染和烘托喷泉，并达到美化环境的目的，或借助喷泉的艺术联想，创造意境。在一般情况下，喷泉的位置多设于建筑、广场的轴线焦点或端点处，也可以根据环境特点，作一些喷泉水景，自由地装饰室内外的空间。喷泉宜安置在避风的环境中以保持水型。

喷水池的形式有自然式和整形式。喷水的位置可以居于水池中心，组成图案，也可以偏于一侧或自由地布置；其次要根据喷泉所在地的空间尺度来确定喷水的形式、规模及喷水池的大小比例（图 3-15）。

四、喷头与喷泉造型

（一）常用的喷头种类

1. 单射流喷头　是喷泉中应用最广的一种喷头，又称直流喷头，如图 3-16（a）所示。

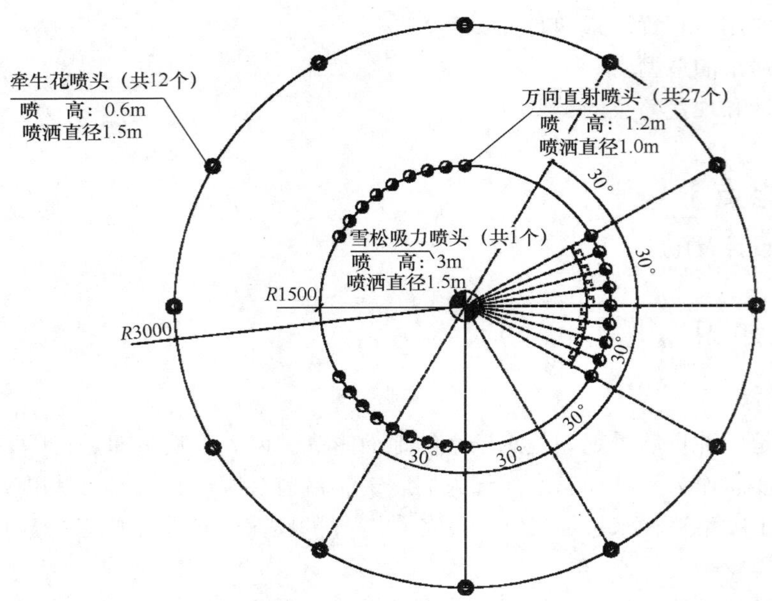

图 3-15　喷泉平面布置图

2. 喷雾喷头　这种喷头内部装有一个螺旋状导流板，使水流做圆周运动，水喷出后，形成细细的弥漫的雾状水流，如图 3-16（b）所示。

3. 环形喷头　喷头的出水口为环形断面，即外实内空，使水形成集中而不分散的环形水柱。它以雄伟、粗犷的气势跃出水面，带给人们奋发向上的气氛。其构造如图 3-16（c）所示。

4. 旋转喷头　它利用压力水由喷嘴喷出时的反作用力或其他动力带动回转器转动，使喷嘴不断地旋转运动，从而丰富了喷水造型，喷出的水花或欢快旋转，或飘逸荡漾，形成各种扭曲线形，婀娜多姿。图 3-16（d）是这种喷头的构造情况；

5. 扇形喷头　这种喷头的外形很像扁扁的鸭嘴。它能喷出扇形的水膜或像孔雀开屏一样美丽的水花，构造如图 3-16（e）所示。

6. 多孔喷头　多孔喷头可以由多个单射流喷嘴组成一个大喷头；也可以由平面、曲面或半球形的带有很多细小孔眼的壳体构成喷头，它们能呈现出造型各异的盛开的水花，如图 3-16（f）所示。

7. 变形喷头　通过喷头形状的变化使水花形成多种花式。变形喷头的种类很多，它们共同的特点是在出水口的前面有一个可以调节的、形状各异的反射器，水流通过反射器使水花造型，从而形成各式各样的、均匀的水膜，如牵牛花形、半球形、扶桑花形等，如图 3-16（g）、图 3-16（h）所示。

8. 蒲公英形喷头　这种喷头是在圆球形壳体上，装有很多同心放射状喷管，并在每个管头上装有一个半球形变形喷头。因此，它能喷出像蒲公英一样美丽的球形或半球形水花。它可单独使用，也可以几个喷头高低错落地布置，显得格外新颖、典雅，如图 3-16（i）、图 3-16（j）所示。

9. 吸力喷头　此种喷头是利用压力水喷出时，在喷嘴的喷口处附近形成负压区。

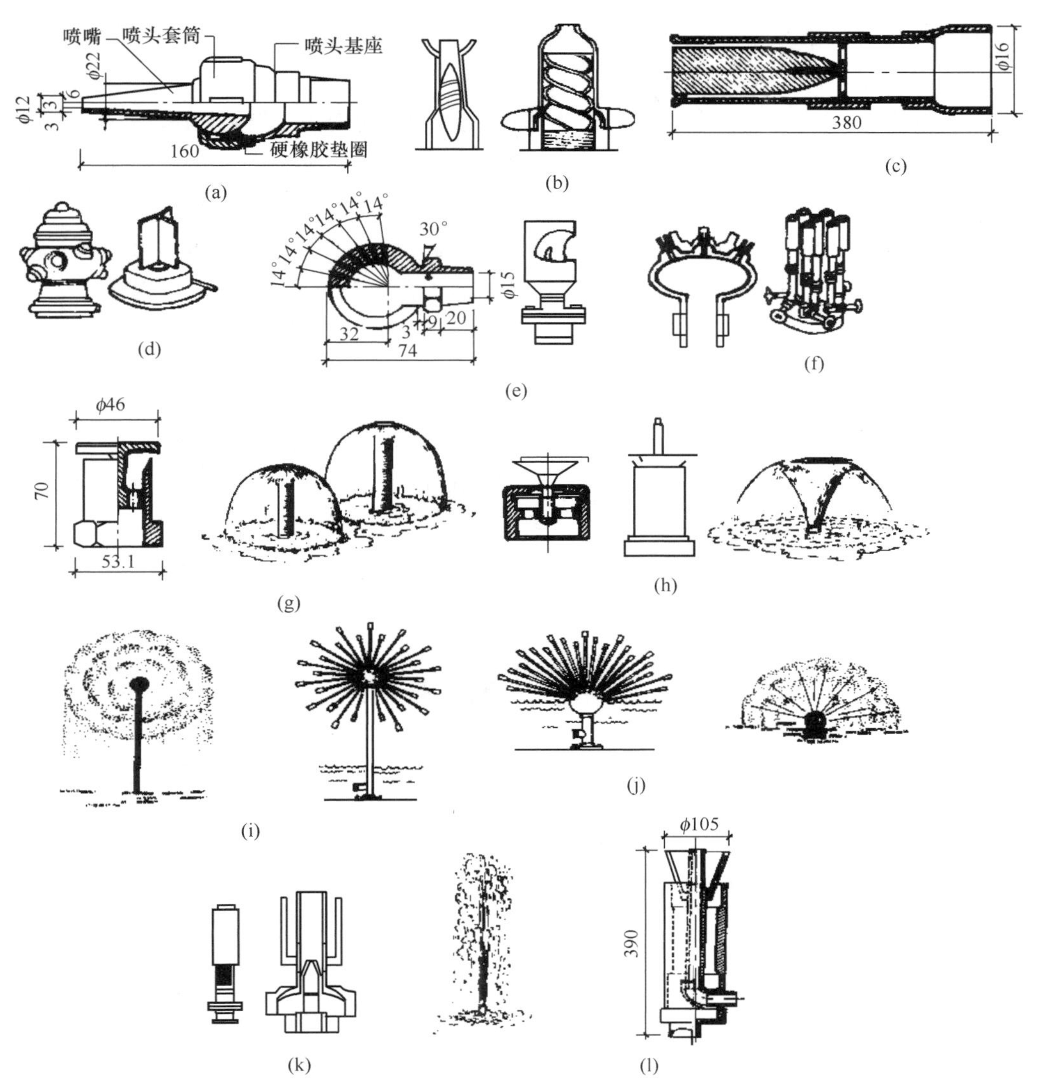

图 3-16　喷头的种类

(a) 单射流喷头；(b) 喷雾喷头；(c) 环形喷头；(d) 旋转喷头；(e) 扇形喷头；(f) 多孔喷头；(g) 半球形喷头；(h) 牵牛花形喷头；(i) 球形蒲公英喷头；(j) 半球形蒲公英喷头；(k) 吸力喷头；(l) 组合喷头

由于压差的作用，它能把空气和水吸入喷嘴外的环套内，与喷嘴内喷出的水混合后一并喷出。此时水柱的体积膨大，同时因为混入大量细小的空气泡，形成白色不透明的水柱。它能充分地反射阳光，因此光彩艳丽。夜晚如有彩色灯光照明则更为光彩夺目。吸力喷头又可分为喷水喷头、加气喷头和吸水加气喷头，其形式如图 3-16（k）所示。

10. 组合式喷头　由两种或两种以上形体各异的喷嘴，根据水花造型的需要，组合成一个大喷头，叫组合式喷头，它能够形成较复杂的花形，如图 3-16（l）所示。

（二）喷泉的水形设计

喷泉水形是由喷头的种类、组合方式及俯仰角度等几个方面因素共同造成的。喷泉水形的基本构成要素，就是由不同形式喷头喷水所产生的不同水形，即水柱、水带、水线、水幕、水膜、水雾、水花、水泡等。由这些水形按照设计构思进行不同的组合，就可以创造出千变万化的水形设计。

水形的组合造型也有很多方式，既可以采用水柱、水线的平行直射、斜射、仰射、俯射，也可以使水线交叉喷射、相对喷射、辐状喷射、旋转喷射，还可以用水线穿过水幕、水膜，用水雾掩藏喷头，用水花点击水面等等。从喷泉射流的基本形式来分，水形的组合形式有单射流、集射流、散射流和组合射流 4 种。常见的基本水形见表 3-2。

表 3-2 喷泉中常见的基本水形

序号	名称		水形	备注
1	单射形			单独布置
2	水幕形		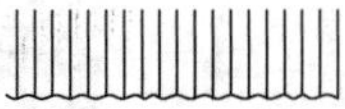	布置在圆周上
3	拱顶形			布置在圆周上
4	向心形		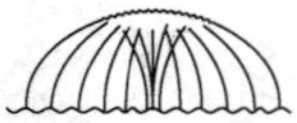	布置在圆周上
5	圆柱形		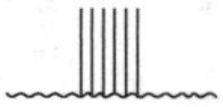	布置在圆周上
6	编织形	向外编织	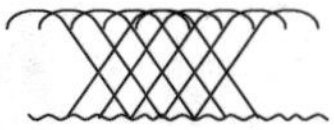	布置在圆周上
		向内编织		布置在圆周上
7	篱笆形			布置在圆周或直线上
8	屋顶形			布置在直线上
9	喇叭形		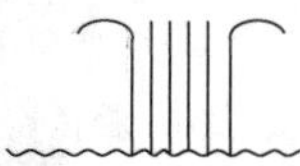	布置在圆周上
10	圆弧形			布置在曲线上
11	蘑菇形			单独布置
12	吸力形		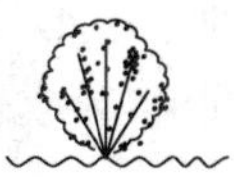	单独布置，此形可分为吸水型、吸气型、吸水吸气型
13	旋转形		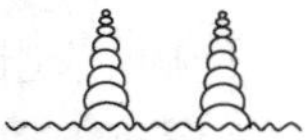	单独布置

续表

序 号	名 称	水 形	备 注
14	喷雾形		单独布置
15	洒水形		布置在曲线上
16	扇形		单独布置
17	孔雀形		单独布置
18	多层花形		单独布置
19	牵牛花形		单独布置
20	半球形		单独布置
21	蒲公英形		单独布置

上述各种水形除单独使用外，还可以将几种水形根据设计意图自由组合，形成多种美丽的水形图案（图 3-17）。

（三）现代喷泉类型

随着喷头设计的改进、喷泉机械的创新以及喷泉与电子设备、声光设备等的结合，喷泉的自由化、智能化和声光化都将有更大的发展，将会带来更加美丽、更加奇妙和更加丰富多彩的喷泉水景效果。

1. 音乐喷泉

音乐喷泉是在程序控制喷泉的基础上加入音乐控制系统，计算机通过对音频及 MIDI 信号的识别，进行译码和编码，最终将信号输出到控制系统，使喷泉及灯光的变化与音乐保持同步，从而达到喷泉水形、灯光及色彩的变化与音乐情绪的完美结合，使喷泉表演更生动，更加富有内涵(图 3-18)。

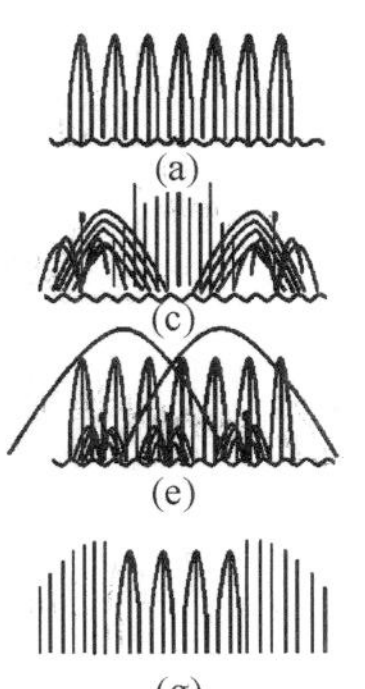

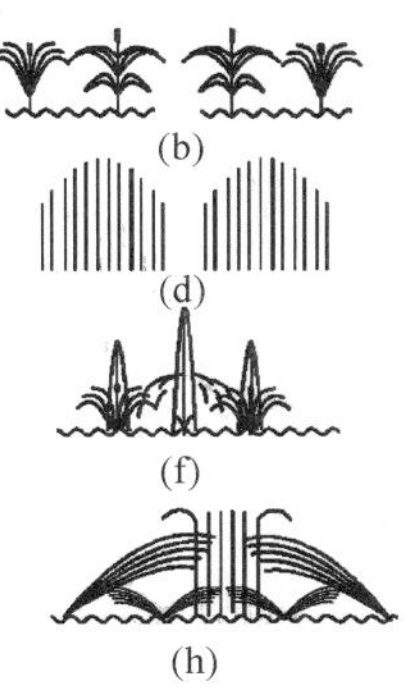

图 3-17 水形组合

(a) 拱顶形＋单射形；(b) 牵牛花形＋单射形；(c) 屋顶形＋圆柱形；(d) 水幕形＋单射形；(e) 屋顶形＋向心形＋拱顶形；(f) 孔常雀形＋水幕形＋单射形；(g) 水幕形＋拱顶形；(h) 水幕形＋扇形

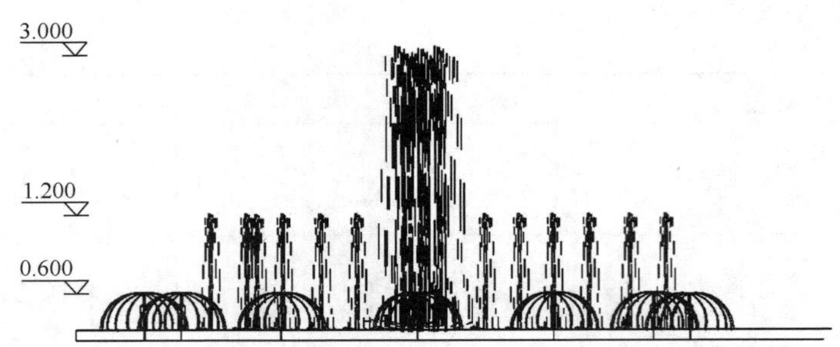

图 3-18　喷泉的不同高度设计

2. 程控喷泉

将各种水形、灯光，按照预先设定的排列组合进行控制程序的设计，通过计算机运行控制程序发出控制信号，使水形、灯光实现多姿多彩的变化。另外，喷泉在实际制作中还可分为水喷泉、旱喷泉及室内盆景喷泉等。

3. 旱泉

喷泉放置在地下，表面饰以光滑美丽的石材，可铺设成各种图案和造型。水花从地下喷涌而出，在彩灯照射下，地面犹如五颜六色的镜面，将空中飞舞的水花映衬得无比娇艳，使人流连忘返。停喷后，不阻碍交通，可照常行人，非常适合于宾馆、饭店、商场、大厦、街景小区等。

4. 跑泉

尤其适合于江、河、湖、海及广场等宽阔的地点。计算机控制数百个喷水点，随音乐的旋律超高速跑动，或瞬间形成排山倒海之势，或形成委婉起伏波浪式，或组成其他的水景，衬托景点的壮观与活力。

5. 室内喷泉

各类喷泉都可采用。控制系统多为程控或实时声控。娱乐场所建议采用实时声控，伴随着优美的旋律，水景与舞蹈、歌声同步变化，相互衬托，使现场的水、声、光、色达到完美地结合，极具表现力。

6. 层流喷泉

又称波光喷泉，采用特殊层流喷头，将水柱从一端连续喷向固定的另一端，中途水流不会扩散，不会溅落。白天，就像透明的玻璃拱柱悬挂在天空，夜晚在灯光照射下，尤如雨后的彩虹，色彩斑斓。适用于各种场合与其他喷泉相组合。

7. 趣味喷泉

子弹喷泉：在层流喷泉基础上，将水柱从一端断续地喷向另一端，犹如子弹出膛般迅速准确射到固定位置，适用于各种场合与其他的喷泉相结合。

鼠跳泉：一段水柱从一个水池跳跃到另一个水池，可随意启动，当水柱在数个水池之间穿梭跳跃时即构成鼠跳喷泉的特殊情趣。

时钟喷泉：用许多水柱组成数码点阵，随时反映日期、小时、分钟及秒的运行变化，构成独特趣味。

游戏喷泉：一般是旱泉形式，地面设置机关控制水的喷涌或音乐控制，游人在其间不小心碰触到，则忽而这里喷出雪松状水花，忽而那里喷出摇摆飞舞的水花，令人防不胜防。可嬉性很强。适合于公园、旅游景点等，具有较强的营业性能。

乐谱喷泉：用计算机对每根水柱进行控制，其不同的动态与时间差反映在整体上即构成形如乐谱般起伏变化的图形，也可把 7 个音阶做成踩键，控制系统根据游人所踩旋律及节奏控制水形变化，娱乐性强，适用于公园，旅游景点等，具有营业性能。

喊泉：由密集的水柱排列成坡形，当游人通过话筒时，实时声控系统控制水柱的开与停，从而显示所喊内容，趣味性很强，适用于公园、旅游景点等，具有极强的营业性能。

8. 激光喷泉

配合大型音乐喷泉设置一排水幕，用激光成像系统在水幕上打出色彩斑斓的图形、文字或广告，既渲染美化了空间，又起到宣传、广告的效果。适用于各种公共场合，具有极佳的营业性能。

9. 水幕电影

水幕电影是通过高压水泵和特制水幕发生器，将水自上而下，高速喷出，雾化后形成扇形“银幕”，由专用放映机将特制的录影带投射在“银幕”上，形成水幕电影。当观众在观摩电影时，扇形水幕与自然夜空融为一体，当人物出入画面时，好似人物腾起飞向天空或自天而降，产生一种虚无缥缈和梦幻的感觉，令人神往。

五、喷泉的控制方式

喷泉喷射水量、时间和喷水图样变化的控制，主要有以下 4 种方式：

（一）手阀控制

这是最常见和最简单的控制方式，在喷泉的供水管上安装手控调节阀，用来调节各管段中水的压力流量，形成固定的水姿形式。

（二）继电器控制

通常用时间继电器按照设计时间程序控制水系、电磁阀、彩色灯等的起闭，从而实现可以自动变换的喷水水姿形式。

（三）音响控制

声控喷泉的原理是将声音信号转变为电信号，经放大及其他一些处理，推动继电器或其电子式开关，再去控制设在水路上的电磁阀的启闭，从而控制喷头水流的通断。这样，随着声音的起伏，人们可以看到喷水大小、高矮和形态的变化。它能把人们的听觉和视觉结合起来，使喷泉喷射的水花随着音乐优美的旋律而翩翩起舞。

（四）电脑控制

计算机通过对音频、视频、光线、电流等信号的识别，进行译码和编码，最终将信号输出到控制系统，使喷泉及灯光的变化与音乐变化保持同步，从而达到喷泉水形、灯光、色彩、视频等与音乐情绪的完美结合，使喷泉表演更生动，更加富有内涵。

六、喷泉的给排水系统

喷泉的水源应为无色、无味、无有害杂质的清洁水。因此，喷泉除用城市自来水作为水源外，也可用地下水；其他像冷却设备和空调系统的废水也可作为喷泉的水源。

（一）喷泉的给水方式

喷泉的给水方式有下述 4 种：

1. 直流式供水（自来水供水） 流量在 2～3L/s 以内的小型喷泉，可直接由城市自来水供水，使用后的水排入雨水管网。

2. 离心泵循环供水 为了确保水具有必要的、稳定的压力，同时节约用水，减少开支，对于大型喷泉，一般采用循环供水。循环供水的方式可以设水泵房。

3. 潜水泵循环供水 将潜水泵直接放置于喷水池中较隐蔽处或低处，直接抽取池水向喷水管及喷头循环供水。这种供水方式较为常见，一般多适用于小型喷泉。

4. 高位水体供水 在有条件的地方，可以利用高位的天然水塘、河渠、水库等作为水源向喷泉供水，水用过后排放掉。为了确保喷水池的卫生，大型喷泉还可设专用水泵，以供喷水池水的循环，使水池的水不断流动；并在循环管线中设过滤器和消毒设备，以消除水中的杂物、藻类和病菌。

喷水池的水应定期更换。在园林或其他公共绿地中，喷水池的废水可以和绿地喷灌或地面洒水等结合使用，作水的二次使用处理。

（二）喷泉管线布置

大型水景工程的管道可布置在专用或共用管沟内，一般水景工程的管道可直接敷设在水池内。为保持各喷头的水压一致，宜采用环状配管或对称配管，并尽量减少水头损失。每个喷头或每组喷头前宜设置调节水压的阀门。对于高射程喷头，喷头前应尽量保持较长的直线管段或设整流器。喷泉给排水系统的构成如图 3-19 所示。

喷泉给排水管网主要由进水管、配水管、补充水管、溢流管和泄水管等组成。水池管线布置示意如图 3-20 所示。

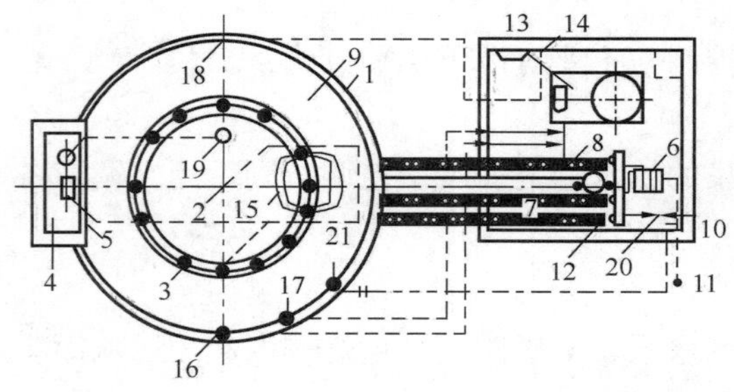

图 3-19 喷泉工程的给排水系统

1—喷水池；2—加气喷头；3—装有直射流喷头的环状管；4—高位水池；5—堰；6—水泵；7—吸水滤网；8—吸水关闭阀；9—低位水池；10—风控制盘；11—风传感计；12—平衡阀；13—过滤器；14—泵房；15—阻涡流板；16—除污器；17—真空管线；18—可调眼球状进水装置；19—溢流排水口；20—控制水位的补水阀；21—液位控制器

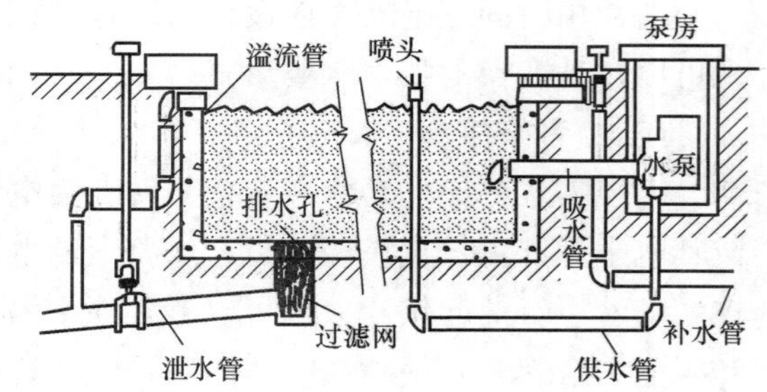

图 3-20 喷泉的给排水系统

七、喷泉的水力计算及水泵选型

各种喷头因流速、流量的不同，喷出的花形会有很大差异，达不到预定的流速、流量则不能获得设计的效果，因此喷泉设计必须经过水力计算，主要是求喷泉的总流量、扬程和管径。

（一）总流量Q

1. 单个喷嘴的流量（q）

$$q = uf(2gH)^{1/2} \times 10^{-3}$$

式中　q——喷嘴流量，m^3/s；

u——流量系数，与喷嘴的形式有关，一般在0.62～0.94之间；如，蘑菇式喷头：0.8～0.98；雾状喷头：0.9～0.98；牵牛花喷头：0.8～0.9。

f——喷嘴出水口断面积，mm^2；

g——重力加速度，$9.80/s^2$，

H——喷头入口水压，米水柱。

2. 总流量（Q）

喷泉总流量是指在某一时间同时工作的各个喷头喷出的流量之和的最大值。即：

$$Q=q_1+q_2+\cdots+q_n$$

选择合适的进水管径（D）

$$D=（4Q/\pi v）$$

式中　D——管径，mm；

Q——总流量，m^3/s；

π——圆周率，3.1416；

v——流速，通常选用0.5～0.6m/s。

另外，也可依据如下公式：

进水管径：$D \geqslant 800 \times Q^{1/2}$（mm）

泄水管管径：$d=17.9 \times F^{0.5} \times H^{0.25} \times T^{-0.5}$

其中　F——水池面积，（m^2）

H——水池水深，（m）

T——要求泄水时间，h，一般选用4～8h，不超过12h。

3. 总扬程

水泵的提水高度叫扬程。一般将水泵进、出水池的水位差称为“净扬程”，加上水流进出水管的水头损失称为总扬程。即：

总扬程＝净扬程＋损失扬程

其中损失扬程的计算比较复杂。对一般的喷泉可以粗略地取净扬程的10％～30％作为损失扬程。表3-3为损失扬程估算表。

表3-3　损失扬程估算表

净扬程	损失扬程	净扬程	损失扬程
5m以下	1m	16～20m	3～4m
6～10m	1～2m	21～40m	4～8m
11～15m	2～3m		

（二）选择合适的水泵

根据以上所计算的总扬程以及水泵铭牌上的扬程（在一定转速下效率最高时的扬程，一般称为“额定扬程”），确定合适的水泵。

1. 水泵选型

喷泉用水泵以离心泵、潜水泵最为普遍。单级悬壁式离心泵特点是依靠泵内的叶轮旋转所产生的离心力将水吸入并压出，它结构简单，使用方便，扬程选择范围大，应用广泛，常有IS型、DB型。潜水泵使用方便，安装简单，不需要建造泵房，主要型号有QY型、QD型、B型等。

2. 水泵性能

水泵选择要做到“双满足”，即流量满足、扬程满足。为此，先要了解水泵的性能，再结合喷泉水力计算结果，最后确定泵型。通过铭牌能基本了解水泵的规格及主要性能。

(1) 水泵型号　按流量、扬程、尺寸等给水泵编的型号，有新旧两种型号。

(2) 水泵流量　指水泵在单位时间内的出水量，单位用m^3/h或L/s

(3) 水泵扬程　指水泵的总扬水高度。

(4) 允许吸上真空高度　是防止水泵在运行时产生汽蚀现象，通过试验而确定的吸水安全高度，其中已留有0.3m的安全距离。该指标表明水泵的吸水能力，是水泵安装高度的依据。

3. 泵型的选择

通过流量和扬程两个主要因子选择水泵，方法如下。

(1) 确定流量　按喷泉水力计算总流量确定。

(2) 确定扬程　按喷泉水力计算总扬程确定。

(3) 选择水泵　水泵的选择应依据所确定的总流量、总扬程查水泵铭牌即可选定。

八、喷泉构筑物

(一) 喷水池

喷水池是喷泉的重要组成部分，其本身不仅能独立成景，起点缀、装饰、渲染环境的作用，而且能维持正常的水位以保证喷水。因此可以说喷水池是集审美功能与实用功能于一体的人工水景。

喷水池的形状、大小应根据周围环境和设计需要而定。形状可以灵活设计，但要求富有时代感；水池大小要考虑喷高，喷水越高，水池越大，一般水池半径为最大喷高的1～1.3倍，平均池宽可为喷高的3倍。实践中，如用潜水泵供水，吸水池的有效容积不得小于最大一台水泵3min的出水量。水池水深应根据潜水泵、喷头、水下灯具等的安装要求确定，其深度不能超过0.7m，否则，必须设置保护措施。

1. 喷水池常见的结构与构造

喷水池由基础、防水层、池底、压顶等部分组成。

(1) 基础　基础是水池的承重部分，由灰土和混凝土层组成。施工时先将基础底部素土夯实，密实度不得低于85%。灰土层厚30cm（3∶7灰土）。C10混凝土厚10～15cm。

(2) 防水层　水池工程中，防水工程质量的好坏对水池安全使用及其寿命有直接影响，目前，水池防水材料种类较多。按材料分，主要有沥青类、塑料类、橡胶类、金属类、砂浆、混凝土及有机复合材料等。按施工方法分，有防水卷材、防水涂料、防水嵌缝油膏和防水薄膜等。

(3) 池底　池底直接承受水的竖向压力，要求坚固耐久。多用现浇钢筋混凝土池底，厚度应大于 20cm，如果水池容积大，要配双层钢筋网。施工时，每隔 20m 选择最小断面处设变形缝，变形缝用止水带或沥青麻丝填充；每次施工必须从变形缝开始，不得在中间留施工缝，以防漏水，如图 3-21，图 3-22 所示。

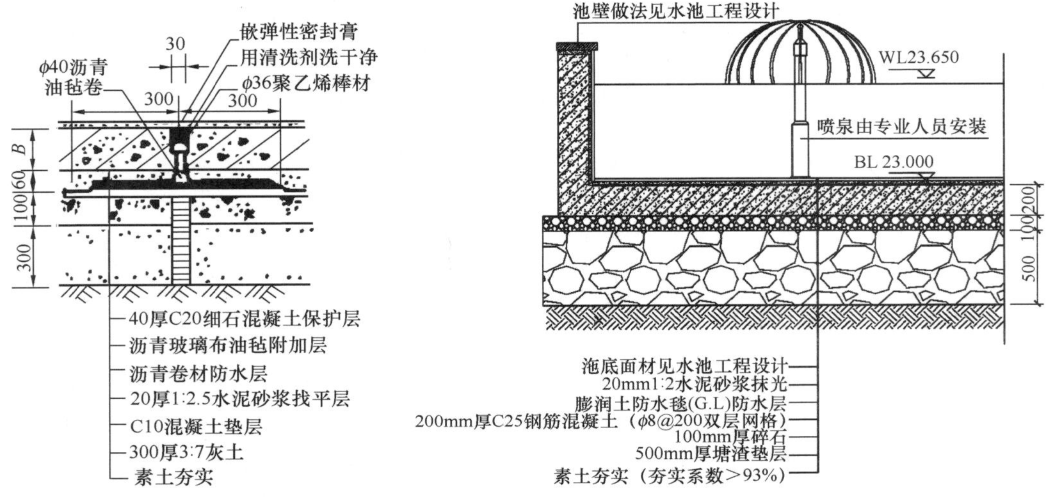

图 3-21　变形缝做法　　　　图 3-22　喷泉湖底做法详图

(4) 池壁　是水池竖向的部分，承受池水的水平压力。池壁一般有砖砌池壁、块石池壁和钢筋混凝土池壁三种，见图 3-23。池壁厚视水池大小而定，砖砌池壁采用标准砖，M7.5 水泥砂浆砌筑，壁厚>240mm，如图 3-24 所示。

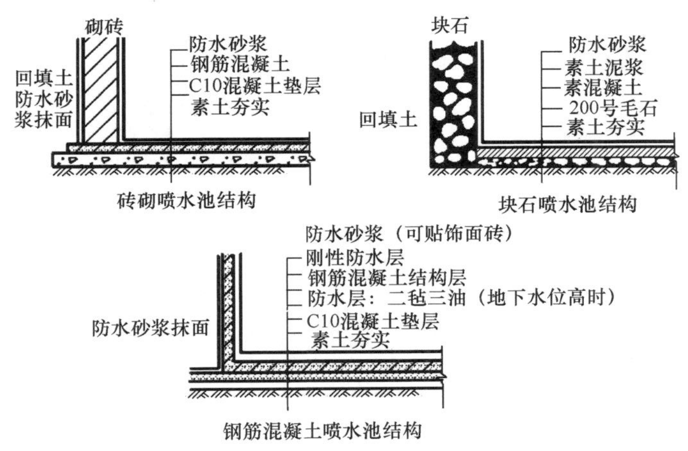

图 3-23　喷水池池壁（底）的构造

(5) 压顶　压顶是池壁最上部分，它的作用是保护池壁，防止污水泥沙流入池内。下沉式水池压顶至少要高于地面 5～10cm。池壁高出地面时，压顶的做法见水池压顶做法。

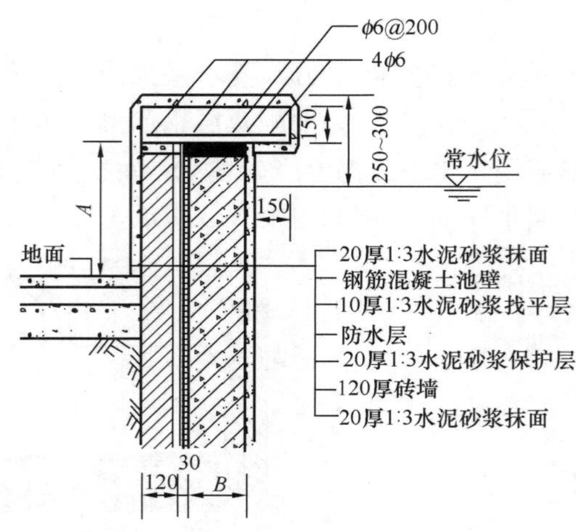

图 3-24 钢筋混凝土池壁做法

2. 喷水池其他设施

喷水池中还必须配套有供水管、补给水管、泄水管和溢水管等管网。这些管有时要穿过池底或池壁，这时，必须安装止水环，以防漏水。图 3-25 是喷水池内管道穿过池壁的常见做法。供水管、补给水管要安装调节阀；泄水管需配单向阀门，防止反向流水污染水池；溢水管不要安装阀门，直接在泄水管单向阀门后与排水管连接。为了利于清淤，在水池的最低处设置沉泥池，也可做成集水坑，如图 3-26 所示。

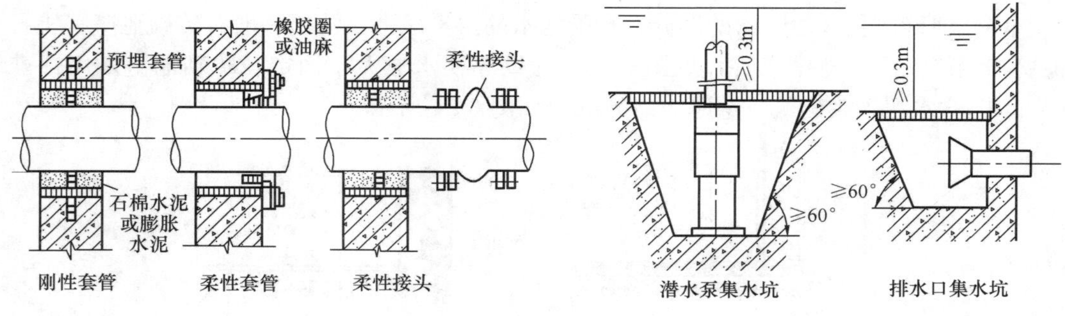

图 3-25 管道穿过池壁的做法

图 3-26 集水坑

（二）泵房

泵房是指安装水泵等提水设备的常用构筑物。在喷泉工程中，凡采用清水离心泵循环供水的都要设置泵房。泵房的形式按照泵房与地面的关系分为地上式泵房、地下式泵房和半地下式泵房三种。

地上式泵房的特点是泵房建于地面上，多采用砖混结构，其结构简单，造价低，管理方便，但有时会影响喷泉环境景观，实际中最好和管理用房配合使用，适用于中小型喷泉。地下式泵房建于地面之下，园林用得较多，一般采用砖混结构或钢筋混凝土结构，特点是需做特殊的防水处理，有时排水困难，会因此提高造价，但不影响喷泉景观（图 3-27，图 3-28）。

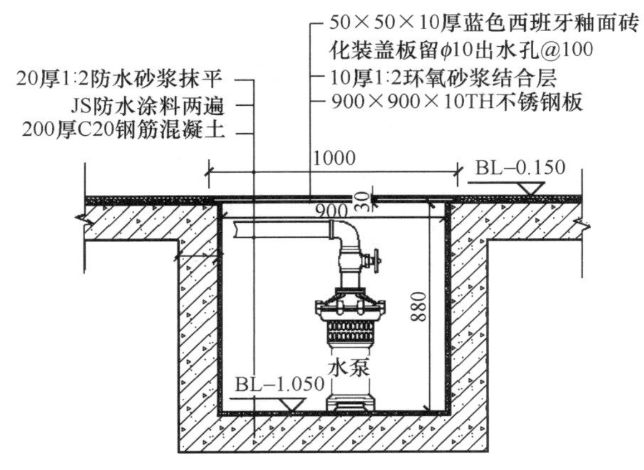

图 3-27　泵池剖面图

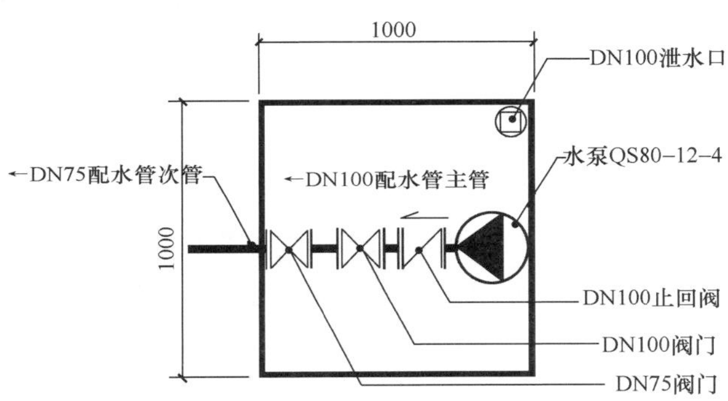

图 3-28　泵池平面图

（三）阀门井

有时在给水管道上要设置给水阀门井，根据给水需要可随时开启和关闭，便于操作。给水阀门井内安装截止阀控制。

1. 给水阀门井　一般为砖砌圆形结构，由井底、井身和井盖组成。

2. 排水阀门井　用于泄水管和溢水管的交接，并通过排水阀门井排进下水管网。泄水管道要安装闸阀，溢水管接于阀后，确保溢水管排水畅通（图 3-29）。

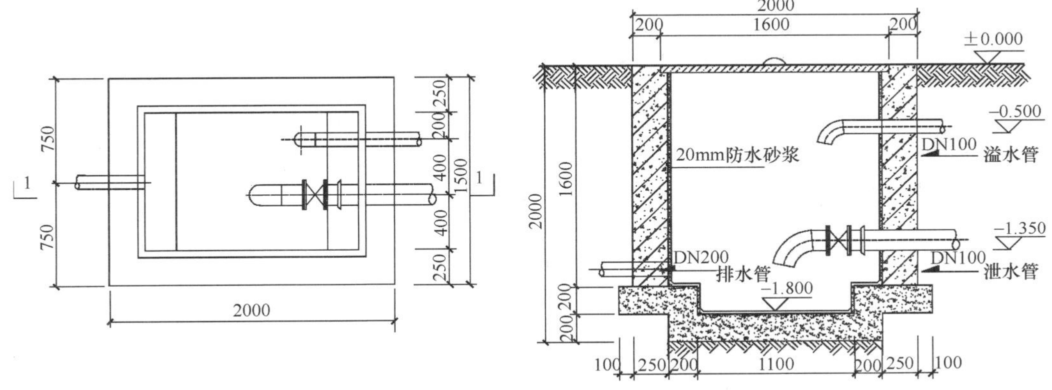

图 3-29　排水阀门井安装详图

（四）喷泉照明特点

目前，喷泉的配光已成为喷泉设计的重要内容。喷泉照明多为内侧给光，根据灯具的安装位置，可分为水上环境照明和水体照明两种方式。

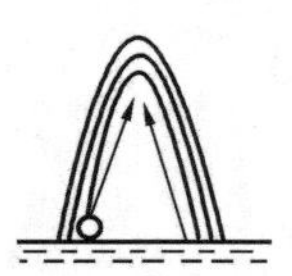
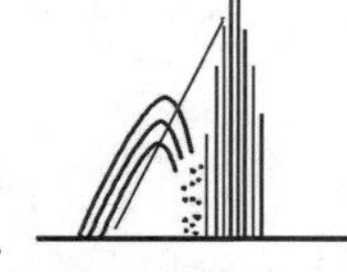

图 3-30 喷泉给光示意图

水上环境照明，灯具多安装于附近的建筑设备上。特点是水面照度分布均匀，色彩均衡、饱满，但往往使人们眼睛直接或通过水面反射间接地看到光源，眼睛会产生眩光。水体照明，灯具置于水中，多隐蔽，多安装于水面以下5cm处，特点是可以欣赏水面波纹，并能随水花的散落映出闪烁的光，但照明范围有限。喷泉配光时，其照射的方向、位置与喷水姿有关（图 3-30）。

喷泉照明线路要采用水下防水电缆，其中一根要接地，且要设置漏电保护装置。照明灯具应密封防水，安装时必须满足施工相关技术规程。电源线要通过护缆塑管（或镀锌管）由池底接到安装灯具的地方，同时在水下安装接线盒，电源线的一端与水下接线盒直接相连，灯具的电缆穿进接线盒的输出孔并加以密封，并保证电缆护套管充满率不超过45%。

任务三　瀑布跌水溪流工程

【知识点】

瀑布跌水溪流的构成和分类。

瀑布跌水溪流设计的要点和瀑布营建中要注意的问题。

【技能点】

瀑布跌水溪流的设计及施工技术要点。

相关知识

一、瀑布工程

（一）瀑布的构成和分类

1. 瀑布的构成

瀑布一般由背景、上游积聚的水源、落水口、瀑身、承水潭及下流的溪水组成。人工瀑布常以山体上的山石、树木组成浓郁的背景，上游积聚的水（或水泵动力提水）流至落水口，落水口也称瀑布口，其形状和光滑程度影响到瀑布水态，其水流量是瀑布设计的关键。瀑身是观赏的主体，落水后形成深潭经小溪流出。其模式图样如图 3-31 所示。

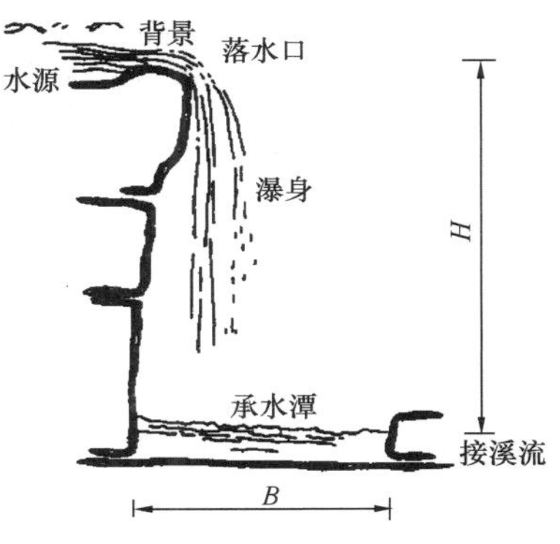

图 3-31 瀑布模式图

B—承水潭宽度；H—瀑身高度

2. 瀑布的分类（图 3-32）

瀑布种类的划分依据，一是可从流水的跌落方式来划分，二是可从瀑布口的设计形式来划分。

（1）按瀑布跌落方式分，有直瀑、分瀑、跌瀑和滑瀑 4 种。

直瀑：即直落瀑布。这种瀑布的水流是不间断地从高处直接落入其下的池、潭水面或石面。若落在石面，就会产生飞溅的水花四散洒落。直瀑的落水能够造成声响喧哗，可为园林环境增添动态水声。

分瀑：实际上是瀑布的分流形式，因此又叫分流瀑布。它是由一道瀑布在跌落过程中受到中间物阻挡一分为二，再分成两道水流继续跌落。这种瀑布的水声效果也比较好。

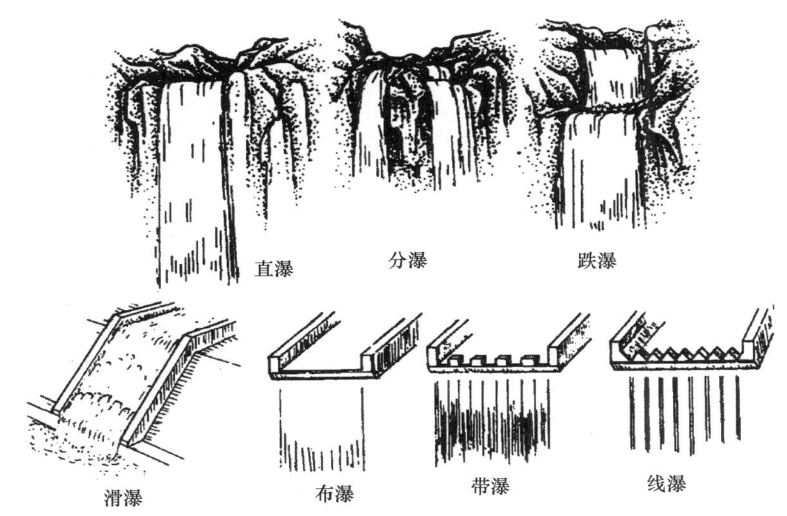

图 3-32 瀑布的形式

跌瀑：也称跌落瀑布，是由很高的瀑布分为几跌，一跌一跌地向下落。跌瀑适宜布置在比较高的陡坡坡地，其水形变化较直瀑、分瀑都大一些，水景效果的变化也多一些，但水声要稍弱一点。

滑瀑：就是滑落瀑布。其水流顺着一个很陡的倾斜坡面向下滑落。斜坡表面所使用的材料质地情况决定着滑瀑的水景形象。斜坡是光滑表面，则滑瀑如一层薄薄的透明纸，在阳光照射下显示出湿润感和水光的闪耀。

（2）按瀑布口的设计形式来分，瀑布有布瀑、带瀑和线瀑 3 种。

布瀑：瀑布的水像一片又宽又平的布一样飞落而下。瀑布口的形状设计为一条水平直线。

带瀑：从瀑布口落下的水流，组成一排水带整齐地落下。瀑布口设计为宽齿状，齿排列为直线，齿间的间距全部相等。齿间的小水口宽窄一致，相互都在一条水平线上。

线瀑：排线状的瀑布水流如同垂落的丝帘，这是线瀑的水景特色。线瀑的瀑布口形状，是设计为尖齿状的。尖齿排列成一条直线，齿间的小水口呈尖底状。从一排尖底状小水口上落下的水，即呈细线形。随着瀑布水量增大，水线也会相应变粗。

（二）瀑布设计

1. 瀑布的设计要点

（1）筑造瀑布景观，应师法自然，以自然的瀑布作为造景砌石的参考，来体现自然情趣。

（2）设计前需先行勘查现场地形，以决定大小、比例及形式，并依此绘制平面图。

（3）瀑布设计有多种形式，筑造时要考虑水源的大小、景观主题，并依照岩石组合形式的不同进行合理的创新和变化。

（4）庭园属于平坦地形时，瀑布不要设计得过高，以免看起来不自然。

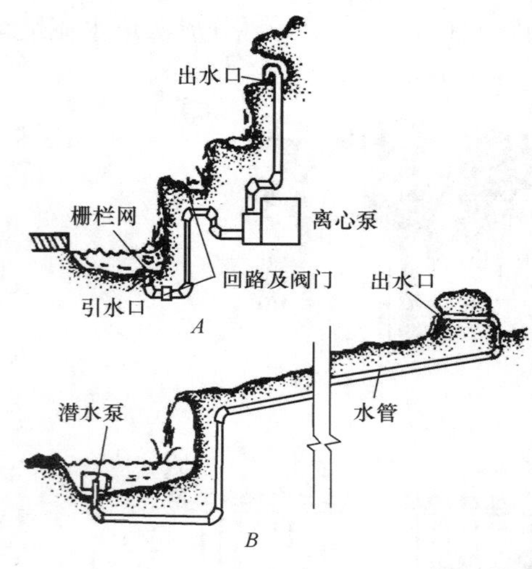

图 3-33　水泵循环供水瀑布示意图

（5）为节约用水，减少瀑布流水的损失，可装置循环水流系统的水泵（图 3-33），平时只需补充一些因蒸散而损失的水量即可。

（6）应以岩石及植物隐蔽出水口，切忌露出塑胶水管，否则将破坏景观的自然。

（7）岩石间的固定除用石与石互相咬合外，目前常以水泥强化其安全性，但应尽量以植栽掩饰，以免破坏自然山水的意境。

2. 瀑布用水量的估算

人工建造瀑布，其用水量较大，因此多采用水泵循环供水。其用水量标准可参阅表 3-4。水源要达到一定的供水量，据经验：高 2m 的瀑布，每米宽度的流量约为 0.5m^2/min 较为适宜。

表 3-4　瀑布用水量估算表（每米用水量）

瀑布落水高度/m	蓄水池水深/m	用水量/L. s^{-1}	瀑布落水高度/m	蓄水池水深/m	用水量/L. s^{-1}
0.30	6	3	3.00	19	7
0.90	9	4	4.50	22	8
1.50	13	5	7.50	25	10
2.10	16	6	>7.50	32	12

（三）瀑布的营建

1. 顶部蓄水池的设计

蓄水池的容积要根据瀑布的流量来确定，要形成较壮观的景象，就要求其容积大；相反，如果要求瀑布薄如轻纱，就没有必要太深、太大。图 3-34 为蓄水池结构。

2. 堰口处理

所谓堰口就是使瀑布的水流改变方向的山石部位。其出水口应模仿自然，并以树木及岩石加以隐蔽或装饰，当瀑布的水膜很薄时，能表现出极其生动的水态。

3. 瀑身设计

瀑布水幕的形态也就是瀑身，它是由堰口及堰口以下山石的堆叠形式确定的。例如，堰口处的整形石呈连续的直线，堰口以下的山石在侧面图上的水平长度不超出堰口，则这时形成的水幕整齐、平滑，非常壮丽。堰口处的山石虽然在一个水平面上，但水际线伸出、缩进，可以使瀑布形成的景观有层次感。瀑布不同的水幕形式如图3-35 所示：

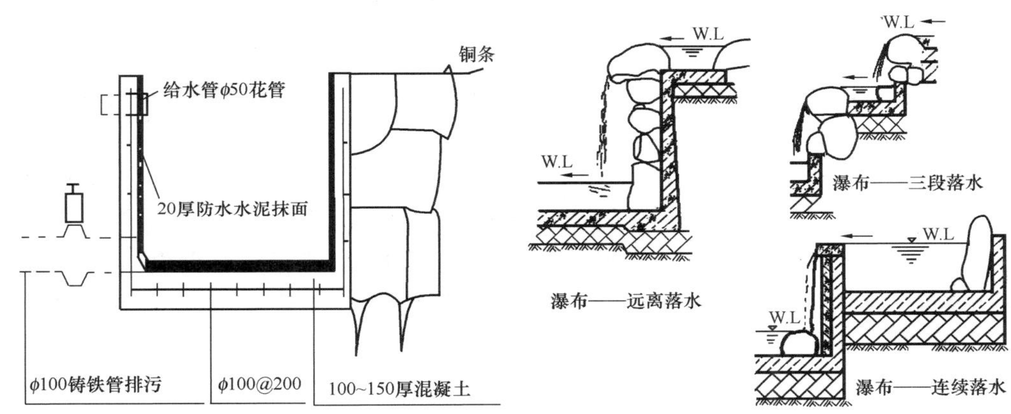

图 3-34　蓄水池结构　　图 3-35　瀑布落水形式

4. 潭（受水池）

天然瀑布落水口下面多为一个深潭。在做瀑布设计时，也应在落水口下面做一个受水池。为了防止落时水花四溅，一般的经验是使受水池的宽度不小于瀑身高度的 2/3。$B \geqslant 2/3H$，B 为瀑布的受水池潭的宽度，H 是瀑身高度。

5. 与音响、灯光的结合

利用音响效果渲染气氛，增强水声，如波涛翻滚的意境。也可以把彩色的灯光安装在瀑布的对面，晚上就可以呈现出彩色瀑布的奇异景观。

二、跌水工程

（一）跌水的特点

跌水本质上是瀑布的变异，它强调一种规律性的阶梯落水形式，跌水的外形就像一道楼梯，其构筑的方法和前面的瀑布基本一样，只是它所使用的材料更加自然美观，如经过装饰的砖块、混凝土、厚石板、条形石板或铺路石板，目的是为了取得规则式设计所严格要求的几何结构。

（二）跌水的形式

跌水的形式有多种，就其落水的水态分，一般将其分为以下几种形式：

1. 单级式跌水　也称一级跌水。溪流下落时，如果无阶状落差，即为单级跌水。

单级跌水由进水口、胸墙、消力池及下游溪流组成。

2. 二级式跌水　即溪流下落时，具有两阶落差的跌水。通常上级落差小于下级落差。二级跌水的水流量较单级跌水小，故下级消力池底厚度可适当减小。

3. 多级式跌水　即溪流下落时，具有三阶以上落差的跌水，如图 3-36 所示。多级跌水一般水流量较小，因而各级均可设置蓄水池（或消力池），水池可为规则式也可为自然式，视环境而定。

4. 悬臂式跌水　悬臂式跌水的特点是其落水口处理与瀑布落水口泻水石处理极为相似，它是将泻水石突出成悬臂状，使水能泻至池中间，因而落水更具魅力。

5. 陡坡跌水　陡坡跌水是以陡坡连接高、低渠道的开敞式过水构筑物。园林中多应用于上下水池的过渡。由于坡陡水流较急，需有稳固的基础。

三、溪流工程

水景设计中的溪流形式多种多样，其形态可根据水量、流速、水深、水宽、建材以及沟渠等自身的形式而进行不同的创作设计。

园林的溪流中，为尽量展示溪流、小河流的自然风格，常设置各种主景石，如隔水石（铺设在水下，以提高水位线）、切水石或破浪石（设置在溪流中，使水产生分流的石头）、河床石（设在水面下，用于观赏的石头）、垫脚石（支撑大石头的石头）、横卧石（压缩溪流宽度、因此形成隘口、海峡的石头）等。在天然形成的溪流中设置主景石，可更加突出其自然魅力。如图 3-37 所示

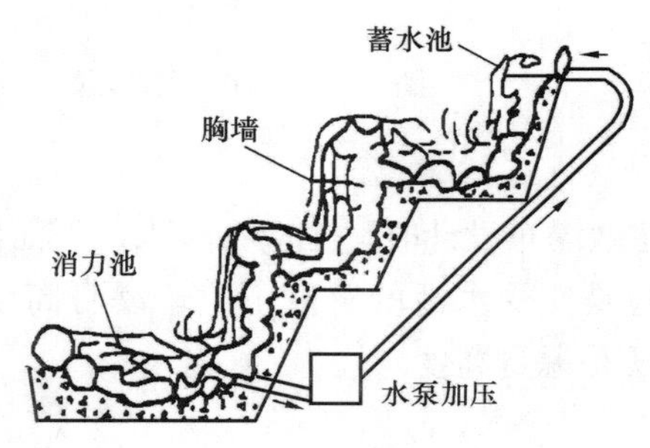

图 3-36　多级跌水图

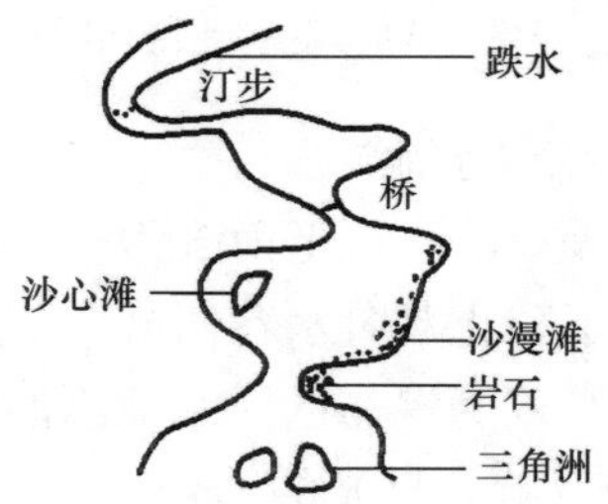

图 3-37　溪流平面示意图

布置溪流最好选择有一定坡度的基址，依流势而设计，急流处为 3%左右，缓流处为0.5%～1%。普通的溪流，其坡势多为 0.5%左右。溪流宽度约 1～2m，水深 5～10cm 左右。而大型溪流如江户川区的古川亲水公园溪流，长约 1km、宽 2～4m，水深 30～50cm，河床坡度却为 0.05%，相当平缓。其平均流量为 0.5m³/s，流速为 20cm/s。一般溪流的坡势应根据建设用地的地势及排水条件等确定。

（一）溪流设计要点

1. 明确溪流的功能，如观赏、嬉水、养殖昆虫植物等。依照功能进行溪流水底、防护堤细部、水量、水质、流速设计调整。

2. 对游人可能涉入的溪流，其水深应设计在 30cm 以下，以防儿童溺水。同时，水

底应作防滑处理。另外，对不仅用于儿童嬉水、还可游泳的溪流，应安装过滤装置（一般可将瀑布、溪流、水池的循环、过滤装置集中设置）。

3. 为使庭园更显开阔，可适当加大自然式溪流的宽度，增加曲折，甚至可以采取夸张设计。

4. 对溪底，可选用大卵石、砾石、水洗砾石、瓷砖、石料等铺砌处理，以美化景观。大卵石、砾石溪底尽管不便清扫，但如适当加入砂石、种植苔藻，会更展现其自然风格，也可减少清扫次数。

5. 栽种石菖蒲、芦苇等水生植物处的水势会有所减弱，应设置尖桩压实植土。

6. 水底与防护堤都应设防水层，防止溪流渗漏。

（二）溪流施工

1. 施工工艺流程

施工准备→溪道放线→溪槽开挖→溪底施工→溪壁施工→溪道装饰→试水。

2. 施工要点

（1）施工准备：主要环节是进行现场踏查，熟悉设计图纸，准备施工材料、施工机具、施工人员。对施工现场进行清理平整，接通水电，搭置必要的临时设施等。

（2）溪道放线：依据已确定的小溪设计图纸。用石灰、黄沙或绳子等在地面上勾画出小溪的轮廓，同时确定小溪循环用水的出水口和承水池间的管线走向。

（3）溪槽开挖：小溪要按设计要求开挖，最好掘成U形坑，因小溪多数较浅，表层土壤较肥沃，要注意将表土堆放好，作为溪涧种植用土。溪道开挖要求有足够的宽度和深度，以便安装散点石。

（4）溪底施工：

①混凝土结构。在碎石垫层上铺上沙子（中沙或细沙），垫层2.5～5cm，盖上防水材料（EPDM、油毡卷材等），然后现浇混凝土（水泥强度等级、配比参阅水池施工），厚度10～15cm（北方地区可适当加厚），其上铺水泥砂浆约3cm，然后再铺素水泥浆2cm，按设计放入卵石即可。

②柔性结构。如果小溪较小，水又浅，溪基土质良好，可直接在夯实的溪道上铺一层2.5～5cm厚的沙子，再将衬垫薄膜盖上。衬垫薄膜纵向的搭接长度不得小于30cm，留于溪岸的宽度不得小于20cm，并用砖、石等重物压紧。最后用水泥砂浆把石块直接粘在衬垫薄膜上。

（5）溪壁施工：溪岸可用大卵石、砾石、瓷砖、石料等铺砌处理。和溪道底一样，溪岸也必须设置防水层，防止溪流渗漏。

（6）溪道装饰：为使溪流更自然有趣，可用较少的鹅卵石放在溪床上，这会使水面产生轻柔的涟漪。同时按设计要求进行管网安装，最后点缀少量景石，配以水生植物，饰以小桥、汀步等小品

（7）试水：试水前应将溪道全面清洁并检查管路的安装情况。而后打开水源，注意观察水流及岸壁，如达到设计要求，说明溪道施工合格。

（三）溪流剖面构造图（图 3-38～图 3-40）

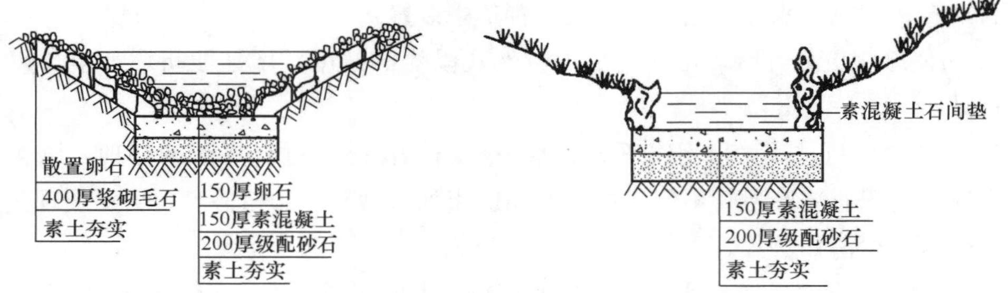

图 3-38　卵石护坡小溪结构图　　图 3-39　自然山石草护坡小溪结构图

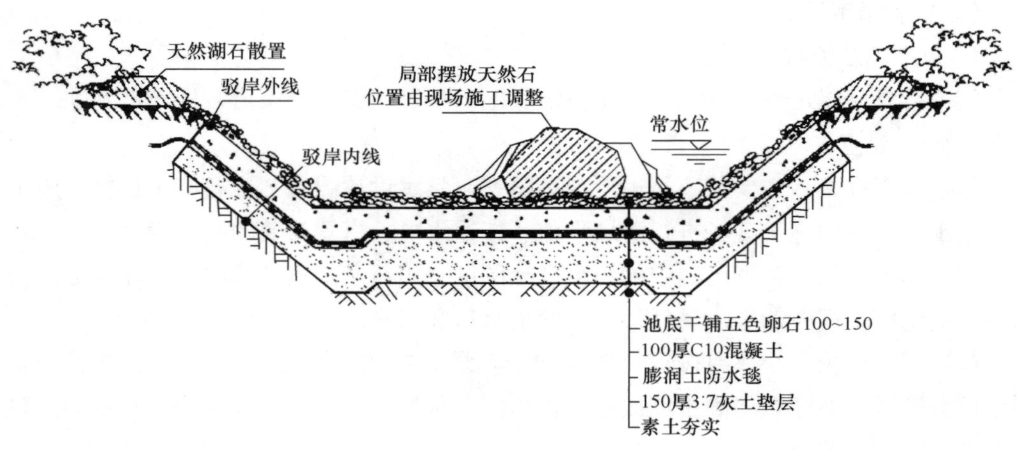

图 3-40　人工溪流结构图

任务四　驳岸与护坡工程施工

【知识点】

驳岸护坡的分类及设计施工。

【技能点】

软硬两种驳岸的设计及施工要点。

相关知识

一、驳岸工程

园林驳岸是在园林水体边缘与陆地交界处，为稳定岸壁，保护湖岸不被冲刷或水淹所设置的构筑物，园林驳岸也是园景的组成部分。在古典园林中，驳岸往往用自然山石砌筑，与假山、置石、花木相结合，共同组成园景。驳岸必须结合所在具体环境的艺术风格、地形地貌、地质条件、材料特性、种植特色以及施工方法、经济要求来选择其结构形式，在实用、经济的前提下注意外形的美观，使其与周围景色相协调。

（一）驳岸设计

1. 破坏驳岸的主要因素

驳岸可分成湖底以下基础部分、常水位以下部分、常水位与最高水位之间的部分和不淹没的部分，不同部分其破坏因素不同。湖底以下驳岸的基础部分的破坏原因包括：

（1）由于池底地基强度和岸顶荷载不一而造成不均匀的沉陷，使驳岸出现纵向裂缝甚至局部塌陷。

（2）在寒冷地区水深不大的情况下，可能由于冰胀而引起基础变形。

（3）木桩做的桩基则因受腐蚀或水底一些动物的破坏而朽烂。

（4）在地下水位很高的地区会产生浮托力影响基础的稳定。

2. 驳岸平面位置和岸顶高程的确定

与城市河湖接壤的驳岸，应按照城市规划河道系统规定的平面位置建造。园林内部驳岸则根据设计图纸确定平面位置。技术设计图上应该以常水位线显示水面位置。整形驳岸，岸顶宽度一般为30～50cm。如驳岸有所倾斜则根据倾斜度和岸顶高程向外推求。岸顶高程应比最高水位高出一段距离，一般是高出25～100cm。一般的情况下驳岸以贴近水面为好。在水面积大、地下水位高、岸边地形平坦的情况下，对于人流稀少的地带可以考虑短时间被洪水淹没以降低由大面积垫土或增高驳岸的造价。驳岸的纵向坡度应根据原有地形条件和设计要求安排，不必强求平整，可随地形有缓和的起伏，起伏过大的地方甚至可做成纵向阶梯状。

3. 园林驳岸的结构形式

根据驳岸的造型，可以将驳岸划分为规则式驳岸、自然式驳岸和混合式驳岸三种。

（1）规则式驳岸　指用砖、石、混凝土砌筑的比较规整的驳岸，如常见的重力式驳岸、半重力式驳岸和扶壁式驳岸等（图3-41），园林中用的驳岸以重力式驳岸为主，要求较好的砌筑材料和施工技术。这类驳岸简洁明快，耐冲刷，但缺少变化。

（2）自然式驳岸　自然式驳岸指外观无固定形状或规格的岸坡处理，如常见的假山石驳岸、卵石驳岸、仿树桩驳岸等，这种驳岸自然亲切，景观效果好，如图3-42所示。

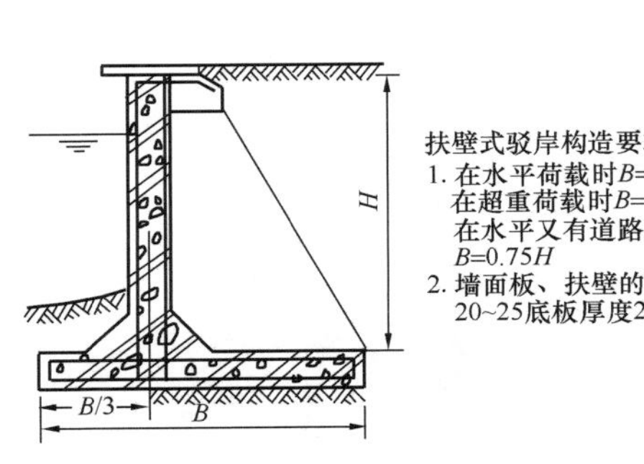

图3-41　规则式驳岸（扶壁式驳岸）

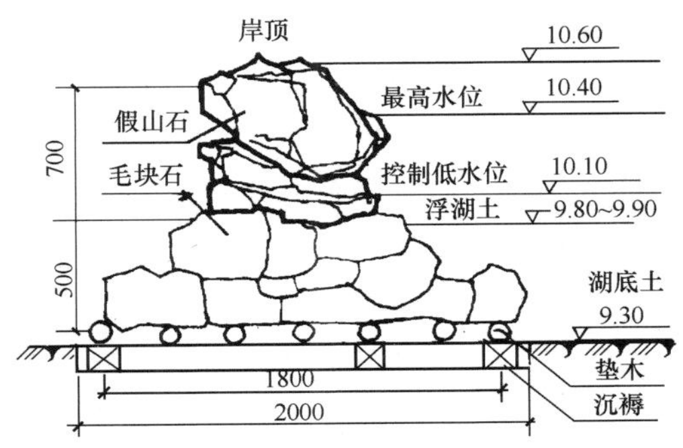

图3-42　杭州西湖苏堤山石驳岸

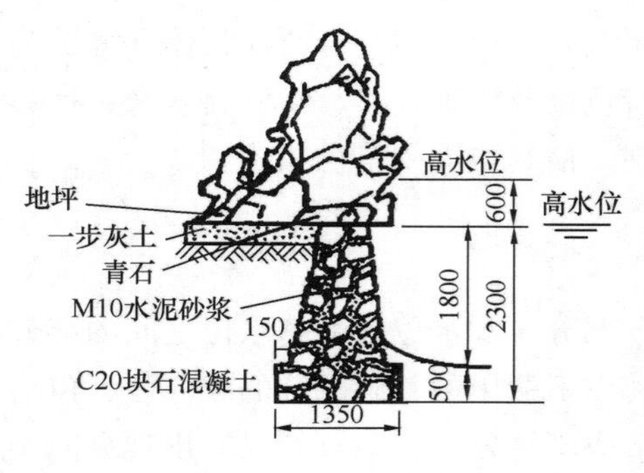

图 3-43　混合式驳岸

(3) 混合式驳岸　这种驳岸结合了规则式驳岸和自然式驳岸的特点，一般用毛石砌墙，自然山石封顶，园林工程中也较为常用，如图 3-43 所示。

(二) 园林常见驳岸结构

1. 砌石驳岸　砌石驳岸是园林工程中最为主要的护岸形式。它主要依靠墙身自重来保证岸壁的稳定，抵抗墙后土壤的压力。园林驳岸的常见结构由基础、墙身和压顶三部分组成。

基础是驳岸承重部分，上部质量经基础传给地基。因此，要求基础坚固，埋入湖底深度不得小于 50cm，基础宽度要求在驳岸高度的 0.6～0.8 倍范围内；如果土质轻松，必须作基础处理。

墙身是基础与压顶之间的主体部分，多用混凝土、毛石、砖砌筑。墙身承受压力最大，主要来自垂直压力、水的水平压力及墙后土壤侧压力，为此，墙身要确保一定厚度。

压顶为驳岸最上部分，作用是增强驳岸稳定，阻止墙后土壤流失，美化水岸线。压顶用混凝土或大块石做成，宽度 30～50cm。

2. 桩基驳岸　桩基是常用的一种水工地基处理手法。基础桩的主要作用是增强驳岸的稳定，防止驳岸的滑移或倒塌，同时可加强土基的承载力。其特点是：基岩或坚实土层位于松土层，桩尖打下去，通过桩尖将上部荷载传给下面的基础或坚实土层；若桩打不到基岩，则利用摩擦，借木桩表面与泥土间的摩擦力将荷载传到周围的土层中，以达到控制沉陷的目的。

图 3-44 是桩基驳岸结构图，它由桩基、碎填料、盖桩石、混凝土基础、墙身和压顶等部分组成。卡当石是桩间填充的石块，主要是保持木桩的稳定。盖桩石为桩顶浆砌的条石，作用是找平桩顶以便浇灌混凝土基础。碎填料多用石块，填于桩间，主要是保持木桩的稳定。基础以上部分与砌石驳岸相同。

桩基的材料，有木桩、石桩、灰土柱和混凝土桩、竹桩、板桩等。木桩要求耐腐、耐湿、坚固；如柏木、松木、橡树、榆树、杉木等。桩木的规格取决于驳岸的要求和地基的土质情况，一般直径 10～15cm，长 1～2m，弯曲度（d/l）小于 1%。桩木的排列常布置成梅花桩、品字桩或马牙桩。梅花桩一般每平方米 5 个桩。

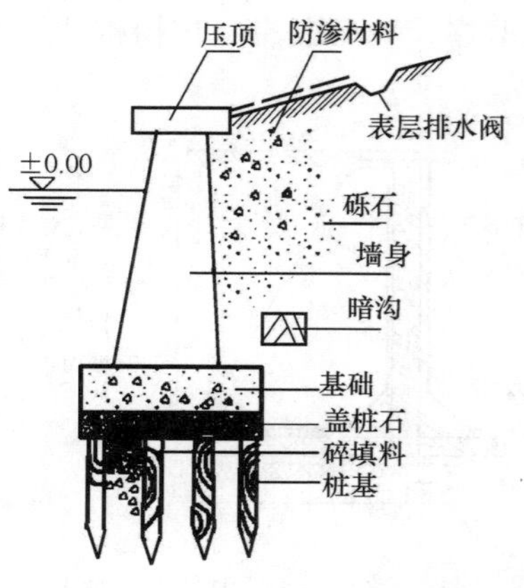

图 3-44　桩基驳岸

竹桩、板桩驳岸是另一种类型的桩基驳岸。驳岸打桩后，基础上部临水面墙身由竹篱（片）或板片镶嵌而成，适用于临时性驳岸。竹篱驳岸造价低廉，取材容易，施工简单，工期短，能使用一定年限，凡盛产竹子，如毛竹、大头竹、勒竹、撑篙竹的地方均可采用。如图3-45。

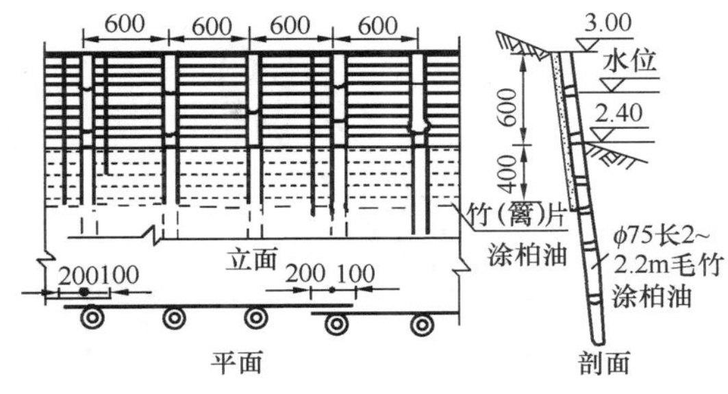

图 3-45　竹篱驳岸

(三) 驳岸施工

驳岸施工前必须放干湖水，或分段堵截围堰逐一排空。现以砌石驳岸说明其施工要点。砌石驳岸施工工艺流程为：放线→挖槽→夯实地基→浇筑混凝土基础→砌筑岸墙→砌筑压顶。

1. 放线　布点放线应依据施工设计图上的常水位线来确定驳岸的平面位置，并在基础两侧各加宽20cm放线。

2. 挖槽　一般采用人工开挖，工程量大时可采用机械挖掘。为了保证施工安全，挖方时要保证足够的工作面，对需要放坡的地段，务必按规定放坡。岸坡的倾斜可用木制边坡样板校正。

3. 夯实地基　基槽开挖完成后将基槽夯实，遇到松软的土层时，必须铺厚14～15cm灰土（石灰与中性黏土之比为3：7）一层加固。

4. 浇筑基础　采用块石混凝土基础。浇注时要将块石垒紧，不得列置于槽边缘。然后浇筑M15或M20水泥砂浆，基础厚度400～500mm，高度常为驳岸高度的0.6～0.8倍。灌浆务必饱满，要渗满石间空隙。北方地区冬季施工时可在砂浆中加3%～5%的NaCl用以防冻。

5. 砌筑岸墙　M5水泥砂浆砌块石，砌缝宽1～2cm，每隔10～25m设置伸缩缝，缝宽3cm，用板条、沥青、石棉绳、橡胶、止水带或塑料等材料填充，填充时最好略低于砌石墙面，缝隙用水泥砂浆勾满。

6. 砌筑压顶　压顶宜用大块石（石的大小可视岸顶的设计宽度选择）或预制混凝土板砌筑。砌时顶石要向水中挑出5～6cm，顶面一般高出最高水位50cm，必要时亦可贴近水面。

二、护坡工程

在园林中，自然山地的陡坡、土假山的边坡、园路的边坡和水池岸边的陡坡，有时为顺其自然不做驳岸，而是改用斜坡伸向水中，这就要求能就地取材，采用各种材料做成护坡。护坡主要是防止滑坡，减少水和风浪的冲刷，以保证岸坡的稳定。

(一) 园林护坡的类型和作用

1. 块石护坡

在岸坡较陡、风浪较大的情况下，或因为造景的需要，在园林中常使用块石护坡（图3-46）。护坡的石料，最好选用石灰岩、砂岩、花岗岩等比重大、吸水率小的顽石。

2. 园林绿地护坡

(1) 草皮护坡　当岸壁坡角在自然安息角以内，地形变化在1：20～1：5间起伏，这时可以考虑用草皮护坡，即在坡面种植草皮或草丛，利用土中的草根来固土，使土坡能够保持较大的坡度而不滑坡。

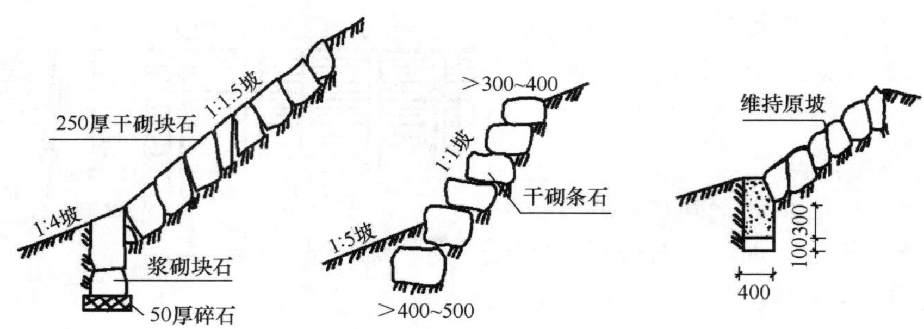

图 3-46　块石护坡

（2）花坛式护坡　将园林坡地设计为倾斜的图案、文字类模纹花坛或其他花坛形式，既美化了坡地，又起到了护坡的作用。

（3）石钉护坡　在坡度较大的坡地上，用石钉均匀地钉入坡面，使坡面土壤的密实度增长，抗坍塌的能力也随之增强。

（4）预制框格护坡　一般是用预制的混凝土框格，覆盖、固定在陡坡坡面，从而固定、保护了坡面；坡面上仍可种草种树。当坡面很高、坡度很大时，采用这种护坡方式的比较好。因此，这种护坡最适于较高的道路边坡、水坝边坡、河堤边坡等的陡坡。

（5）截水沟护坡　为了防止地表径流直接冲刷坡面，而在坡的上端设置一条小水沟，以阻截、汇集地表水，从而保护坡面。

（6）编柳抛石护坡　采用新截取的柳条十字交叉编织。编柳空格内抛填厚 200～400mm 的块石，块石下设厚 10～20cm 的砾石层以利于排水和减少土壤流失。柳格平面尺寸为 1m×1m 或 0.3m×0.3m，厚度为 30～50cm。柳条发芽便成为较坚固的护坡设施。

（二）坡面构造设计

各种护坡工程的坡面构造，实际上是比较简单的。它不像挡土墙那样，要考虑泥土对砌体的侧向压力。护坡设计要考虑的只是如何防止陡坡的滑坡和如何减轻水土流失。根据护坡做法的基本特点，下面将各种护坡方式归入植被护坡、框格护坡和截水沟护坡 3 种坡面构造类型，并对其设计方法给予简要的说明。

1. 植被护坡的坡面设计

这种护坡的坡面是采用草皮护坡、灌丛护坡或花坛护坡方式所做的坡面，这实际上都是用植被来对坡面进行保护，因此，这三种护坡的坡面构造基本上是一样的。一般而言，植被护坡的坡面构造从上到下的顺序是：植被层、坡面根系表土层和底土层。如图 3-47 所示。为了避免地表径流直接冲刷陡坡坡面，还应在坡顶部顺着等高线布置一条截水沟，拦截雨水。

2. 预制框格护坡的坡面设计

预制框格有混凝土、塑料、铁件、金属网等材料制作的，其每一个框格单元的设计形状和规格大小都可以有许多变化。框格一般是预制生产的，在边坡施工时再装配成各种简单的图形。用锚和矮桩固定后，再往框格中填满肥沃壤土，土要填得高于框格，并稍稍拍实，以免下雨时流水渗入框格下面，冲刷走框底泥土，使框格悬空。图 3-48 是预制混凝土框格的参考形状及规格尺寸举例。

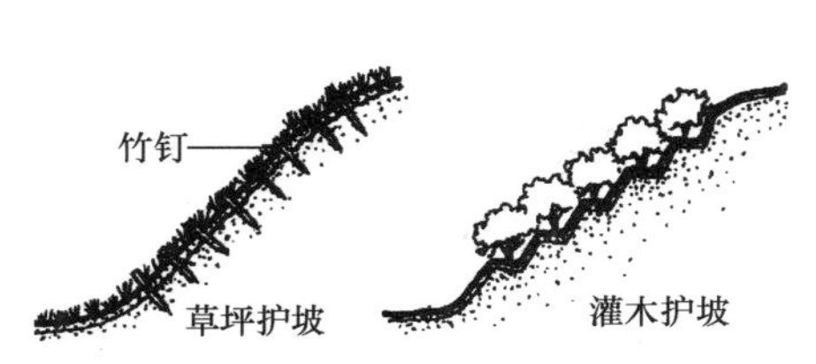

图 3-47　植被护坡坡面的两种断面

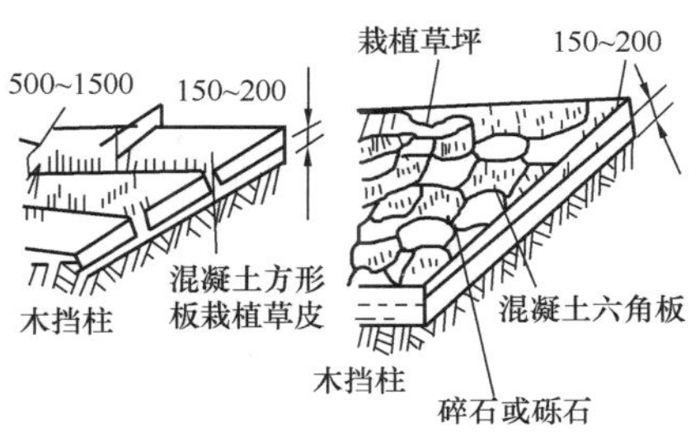

图 3-48　预制框格护坡

3. 护坡的截水沟设计

截水沟一般设在坡顶，与等高线平行。沟宽 20～45cm，深 20～30cm，用砖砌成。沟底、沟内壁用 1∶2 水泥砂浆抹面。为了不破坏坡面的美观，可将截水沟设计为盲沟，即在截水沟内填满砾石，砾石层上面覆土种草。从外表看不出坡顶有截水沟，但雨水流到沟边就会下渗，然后从截水沟的两端排出坡外（图 3-49）。

（三）护坡工程的施工工序

为了保障护坡工程的质量，应按如下施工工序进行操作。

1. 放线挖槽

（1）用方格网络法将设计图纸的要求落实到基地现场。

（2）开槽：放足规定余量，在线内挖基础梯形槽，并人工夯实或用蛙式夯实机夯实土基。

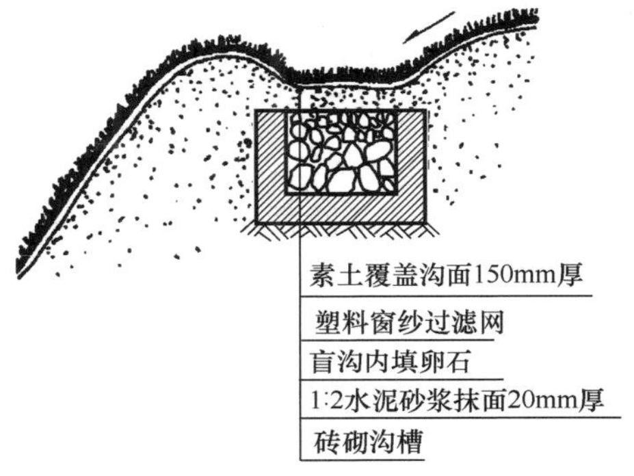

图 3-49　截水沟构造图

2. 砌坡脚石，铺倒虑层

坡脚石应选用大石块，并灌足砂浆。其上做倒虑层 1～3 层。第一层为粗砂，其上铺放小卵石或小碎石，厚度控制在 15～25cm；要分层填筑倒滤层，层厚均匀，抹灰。

3. 铺砌块石

铺砌块石自坡脚石始，以品字形砌筑，由下而上，保持与铺面平行，石隙间填碎石和砂浆，要求饱满、平整。每隔 20～25m 留一条 3cm 宽的伸缩缝，每隔 5～20m 预留一个泄水孔。

4. 勾缝

块石交接处应用 M7.5 水泥砂浆勾缝，要求压实、均匀、饱满。

5. 浆砌压顶石

M7.5 水泥砂浆浆砌压顶。

【思考与练习】

1. 谈谈驳岸与护坡施工方法有何不同。
2. 谈谈溪涧的施工要点。

3. 简述砌筑类驳岸的常见结构与施工方法。
4. 简述人工湖的施工方法及步骤。
5. 水池的结构主要分几个部分？
6. 简述水池的施工步骤。
7. 简述喷泉的供水形式，并以线络图示意。
8. 简述水池的设计及施工工艺。
9. 简述瀑布设计及施工工艺。
10. 水景的作用和水景的构成有哪些？

【技能训练】

技能训练一　喷水池的设计

一、训练目的

通过设计，掌握喷水池的设计方法及基本模式，了解水景和园林意境的统一关系。熟悉喷水池设计包括的内容、图纸表示以及水池构造。

二、材料及用具

图纸、绘图板、硫酸纸、针管笔等。

三、方法步骤

1. 施工现场勘查，领会设计意图。
2. 喷水池的相关计算及准备工作。
3. 喷水池的平、立面设计。
4. 喷水池的机构图及施工图设计。

四、作业

1. 作喷泉造型设计，并完成喷水池总平面图，立面图、剖面图。
2. 完成喷水池结构设计，完成相关图纸。
3. 喷水池管线布置，完成管道布置平面图和管道轴测图。

技能训练二　喷泉的安装

一、训练目的

掌握喷泉系统的安装程序及技术要点。

二、材料及用具

喷泉设备、工具、管线、阀门、灯具、喷头、控制器等

三、方法步骤

1. 给水及循环水管道的安装。
2. 水泵的安装。
3. 排水及溢水管道的安装。
4. 喷头进行组合并安装。
5. 喷泉灯光照明系统的安装。
6. 检查并调试。

四、作业

每组安装一套小型的喷泉设备。

项目四　园路、场地与园桥工程

【内容提要】

园路是园林的重要组成部分，它像人体的脉络一样贯穿全园，形成完善的交通网络，是联系各个景区和景点的纽带与风景线。园林中的场地具有交通集散、游憩活动及园务管理等功能和作用，从某种意义上说是园路的扩大部分。在园路穿过园林水体处、岛屿和湖岸的连接处、无路可通的陡岸峭壁处以及横跨风景区的山沟处等地方，需要设置园桥。

园路、园林场地及园桥工程在园林工程设计中占有重要的地位。通过本项目的学习，使学生能够掌握园路的布局设计、结构设计及铺装设计；掌握园路施工的流程及步骤；掌握园林场地中停车场及回车场的设计；掌握园桥类型及其选址的要求。

任务一　园 路 设 计

【知识点】

园路的功能和类型。
园路的设计。

【技能点】

园路布局设计。
园路结构设计。

园路铺装设计。

相关知识

一、园路的功能

（一）组织空间、引导游览

在公园和风景名胜区常常是利用地形、园林建筑、园林植物或园路将全园分隔成各种不同功能的空间，同时又通过园路将各个空间联系成一个整体。园路能将设计者的造景序列通过组织观赏游廊程序传达给游客，起到向游客展示园林风景画面的作用。另外，可通过园路的布局和路面铺筑的图案，引导游客按照设计者的意图、路线和角度来观赏景物。

（二）组织交通

园路不仅对游客的集散、疏导起重要作用，而且也能满足园林绿化、建筑维护、园务管理、安全防火、职工生活等园务工作的交通运输需要。对于小型公园或绿地，园路的游览功能和交通运输功能可以结合在一起考虑，以便节省用地。对于大型园林，由于园务工作量较大，需要分开设置以避免造成互相干扰，为车辆设置专门的路线和出入口。

（三）构成园景

园路优美的曲线创造了园路的形式美，同时丰富多彩的路面铺装也创造了复杂多变的地面景观，并可与周围的地形、水体、园林建筑、园林植物、园林置石等景物紧密结合，不仅是“因景设路”，而且是“因路得景”，使得园路为可行、可游、可赏，行游赏为一体。

（四）综合功能

园林中可利用园路进行组织排水，防止水土流失。也可利用园路的不同的铺装形式进行空间的界定、功能区的划分、障碍性铺装等，具有其他综合功能。

二、园路的分类

（一）按园路的功能划分

1. 主园路

主园路又称主干道，是贯穿园林内所有游览区或串联公园内所有景区的，起到骨干主导作用的园路，一般设计宽度为6～10m。主园路常作为导游线，对游人的游园活动进行有序的组织和引导；同时，它也能满足少量园务运输车辆通行的要求。

2. 次园路

次园路又称次干道，是联系各重要景点或风景地带的重要园路，其宽度一般为2～3.5m。次园路有一定的导游性，主要供游人游览观景用，一般不设计为能够通行机动车的道路。

3. 游步道

游步道即游览小道或散步小道，是游人漫步观景之用，其宽度一般为1～2m。游步道的布置很灵活，平地、坡地、山地、水边、草坪上、花坛群中、屋顶花园等处，都可以铺筑游步道（图 4-1）。

嵌草路面

鹅卵石石板路面

图 4-1　游览小道

（二）按园路的横断面划分

1. 路堤型

横断面采用平道牙，路面两侧设置明沟来组织路面雨水的排放（图 4-2）。横断面由主路面、路肩、边沟、边坡等组成。路面较宽的路堤型园路也可以设置绿化分隔带。园林中的次干道或者游步道常采用这种形式，一般主要是供游人观赏、行游之用。

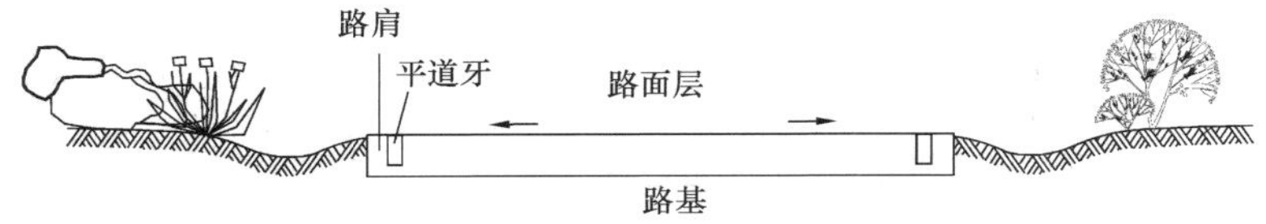

图 4-2　路堤型

2. 路堑型

横断面采用立道牙，路面低于周围，道牙高于路面，阻挡绿地水土（图 4-3）。路面常需设置雨水口和排水管线等附属设施将雨水组织到地下管线中去，道路断面上通常还设置绿化带将道路分为多块板的结构以利于保持行车速度和交通组织。园林中的主干道常采取这种形式，尤其是大型公园中的行车道。

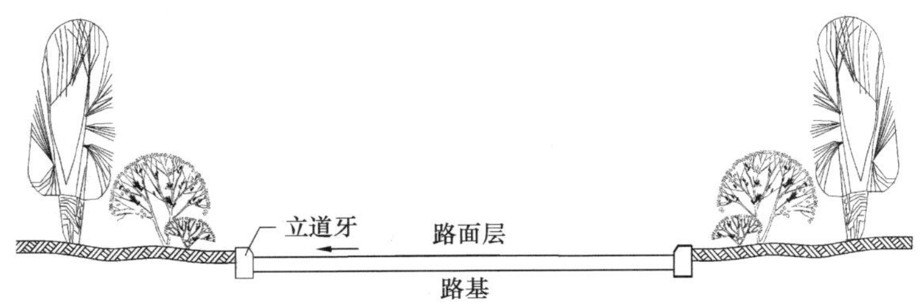

图 4-3　路堑型

3. 特殊型

其路线或为非连续的，或其横断面宽度连续变化，或因坡度陡峭而产生形式上的变化，包括步石、汀步、磴道、攀梯、栈道等（图 4-4）。

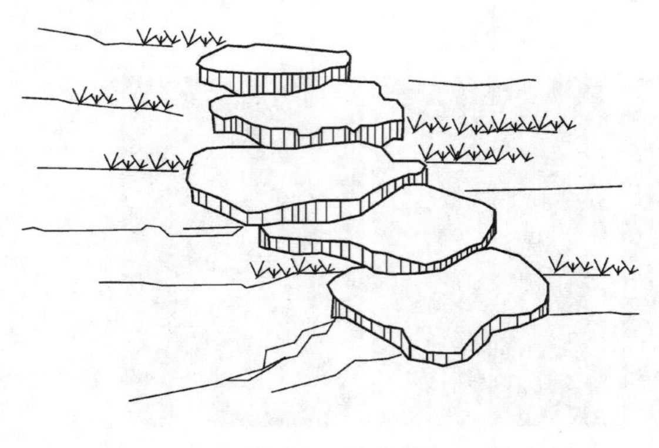
图 4-4 特殊型

（三）按园路的路面使用材料划分

1. 整体路面

整体路面是指整体浇筑、铺设的路面，常用水泥混凝土或沥青混凝土等材料。它平整、耐压、耐磨、整体性好，用于通行车辆或人流集中的公园主路。

2. 块料路面

块料路面是利用各种天然或人工块材铺筑的路面，包括各种强度高、质感好的天然石块、预制混凝土板、砖、陶瓷砖、木板、橡胶块等块料铺设的路面。适用于公园步行路，或通行少量轻型车的地段。

3. 碎料路面

碎料路面是用小青砖、瓦片、碎石、卵石、碎瓷片等材料拼砌铺设的路面。主要用于庭院和各种游憩、散步的小路。

4. 简易路面

简易路面是由煤屑、三合土等构成的路面，多用于临时性或过渡性园路。

（四）根据路面的排水性划分

1. 透水性路面

透水性路面是指下雨时雨水能及时通过路面结构渗入地下，或者储存于路面材料的空隙中，减少地面积水的路面。这种路面可减轻排水系统负担，保护地下水资源，有利于生态环境，但平整度、耐压性往往存在不足，养护量较大，一般主要应用于游步道、停车场、场地等处。

2. 非透水性路面

非透水性路面是指吸水率低，主要靠地表排水的路面。不透水的现浇混凝土路面、沥青路面、高分子材料路面以及各种不透水基层上用砂浆铺贴砖、石、混凝土预制块等材料铺成的园路都属于此类。这种路面平整度和耐压性较好，整体铺装的可用作机动交通、人流量大的主要园路，块材铺筑的多用于次要园路、游步道、场地等。

三、园路的布局设计

园林绿地设计之初，首先考虑的就是园路的布局设计，主干道、次干道和游步道应如何布局、怎样分布，设计成曲线还是直道等。园路的布局设计是园路设计中首先要考虑的一项工作。

（一）园路的形式

在园林工程中园路一般从形式上可分为直线式园路和曲线式园路。

1. 直线式园路

园路为直线，这类园路宽窄无变化，一般无明显的起伏，是规则式园林园路的基本形式。

2. 曲线式园路

园路为自然或有规可循的曲线形，这类园路一般宽窄可随地形景观要求而变。

（二）设计依据

园路的布局设计，要以园林本身的性质、特征及功能为依据，主要有以下几个方面。

1. 园林工程的建设规模决定了园路布局设计的道路类型和布局特点。一般较大的公园，要求园路主干道、次干道和游步道三者齐备，并使铺装式样多样化，从而使园路成为园林造景的重要组成部分。而相对于面积较小的园林绿地，园路的布局设计往往只有次干道及游步道的设计。

2. 园林绿地的规划形式决定了园路布局设计的风格。如规则式园林，园路布局应为直线或有规可循的曲线式，园路的铺装也和园林风格相适应；自然式园林的园路布局应为无规可循的自由曲线和宽窄不等的变形路为主。

（三）园路布局设计的原则

要使设计的园路充分体现使用功能和造景功能，达到和谐，充分展现艺术美，应遵循以下几个原则：

1. 因地制宜的原则

园路的布局设计，除了依据园林工程建设的规模及规划形式外，还必须集合地形地貌设计。一般园路宜曲不宜直，贵在合乎自然，追求自然野趣，依山随势，回环曲折；曲线要自然流畅，犹若流水，随地势就形。

2. 满足使用功能，体现以人为本的原则

园路的设计必须遵循游人行走的行为习惯和行为心理的要求。也就是说，园路的布局设计除了必须满足导游和组织交通的作用外，更多的考虑为游人服务、满足游人的需求。

3. 切忌设计无目的、死胡同的园路

园林工程建设中的道路应形成一个环状道路网络，四通八达，道路设计要做到有的放矢，因景设路，因游设路，不能漫无目的，更不能使游人正在游行时“此路不通”，这是园路设计最忌讳的。

4. 综合园林造景进行布局设计的原则

园路是园林工程建设造景的重要组成部分，园路的布局设计一定要坚持路为景服务，要做到因路通景，同时也要使园路与其他造景要素很好地结合，使整个园路更加和谐，并创造出一定的意境来。

（四）园路布局设计应注意的问题

要使园路布局合理，除遵循以上原则外，还应注意以下几方面的问题。

1. 两条自然式园路相交于一点，所形成的对角不宜相等。道路需要转换方向时，离原交叉点要有一定长度作为方向转变的过程。如果两条直线道路相交时，可以正交，也可以斜交。为了美观实用，要求交叉在一点上，对角相等，这样就显得自然和谐。

2. 两路相交所成的角度一般不宜小于60°。若由于实际情况限制，角度太小，可以在交叉处设立一个三角形绿地，使交叉所形成的尖角得以缓和。

3. 若三条园路相交在一起时，三条路的中心线应交汇于一点上，否则显得杂乱。

4. 由主干道上发出来的次干道分叉的位置，宜在主干道凸出的位置处，这样就显得流畅自如。

5. 在较短的距离内，道路的一侧不宜出现两个或两个以上的道路交叉口，尽量避免多条道路交接在一起。如果避免不了，则需在交界处形成一个场地。

6. 凡道路交叉所形成的大小角宜采用弧线，每个转角需要圆润。

7. 自然式道路在通向建筑正面时，应逐渐与建筑物对齐并趋垂直，在顺向建筑时，应与建筑趋向平行。

8. 两条相反方向的曲线园路相遇时，应在交接处有较长距离的直线，切忌是S形。

9. 园路布局应随地形、地貌、地物而变化，做到自然流畅、美观协调。

（五）园路布局设计的要点

1. 园路的尺度、分布密度要主次分明

园路的尺度、分布密度，应该是人流密度客观合理的反映。人流量相对较大的区域，如各类场地设施出入口，园路的尺度和密度就需要相对大一些，而人流量相对较少的场地边缘地区，园路的尺度和密度就可以相应地降低、调整。

2. 园路路口的规划要合理有序

园路路口的规划是园路建设的重要组成部分。从规则式园路系统到自然式园路系统的相互比较情况来看，自然式园路系统中以三岔路口为主，而在规则式园路系统中则以十字路口比较多，但从加强巡游性来考虑，路口设置也应少一些十字路口，多一点三岔路口。

3. 园路与建筑

在园路与建筑物的交界处，常常能形成路口。从园路与建筑相互交接的实际情况来看，一般都是在建筑物近旁设置一块较小的缓冲场地，园路则通过这块场地与建筑物交接。多数情况下应这样处理，但一些起过道作用的建筑，如游廊等，也常常不设缓冲小场地，根据对园路和建筑相互关系的处理和实际工程设计中的经验来处理园路与建筑的关系。

4. 园路与水体

中国园林常常以水体为中心，而主干道环绕水体，联系各景区，是较为理想的处理手法。当主干道临水面布置时，园路不应始终与水体平行，否则会因缺少变化而显得平淡乏味。理想的园路与水体的关系是根据地形的起伏，周围的自然景色与功能景色，使主干道与水体若即若离。落入水体的道路可用桥、堤或汀步相接。

5. 园路与山石

在园林中，经常在园路两侧布置一些山石，组成夹景，形成一种幽静的氛围。在园路的交叉口、转弯处也常设置假山，既疏导交通，又能起到美观的作用。

6. 园路与种植

塑造林荫夹道可以形成视觉效果良好的园路绿化，在郊区大面积绿化中，行道树可与路两旁的绿化种植结合在一起，不按间距，灵活种植，形成路在林中走的意境。同时，可以在局部稍作浓密处理，形成阻隔，成为障景，呈现“山重水复疑无路，柳暗花明又一村”的优美意境。可以利用植物强调园路的转弯处，比如种植大量五颜六色的花卉，既有引导游人的功能，又极其美观。

7. 园路的竖向设计

园路的竖向设计应紧密结合地形，依山就势，盘旋起伏。既可获得较好的风景效果，又可以减少土方工程量，保证路基的稳定。同时，园路应有 0.3%～0.8%的纵坡度和 1.5%～3%的横坡度，以保证地面水的排除。

四、园路的线形设计

（一）园路的平面线形设计

园路中心线在水平面上的投影形态称为园路的平面线形。

1. 线形种类

园路的平面线形是由 3 种线形——直线、圆曲线和缓和曲线所构成的，称之为“平面线形三要素”。通常直线与圆曲线直接衔接（相切）；当车速较高、圆曲线半径较小时，直线与圆曲线之间以及圆曲线之间要插设回旋形的缓和曲线。

2. 园路平面线形设计的原则

（1）平面线形连续、顺畅，并与地形、地物相适应，与周围环境相协调。

（2）满足行驶力学上的基本要求和视觉、心理上的要求。

（3）保证平面线形的均衡与连贯。

（4）避免连续急弯的线形。

（5）平曲线应有足够的长度。

（6）园路的曲折应有目的性。一方面为了满足地形地物及功能上的要求，如避绕障碍、串联景点、围绕草坪、组织景观、增加层次、延长游览路线、扩大视野等，另一方面应避免无艺术性、功能性和目的性的过多弯曲。

3. 平曲线半径的选择

当车辆在弯道上行驶时，为了使车体顺利转弯，保证行车安全，要求弯道外侧部分应采用圆弧曲线，该曲线称为平曲线，其半径称为平曲线半径（图 4-5）。由于园路设计的车速较低，一般可以不考虑行车速度，只要满足汽车本身（前后轮间距）的最小转弯半径即可。因此，平曲线最小半径不小于 10m。

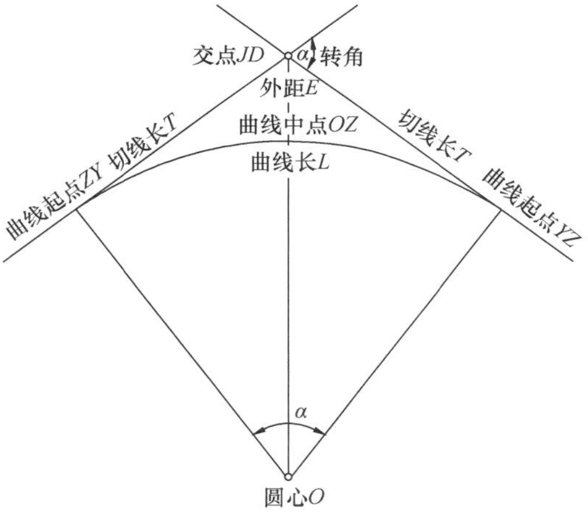

图 4-5　平曲线图

4. 平曲线的最小长度

如平曲线太短，汽车在曲线上行驶时间过短会使驾驶操纵来不及调整，一般都应控制平曲线的最小长度。园路的平曲线和圆曲线最小长度应符合表 4-1 的规定。

表 4-1　园路平曲线最小长度表

设计时速/（km/h）	20	25	30	35	40	50	60
圆曲线最小长度/m	20	20	25	30	35	45	50
平曲线最小长度/m	40	50	70	80	90	100	120

5. 道路超高、曲线加宽

在圆曲线上车辆的行驶除受到重力的作用，还受到离心力的作用，两种力的合力作用使得行驶在平曲线上的汽车有两种横向不稳定的危险，即向外滑移和倾覆。为了平衡离心力，需要将路面做成外侧高的单向横坡形式，即道路超高。公园园路在计算行车速度为50～60km/h时最大为4%，行车速度为20～40km/h时最大为2%。

当汽车在弯道上行驶时，由于前轮的轮迹较大，后轮的轮迹较小，会出现轮迹内移现象；同时，本身所占宽度也较直线行驶时微大；弯道半径越小，这一现象越严重。为了防止后轮驶出路外，车道内侧（尤其是小半径弯道）需适当加宽，称为曲线加宽。曲线加宽值与车体长度的平方成正比，与弯道半径成反比。

6. 园路交叉节点设计

园路借助交叉口相互连接形成道路系统。交叉点应综合考虑其几何形状和交通组织方式，以保证车辆交通安全，游人集散通畅。一般常见的交叉节点按其几何形状划分为十字形、T形、X形、Y形、错位交叉和多路交叉等（图4-6）。

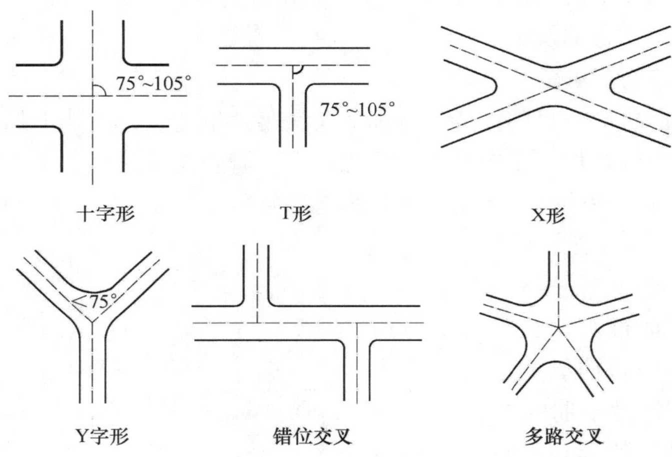

图4-6 道路交叉节点的形式

（二）园路的纵断面设计

1. 园路纵断面设计的主要内容

（1）确定路线各处合适的标高；

（2）设计各路段的纵坡及坡长；

（3）保证视距要求，选择各处竖曲线的合适半径，设置竖曲线并计算施工高度等。

2. 园路纵断面设计的要求

（1）园路一般根据造景的需要，随地形的变化而起伏变化；

（2）园路与相连的城市道路在高程上应有合理的衔接；

（3）在满足造园艺术要求的情况下，尽量利用原地形，保证路基的稳定，并减少土方量；

（4）园路应配合组织园内地面排水，并与各种地下管线密切配合，共同达到经济合理的要求。

3. 园路的纵坡

(1) 最大纵坡

为保证行车安全等，应对园路的最大纵坡加以限制。适于自行车行驶的纵坡宜在2.5%以下。在游步道上，道路的起伏变化可以更大一些，一般在12°以下为舒适的坡道，超过12°时行走较为费力，一般超过15°应设台阶。山地公园因通汽车需要，局部地段纵坡可在20°，但坡道长度应严格限制。

(2) 最小纵坡

为保证纵向排水，园路应限制纵坡的最小值。因路面材料不同，最小坡度也有所变化。当采用最小坡度值时应使用大的横坡值，以利于雨水的排除。园路的最大和最小坡度及横坡值见表4-2。

表4-2 各种类型路面的纵横坡度表

路面类型	纵坡/%				横坡/%	
	最小	最大		特殊	最小	最大
		游览大道	园路			
水泥混凝土路面	3	60	70	100	1.5	2.5
沥青混凝土路面	3	50	60	100	1.5	2.5
块石、炼砖路面	4	60	80	110	2	3
拳石、卵石路面	5	70	80	70	3	4
粒料路面	5	60	80	80	2.5	3.5
改善土路面	5	60	60	80	2.5	4
游步小道	3	—	80	—	1.5	3
自行车道	—	30	—	—	1	2
广场、停车场	3	60	0	100	1.5	2.5
特别停车场	3	60	70	100	0.5	1

(3) 陡坡坡长限制

为保证车辆的行驶安全，应该限制陡坡的坡长，并在纵坡长度达到限制坡长时，设置较小纵坡路段，见表4-3。

表4-3 车行园路纵坡限制坡长

计算行车速度/(km/h)	40			50			60			80		
纵坡度/%	6.5	7	8	6	6.5	7	6	6.5	7	5	5.5	6
纵坡限制坡长/m	300	250	200	350	300	250	400	350	300	600	500	400

缓和坡段的纵坡不应大于3%。坡段长度过短极不利于行车，又有碍视距，因此要求坡段最小长度应不小于相邻两竖曲线的长度之和。当车速在20～50km/h之间时，坡段长度不宜小于60～140m。为自行车设计的园路纵坡大于或等于2.5%时，应按表4-4的规定限制坡长。

表4-4 自行车道纵坡限制坡长 m

坡度/%	3.5	3	2.5
自行车道	150	200	300

（三）园路的横断面设计

垂直于园路中心线方向的断面叫园路的横断面，它能直观地反应路宽、道路和横坡及地上地下管线位置等情况。园路的横断面设计的主要任务是结合实际地形在满足交通、环境以及排水要求的前提下，经济合理地确定园路的宽度、路拱的形式以及路拱横坡坡度值等。

1. 园路的通行能力

通行能力是指在一定的道路和交通条件下，单位时间通过某一断面的最大车辆数或行人数量。园路的通行能力是园路规划设计的基本依据，其具体数值因具体情况不同而有显著的变化。由于园路上的机动交通量不大，因此园路宽度通常以非机动车和游人的通行能力作为设计依据。

（1）自行车车道通行能力

根据自行车高峰期间连续车流通过观测断面时实测资料计算，自行车路段可能通行能力推荐值为：有分隔设施时，为 2100veh/（h·m）；无分隔设施时，为 1800veh/（h·m）。不受平面交叉影响的一条自行车车道路段设计通行能力可以按可能通行能力的 0.9 倍计算，而受交叉口影响的自行车车道的路段设计通行能力有分隔设施时推荐值为 1000～1200veh/（h·m）；以路面标准划分机动车道与非机动车道时，推荐值为 800～1000 veh/（h·m）。

（2）人行园路通行能力

风景园林中的园路步行速度一般较低，采用 0.5～0.8m/s。基本通行能力是按照理想条件计算而得。但实际上，横向干扰、携带重物、地区季节影响、环境景物、标贴橱窗的吸引力等，对步行速度均有影响，因此对基本通行能力应予以折减。

2. 园路的宽度

重点风景区的游览大道或大型园林的主干道的路面宽度应考虑通行卡车、大型客车。园路宽度应根据估算的游人量进行核算，一般不小于 5m。

公园主干道由于园务交通的需要，应能通行汽车。对重点文物保护区的主要建筑四周的道路，应能通行消防车。干道的路面宽度一般不小于 3.5m。如果车辆双向行驶，应在不大于 300m 的距离内选择有利地点设置错车道，并使驾驶人员能看到相邻两错车道之间的车辆。设置错车道路段的路面宽度应不小于 5m，有效长度不小于 20m。

公园中专为自行车行驶的道路宽度，其单车车道宽度为 1.5m；双车道宽度为 2.5m；三车道为 3.5m。游步道一般为 1～2.5m；供单人通行时为 0.6～0.8m；双人通行最小为 1.2m。由于游览的特殊需要，游步道宽度的上下限均允许灵活设计。

在居住区、学校、医院及其他公共场所，游人出行具有一定的时间特征，路面的宽度应以特定时段交通繁忙时的通行安全为主要设计依据。

3. 园路横断面基本形式

园路的横断面形式依据车行道的条数通常可分为“一板块”（机动与非机动车辆在一条车行道上混合行驶，上行下行不分隔）、“两板块”（机动车与非机动车辆混驶，但上下行由道路中央分隔带分开）等几种形式（图 4-7）。

园路宽度的确定依据其分级而定，应充分考虑所承载的内容。园路的横断形式最

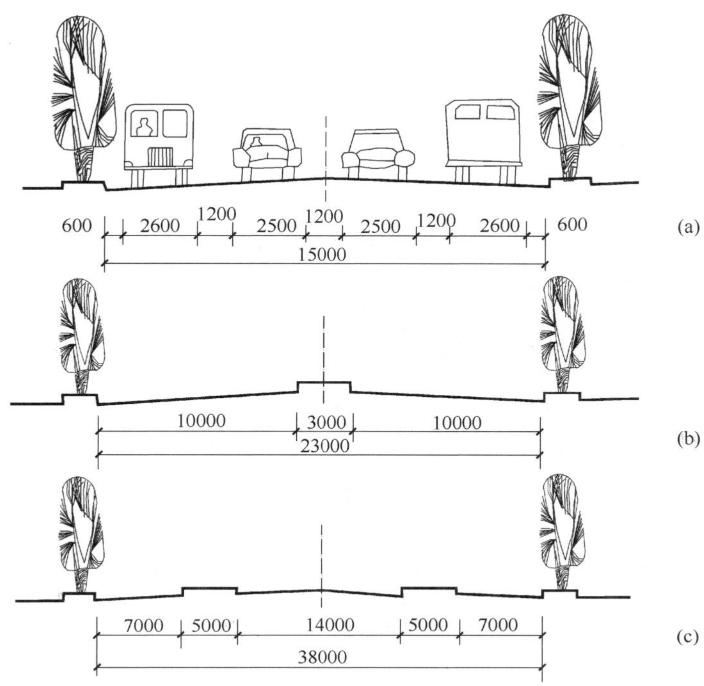

图 4-7　道路横断面的基本形式

(a) 一板块；(b) 两板块；(c) 三板块

常见的为"一块板"形式。在面积较大的公园主路偶尔也会出现"两块板"的形式。园林中的道路不像城市中的道路那样程式化，有时道路的绿化带会被路侧的绿化所取代，变化形式较灵活。

4. 园路的横坡

由拱顶向两侧倾斜的坡度称为路拱坡度，也称横坡，以百分率表示。园路的横坡也可以采用单面坡向路边的雨水口倾斜，但在积雪冻融地区，应设置双向路拱。不同类型的路面由于表面的平整度和透水性不同，应结合当地的自然条件选用不同的横坡度，见表 4-5。

表 4-5　各种类型路面的横坡度表　　%

路面类型	横坡	
	最小	最大
水泥混凝土路面	1.5	2.5
沥青混凝土路面	1.5	2.5
块石、炼砖路面	2	3
拳石、卵石路面	3	4
粒料路面	2.5	3.5
改善土路面	2.5	4
游步小道	1.5	3
自行车道	1.5	2
广场、停车场	1.5	2.5
特别停车场	0.5	1

5. 道牙与路肩

道牙，也叫路缘石、缘石，是设在路面边缘与横断面其他组成部分分界处的标石。使路面与路肩及其他部分在高程相互衔接，并能保护路面，便于排水。道牙的主要形式有立式与平式（图 4-8）。立道牙又称侧石，用于路堑式园路的边缘，其顶面高出路面 10～20cm，通常为 15cm。平式适用于出入口、人行道两端及人行横道两端，便于推行儿童车、轮椅及残疾人车通行。路堤式园路在路肩与路面边缘采用平式道牙。

图 4-8　平道牙立道牙实例图

在路堤式园路车行道外缘（道牙外侧）至路面边缘，具有一定宽度的带状部分，称为路肩。其作用是保护车行道的功能、供临时停放车辆并作为路面的横向支承，以及供行人通行。土路肩的排水能力远低于路面，其横坡度较路面宜增大 1.0%～2.0%，硬路肩视具体情况（材料、宽度）可与路面同一横坡，也可稍大于路面。

6. 边沟与边坡

边沟的功能是排除路面及边坡处汇集的地表水，一般在路堤式园路等地段设置，其形式多样。边沟长度，多雨地区以 200～300m 为宜，一般不宜超过 500m 设出口排水。在游步道两侧设置的浅边沟可以作为路面的一部分供游园高峰时游人使用。

路基边坡是路基的一个重要组成部分，它的陡缓程度，直接影响到路基的稳定和路基土石方的数量，路堤的边坡坡度应根据填料的物理力学性质、气候条件、边坡高度，以及基底的工程地质和水文地质条件进行合理的选定。

五、园路的结构设计

园路结构形式有多种，典型的园路结构包括面层、结合层、基层、路基等。此外，要根据需要进行道牙、雨水井、明沟、台阶、礓礤、种植池等附属工程的设计，各部分必须满足一定的结构和功能需要。

（一）园路路面的病害

园路的“病害”是指园路破坏的现象。一般常见的病害有裂缝、凹陷、啃边、翻浆等。路面的这些常见的病害，在进行路面结构设计时，必须给予充分的重视。

1. 裂缝与凹陷

造成这种破坏的主要原因是基土过于湿软或基层厚度不够、强度不足，在路面荷载超过土基的承载力时造成的。土基的不均匀沉陷也是原因之一。

2. 啃边

路肩和道牙直接支撑路面，使之横向保持稳定。因此路肩与其基土必须紧密结实，并有一定的坡度。否则由于雨水的侵蚀和车辆行驶时对路面边缘的啃食作用，使之损坏，并从边缘起向中心发展，这种破坏现象叫啃边（图 4-9）。

3．翻浆

在季节性冰冻地区，地下水位高，特别是对于粉砂性土基，由于毛细管的作用，水分上升到路面下，冬季气温下降，水分在路面下形成冰粒，体积增大，路面就会出现隆起现象，到春季上层冻土融化，而下层尚未融化，这样使土基变成湿软的橡皮状，路面承载力下降，这时如果车辆通过，路面下陷，邻近部分隆起，并将泥土从裂缝中挤出来，使路面破坏，这种现象叫翻浆（图 4-10）。

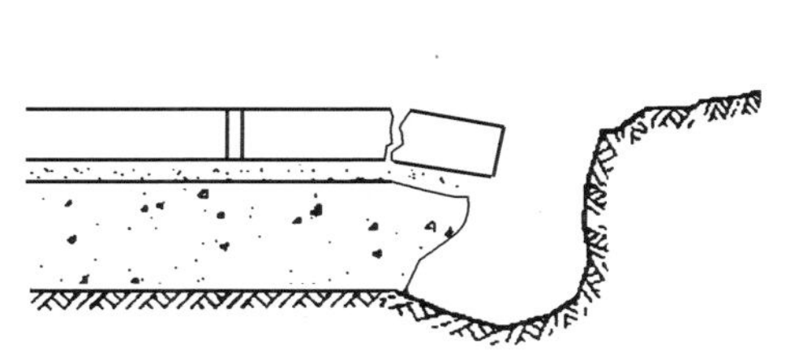

图 4-9　园路的啃边破坏

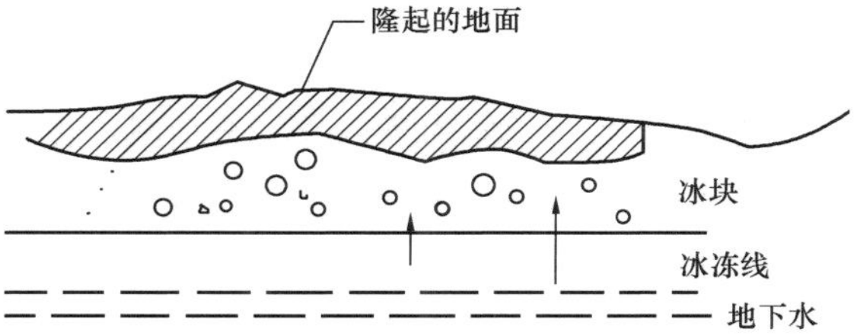

图 4-10　园路的翻浆破坏

（二）园路结构组成

1．园路的路基

路基是路面的基础，它为园路提供一个平整的基面，承受由路面传下来的荷载，并保证路面有足够的强度和稳定性。如果土基的稳定性不良，应采取措施，以保证路面的使用寿命。

2．园路的基层

基层在路基之上，主要起承重作用，它一方面承受由面层传下来的荷载，一方面把荷载传给路基。由于基层不外露，不直接造景，不直接承受车辆、人为及气候条件等因素的影响，因此基层的选择需要满足一定的条件。

3．园路的结合层

结合层是指在采用块料铺筑面层时，面层和基层之间的一层。结合层的主要作用是结合面层和基层，同时起到找平的作用，一般用 3～5cm 粗砂、水泥砂浆或白灰砂浆即可。

结合层的材料选择一般有：

① 混合砂浆：由水泥、白灰、砂组成，强度高，黏性、整体性好，适合铺块料面层，但造价高。

② 白灰干砂：施工操作简单，遇水自动凝结。由于白灰体积膨胀，密实性好，是一种比较好的结合层。

③ 净干砂：施工简单，造价低廉，但最大的缺点是砂子遇水会流失，造成结合层不平整，下雨时面层以下积水，行人行走时往往挤出泥浆，使行人不便，现在应用较少。

4．园路的面层

面层是直接同车辆行人以及大气相接触的表面层次，应具有足够的抵抗行车垂直力、水平力及冲击力作用的能力和良好的水、温稳定性，应具有耐磨、良好的抗滑性和平整度、少尘、不反光、易清扫等特点。面层有时由 2 层或 3 层组成，修筑面层用的材料主要有：水泥混凝土、沥青与矿料组成的混合料、沙砾或碎石掺土（或不掺土）的混合料、块石及混凝土预制块以及陶瓷、片石等其他饰面材料等。

（三）园路路面的设计

1. 路面的分级

以交通性为主的路面等级是按面层材料组成、结构强度、路面所能承担的交通任务和使用品质来划分的，通常分成 4 个等级。

（1）高级路面

结构强度高，使用寿命长，适应较大的交通量，平整无尘；能保证高速、安全、舒适的行车要求；养护费用少，运输成本低；建设投资大，需要优质材料。

（2）次高级路面

各项指标低于高级路面，造价较高级路面低，但要定期维修养护。

（3）中级路面

结构强度低，使用年限短，平整度差，易扬尘，行车速度低，只能适应较小的交通量，造价低；但经常性的维修养护工作量大，行车噪声大，不能保证行车舒适，运输成本高。

（4）低级路面

结构强度很低，水稳性、平整度和透水性都差，晴天扬尘，雨天泥泞，只能适应低交通量下的低速行车，雨季不能保证正常行车，造价最低；但养护工作量最大，运输成本最高。

2. 路面的分类

路面是用各种材料按不同材料配制方法和施工方法修筑而成，在力学性质上也互有异同。根据不同的实用目的，可将路面作不同的分类。

（1）按材料和施工方法分类

可分为五大类：碎（砾）石类、结合料稳定类、沥青类、水泥混凝土类、块料类。

（2）按力学特性分类

通常分为柔性路面、半刚性路面和刚性路面 3 种类型。

① 柔性路面

主要包括用各种粒料基层和各类沥青面层、碎（砾）石面层、块料面层所组成的路面结构。柔性路面以层状结构支撑在路基上的多层体系上，具有弹性、黏性、塑性和各向异性，刚度小，在荷载作用下所产生的弯沉变形较大，抗拉强度低，荷载通过各结构层向下传递到土基，使土基受到较大的单位压力，因而土基的强度、刚度和稳定性对路面结构整体强度和刚度有较大影响。

② 半刚性路面

用石灰或水泥稳定土、用石灰或水泥处治碎（砾）石，以及用各种含有水硬性结合料的工业废渣做成的基层结构。在前期具有柔性结构层的力学特性，当环境适宜时，其强度与刚度会随着时间的推延而不断增大，到后期逐渐向刚性结构层转化，板体性增强，但它的最终抗弯拉强度和弹性模量还是远较刚性结构层低。把含这类基层的路面称为半刚性路面。

③ 刚性路面

主要指用水泥混凝土作面层或基层的路面结构。水泥混凝土的强度，特别是抗弯拉（抗折）强度，比基层等路面材料要高得多，呈现较大的刚性，在车轮荷载作用下的垂直变形极小，传递到地基上的单位压力要较柔性路面小得多。刚性路面坚固耐久，稳定性好，保养翻修少，但初期投资较大。

（四）常用的园路结构

1. 车行园路结构

常用的风景园林车行道的园路结构如图 4-11 所示。

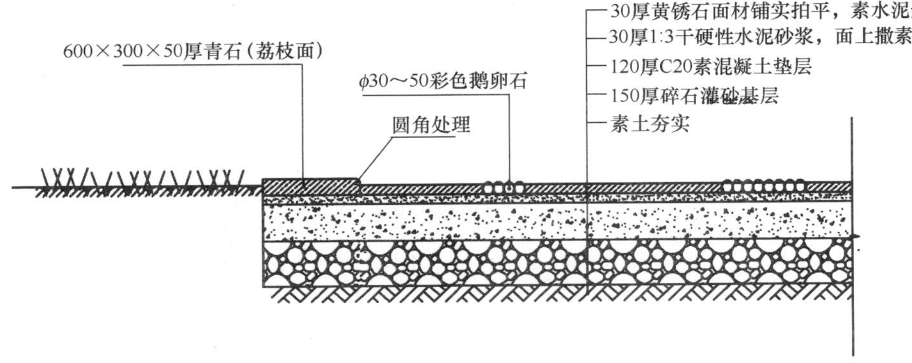

图 4-11 主园路构造详图

常用风景园林车行道路面构造见表 4-6。

表 4-6 常用风景园林车行道路面构造组合

路面等级	路面类型及构造层次			
	沥青砂	沥青混凝土	现浇混凝土	预制混凝土块
高级路面	1）15～20 厚细粒混凝土 2）50 厚黑色碎石 3）150 厚沥青稳定碎石 4）150 厚二灰土垫层	1）50 厚沥青混凝土 2）160～200 厚碎石 3）150～200 厚中砂或灰土	1）100～250 厚 C20 或 C30 混凝土 2）100～250 厚级配砂石或粗砂垫层	1）100～120 厚预制 C25 混凝土 2）30 厚 1∶4 干硬性水泥砂浆，面上撒素水泥 3）100～250 厚级配砂石或粗砂垫层
	沥青贯入式	沥青表面处治	料石	块石
次高级路面	1）40～60 厚沥青贯入式面层 2）160～200 厚碎石 3）150 厚中砂垫层	1）15～25 厚沥青表面处理 2）160～200 厚碎石 3）150 厚中砂垫层	1）60～120 厚料石 2）30 厚 1∶3 水泥砂浆 3）150～300 厚二灰碎石 4）250～400 厚灰土或及匹配砾石	1）150～300 厚块石或条石 2）30 厚粗砂垫层 3）150～250 厚级配砂石或灰土

续表

路面等级	路面类型及构造层次			
	沥青砂	沥青混凝土	现浇混凝土	预制混凝土块
中级路面	级配碎石	泥结碎石		
	1）80 厚级配碎石（粒径≥40mm） 2）150～250 厚级配砂石或二灰土	1）80 厚泥结碎石（粒径≥40mm） 2）100 厚碎石垫层 3）150 厚中砂垫层		
低级路面	三合土	改良土		
	1）100～120 厚石灰水泥焦渣 2）100～150 厚块石	150 厚水泥黏土或石灰黏土（水泥含量10%，石灰含量 12%）		

2. 人行园路结构

常用的人行园路路面结构见表 4-7。

表 4-7　常用的人行园路路面结构组合形式

路面类型	结构层次	路面类型	结构层次
现浇混凝土	1）70～100 厚 C20 混凝土 2）100 厚级配砂石或粗砂垫层或 150 厚 3∶7 灰土	料石	1）60 厚料石 2）30 厚 1∶3 水泥砂浆 3）1500～300 厚灰土或级配砾石
预制混凝土块	1）50～60 厚预制 C25 混凝土块 2）30 厚 1∶3 水泥砂浆或粗砂 3）100 厚级配砂石或 150 厚 3∶7 灰土	砖砌路面	1）砖平铺或侧铺 2）30 厚 1∶3 水泥砂浆或粗砂 3）150 厚级配砂石或灰土
沥青混凝土	1）40 厚沥青混凝土 2）100～150 厚级配砂石或 150 厚 3∶7灰土 3）50 厚中砂或灰土	花砖路面	1）各种花砖面层 2）30 厚 1∶3 水泥砂浆或粗砂 3）60～100 厚 C20 混凝土 4）150 厚级配砂石或灰土
碎石（瓦片）拼花	1）1∶3 水泥砂浆嵌卵石或瓦片拼花（卵石粒径 20～30 厚为 60，粒径≥30 时厚为 90） 2）25 厚 1∶3 白灰砂浆 3）150 厚 3∶7 灰土或级配砂石	石板路面	1）20～30 厚石板 2）30 厚 1∶3 水泥砂浆 3）100 厚 C15 素混凝土 4）150 厚级配砂石或灰土
石砌路面	1）60～120 厚块石或条石 2）30 厚粗砂 3）150～250 厚级配砂石或 200 厚 3∶7灰土	嵌草砖	1）50～100 厚嵌草砖 2）30 厚粗砂垫层 3）100～200 厚级配砂石或天然砂砾
水洗豆石	1）30～40 厚 1∶2∶4 细石、混凝土、水洗豆石 2）100～150 厚 C20 混凝土 3）100～150 厚灰土或二灰碎石或天然砂砾或级配砂石	木板	1）15～60 厚防腐木板 2）角钢龙骨或木龙骨 3）100～150 厚 C20 混凝土 4）100～300 厚灰土或二灰碎石或天然砂砾或级配砂石
高分子材料路面	1）2～10 厚聚氨酯树脂等高分子材料面层 2）40 厚密级配沥青混凝土 3）40 厚粗级配沥青混凝土 4）100～150 厚级配砂石或 150 厚 3∶7灰土	砂土路面	120 厚石灰黏土焦渣或水泥黏土（石灰∶黏土∶焦渣为 7∶40∶53 质量比）

园路的结构设计在实际工程中应根据现场的情况而加以调整。另外园路的结构材料应能做到就地取材，根据地方特色来选择合适的材料，以有效降低园路的造价。

六、园路的铺装设计

园路是游览者可以直接感受的重要界面，因此应对园路路面进行装饰和美化，以创造更优美的游览环境。

（一）园林路面的风格

感受自然的气息是园路铺装的景观追求。自然的景观特性必来源于材料的自然属性，天然及其再生材料如天然的砂、石、木材、树皮、稻壳等正是自然的语言符号，而自然的纹理、粗糙的表面、不规则的形状则是与自然相通的景观语言。糙面的铺装材料在室外应用广泛，正源于其自然的特性。中国园林在园路铺装设计上形成了自己特有的风格。

1. 寓意性

中国园林强调“寓情于景”，在铺装设计时，有意识地根据不同主题的环境，采用不同的纹样、材料来加强意境。如图 4-12、图 4-13 所示。

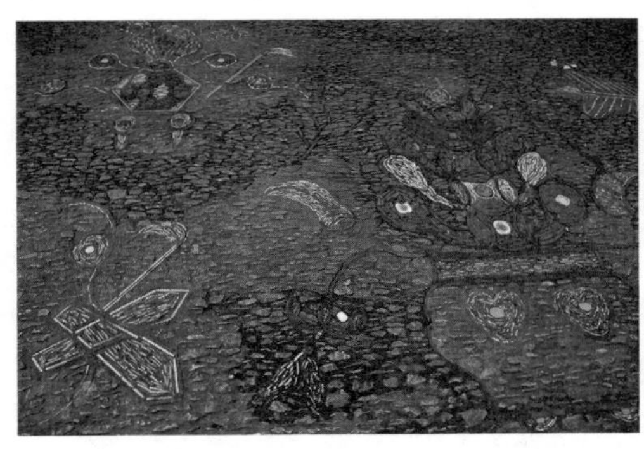

图 4-12　雕砖卵石嵌花路——传统苏式铺装

图 4-13　雕砖卵石嵌花路——现代苏式铺装

2. 装饰性

园路即是园景的一部分，应根据景的需要作出设计，铺装或朴素、粗犷，或舒展、自然，或古拙、端庄，或活泼、生动。优秀的园路设计应以不同的纹样、质感、尺度、色彩，并按不同的风格和时代要求来装饰园林。

3. 柔和性

园路铺装应有柔和的光线和色彩，减少反光、刺眼的感觉。广州园林中用各种条纹水泥混凝土砖，按不同方向排列，产生很好的光彩效果，使路面既朴素又丰富，并且减少了路面的反光强度。

4. 协调性

在进行铺装设计时，应与地形、植物、山石等很好地配合与协调，共同构成景观。铺装与植物的配合，不仅能丰富景色，使路面变得生气勃勃，而且嵌草的路面可以改变土壤的水分和通气的状态，为场地的绿化创造有利的条件，并能降低地表温度，对改善局部小气候有利。

（二）现代园路材料的应用

园林中的材料可以分为天然材料和人工材料。就铺装材料而言，天然材料有石材、木材、竹、土等，人工材料有混凝土、水泥、砖、瓦、陶瓷、玻璃、橡胶、塑料、金属等。在我国现代园林中，园路的铺装材料可谓种类繁多，除了传统的各种石材，还有陶瓷制品、混凝土制品、砖制品、木材等。

1．石材

石材是所有铺装材料中最为自然的一种。它的耐久性和观赏性都很高，是铺装的首选材料。石材的选择范围很广，有石灰石、砂岩、页岩、花岗岩等，而且颜色也非常丰富，从白色、淡紫、粉红、浅黄，一直到黑色，应有尽有，如图 4-14 所示。

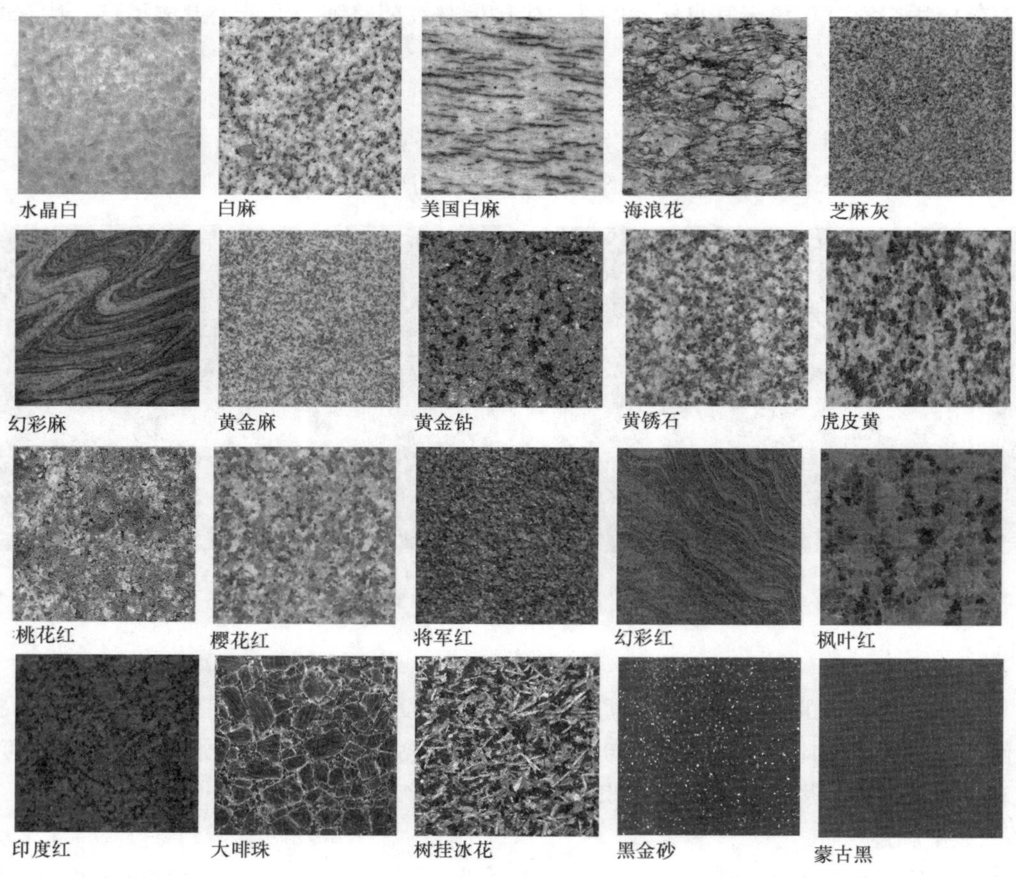

图 4-14　天然花岗岩石板常用品种

2．木材

木质铺装给人以柔和、亲切的感觉，它的获取（包括制造、运输和供应）所需要的能量小，对环境所带来的负荷也小，而且越是自然未经处理的木材，它的可循环利用的能力越强。木材不但富有很好的质感和较好的可塑性，而且具有生命力，随着时间的推移，地衣和苔藓的附着，都会逐渐改变其色彩，使其越来越自然地融入到园林环境中。

3. 混凝土

混凝土铺装造价低廉、铺设简单，具有极高的可塑性，可以根据需要制成各种形状，而且耐久性也很好。将其混入着色剂后还能制成各种颜色的彩色混凝土，满足不同的铺装需要。混凝土铺装有一个最大的缺点，就是一旦铺设就很难破碎和移动，因此在铺设前一定要考虑清楚。如图 4-15、图 4-16 所示。

图 4-15　彩色沥青混凝土面层

图 4-16　混凝土露骨料饰面

4. 砖

砖铺路面施工简单，形式多样，是园路铺设常用的材料。各类铺地砖只要经过精心的烧制，都能同混凝土一样坚固耐久。砖的颜色繁多，可以拼铺出许多图案，效果很好。

5. 生态型铺装材料

(1) 透气透水性材料

透水透气性材料是指能够使雨水通过，直接渗入路基的材料，具有使水还原于地下的性能。这种材料适用于人行道、居住区小路、园路及停车场等地面的铺装。它具有以下优点：改善植物和土壤微生物的生存条件和生活环境；减少城市雨水管道设施和负担；减少对公共水域的污染；蓄养地下水源；增加路面的抗滑性能，改善步行条件；增加路面的空气湿度，减少热辐射；有利于降低城市噪声，改善城市的生活环境。

(2) 塑木复合材料（WPC）

塑木复合材料是用木纤维或其他植物纤维填充、增强的改性热塑性材料，兼有木材和塑料的性能和优点，经挤出或压制成型材、板材或其他制品，替代木材和塑料。塑木复合材料的应用，有效减少了原始木材的用量，能够保护森林、回收再利用旧木粉和塑料。

(3) 树皮、木屑

园林中，为了增加天然野趣，往往用一些纯天然的，甚至是废弃的材料来铺设小径，如树皮、木屑等。我们可以将树皮切成不规则的块，把待铺设的路面土刨松，再将树皮覆盖其上，浇一遍水，使树皮与土壤有机结合，这样一条天然环保的园路就铺设成了。

(4) 砂砾

砂砾铺就的园路耐践踏性强，雨水能够很快渗入土中，可保持园路清洁，不会造成泥泞。颗粒大小均匀的砂砾可使人脚感舒适、平整，既环保又能给游人带来一种天然的感觉。

（三）园路铺装的形式

根据路面铺装材料、结构特点，可以把园路的路面铺装形式分为整体路面铺装、块料铺装、粒料和碎料铺装三大类。

1. 整体路面铺装

整体路面铺装是指整体浇筑、铺设的路面，常用的有沥青混凝土路面、水泥混凝土路面等。

（1）沥青混凝土路面

用沥青混凝土作为面层使用的整体路面根据骨料粒径大小，有细粒式、中粒式和粗粒式沥青混凝土之分，有传统的黑色和彩色（包括脱色）、透水和不透水等类别。黑色沥青路面一般不用其他方法对路面进行装饰处理。而彩色沥青是在改性沥青的基础上，用特殊工艺将沥青固有的黑褐色脱色，然后与石料、颜料及添加剂等混合搅拌生成，或者在黑色沥青混凝土中加入彩色骨料而成。彩色沥青路面一般用于公园绿地和风景区的行车主路上。由于彩色沥青具有一定的弹性，也适用于运动场所及一些儿童和老人活动的地方。

（2）水泥混凝土路面

水泥混凝土路面属于刚性路面，对路面的装饰，在混凝土表面直接处理形成各种变化；在混凝土表面增加抹灰处理；用各种贴面材料进行装饰。

2. 块料铺装

（1）石材块料

料石是利用打凿整形的石板或石块用作路面的结构面层（图 4-17）。厚度为 50～100mm，规格从 100mm×100mm 的小方石到面积超过 1m^2 的条石，大小较随意，较大石块通常厚度也较大。石块价格较高，通常仅用于步行道路和小面积铺装上。

（2）预制混凝土砖

预制混凝土砖可设计为各种形状、各种颜色和各种规格尺寸，还可以相互组合成不同图纹和不同装饰色块，是目前公园绿地游览步道及广场铺地最常见的材料之一（图 4-18）。混凝土块料可加工成方形、长方形、六角形、楔形、异形连锁、圆形等，厚

图 4-17　天然石块做路面

图 4-18　混凝土方砖

度 50～100mm 不等。

（3）烧结砖

烧结砖是以黏土或页岩、煤矸石、粉煤灰为主要原料，经过焙烧而成的普通砖。以黏土为主要原料，经配料、制坯、干燥、焙烧而成的烧结普通砖简称黏土砖。有红砖和青砖两种。黏土砖是一种传统的建筑材料，普通砖的尺寸为 240mm×115mm×53mm。

（4）非烧结砖

非烧结砖是相对于烧结砖而言的，即不经烧结而用于砌筑墙体的砖。包括蒸压灰砂砖、粉煤灰砖、炉渣砖和碳化砖等。国标中规定砖的外形为直角六面体，砖的尺寸为长 240mm，宽 115mm，高 53mm。

（5）其他块料

除上述类型的块料外，还有如工程塑料、高分子块料、木材等块料用于地面铺装。

3. 粒料和碎料铺装

用卵石、瓦片、片状砾石等粒料和碎料通过碾压或镶嵌的方法，形成园路的结构面层（图 4-19）。砾石或卵石路面因石材不同可以形成不同的色彩和质感，适用于车流量不大、不使用急刹车急加速的园路和步行道路，需要经常进行维护。

中国传统园林中以规整的砖、瓦为骨构成图案，以不规则的石板、卵石以及碎砖、瓦条、碎瓷片、碎缸片填心的做法，组成各种精美图案的彩色铺地称之为“花街铺地”（图 4-20）。

图 4-19　卵石铺装图

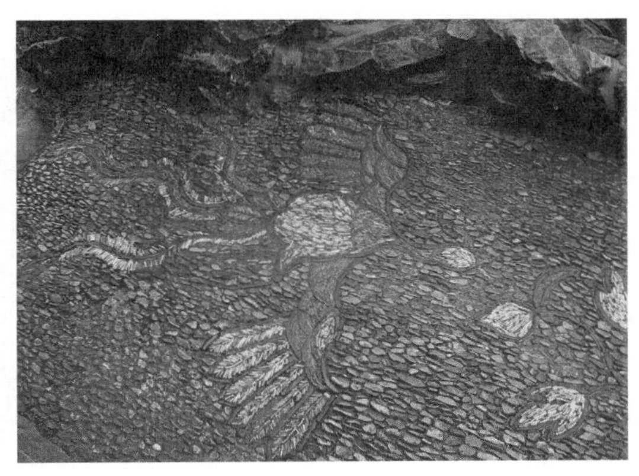

图 4-20　花街铺地

4. 其他园路铺装形式

（1）台阶

当路面坡度超过 8%时，为了便于行走，在不通行车辆的路段上，可以设置台阶。台阶的宽度与路面相同，每级台阶的高度为 10～17cm，宽度为 30～38cm。一般台阶不宜连续使用，如地形许可，每 10～18 级后应设一段平坦的地段，使游人恢复体力。为了防止台阶积水、结冰，每级台阶应有 1%～2%向下的坡度，以利排水。

（2）礓礤

礓礤在坡度较大的地段上，一般纵坡超过 15%时，本应设台阶，但为了能通行车辆，将斜面做成锯齿形坡道，称为礓礤（图 4-21）。

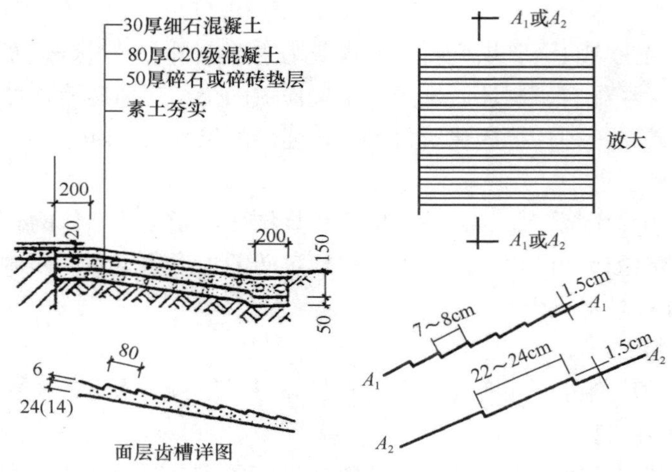

图 4-21　礓礤

（3）磴道

在地形陡峭的地段，可结合地形或利用露岩设置磴道。当其纵坡大于 31°（60%）时，应做防滑处理，并设扶手栏杆等。

（4）种植池

在路边或广场上栽种植物，一般应留种植池。种植池的大小应由所栽植物的要求而定，在栽种高大乔木的种植池上应设保护栅。种植池格栅是保护种植池内土壤、扩大铺装活动面积的一种带孔洞的材料，常用混凝土、铸铁、工程塑料或其他透水铺装材料等，外形根据种植池的形状而变化，图案则多种多样（图 4-22）。

（5）步石

在自然式草地或建筑附近的小块绿地上，可以用一至数块天然石块或预制圆形、树桩形、木纹板形等铺块，自由组合于草地之中。

一般步石的数量不宜过多，块体不宜太小，两块相邻块体的中心距离应考虑人的跨越能力和不等距变化。这种步石易与自然环境协调，能取得轻松活泼的效果（图 4-23）。

图 4-22　种植池

图 4-23　嵌草铺装

任务二　园路施工

【知识点】

园路施工准备。

园路施工工艺。

园路铺装验收标准规范。

【技能点】

基层施工。

面层施工。

相关知识

一、园路施工准备

施工前准备工程必须综合现场施工情况，考虑流水作业，做到有条不紊。否则，在开工后造成人力、物力的浪费，甚至造成施工停歇。

施工准备的基本内容，一般包括技术准备、物资准备、施工组织准备、施工现场准备和协调工作准备等，有的必须在开工前完成，有的则可贯穿于施工过程中进行。

(一) 技术准备

1. 作好现场调查工作

(1) 广场底层土质情况调查；

(2) 各种物资资源和技术条件的调查。

2. 做好各单位的协调工作

做好与设计的结合、配合工作，会同建设单位、监理单位引测轴线定位点、标高控制点以及对原结构进行放线复核。

(1) 熟悉施工图；

(2) 进行技术交底。

(二) 资源准备

1. 劳动力准备

根据园路工程的进度安排和园路工程量的核算，进行园路施工队伍人员和数量的合理安排。

2. 材料准备

根据园路施工进度的安排和材料需要量，组织分期分批进场，按规定的地点和方式进行堆放。材料进场后，应按规定对材料进行试验和检验。

3. 施工机械准备

根据园路施工进度的安排和园路施工方法的选定，有计划有组织地进行有关园路施工机械和施工机具的进场安排和安拆工作。

（三）施工组织准备

1. 建立健全现场施工管理体制

施工项目部应根据施工组织设计进行建立健全施工现场施工管理体制。建立园路施工工艺制度、园路隐蔽工程自检制度、园路工程质量检验制度等各项施工管理方面的制度。

2. 主要机构组织表

施工项目部合理组织园路的质检组织、安全生产组织等，做到责任到人。

（四）施工现场准备

开工前施工现场准备工作要迅速做好，以利工程有秩序地按计划进行。所以现场准备工作进行的快慢，会直接影响工程质量和施工进展。

二、施工工艺

园路的施工工艺一般包括定点放线、开挖路槽、铺筑基层、铺筑结合层、铺筑面层及安装道牙等施工工艺。

（一）定点放线

按路面设计的中线，在地面上每 20～50m 放一中心桩，在弯道的曲线上应在曲头、曲中和曲尾各放一中心桩，并在各中心桩上写明标号，再以中心桩为准，根据路面宽度定边桩，最后放出路面的平曲线。

（二）开挖路槽

按设计路面的宽度，每侧放出 20cm 挖槽，路槽的深度应等于路面的厚度，槽底应有2%～3%的横坡度。路槽做好后，在槽底上洒水，使它潮湿，然后用蛙式跳夯机夯实 2～3 遍，路槽平整度允许误差不大于 2cm。

（三）铺筑基层

根据设计要求准备铺筑的材料，在铺筑时应注意对于灰土基层一般实厚为 15cm，虚铺厚度为 24cm。

（四）铺筑结合层

一般用 25 号水泥、白灰、砂混合砂浆或 1∶3 白灰砂浆。砂浆摊铺宽度应大于铺装面5～10cm，已拌好的砂浆应当日用完。也可以用 3～5cm 的粗砂均匀摊铺而成。

（五）铺筑面层

面层铺筑的铺砖应轻轻放平，用橡胶锤敲打稳定，不得损伤砖的边角；如发现结合层不平时应拿起铺砖重新用砂浆找齐，严禁向砖底填塞砂浆或支垫碎砖块等。采用橡胶带做伸缩缝时应将橡胶带平正直顺紧靠方砖。铺好砖后应沿线检查平整度，发现方砖有移动现象时应立即修整，最后用干砂掺入 1∶10 的水泥，拌合均匀将砖缝灌注饱满，并在砖面泼水使砂灰混合料下沉填实。

（六）安装道牙

道牙基础宜与路床同时填挖碾压以保证整体的均匀密实度。结合层宜铺筑 20～30

厚1：3水泥砂浆。道牙安装要平稳牢固，并用1：3水泥砂浆勾缝，缝宽5mm。道牙背后应用C10素混凝土护牢，其宽度10cm，高度10cm，边上作路肩加以保护（图4-24）。

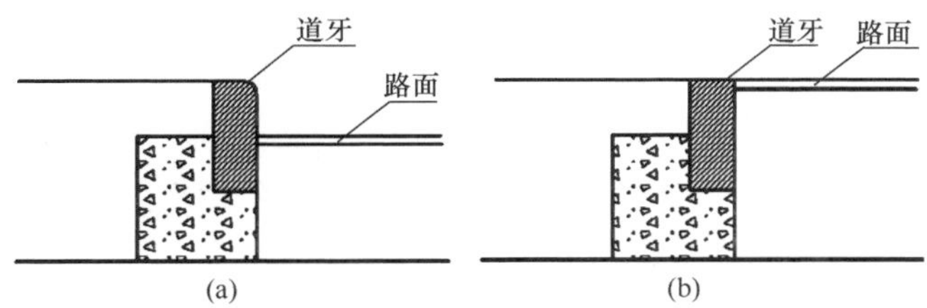

图4-24　园路道牙的形式
(a)：立道牙；(b) 平道牙

三、基层施工

园路基层结构种类很多，施工方法也不同。园路常用基层材料为碎（砾）石、级配砂石和灰土基层。

（一）碎（砾）基层

碎（砾）石基层是用尺寸均匀的碎（砾）石作为基本材料，以石屑、黏土或石灰土作为填充结合料，经压实而成的结构层。碎石层的结构强度，主要靠碎石颗粒间的嵌挤作用以及填充结合料的黏结作用。碎石颗粒尺寸为0～75mm，通常以25mm以上的碎石为骨料，5～25mm的石屑或石渣为嵌缝料，0～5mm的米石为封面料。

填隙碎石基层施工一般按下列工序进行：摊铺粗骨料→稳压→撒填充料→压实→铺撒嵌缝料→碾压。

（二）级配砂石基层

级配砂石是用粗、细碎石和石屑各占一定比例的混合料，其颗粒组成符合密实级配要求。级配砂石基层是经摊铺整型并适当洒水碾压后所形成的具有一定密实度和强度的基层，它的厚度一般为10～20cm，若厚度超过20cm应分层铺筑。

级配砂石基层的施工程序是：摊铺砂石→洒水→碾压→养护。

（三）石灰土基层

在粉碎的土中，掺入适量的石灰，按一定的技术要求，把土、灰、水三者拌合均匀，在最佳含水量的条件下压实成型的结构称为石灰土基层。

石灰土力学强度高，有较好的整体性、水稳性和抗冻性。它的后期强度也高，适用于各种路面的基层、底基层和垫层。

石灰土基层的施工程序是：铺土→铺灰→拌合与洒水→碾压→初期养护。

四、面层施工

在完成的路面基层上，重新定点、放线，每10m为一施工段落，根据设计标高、路面宽度定放边桩、中桩，打好边线、中线。设置整体现浇路面边线处的施工挡板，确定砌块路面的砌块列数及拼装方式，并将面层材料运入现场。

（一）水泥混凝土面层施工

水泥混凝土面层的施工应首先核实、检验和确认路面中心线、边线及各设计标高点的正确无误。若是钢筋混凝土面层，则按设计选定钢筋并编扎成网。钢筋网应在基层表面以上架离，架离高度应距混凝土面层顶面 5cm。钢筋网接近顶面设置要比在底部加筋更能保证防止表面开裂，也更便于充分捣实混凝土。按设计的材料比例，配制、浇注、捣实混凝土，并用长 1m 以上的直尺将顶面刮平。顶面稍干一点，再用抹灰砂板抹平至设计标高。施工中要注意做出路面的横坡和纵坡。混凝土面层施工完成后，应及时开始养护。养护期应为 7d 以上，冬季施工后的养护期还应更长些。可用湿的稻草、锯木粉、湿砂及塑料薄膜等覆盖在路面上进行养护。

（二）沥青路面面层施工

1. 下封层施工

认真按验收规范对基层严格验收。如有不合要求地段要求进行处理，认真对基层进行清扫，并用森林灭火器吹干净。采用汽车式洒布机进行下封层施工。

2. 沥青混合料的拌合

沥青混合料由间隙式拌合机拌制，骨料加热温度控制在 17.5～19.0℃之间。沥青采用导热油加热至 160～170℃，沥青混凝土的拌合时间由试拌确定，出厂的沥青混合料温度严格控制在 155～170℃之间。

3. 热拌沥青混合料运输

汽车从拌合机向运料车上放料时，每卸一斗混合料应挪动一下汽车的位置，以减少粗细集料的离析现象，也可以由现场试验确定，特别是在大气温度骤变时不可拖延，但也不能过早，过早会导致粗骨料从砂浆中脱落。

4. 沥青混合料的碾压

压实后的沥青混合料符合压实度及平整度的要求。选择合理的压路机组合方式及碾压步骤，以达到最佳结果。沥青混合料压实采用钢筒式静态压路机及轮胎压路机或振动压路机组合的方式，压路机的数量根据生产现场决定。沥青混合料的压实按初压、复压、终压（包括成型）三个阶段进行，压路机以慢而均匀的速度碾压。复压紧接在初压后进行，并符合的要求为：复压采用轮胎式压路机，碾压遍数应经试压确定，不少于 4～6 遍，以达到要求的压实度，并无显著轮迹。终压紧接在复压后进行，终压选用双轮钢筒式压路机碾压，不宜少于两遍，并无轮迹。采用钢筒式压路机时，相邻碾压带应重叠后轮 1/2 宽度。

5. 接缝、修边

摊铺时采用梯队作业的纵缝采用热接缝。施工时将已铺混合料部分留下 10～20cm 宽暂不碾压，作为后摊铺部分的高程基准面，再最后作跨缝碾压以消除缝迹。

相邻两幅及上下层的横向接缝均错位 5m 以上。上下层的横向接缝可采用斜接缝，上面层应采用垂直的平接缝。铺筑接缝时，可在已压实部分上面铺设些热混合料使之预热软化，以加强新旧混合料的粘结，但在开始碾压前应将预热用的混合料铲除。

做完的摊铺层外露边缘应准确到要求的线位，修边切下的材料及任何其他的废弃沥青混合料从路上清除。

（三）片块状材料的地面铺筑

片块状材料作路面面层，在面层与道路基层之间所用的结合层做法有两种：一种是用湿性的水泥砂浆、石灰砂浆或混合砂浆作为材料，另一种是用干性的细砂、石灰粉、灰土（石灰和细土）、水泥粉砂等作为结合材料或垫层材料。

（四）地面镶嵌与拼花

施工前，要根据设计的图样准备镶嵌地面用的砖石材料，设计有精细图形的，先要在细密质地青砖上放好大样，再精心雕刻，做好雕刻花砖，施工中可嵌入铺地图案中，要精心挑选铺地用石子，挑选出的石子应按照不同颜色、不同大小、不同长扁形状分类堆放，铺地拼花时才能方便使用。

（五）混合路面面层施工

混合路面是指不同的面层材料混合间铺的路面。当用不同厚度的块料混铺时，应先铺厚度大的块料，再铺厚度小的块料，并使小块铺料的顶面略高于大块铺料 1～2mm，以使砂浆沉降稳定后相互平整。当用规则块料（石材、大方砖或预制混凝土砖等）与卵石混铺时（如花街铺地、雕砖卵石路面），要按设计图案先铺块料并用以控制路面标高和坡度，再在其空间摊铺水泥砂浆镶嵌卵石。注意及时清扫干净铺在面上的砂浆。

（六）嵌草路面的铺筑

嵌草路面有两种类型，一种为在块料铺装时，在块料之间留出空隙。其间种草，如冰裂纹嵌草路面、空心砖纹嵌草路面、人字纹嵌草路面等。另一种是制作成可以嵌草的各种纹样的混凝土铺地砖。如图 4-25 所示。

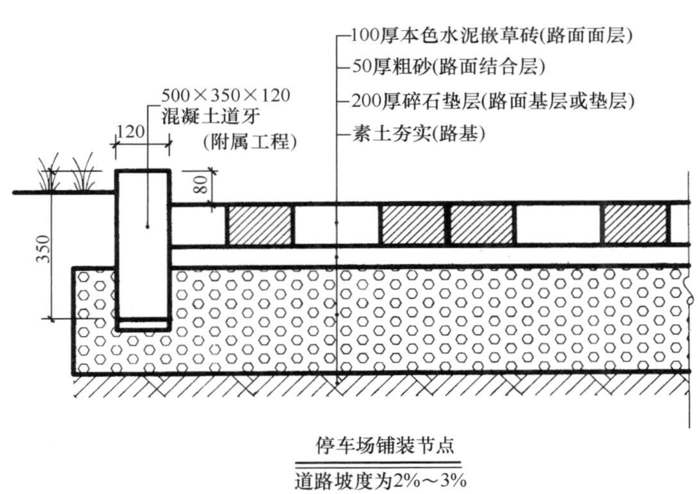

图 4-25　停车场嵌草铺装施工剖面图

五、园路铺装验收标准

各层的坡度、厚度、平整度和密实度等符合设计要求，且上下层结合牢固。

变形缝的位置与宽度、填充材料质量及块料间隙大小合乎要求。

不同类型面层的结合及图案正确，各层表面与水平面或与设计坡度的偏差不得大于 30mm。

水泥混凝土、水泥砂浆、水磨石等整体面层和铺在水泥砂浆上的块状面层与基层结合良好，不留空鼓。面层不得有裂纹、脱皮、麻面和起砂等现象。

各层的厚度与设计厚度的偏差，不宜超过该层厚度的10%。

各层的表面平整度应达到检测要求，如水泥混凝土面层允许偏差不宜超过4mm，大理石、花岗石面层允许偏差不超过1mm，用2m长的直尺检查。

任务三　园林场地及其施工

【知识点】

园林场地的作用与类型。

园林场地设计。

【技能点】

停车场设计。

园林场地施工。

相关知识

一、园林场地的作用与类型

（一）园林场地的作用

园林场地是园路的扩大部分，其往往存在于园林的出入口、园林建筑前、道路交叉口、道路一侧、园林一角或公园管理处等多种地段。一般具有交通集散、游憩活动及园务管理等功能和作用。园林中每个景区和每个景点都由园路加以联系，园路是所有景区景点相互联系的必不可少的纽带，使得园林形成风景序列。而园林场地的存在，使得园林中各种立面能够展现出来，使人们能够容易观赏到风景的不同侧面、不同层次和不同形象，以产生丰富多彩的风景感受。

（二）园林场地的类型

1. 交通集散场地

交通集散场地是主要园路交叉口、出入口的放大。由点到面，以供游人集散。园林出入口的场地，是主要园路的起点。因此，首先要处理好各种车辆的通行及停放，各类人员的出入停留。在艺术布局上要精心设计，巧于安排。

2. 游憩活动场地

游憩活动场地应根据不同内容、不同要求进行布置，做到美观适用、各具特色。集体活动要布置在场地开阔，阳光充足、风景优美的草坪上。青少年活动则多布置在疏林草地。其他供游人休息散步、赏景拍照的场地则可以布置在有风景可赏的地方。并设亭、廊、花架、雕塑、花坛、假山、喷泉、园椅、园灯、小树丛等，供人们长时间地逗留休息。

3. 园务管理场地

园务管理场地应与园务管理专用出入口、苗圃等地有方便的联系，还要与园林主要景观保持一定的距离，相对独立。最好能设障景如树丛、竹林等。

二、园林场地设计

（一）园林场地设计的原则

1. 系统性

园林场地是园林空间体系中的重要节点，其功能、性质、类型、规模应有所区别，有所侧重点。每个园林场地要根据其周边环境特点确定其功能、性质和规模，只有这样才能使园林场地符合整个园林体系，做到局部服务于整体。

2. 多样性

园林场地是多样化的，不仅仅体现在其功能的多样化，还应体现在其空间表现和空间类型的多样化。由于园林场地是游人享受城市文明及园林文化的舞台，它不但能反映游人的需要，其内部设施和小品还要多样化，使艺术性、娱乐性、休闲性及纪念性等和谐共生。

3. 特色性

个性特征是通过人的生理和心理感受到的与其他场地不同的内在本质和外部特征。园林场地应通过特定的使用功能、场地条件、人文主题及周边景观艺术特色来塑造特点。

4. 完整性

园林场地的完整性主要包括功能的完整性和环境的完整性。功能的完整性主要是指其相对明确的功能，做到主次分明，重点突出。环境的完整性是要考虑场地周边的环境、空间的连续性等问题。

5. 文化性

园林场地作为园林内的开放空间要能有满足和体现其公园内的历史风貌、文化内涵等内容。要符合尊重历史传统，又要有所创新和发展。

6. 尺度适配性

尺度适配原则是根据园林场地不同的使用功能和主题要求，确定广场合适的规模和尺度。

（二）园林场地周边景观设计

园林场地周围的建筑、树木、背景等多种景物，构成了场地的外环境，同时也是场地空间的外缘竖向界面。周围景物的高度与场地宽度之间的关系往往对场地空间艺术效果较大。场地宽度是景物高度的 3～6 倍时，场地的空间开敞度及闭合度适中。

（三）园林场地地面设计

园林场地的艺术效果除了受周围环境景观影响外，场地的平面形状、面积大小以及地面铺装形式也同样对场地的艺术效果起作用。

1. 场地的平面形状

园景场地有封闭式的，也有开放式的，其平面形状多为规则的几何形，常以长方形和圆形为主。从空间艺术上的要求来看，广场的长度不应大于其宽度的 3 倍；长宽比在

4∶3、3∶2 或 2∶1 之间时，艺术效果比较好。面积较小的园景小场地，可采用自然形或不规则的几何形等，其形状设计更要自由些，但是，任何的场地都是需要形态各异的园路设计进行连接。如图 4-26 所示。

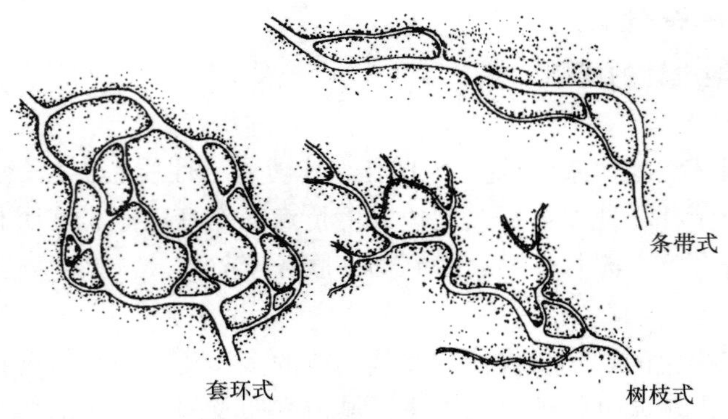

图 4-26　三种园路布局形式

2. 园林场地的面积

担负着节假日文艺活动和集会功能的园景广场，其人群活动所需面积可按每人 $0.5m^2$ 来计算，场地大部分面积都要做成铺装地面。以主题纪念为主的场地场，其路面铺装和纪念设施占用地面将在广场总面积的 40％以上。以景观、绿化为主的休息场地，其绿化面积则应占 60％以上的用地。而公园出入口内外的门景场地，由于人、车集散，交通性较强，绿化用地就不能有很多，一般都在 10％～30％之间，其路面铺装面积则常达到 70％以上。

3. 场地的功能分区

园林场地的周边接入道路不多，路口较少，所以其平面形状一般都比较完整。设计园林场地时，一般先要把场地的纵轴线、主要横轴线和广场中心确定下来。利用轴线的自然划分，把场地分成几个具有相似和对称形状的区域，然后根据路口分布和周围环境情况，赋予各区以不同的功能，成为在景观上协调统一，在功能上互有区别的各个功能区。

4. 地面装饰设计

园林场地的地面铺装面积一般较大，在场地设计中占有重要的地位。地面除了常用整体现浇的混凝土铺装之外，还常用各种抹面、贴面、镶嵌及砌块铺装方法进行装饰美化，园路铺装中所述的形式（图案式地面装饰、色块式地面装饰、线条式地面装饰、阶台式地面装饰），一般都可以在场地铺装中采用。

（四）园林场地内景设计

园林场地内部可以安排的景观设施多种多样，有雕塑、喷泉、水池、花坛、草坪、树阵、游廊、花架、景观亭等多种形式。花坛、水池、草坪等平面的形状要与其所处的园林场地的平面形式相协调。雕塑、喷泉等景观小品的竖向高度要与场地的大小相适宜，满足适宜的视距和视角。游廊、花架、景观亭等园林建筑物的设置要与该场地的功能和周边环境相适宜。树阵可以结合座凳方式形成林荫树阵场地供游人休息等。因此，园林场地内部的景观设计要依据场地的功能、平面形状及空间属性等多方面进行设计。

（五）园林场地休息设施布置

园林场地是吸引游人停留下来驻足观景的，必须设置足够的休息设施。除去游艺、集会活动性质的园景场地之外，一般的休息性园景场地都要按游人容纳量的一定比例来计算所需座位数。

休息设施可采取集中方式布置在场地某区域；其他部分则可与场地多种景观与设施结合起来，灵活地布置在场地上（图 4-27，图 4-28）。分散布置的休息设施基本有四种布置方式：一种是选用铁、木、塑料、石材或混凝土制作的桌、椅、凳，分散布置在场地边缘的乔木林带下面或场地中的遮阴树下；第二种是在上有树木遮阴的铺装地面或场地道路旁边，分散布置一些大小相间，高低有别，顶面平整光洁的自然石块，既作场地和路边的自然景物装饰，又兼作座凳使用；第三种方式，是结合场地内的花台、栏杆、挡土墙等的设计，在这些环境小品上附设座位或座椅部分，使其既起到花台、栏杆和挡土墙的作用，又具备一些座凳的功能；第四种，则是直接利用花坛、花台、水池的边缘石和池壁顶面作为座凳替代物。将边缘石和池壁的顶面设计成高、宽各为 30～40cm 的尺寸，表面用花岗石、釉面砖、白色水磨石等光洁材料装饰，可作为休息座凳，而且还可减少广场上其他凳、椅的设置数量。

图 4-27　树池结合座椅

图 4-28　有树木遮阴的座椅形式

场地内休息设施的布置，都应当紧密结合具体的场地形状，因地制宜地做好安排，使园景场地的休息功能体现得更为充分（图 4-29）。

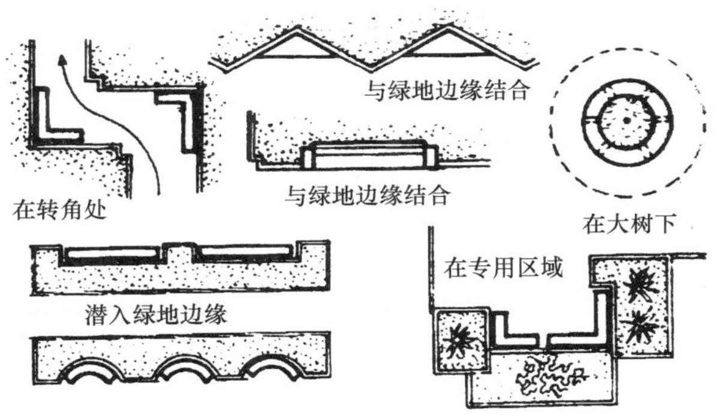

图 4-29　场地的座凳设置

三、园林场地施工

园林场地工程的施工程序基本与园路工程相同。但由于场地上还往往存在着花坛、草坪、水池等地面景物，因此它又比一般道路工程的施工内容更复杂。仅从场地的施工准备、场地处理和地面铺装三方面来了解场地的施工问题。

（一）施工准备

1. 材料准备

准备施工机具、路面基层和面层的铺装材料，以及施工中需要的其他材料；清理施工现场。

2. 场地放线

按照场地设计图所绘施工坐标方格网，将所有坐标点测设到场地上，并打桩定点。然后以坐标桩点为准，根据场地设计图，在场地地面上放出场地的边线、主要地面设施的范围线和挖方区、填方区之间的零点线。

3. 地形复核

对照场地竖向设计图，复核场地地形。各坐标点、控制点的自然地坪标高数据有缺漏的，要在现场测量补上。

（二）场地整平与找坡

1. 挖方与填方施工

挖、填方工程量较小时，可用人力施工；工程量大时，应该进行机械化施工。预留作草坪、花坛及乔灌木种植地的区域，可暂不开挖。水池区域要同时挖到设计深度。填方区的堆填顺序，应当是先深后浅；先分层填实深处，后填浅处。每填一层就夯实一层，直到设计的标高处。挖方过程中挖出适宜栽培的肥沃土壤。要临时堆放在场地外边，以后再填入花坛、种植地中。

2. 场地整平与找坡

挖、填方工程基本完成后，对挖填出的新地面进行整理。要铲平地面，使地面平整度变化限制在 20mm 以内。根据各坐标桩标明的该点填挖高度数据和设计的坡度数据，对场地进行找坡，保证场地内各处地面都基本达到设计的坡度。土层松软的局部区域，还要作地基加固处理。

3. 确定雨水口

根据场地周边与建筑、园路、管线等的连接条件，确定边缘地带的竖向连接方式，调整连接点的地面标高。还要确认地面排水口的位置，调整排水沟管的底部标高，使场地地面与周围地坪的连接更自然，排水、通道等方面的矛盾降至最低。

（三）地面施工

1. 基层的施工

按照设计的场地层次结构与做法进行施工，可参照前面关于园路地基与基层施工的内容，结合场地地坪面积更宽大的特点，在施工中注意基层的稳定性，确保施工质量，避免今后场地地面发生不均匀沉降。

2. 面层的施工

采用整体现浇面层的区域，可把该区域划分成若干规则的地块，每一地块面积在 7m×9m 至 9m×10m 之间，然后一个地块一个地块地施工。地块之间的缝隙做成伸缩缝，用沥青棉纱等材料填塞。

3. 地面装饰

依照设计的图案、纹样、颜色、装饰材料等进行地面装饰性铺装，其铺装方法请参照前面有关内容。

场地地面还有一些景观设施，如花坛、草坪、树木种植地等，其施工的情况当然和铺装地面不同。如花坛施工，先要按照花坛设计图，将花坛中心点的位置测设到地面相应位点，并打木桩标定；然后以中心点为准，进行花坛的放线。在放出的花坛边线上，即可砌筑花坛边缘石，最后做成花坛。又如草坪的施工，则是在预留的草坪种植地周围，砌筑道牙或砌筑边缘石，再整平土面，铺种草坪。再如水池的施工，在挖方工程中已挖出水池基本形状，这时主要是根据水池设计图进行池底的铺装、池壁的砌筑和池岸的装饰。关于花坛、草坪以及乔灌木种植地施工的具体情况，以及水池的建造施工将在本书其他章节详细叙述。某园林场地施工图如图 4-30 所示。

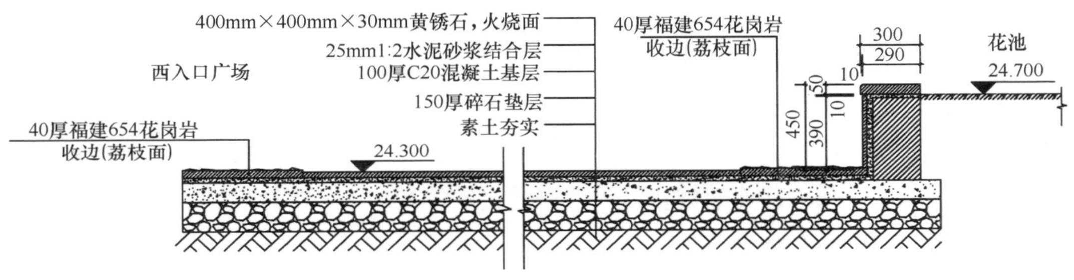

图 4-30　某场地施工图

任务四　园 桥 工 程

【知识点】

园桥的功能与选址。

园桥的造型设计。

【技能点】

栈道设计。

汀步设计。

相关知识

一、园桥的功能与选址

(一) 园桥的功能和作用

园桥最基本的功能就是联系园林水体两岸上的道路，使园路不至于被水体阻断。由于它直接伸入水面，能够集中视线，就自然而然地成为某些局部环境的一种标志点，因而园桥能够起到导游作用，可作为导游点进行布置。

在园林水景的组成中，园桥可以作为一种重要景物，与水面、桥头植物一起构成完整的水景形象。园桥本身也有很多种艺术造型，具有很强的观赏特性，可作为园林水体中的重要景点。事实上，如杭州西湖的断桥、扬州瘦西湖的五亭桥、北京颐和园的十七孔桥和玉带桥、桂林七星岩的花桥等等，就都能成为园林某些局部甚至整个园林的水面主景。

（二）园桥的环境与选址

园桥所在的环境主要是园林水环境，但也有少数情况下可作为旱桥布置在没有水面的地方。

在大水面上造桥，最好采用曲桥、廊桥、栈桥等比较长的园桥，桥址应选在水面相对狭窄的地方，这样可以缩短建桥的长度，节约工程费用，又可以利用桥身来分割水体。桥下不通游船时，桥面可设计得低平一些，使人更接近水面。桥下需要通过游船时，则可把部分桥面抬高，做成拱桥样式。在湖中岛屿靠近湖岸的地方，一般也要布置园桥。要根据岛、岸间距离，决定设置长桥还是短桥。在大水面措边与其他水道相交接的水口处，设置拱桥或其他园桥，可以增添岸边景色。

二、园桥的造型设计

（一）园桥的造型形式

常见的园桥造型形式，归纳起来主要有以下几类（图 4-31）：

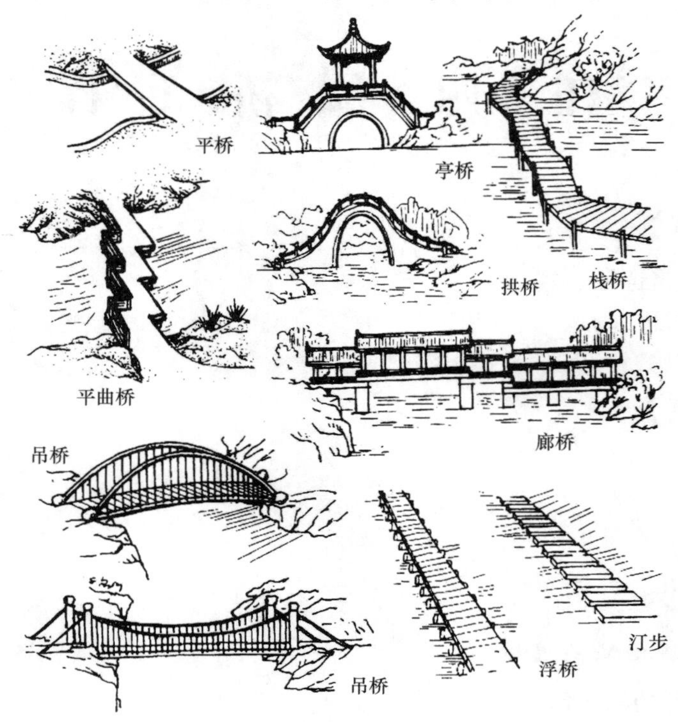

图 4-31 各类园桥的造型形式

1. 平桥

有木桥、石桥、钢筋混凝土桥等。桥面平整，结构简单，平面形状为一字形。桥边常不做栏杆或只做矮护栏。桥体的主要结构部分是石梁、钢筋混凝土直梁或木梁，也常见直接用平整石板、钢筋混凝土板作桥面而不用直梁的。

2. 平曲桥

基本情况和一般平桥相同。桥的平面形状不为一字形，而是左右转折的折线形。根据转折数，可有三曲桥、五曲桥、七曲桥、九曲桥等。桥面转折多为 90°直角，但也可采用 120°钝角，偶尔还可用 150°转角。平曲桥桥面设计为低而平的效果最好。

3. 拱桥

常见有石拱桥和砖拱桥，也少有钢筋混凝土拱桥。拱桥是园林中造景用桥的主要形式。其材料易得，价格便宜，施工方便；桥体的立面形象比较突出，造型可有很大变化；并且圆形桥孔在水面的投影也十分好看；因此，拱桥在园林中应用极为广泛。

4. 亭桥

在桥面较高的平桥或拱桥上，修建亭子，就做成亭桥。亭桥是园林水景中常用的一种景物，它既是供游人观赏的景物点，又是可停留其中向外观景的观赏点。

5. 廊桥

这种园桥与亭桥相似，也是在平桥或平曲桥上修建风景建筑，只不过其建筑是采用长廊的形式罢了。廊桥的造景作用和观景作用与亭桥一样。

6. 吊桥

是以钢索、铁链为主要结构材料（在过去，则有用竹索或麻绳的），将桥面悬吊在水面上的一种园桥形式。这类吊桥吊起桥面的方式又有两种。一种是全用钢索铁链吊起桥面，并作为桥边扶手。另一种是在上部用大直径钢管做成拱形支架，从拱形钢管上等距地垂下钢制缆索吊起桥面。吊桥主要用在风景区的河面上或山沟上面。

7. 栈桥与栈道

架长桥为道路，是栈桥和栈道的根本特点。严格地讲，这两种园桥并没有本质上的区别，只不过栈桥更多的是独立设置在水面上或地面上，而栈道则更多地依傍于山壁或岸壁。

8. 浮桥

将桥面架在整齐排列的浮筒（或舟船）上，可构成浮桥。浮桥适用于水位常有涨落而又不便人为控制的水体中。

9. 汀步

这是一种没有桥面，只有桥墩的特殊的桥，或者也可说是一种特殊的路。是采用线状排列的步石、混凝土墩、砖墩或预制的汀步构件布置在浅水区、沼泽区、沙滩上或草坪上。

（二）桥体的结构设计

园桥的结构形式随其主要建筑材料而有所不同。例如，钢筋混凝土园桥和木桥的结构常用板梁柱式，石桥常用拱券式或悬臂梁式，铁桥常采用桁架式，吊桥常用悬索式等等，都说明建筑材料与桥的结构形式是紧密相关的。

1. 板梁柱式

以桥柱或桥墩支承桥体重量，以直梁按简支梁方式两端搭在桥柱上，梁上铺设桥板作桥面。在桥孔跨度不太大的情况下，也可不用桥梁，直接将桥板两端搭在桥墩上，铺成桥面。桥梁、桥面板一般用钢筋混凝土预制或现浇；如果跨度较小，也可用石梁和石板。

2. 悬臂梁式

即桥梁从桥孔两端向中间悬挑伸出，在悬挑的梁头再盖上短梁或桥板，连成完整的桥孔。这种方式可以增大桥孔的跨度，以方便桥下行船。石桥和钢筋混凝土桥都可能采用悬臂梁式结构。

3. 拱券式

桥孔由砖石材料拱券而成，桥体重量通过圆拱传递到桥墩。单孔桥的桥面一般也是拱形，所以它基本上都属于拱桥。三孔以上的拱券式桥，其桥面多数做成平整的路面形式，但也常有把桥顶做成半径很大的微拱形桥面的。

4. 桁架式

用铁制桁架作为桥体。桥体杆件多为受拉或受压的轴力构件，这种杆件取代了弯矩产生的条件，使构件的受力特性得以充分发挥。杆件的结点多为铰结。

5. 悬索式

即一般索桥的结构方式。以粗长的悬索固定在桥的两头，底面有若干根钢索排成一个平面，其上铺设桥板作为桥面；两侧各有一至数根钢索从上到下竖向排列，并由许多下垂的钢绳相互串联一起，下垂钢绳的下端，则吊起桥板。

三、汀步设计

汀步是用一些板块状材料按一定的间距铺装成的连续路面，板块材料可称为步石。这种路面具有简易、造价低、铺装灵活、适应性强、富于情趣的特点，既可作永久性园路，也可作临时性便道。

（一）汀步的种类

按照步石平面形状的特点和步石排列的布置方式，可把汀步分为规则式汀步和自然式汀步两类。

1. 规则式汀步

步石形状规则整齐，并常常按规则整齐的形式铺装成园路，这种汀步就是规则式汀步。规则式汀步步石的宽度应在 400～500mm 之间，步石与步石之间的净距宜在 50～150mm 之间。在同一条汀步路上，步石的宽度规格及排列间距都应当统一。常见的规则式汀步有如下三种。

（1）墩式汀步

步石成正方形或长方形的矮柱状，排列成直线形或按一定半径排列成规则的弧线形。这种汀步显得厚重、稳实，宜布置在浅水中作为过道。

（2）板式汀步

以预制的铺砌板规则整齐地铺设成间断连续式园路，就属于板式汀步。板式汀步主要用于旱地，如布置在草坪上、砂地上、泥地上等（图 4-32）。

（3）荷叶汀步

这种汀步一般用在庭园水池中，其步石面板形状为规则的圆形，属规则式汀步，但步石的排列却不是规则整齐的，要排列为自然式（图 4-33）。

图 4-32　板式汀步

图 4-33　荷叶汀步

2. 自然式汀步

这类汀步的步石形状不规则，常为某种自然物的形状。步石的形状、大小可以不一致，其布置与排列方式也不能规则整齐，要自然错落地布置。步石之间的净距也可以不统一，可在 50～200mm 之间变动。常见的自然式汀步主要有下述两种：

（1）自然山石汀步

选顶面较平整的片状自然山石，按照左右错落、自然曲折的方式，布置成汀步园路。在草坪上，步石的下部 1/3～1/2 高应埋入土中。在浅水区中，步石下部稍浸入水中，底部一定要用石片翻垫稳实，并用水泥砂浆与基座山石结合牢固（图 4-34）。

（2）仿自然树桩汀步

步石被塑造成顶面平整的树桩形状。树桩按自然式排列，有大有小，有宽有窄，有聚有散，错落有致。这种汀步路布置在草坡上特别能与环境协调；布置在水池中也可以，但与环境的协调性不及在草坡和草坪上（图 4-35）。

图 4-34　自然山石汀步

图 4-35　仿自然树桩汀步

（二）汀步的设计

1. 板式汀步设计

板式汀步的铺砌板，平面形状可为长方形、正方形、圆形、梯形、三角形等。梯形和三角形铺砌板主要是用来相互组合，组成板面形状有变化的规则式汀步路面。铺砌板宽度和长度可根据设计确定，其厚度常设计为 80～120mm。混凝土强度等级可采用 C15～C20；纵向配筋可用直径 8mm 或 10mm 钢筋，间距 150～200mm；横向配筋用直径 6mm 或 8mm 钢筋，间距 180～250mm。板面可以用彩色水磨石来装饰，不同颜色的彩色水磨石铺路板能够铺装成美观的彩色路面。

2. 荷叶汀步设计

步石由圆形面板、支承墩（柱）和基础三部分构成。圆形面板应设计 2～4 种尺寸规格，如直径为 450mm、600mm、750mm、900mm 等。采用 C20 细石混凝土预制面板，以直径 6mm 钢筋作环状筋，取间距 120～150mm；再以直径 8mm 钢筋作辐状筋，每 20°分布 1 根；面板中部的下方，要预留几根钢筋头，与其下的支柱焊接。面板顶面可仿荷叶进行抹面装饰。抹面材料用白色水泥加绿色颜料调成浅果绿色，再加绿色细石子，按水磨石工艺抹面。抹面前要先用铜条嵌成荷叶叶脉状，抹面完成后一并磨平。为了防滑，顶面一定不能磨得很光。荷叶汀步的支柱，可用混凝土柱，也可用石柱，其设计按一般矮柱处理。基础应牢固，至少要埋深 300mm；其底面直径不得小于汀步面板直径的 2/3。

3. 仿树桩汀步设计

用水泥砂浆砌砖石做成树桩的基本形状，表面再用 1∶2.5 或 1∶3 有色水泥砂浆抹面并塑造树根与树皮形象。树桩顶面仿锯截状做成平整面，用仿木色的水泥砂浆抹面。待抹面层稍硬时，用刻刀刻划出一圈圈年轮环纹，清扫干净后，再调制深褐色水泥浆，抹进刻纹中。抹面层完全硬化之后，打磨平整，使年轮纹显现出来。

【思考与练习】

1. 园路的功能和类型有哪些？
2. 园路布局设计应注意的事项有哪些？
3. 园路纵断面设计的要求有哪些？
4. 园路横断面的基本形式有哪些类型？
5. 园路路面的病害有哪些？其发生原因分别是什么？
6. 园路结构的组成有哪些？
7. 常用的人行园路结构有哪些？
8. 园桥的功能和作用是什么？
9. 汀步种类及其设计有哪些类型？

技能训练

技能训练一　园路、场地布局设计

一、训练目的

通过该技能训练，要求学生能够掌握园路及场地的布局设计。

二、材料与工具

铅笔、橡皮、针管笔、草图纸、硫酸纸、画板、丁字尺等绘图工具。

三、方法步骤

1. 给定学生某块绿地平面图及设计任务、设计要求。

2. 学生根据设计任务及要求草图绘制该绿地园路及场地布局。

3. 方案确定后硫酸纸钢笔墨线上正图。

四、考核要点

1. 园路、场地布局合理，主次明显，场地功能分区合理；

2. 线条流畅，优美；

3. 画面布局设计合理，图面整洁。

技能训练二 园路结构及铺装设计

一、训练目的

通过该技能训练，要求学生能够掌握至少六种以上常用园路的结构设计及其铺装设计。

二、材料与工具

铅笔、橡皮、针管笔、草图纸、硫酸纸、画板、丁字尺等绘图工具。

三、方法步骤

1. 选定园路、场地布局设计中六种以上园路及场地进行铺装样式设计。

2. 结构设计。

四、考核要点

1. 铺装样式多样，样式美观，色彩协调；

2. 结构设计合理；

3. 图面美观、整洁线条流畅。

技能训练三 卵石铺装园路施工

一、训练目的

通过该项技能训练，使学生掌握园路的施工工艺及步骤，尤其是掌握卵石铺装园路的面层施工要点。

二、材料与工具

施工图纸、施工场地及施工材料。

三、方法步骤

1. 对路基进行素土夯实

2. 碎石垫层及素混凝土的施工及找平。

3. 对鹅卵石进行选石。

3. 水泥砂浆结合层的设置。

4. 填入鹅卵石，并形成找平及清洁石头表面。

四、考核要点

施工工序正确；操作符合流程；验收符合规范。

技能训练四　园林场地类型调查及铺装实测

一、训练目的

通过该技能训练，使得学生掌握园林场地的类型及其功能，以及园林场地内外部景观的设计、铺装形式等。

二、材料与工具

皮尺等测量工具、硫酸纸、铅笔、针管笔、绘图纸。

三、方法步骤

1. 选定当地某公园或园林绿地，调查该绿地内的场地类型。
2. 用皮尺等测量工具实地测量该园林场地的尺寸及内外环境。
3. 根据测量数据绘制园林场地。
4. 细化该场地铺装样式。

四、考核要点

符合现场尺寸，图面美观整洁。

项目五　置石与假山工程

【内容提要】

置石与假山是中国传统园林的重要组成部分，它独具中华民族文化艺术魅力，目前在各类园林绿地中得到广泛应用。置石与假山艺术是一种造型艺术，它靠着形象的魅力去感染观者，在应用的过程中置石与假山造型不断丰富、不断创新，出现了多种形式新颖的造型。同时，现代科技与工业技术应用于园林造景，尤其人工塑山塑石的出现，使得园林置石与假山的类型与造型更加丰富。

研究置石、假山的造型、设计与应用，掌握置石与假山工程施工技艺方法是园林工程设计与建设的一项重要内容。通过本项目的学习，使学生能够掌握置石与假山材料、置石与假山造型设计、置石与假山施工工艺以及人工塑山塑石工艺。

任务一　置石与假山材料

【知识点】

山石景观的功能。

山石材料的种类。

【技能点】

山石材料的识别。

相关知识

一、山石景观的功能

（一）地形和骨架作用

采用主景突出的布局方式的园林或局部空间或以假山为主景，或以假山作为地形骨架，道路、建筑等的起伏、曲折皆以此为基础来变化。如北京北海公园的琼华岛、南京瞻园、上海豫园、扬州个园和苏州环秀山庄等都以假山作为主要的观赏对象。

（二）空间组织的功能

划分空间的手段很多，但利用假山划分空间是从地形骨架的角度来划分，具有自然和灵活的特点。特别是用山水结合相映成趣地来组织空间，使空间更富于性格的变化。利用假山高大的体量和在空间中的曲折延展，并结合其他构景要素，灵活运用障景、对景、背景、框景、夹景等手法，可以有效地划分和组织空间。

（三）点景与造景功能

山石的这种作用在我国南、北方各地园林中均有所见，尤以江南私家园林运用广泛。如苏州留园东部庭院的空间基本上是用山石和植物装点的，或以山石作花台，或以石峰凌空，或藉粉墙前散置，或以竹、石结合作为廊间转折的小空间和窗外的对景。

（四）山石的工程功能

除了用作造景以外，山石还有一些实用方面的功能作用。在坡度较陡的土山坡地常散置山石以护坡。这些山石可以阻挡和分散地面径流，降低地面径流的流速从而减少水土流失。在坡度更陡的山上往往开辟成自然式的台地，在山的内侧所形成的垂直土面多采用山石作挡土墙。自然山石挡土墙的功能和整体式挡土墙的基本功能相同，而在外观上曲折、起伏、凸凹多致。

在用地面积有限的情况下要堆较高的土山，常利用山石作山脚。这样可以缩小土山所占的底盘面积而又具有相当的高度和体量。江南私家园林中还广泛地利用山石作花台栽植牡丹、芍药和其他观赏植物，并用花台来组织庭院中的游览路线。在自然式水体驳岸的处理上，常常用假山石做压顶，形成凹凸变化、高低不齐、错落有致的假山石驳岸。

（五）山石的使用功能

石屏风、石榻、石桌、石几、石凳、石栏等石作小品，既不怕日晒夜露，又可结合造景。例如，现置无锡惠山山麓唐代之“听松石床”（又称“偃人石”），床、枕兼得于一石，石床另端又镌有李阳冰所题的篆字“听松”，是实用结合造景的好例子。此外，山石还用作室内外楼梯（称为云梯）、园桥、汀石和镶嵌门、窗、墙等。

二、山石景观的类型

（一）假山的类型

1. 按堆山材料划分

从堆山主要材料分，有土山、土石山、石土山和石山等四类。

（1）土山

土山是以泥土作为基本堆山材料。这种类型的假山占地面积往往很大，是构成园林基本地形和基本景观的重要因素。

（2）土石山

土石山是土多石少的山。

（3）石土山

石多土少的山。这种土石结合、露石不露土的假山，占地面积小，但山的特征最为突出，适于营造奇峰、悬崖、深峡、崇山峻岭等多种山地景观，在江南园林中数量最多。

（4）石山

其堆山材料主要是自然山石。只在石间空隙处填土配置植物。这种假山一般规模都比较小，主要用在庭院、水池等比较闭合的环境中，或者作为瀑布、山泉的山体应用。

2. 按景观特征划分

从景观特征来分，可分为仿真型、写意型、透漏型、实用型、盆景型等五类（图 5-1）。

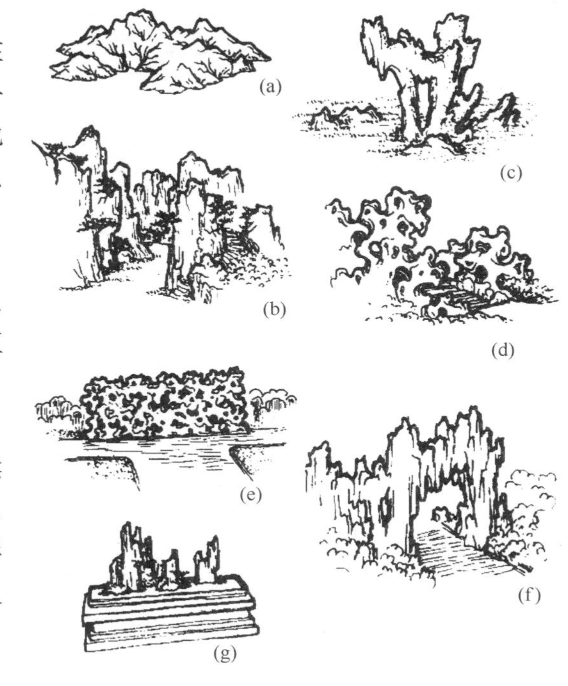

图 5-1　假山的类型

（a）、（b）仿真型；（c）写意型；（d）透漏型；（e）、（f）实用型；（g）盆景型

（1）仿真型

这种假山的造型是模仿真实的自然山形，山景如同真山一般。峰、崖、岭、谷、洞、壑的形象都按照自然山形塑造，能够以假乱真，达到“虽由人作，宛自天开”的景观效果。

（2）写意型

其山景也具有一些自然山型特征，但经过明显的夸张处理。在塑造山形时，特意夸张了山体的动势、山形的变异和山景的寓意，而不再以真山山形为造景的主要依据。

（3）透漏型

山景基本没有自然山形的特征，而是由很多穿眼嵌空的奇形怪石堆叠成可游可行可登攀的石山地。山体中洞穴、孔眼密布，透漏特征明显，身在其中，也能感到一些山地境界。

（4）实用型

这类假山既可能有自然山形特征，又可以没有山的特征，其造型多数是一些庭院实用品的形象，如庭院山石门、山石屏风、山石墙、山石楼梯等。在现代公园中，也常把工具房、配电房、厕所等附属小型建筑掩藏于假山内部。这种在山内藏有功能性建筑的假山，也属于实用山一类。

（5）盆景型

在有的园林露地庭园中，还布置有大型的山水盆景。盆景中的山水景观大多数都是按照真山真水形象塑造的，而且还有着显著的小中见大的艺术效果，能够让人领会到咫尺千里的山水意境。

（二）石景的类型

根据石块数量和景观特点，园林石景基本可以分为子母石、散兵石、单峰石、象形石、石玩石等五类（图 5-2）。

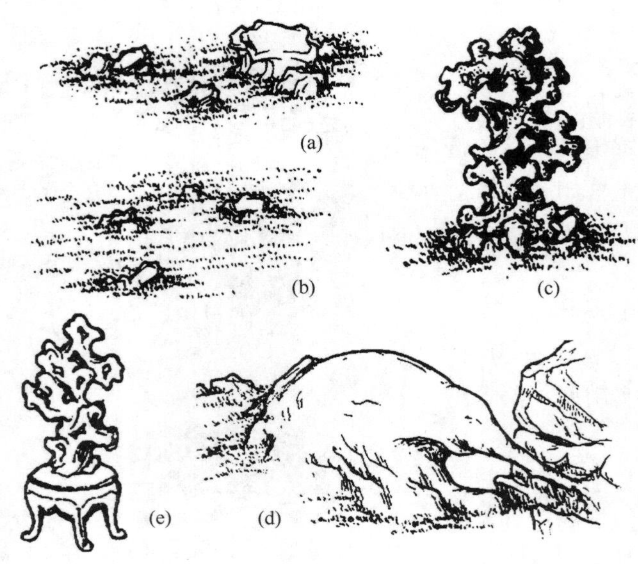

图 5-2　石景的类型

（a）子母石；（b）散兵石；（c）单峰石；（d）象形石；（e）石玩石

1. 子母石

子母石是以一块大石为主，带有几个大小有别的较小石块所构成的一组景物石。母石和子石紧密联系，相互呼应，有聚有散地自然分布于草坪上、山坡上、水池中、树林边、路边等地方。

2. 散兵石

无呼应联系的一群自然山石分散布置在草坪、山坡等处，主要起点缀环境，烘托野地氛围的作用，这样的一群或几块山石就叫散兵石。

3. 单峰石

单峰石是由形状古怪奇特，具有透、漏、皱、瘦特点的一块大石，或是一块由若干小石拼合成的大石独立构成石景，这种石景即是单峰石。如上海、苏州、杭州等地历史上遗留下来，号称江南名石的“玉玲珑”、“冠云峰”、“瑞云峰”、“绉云峰”，就属于这类石景。

4. 象形石

象形石是天生具有某种逼真的动物、器物形象的石景。这种石景十分难得，但如果有幸能够获得，布置在园林中，将会引起游人极大的兴趣。

5. 石玩石

石玩石是形态奇特、精致或质地与色彩晶莹美丽的观赏石，主要供室内陈列观赏，古代也称为“石供”、“石玩”。

三、山石景观的材料

(一) 山石种类

1. 湖石类

(1) 太湖石

太湖石又称南太湖石（图 5-3)。真正的太湖石原产于苏州所属太湖中的洞庭西山，其中消夏湾一带出产的太湖石品质最优良。这种山石是一种石灰岩，质坚而脆，由于风浪或地下水的熔融作用，其纹理纵横，脉络显隐。石面上遍多坳坎，称为“弹子窝”，扣之有微声，还很自然地形成沟、缝、窝、穴、洞、环。有时窝洞相套，玲珑剔透，蔚为奇观，有如天然的雕塑品，观赏价值比较高。因此常选其中形体险怪，嵌空穿眼者作为特置石峰。此石水中和土中皆有所产。

(2) 房山石

房山石又称北太湖石。产于北京房山大灰石一带山上，因此得名，也属石灰岩。新开采的房山石呈土红色、橘红色或更淡一些的土黄色，日久以后表面带些灰黑色，质地不如南方的太湖石那样脆，但有一定的韧性。这种山石也具有太湖石的窝、沟、环、洞等的变化。因此也有人称之为北太湖石。它的特征除了颜色和太湖石有明显区别以外，密度比太湖石大，扣之无共鸣声，多密集的小孔穴而少有大洞。因此外观比较沉实、浑厚、雄壮。如图 5-4 所示。

图 5-3　苏州留园冠云峰

图 5-4　房山石假山

(3) 英德石

英德石原产广东省英德县一带。岭南园林中有用这种山石掇山，也常见于几案石品。英德石质坚而脆，用手指弹扣有较响的共鸣声。淡青灰色，有的间有白脉笼络。这种山石多为中、小形体，很少见有很大块的。英德石又可分白英、灰英和黑英三种。一般所见以灰英居多，白英和黑英均甚罕见，所以多用作特置或散点（图 5-5）。

（4）灵璧石

灵璧石原产安徽省灵璧县。石产土中，被赤泥渍满，须刮洗方显本色。其石中灰色而甚为清润，质地亦脆，用手指弹亦有共鸣声。石面有坳坎的变化，石形亦千变万化，但其眼少有宛转回折，须经人工修饰以全其美。这种山石可掇山石小品，更多的情况下作为盆景石玩。

（5）宣石

宣石产于安徽省宁国市，其色有如积雪覆盖于灰色石上，也由于为赤土积渍，因此又带些赤黄色，非刷净不见其质，所以愈旧愈白。由于它有积雪一般的外貌，扬州个园的冬山，深圳锦绣中华的雪山均用它作为材料，效果显著（图 5-6）。

图 5-5 英德石假山景观图

图 5-6 扬州个园宣石假山（冬山）

2. 黄石

黄石是一种呈茶黄色的细砂岩，以其黄色而得名。质重、坚硬、形态浑厚沉实，且具有雄浑挺括之美。其产于大多山区，但以江苏常熟虞山质地为最好。如图 5-7 所示。

3. 青石

青石属于水成岩中呈青灰色的细砂岩，质地纯净而少杂质。由于是沉积而成的岩石，石内就有一些水平层理。水平层的间隔一般不大，所以石形大多为片状，而有“青云片”的称谓。青石在北京园林假山叠石中较常见，在北京西郊洪山口一带都有出产（图 5-8）。

图 5-7 扬州个园黄石假山（秋山）

图 5-8 颐和园乐寿堂青芝岫（败家石）

4. 笋石

笋石颜色多为淡灰绿色、土红灰色或灰黑色。质重而脆，是一种长形的砾岩岩石（图 5-9）。石形修长呈条柱状，立于地上即为笋石，顺其纹理可竖向劈分。石柱中含有白色的小砾石，如白果般大小。石面上“白果”未风化的，称为龙岩；若石面砾石已风化成一个个小穴窝，则称为风岩。石面还有不规则的裂纹。石笋石产于浙江与江西交界的常山、玉山一带。

5. 钟乳石

钟乳石多为乳白色、乳黄色、土黄色等颜色；质优者洁白如玉，作石景珍品；质色稍差者可作假山。钟乳石质重，坚硬，是石灰岩被水溶解后又在山洞、崖下沉淀生成的一种石灰华。石形变化大，石内较少孔洞，石的断面可见同心层状构造。这种山石的形状千奇百怪，石面肌理丰腴，用水泥砂浆砌假山时附着力强，山石结合牢固，山形可根据设计需要随意变化。钟乳石广泛出产于我国南方和西南地区（图 5-10）。

图 5-9　扬州个园春山

图 5-10　钟乳石假山

6. 石蛋

石蛋即大卵石，产于河床之中，经流水的冲击和相互摩擦磨去棱角而成。大卵石的石质有花岗石、砂岩、流纹岩等，颜色白、黄、红、绿、蓝等各色都有。这类石多用作园林的配景小品，如路边、草坪、水池旁等的石桌石凳；棕树、蒲葵、芭蕉、海芋等植物处的石景（图 5-11）。

7. 黄蜡石

黄蜡石是具有蜡质光泽，圆光面形的墩状块石，也有呈条状的。其产地主要分在我国南方各地。此石以石形变化大而无破损、无灰砂，表面滑若凝脂、石质晶莹润泽者为上品。一般也多用作庭园石景小品，将墩、条配合使用，成为更富于变化的组合景观（图 5-12）。

8. 水秀石

水秀石颜色有黄白色、土黄色至红褐色，是石灰岩的砂泥碎屑，随着含有碳酸钙的地表水，被冲到低洼地或山崖下沉淀凝结而成。石质不硬，疏松多孔，石内含有草根、苔藓、枯枝化石和树叶印痕等，易于雕琢。其石面形状有：纵横交错的树枝状、草秆化石状、杂骨状、粒状、蜂窝状等凹凸形状。

图 5-11　石蛋与植物造景的结合

图 5-12　黄蜡石石景景观

各类园林景石形态如图 5-13 所示。

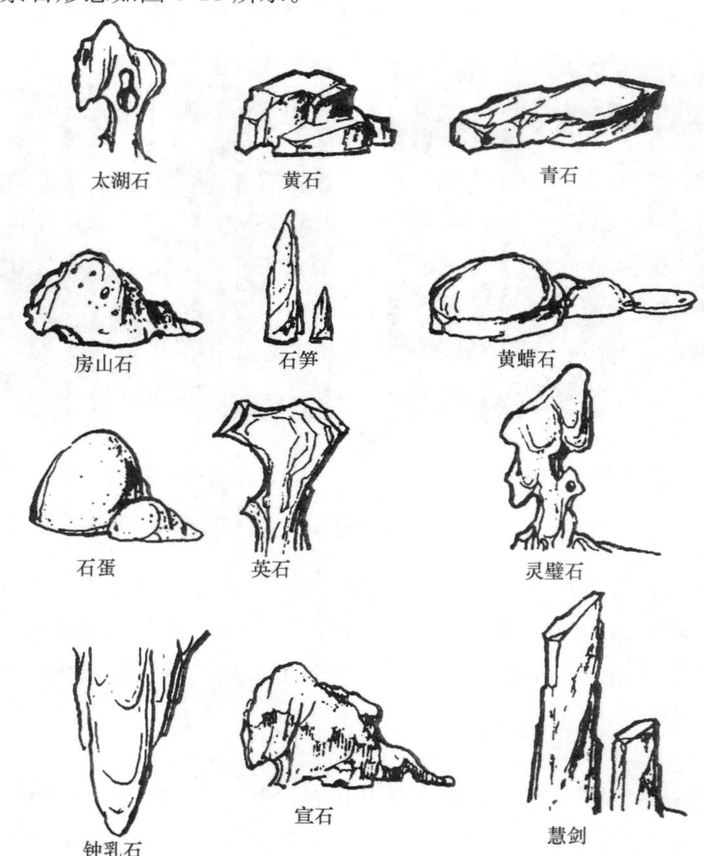

图 5-13　各种园林假山石品种

(二) 基础材料

假山的基础材料常见的有木桩基础材料、灰土基础材料、浆砌块石基础材料和混凝土基础材料。

1. 木桩基础材料

这是一种古老的基础作法，但至今仍有实用价值，木桩多选用柏木桩或杉木桩，选取其中较平直而又耐水湿的作为桩基材料。木桩顶面的直径约在 10～15cm，平面布置按梅花形排列，故称“梅花桩”。

2. 灰土基础材料

北方园林中位于陆地上的假山多采用灰土基础，灰土基础有比较好的凝固条件。灰土经凝固便不透水，可以减少土壤冻胀的破坏。这种基础的材料主要是用石灰和素土按 3∶7 的比例混合而成。

3. 浆砌块石基础材料

这是采用水泥砂浆或石灰砂浆砌筑块石作为假山的基础。可用 1∶2.5 或 1∶3 水泥砂浆砌一层块石，厚度为 300～500mm，水下砌筑所用水泥砂浆的比例则应为 1∶2。

4. 混凝土基础材料

现代的假山多采用浆砌块石或混凝土基础。陆地上选用不低于 C10 的混凝土，水中假山采用 C15 水泥砂浆砌块石或 C20 的素混凝土做基础为妥。

（三）填充材料

填充式结构假山的山体内部填充材料主要有：泥土、无用的碎砖、石块、灰块、建筑渣土、废砖石、混凝土。混凝土是采用水泥、砂、石按（1∶2∶4）～（1∶2∶6）的比例搅拌配制而成。

（四）胶结材料

胶结材料是指将山石粘结起来掇石成山的一些常用黏结性材料，如水泥、石灰、砂和颜料等，市场供应比较普遍。粘结时拌合成砂浆。受潮部分使用水泥砂浆，水泥与砂配合比为（1∶1.5）～（1∶2.5）；不受潮部分使用混合砂浆，水泥∶石灰∶砂＝1∶3∶6。水泥砂浆干燥比较快，不怕水。混合砂浆干燥较慢，怕水，但强度较水泥砂浆高，价格也较低廉。

假山所用石材如果是灰色、青灰色山石，则在抹缝完成后直接用扫帚将缝口表面扫干净，同时也使水泥缝口的抹光表面不再光滑，从而更加接近石面的质地。对于假山采用灰白色湖石砌筑的，要用灰白色石灰砂浆抹缝，以使色泽近似。采用灰黑色山石砌筑的假山，可在抹缝的水泥砂浆中加入炭黑，调制成灰黑色浆体后再抹缝。对于土黄色山石的抹缝，则应在水泥砂浆中加进柠檬铬黄。如果是用紫色、红色的山石砌筑假山，可以采用铁红把水泥砂浆调制成紫红色浆体再用来抹缝等。

任务二　园林置石工程

【知识点】

石景的设计形式。

【技能点】

石景的造型与布置。

相关知识

一、石景的设计形式

在园林工程建设中，将形态独特的单体山石或几块、十几块小型山石，艺术地构成园林小景称为置石。置石是以山石为材料作独立性或附属性的造景布置，主要表现山石的个体美或局部的组合美而不具备完整的山形。

（一）独立成景的置石

置石的特点是以少胜多，以简胜繁，量虽少而对质的要求更高。一般置石的篇幅不大，这就要求造景的目的性更加明确，格局严谨，手法洗练，“寓浓于淡”，使之有感人的效果，有独特之处。

1. 特置

特置也称孤赏石、峰石，即用某单块山石的姿态突出，或玲珑或奇特，特意摆在一定的地点作为一个小景或局部的一个构图中心来处理的山石造景。也有将两块或多块形纹相类似的石头拼缀在一起，形成一个完整的孤赏石的做法。特置石多为湖石，对于湖石的特置要求为“透、漏、瘦、皱”四字，后人又加一“丑”字。特置可在正对大门的广场上，门内前庭中或别院中。

特置石的要求：

（1）应选择体量大、造型轮廓突出、色彩纹理奇特、颇有动势的山石。

（2）一般置于相对封闭的小空间，成为局部构图的中心。

（3）石高与观赏距离一般介于1∶2～1∶3，如石高3～6.5m. 则观赏距离为8～18m，在这个距离内才能较好地品玩石的体态、质感、线条、纹理等，为使视线集中，造景突出，可使用框景等造景手法，或立石于场地中心使石位于各视线的交点上，或石后有背景衬托。

（4）可采用整形的基座，也可以坐落于自然的山石面上，这种自然的基座称“磐”，带有整形基座的山石也称为台景石，台景石一般是石纹奇异，有很高欣赏价值的天然石，有的台景石基座、植物、山石相组合，仿佛大盆景，展示整体之美。

2. 孤置

单个山石孤立地布置于庭园中，并且山石是直接放置或半埋在地面山，这种石景布置方式是孤置。孤置与特置石景都是以单体石景作为观赏对象，孤置石景与特置石景的主要不同是没有基座承托，石形的罕见程度及山石的观赏价值都没有特置石景高。

3. 对置

以两块山石为组合，相互呼应，立于建筑门前两侧或立于道路出入口两侧，称对置。两块山石的体量大小、姿态方向和布置位置，可以对称，也可以不对称。选用对置石的材料要求稍高，石形应有一定的奇特性和观赏价值，即是能够作为单峰石使用的山石。两块山石的形状不必对称，大小高矮可以一致也可以不一致。

4. 散置

用少数几块大小不等的山石，按照美学原理搭配组合，或置于门侧、廊间、粉壁前，或置于坡脚、池中、岛上，或在池畔水际、溪涧河流、林下、花境中、路旁和草坪上，都可以散点而得到意趣，或与其他景物组合，创造多种不同的景观。散置山石的布置也借鉴画论，讲究置陈、布势，要做到“攒三聚五，散漫理之，有聚有散，若断若续，一脉既毕，余脉又起”。石虽星罗棋布，仍气脉贯穿，有一种韵律之美。

5. 群置

将大小不等的山石成群布置，作为一个群体来表现，称之为“群置”。群置的手法看气势，关键在于一个“活”字。要求石材体形各异，布置时疏密有致，前后、左右呼应，高低不一，形成生动的自然石景。

6. 山石器设

用山石作室内外的家具或器设也是我国园林中的传统做法。山石器设一般有以下几种：仙人床、石桌、石凳、石宅、石门、石屏、名牌、花台、踏跺（台阶）等。以自然山石代替建筑的台阶，随形而做，自然活泼。山石几案宜布置在林间空地或有树庇荫的地方，以免有人过于露晒。它在选材方面与一般假山用材并不相争。一般接近平板或方墩状的石材可能在掇山石不算良材，但作为山石几案却格外合适。即使用几案也不必求过于方整，否则失其特色。要有自然的外形，只要有一面稍平即可，而且在基本平的面上可以有自然起层的变化。

（二）与园林建筑结合的山石布置

1. 山石踏跺

山石踏跺是用扁平的山石台阶的形式连接地面，强调建筑出入口的山石堆叠体。山石踏跺不仅可作为台阶出入建筑，而且有助于处理由人工建筑到自然环境之间的过渡。石材选择扁平状的，不一定都要求为长方形，各种角度的梯形甚至是不等边的三角形，更富于自然的外观。每级高度为10～30cm，或更高一些，各台阶的高度不一定完全相等。每阶山石向下坡方向有2%的倾斜坡度，以便排水。石阶断面要求上挑下收，以免人们上台阶时脚尖碰到右阶上沿。用小石块拼合的石级，要注意“压茬”，即在上面的石头压住下面的石缝。

2. 抱角和镶隅

建筑物相邻的墙面相交成直角，直角内的围合空间称为内拐角，而直角外的发散空间称为外拐角。外拐角之外以山石环抱之势紧抱基角墙面，称为抱角；内拐角以山石填其内，称为镶隅。

镶隅的山石常结合植物，一部分山石紧砌墙壁，另一部分与其自然围合成一个空间，内部添土，栽植潇洒、轻盈的观赏植物。植物、山石的影子投放到墙壁上，植物在风中摇曳，使本来呆板、僵硬的直角线条和墙面显得柔和，壁山也显得更加生动。

3. 粉壁置石

粉壁置石就是以墙为背景，在建筑物出口对面的墙面或山墙的基础部位做山石布置，也称壁山。这是传统的园林手法，即“以粉壁为纸，以石为绘也”。山石多选湖石、剑石，仿古山石画的意境，主次分明，有起有伏，错落有致。常配以松柏、古梅、修竹或以框收之，好似美妙的画卷。

4. 尺幅窗和无心画

这种手法是清代李渔首创的。他把墙上原本挂山水画的位置做成漏窗，然后在窗外布置竹石小品之类，使景入画，以景代画，比之于画又有不同。阳光洒下有倩影，微风吹来能摇动，且伴有悦耳的沙沙声。以粉墙为背景，山石、植物投影其上，有窗花剪影的效果，精美绝妙，这个窗就称尺幅窗，窗内景称为无心画。

5. 云梯

用山石扒砌的室外楼梯，山石凹凸起伏，梯阶时隐时现，故称云梯。

（三）与植物相结合的山石布置

山石与植物主要以花台的形式结合，即用山石堆叠花台的边台，内填土，栽植植物；或在规则的花台中，用植物和山石组景。山石花台提高了栽植土壤的高度，使一部分不耐水渍的花木，如牡丹、芍药、兰花等花大、香浓、色正的花木能够健康生长。山石花台也可与自然式的游园道取得协调，还可以增大视角，使花木山石在正常观赏视角范围内，不至于使游客蹲下观花闻香，所以山石花台被南方园林广泛采用。

（四）与水域相结合的山石布置

山水是自然景观的基础，“山因水而润，水因山而活”，园林工程建设中将山水结合得好，就可造出优美的景观。例如用条石作湖泊、水池的驳岸，坚固、耐用，能够经受住大的风吹浪打；同时在周围平面线条规整的环境中应用，不但比较统一，而且可使这个园林空间显得更规整、有条理、严谨、肃穆而有气势。

二、石景的造型与布置

（一）单峰石造型

单峰石主要是利用天然怪石造景，因此其造型过程中选石和峰石的形象处理最为重要，其次还要做好拼石和置石基座的安排。

1. 选石

一般应选轮廓线凹凸变化大、姿态特别、石体空透的高大山石。用作单蜂石的山石，形态上要有瘦、漏、透、皱的特点。

2. 拼石

当所选到的山石不够高大，或石形的某一局部有重大缺陷时，就需要使用同种的几块山石拼合成一个足够高大的单峰石。如果只是高度不够，可按高差选到合适的石材，拼合到大石的底部（不可拼合到顶部），使大石增高。如果是由几块山石拼合成一块大石，则要严格选石，尽量选到接口处形状比较吻合的石材。

3. 基座设置

单峰石必须固定在基座上，由基座支承它，并且突出地表现它。基座可由砖石材料砌筑成规则形状，常见是采取须弥座的形式。单峰石的底部应凿成榫头状，以榫头插入灌满水泥砂浆的座石榫眼中，即可牢固地立起来。

4. 形象处理

单峰石的布置状态一般应处理为上大下小。上部宽大，则重心高，更容易产生动势，石景也容易显得生动。有的峰石适宜斜立，就要在保证稳定安全的前提下布置成斜立状态。有的峰石形态左冲右突，可以故意使其有所偏左或有所偏右，以强化动势。

（二）子母石布置

这种石景布置最重要的是保证山石的自然分布和石形、石态的自然性表现。为此，子母石的石块数量最好为单数，要“攒三聚五”，数石成景。所用的石材应大小有别，形状相异，并有天然的风化石面。子母石的布置应使主石绝对突出，母石在中间，子石围绕在周围。石块的平面布置应按不等边三角形法则处理，即每三块山石的中心点都要排成不等边三角形，要有聚有散，疏密结合。在立面上，山石要高低错落，其中当然以母石最高。

（三）散兵石布置

布置散兵石与布置子母石最不相同的，是前者一定要布置成分散状态，石块的密度不能大，各个山石相互独立最好。当然，分散布置不等于均匀布置，石块与石块之间的关系仍然应按不等边三角形处理。可以这么说：散兵石的布置状态，就是将石间距离放大后子母石的布置状态。在地面布置散兵石，一般应采取浅埋或半埋的方式安置山石。

（四）象形石布置

一般不应由人工来塑造或雕琢出象形石。人工塑造的山石物象很难做到以假乱真。象形石要天然生成，但略加修整还是可以的，修整后往往能使象形的特征更明显和突出。修整后的表面一定要清除加工中留下的痕迹。

在布置中，象形石可以放在草坪上，庭院中或广场上，采取特置或孤置方式都可以。但其周围一般应设置栏杆加以围护，一方面可起到保护石景的作用，另一方面也可在无形中增加象形石的珍贵感，从而使该石景得到很好的突出（图 5-14，图 5-15）。

图 5-14　象形石（一）

图 5-15　象形石（二）

三、置石的结构

整形基座置石用的山石材料结构比较简单，对施工技术也没有很专门的要求，因此容易实现。特置的山石需要掌握山石的重心线，使山石本身保持重心的平衡。

有的置石设置在砖、石砌筑的或石雕基座上，基座和石块相互配合成景。基座可预留凹槽以安置山石，也可通过石榫连接在一起。无论何种方法均应使置石稳定平衡。

如果置石采用自然磐石作为基座，我国传统的做法是用石榫头稳定（图 5-16）。榫头一般不用很长，大致十几厘米到二十几厘米，根据石之体量而定。但榫头要求比较大的直径，周围榫肩留有 3cm 左右即可。石榫头必须正好在峰石重心线上。基磐上的榫眼比石榫的直径略大一点，但应该比石榫头的长度要深点。

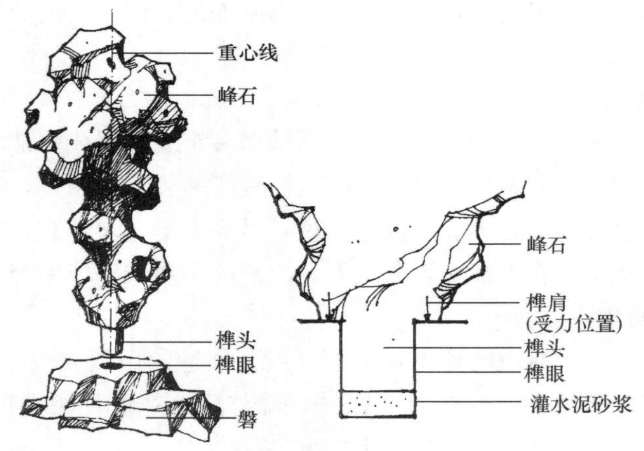

图 5-16　自然磐石基座

任务三　园林堆砌假山工程

【知识点】

假山布局设计。

假山造型禁忌。

假山结构。

【技能点】

假山平面设计。

假山立面设计。

假山施工。

相关知识

一、假山设计

（一）假山布局设计

1. 山水结合，相映成趣；

2. 相地合宜，造山得体；
3. 巧于因借，混假于真；
4. 独立端严，次相辅弼；
5. 三远变化，移步换景；
6. 远观山势，近看石质；
7. 寓情于石，情景交融。

（二）假山平面设计

1. 明确主次关系

（1）突出主山、主峰的主体地位；
（2）客山、陪衬山与山相伴；
（3）协调主山、客山、陪衬山的相互关系（图 5-17）。

图 5-17　千层石假山主峰及侧峰施工比例实景图

2. 赏景顺次的安排

（1）景观效果力求面面俱到；
（2）景观力求小中见大；
（3）观赏力求视距合适；
（4）景观力求步移景异。

3. 山景与周围环境相协调

（1）位置的选择与确定

大规模的园林假山既可以布置在园林的适中（中部稍偏）地带，而小型的假山一般只在园林庭院或园墙一角布置。

（2）在庭院中布置假山时采取的措施

在庭院中布置假山时，庭院建筑对假山的影响无法消除，只有采取一些措施来加以协调，以减轻建筑对假山的影响。

（3）在受城市建筑影响的环境中布置假山的办法

在这样的环境中布置假山，就一定要采取隔离和遮掩的方法，用浓密的林带为假山区围合一个独立的造景空间来。或者，将假山布置在一侧的边缘地带，山上配置茂密的混交风景林，使人们在假山上看不到或很少看到附近的建筑。

（4）遵循自然法则与形象布局

园林假山虽然有写意型与透漏型等不一定直接反映自然山形的造山类型，但所有假山创作的最终源泉都是自然界的山景资源。

（5）造景与功能兼顾

假山布局一方面是安排山石造景，为园林增添重要的山地景观；另一方面还要在山上安排一些台、亭、廊、轩等设施，提供良好的观景条件，使假山造景和观景两相兼顾。

4. 假山平面的变化手法

假山平面必须根据所在场地的地形条件来变化，以便使假山能够与环境充分地协调。在假山设计中，平面设计的变化方法主要有以下几种。

（1）转折

假山的山脚线、山体余脉、甚至整个假山的平面形状，都可以采取转折的方式造成山势的回转、凹凸和深浅变化，这是假山平面设计中最常用的变化手法。

（2）错落

山脚凸出点、山体余脉部分的位置，采取相互间不规则地错开处理，使山脚的凹凸变化显得很自由，破除了整齐的因素。

（3）断续

假山的平面形状还可以采用断续的方式来加强变化。在保证假山主体部分是一大块连续的、完整的平面图形前提下，假山前后左右的边缘部分都可以有一些大小不等的小块山体与主体部分断开。

（4）延伸

在山脚向外延伸和山沟向山内延伸的处理中，延伸距离的长短、延伸部分的宽窄和形状曲直以及相对两山以山脚相互穿插的情况等等，都有许多变化。这些变化，一方面使山内山外的山形更为复杂，另一方面也使得山景层次、景深更具有多样性。

（5）环抱

将假山山脚线向山内凹进，或者使两条假山余脉向前伸出，都可以形成环抱之势。通过山势的环抱，能够在假山某些局部造成若干半闭合的独立空间，形成比较幽静的山地环境。

（6）平衡

假山平面的变化，最终应归结到山体各部分相对平衡的状态上。无论假山平面怎样地千变万化，最后都要统一在自然山体形成的客观规律上，这就是多样统一的形式规律。

（三）假山立面设计

1. 变与顺，多样统一

假山造型中的变化性是叠石造山的根本出发点，是假山形象获得自然效果的首要条件。不敢变者，山石拼叠规则整齐，如同砌墙，毫无自然趣味；敢变而不会变者，山石造型如叠罗汉、砌炭渣，杂乱无章，令人生厌，也无自然景致。

2. 态与势，动静相齐

石景和假山的造型是否生动自然，是否具有较深的内涵表现，还取决于其形状、姿态、状态等外观视觉形式与其相应的气势、趋势、情势等内在的视觉感受之间的联系情况（图 5-18）。这就是说，只有态、势关系处理很好的石景和山景，才能真正做到生动自然，也才能从其外观形象中感受到更多的内在的东两，如某种情趣、意味、意境和思想等。

图 5-18　秀美灵动的狮子林太湖石假山

3. 深与浅，层次分明

叠石造山要做到凹深凸浅，有进有退，凹进处要突出其深，凸出点要显示其浅，在凹进和凸出中使景观层层展开，山形显得十分深厚、幽远。

4. 藏与露，虚实相生

假山造型犹如山水画的创作，处理景物也要宜藏则藏，宜露则露，在藏露结合中尽可能扩大假山的景观容量。“景愈藏，则境界越大”，这句古代画理名言虽然讲得有点绝对，但对通过藏景来扩大景观容量的作用，还是说得比较透彻的。

5. 高与低，看山看脚

假山的立基起脚直接影响到整个山体的造型。山脚转折弯曲，则山体立面造型就有进有退，形象自然，景观层次性好。而山脚平直呆板，则山体立面变化少，山形臃肿，山景平淡无味。

6. 意与境，情景交融

园林中的意境是由园林作品情景交融而产生的一种特殊艺术境界，即它是“境外之境，像外之像”，是能够使人觉得有“不尽之意”和“无穷之味”的特殊风景。成功的假山造型也可能产生自己的意境。

图 5-19　假山与石景造型的禁忌

（四）假山造型禁则

为了避免在叠石造山中，因出现一些不符合审美欣赏原则的忌病而损害假山艺术形象的情况出现，弄清楚造型中有哪些禁忌和哪些应当避免的情况是很必要的。下面，根据长期以来假山匠师们积累的实际经验，简要地列出一些常见的忌病（图 5-19）。

二、假山结构

（一）假山基础

假山基础必须能够承受假山的重压，才能保证假山的稳固。不同规模和不同重量的假山，对基础的抗压强度要求也是不相同的。针对不同类型的基础，其抗压强度也不相同（图 5-20）。

1. 基础类型

（1）混凝土基础；

（2）浆砌块石基础；

（3）灰土基础；

（4）桩基础。

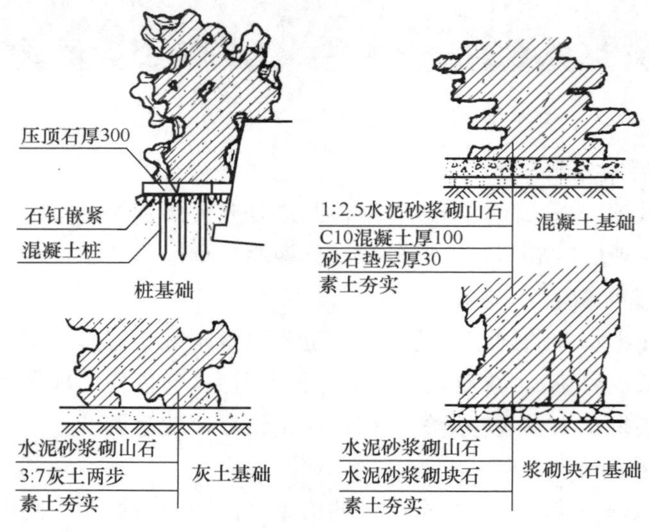

图 5-20　假山基础类型

2. 基础设计

假山基础的设计要根据假山类型和假山工程规模而定。人造土山和低矮的石山一般不需要基础，山体直接在地面上堆砌。高度在 3m 以上的石山，就要考虑设置适宜的基础了。一般来说，高大、沉重的大型石山，需选用混凝土基础或块石浆砌基础；高度和重量适中的山石，可用灰土基础或桩基础。

（1）混凝土基础设计

混凝土基础从下至上的构造层次及其材料做法是这样的：最底下是素土地基，应夯实；素土夯实层之上，可做一个砂石垫层，厚 30～70mm；垫层上面为混凝土基础层，混凝土层的厚度及强度，在陆地上可设计为 100～200mm，用 C15 混凝土，或按 1∶2∶4至 1∶2∶6 的比例，用水泥、砂和卵石配成混凝土。在水下，混凝土层的厚度则应设计为 500mm 左右，强度等级应采用 C20。在施工中，如遇坚实的基础，则可挖素土槽浇注混凝土基础。

（2）浆砌块石基础设计

设计这种假山基础，可用 1∶2.5 或 1∶3 水泥砂浆砌一层块石，厚度为 300～500mm；水下砌筑所用水泥砂浆的比例则应为 1∶2。块石基础层下可铺 30mm 厚粗砂作找平层，地基应作夯实处理。

（3）灰土基础设计

这种基础的材料主要是用石灰和素土按 3∶7 的比例混合而成。灰土每铺一层厚度为 300mm，夯实到 150mm 厚时，则称为一步灰土。设计灰土基础时，要根据假山高度和体量大小来确定采用几步灰土。一般高度在 2m 以上的假山，其灰土基础可设计为一步素土加两步灰土。2m 以下的假山，则可按一步素土加一步灰土设计。

（4）桩基础设计

古代多用直径 100～150mm，长 10～20mm 的杉木桩或柏木桩做桩基，木桩下端为尖头状。现代假山的基础已基本不用木桩桩基，只在地基土质松软时偶尔有采用混凝土桩基的。做混凝土桩基，先要设计并预制混凝土桩，其下端仍应为尖头状。直径可比木桩基大一些，长度可与木桩基相似，打桩方式也可参照木桩基。

环透式假山

层叠式假山

竖立式假山

图 5-21　假山的主要结构形式

（二）山体结构（图 5-21）

1. 环透式结构

它是指采用多种不规则空洞和孔穴的山石，组成具有曲折环形通道或通透形空洞的一种山体结构，所用山石多为太湖石和石灰岩风化后的怪石。

2. 层叠式结构

假山结构若采用这种形式，则假山立面的形象就具有丰富的层次感，一层层山石叠砌为山体，山形朝横向伸展，或是敦实厚重，或是轻盈飞动，容易获得多种生动的艺术效果。

3. 竖立式结构

这种结构形式可以造成假山挺拔、雄伟、高大的艺术形象。山石全部采用立式砌叠，山体内外的沟槽及山体表面的主导皴纹线，都是从下至上竖立着的，因此整个山势呈向上伸展的状态。根据山体结构的不同竖立状态，这种结构形式又分直立结构与斜立结构两种。

4. 其他形式结构

一般的土山、带土石山和个别的石山，或者在假山的某一局部山体中，可采用如填充式结构。填充式结构假山的山体内部是由泥土、废砖石或混凝土材料填充起来的，因此其结构的最大特点就是填充。

（三）山洞结构

1. 洞壁的结构形式

从结构特点和承重分布情况来看，假山洞壁可分为以山石墙体承重的墙式洞壁和以山石洞柱为主、山石墙体为辅而承重的墙柱式洞壁两种形式（图 5-22）。

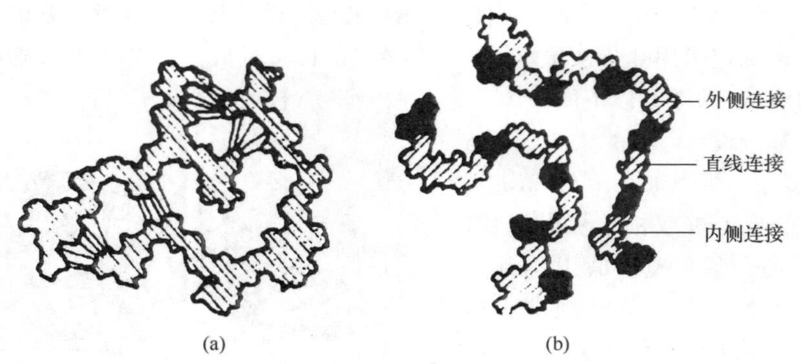

图 5-22 洞壁的结构形式

（a）墙式洞壁；（b）墙柱式洞壁

（1）墙式洞壁

这种结构形式是以山石墙体为基本承重构件的。山石墙体是用假山石砌筑的不规则石山墙，用作洞壁具有整体性好、受力均匀的优点。

（2）墙柱式洞壁

由洞柱和柱间墙体构成的洞壁，就是墙柱式洞壁。在这种洞壁中，洞柱是主要的承重构件，而洞墙只承担少量的洞顶荷载。由于洞柱承担了主要的荷载，柱间墙就可以做得比较薄，可以节约洞壁所用的山石。

2. 山洞洞顶设计

由于一般条形假山的长度有限，大多数条石的长度都在 1～2m。如果山洞设计为 2m 左右宽度，则条石的长度就不足以直接用做洞顶石梁，这就要采用特殊的方法才能做出山洞洞顶来。因此，假山洞的洞顶结构一般都要比洞壁、洞底复杂一些。从洞顶的常见做法来看，其基本结构方式有三种：盖梁式、挑梁式和拱券式（图 5-23～图 5-25）。

图 5-23 盖梁式洞顶

图 5-24 挑梁式洞顶

图 5-25 拱券式洞顶

（四）山顶结构

山顶立峰，俗称为“收头”，叠山常作为最后一道工序，所以它实际就是山峰部分造型上的要求，而出现了不同的结构特点。凡“纹”、“体”、“面”、“姿”为观赏最佳者，多用于收头之中。不同峰顶其要求不同。

1. 堆秀峰

其结构特点在于利用丰厚强大的重力，镇压全局，它必须保证山体重力线垂直于底面中心，并起均衡山势的作用。峰石其本身可为单块，也可为多块拼叠而成。体量宜大，但也不能过大而压塌山体。

2. 流云峰

流云式重于挑、飘、环、透的做法。因此在其中层，已大体有了较为稳固的结构关系，所以一般在收头时，不宜作特别突出的处理，但也要求把环透飞舞的中层收合为一。

3. 剑立峰

凡利用竖向石形纵立于山顶者，称之为剑立峰。首先要求其基石稳重，同时在剑石安放时必须充分落实，并与周围石体靠紧，另外，最主要的就是力求重心平衡。

三、假山施工

（一）施工前的准备

1. 施工材料准备

（1）山石备料

要根据假山设计意图，确定所选用的山石种类，最好到产地直接对山石进行初选，初选的标准可适当放宽。变异大的、孔洞多的和长形的山石可多选些；石形规则、石面非天然生成而是爆裂面的、无孔洞的矮墩状山石可少选或不选。山石备料数量的多少，应根据设计图估算出来。为了适当扩大选石的余地，在估算的吨位数上应再增加 1/4～1/2 的吨位数，这就是假山工程的山石备料总量了。

（2）辅助材料

①水泥

在假山工程中，水泥需要与砂石混合，配成水泥砂浆和混凝土后再使用。

②石灰

在古典园林中，假山的胶结材料就是以石灰浆为主，再加进糯米浆使其粘合性能更强。而现代的假山工艺中已改用水泥作胶结材料，石灰则一般是以灰粉和素土一起，按3∶7的配合比配制成灰土，作为假山的基础材料。

③砂

砂是水泥砂浆的原料之一，它分为山砂、河砂、海砂等，而以含泥少的河砂、海砂质量最好。

④颜料

需要准备什么颜料，应根据假山所采用山石的颜色而确定。常用的水泥配色颜料是：炭黑、氧化铁红、柠檬铬黄、氧化铬绿和钴蓝。

另外，还要根据山石质地的软硬情况，准备适量的铁爬钉、银锭扣、铁吊架、铁扁担、大麻绳等施工消耗材料。

某假山设计施工剖面图如图5-26所示。

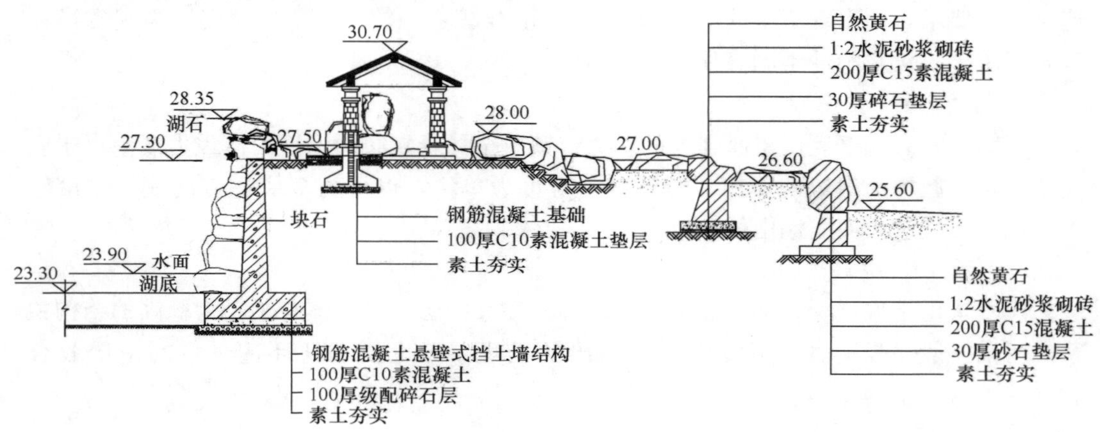

图5-26　假山设计施工剖面图

2. 施工工具的准备

（1）绳索

绳索是绑扎石料后起吊搬运的工具之一。一般来说，任何假山石块，都是经过绳索绑扎后起吊搬运到施工地后叠置而成的，所以说绳索是很重要的工具之一。

（2）杠棒

杠棒是原始的搬抬运输工具，但因其简单、灵活、方便，在假山工程运用机械化施工程度不太高的现阶段，仍有其使用价值，所以我们还需要将其作为重要搬运工具之一来使用。杠棒在南方取毛竹为材，北方杠棒以柔韧的黄檀木为优。

（3）撬棍

撬棍是指用粗钢筋或六角空芯钢长约1～1.6m不等的直棍段，在其两端各锻打成偏宽楔形，与棍身呈45°～60°不等的撬头，以便将其深入待撬拨的石块底下，用于撬拨要移动的石块，这是假山施工中使用最多且重要的另一手工操作的必备工具。

（4）破碎工具（大、小榔头）

破碎假山石料要运用大、小榔头，一般多用24磅、20磅到18磅大小不等的大型榔头，用于锤击石块需要击开的部分，是现场施工中破石用的工具之一。

（5）运载工具

对石料的较远距离的水平运输要靠半机械的人力车或机动车。这些运输工具的使用一般属于运输业务（图 5-27，图 5-28）。

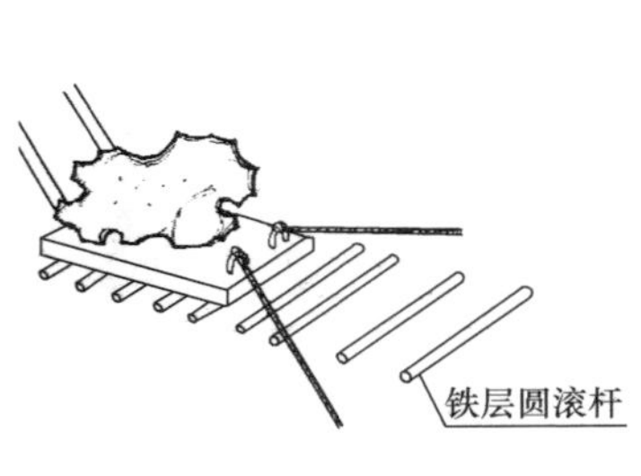

图 5-27　走旱船

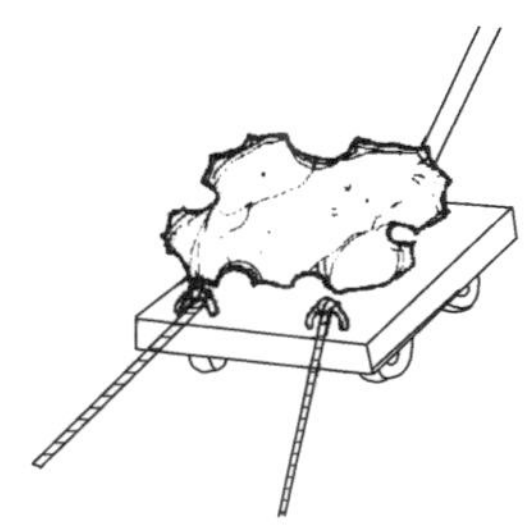

图 5-28　小地龙

（6）垂直吊装工具

①吊车

在大型假山工程中，为了增强假山的整体感，常常需要吊装一些巨石，在有条件的情况下，配备一台吊车还是有必要的。一般的中小型假山工程和起重重量在 1t 以下的假山工程，都不需要使用吊车，而用其他方法起重。

②吊称起重架

这种杆架实际上是由一根主杆和一根臂杆组合成的可作大幅度旋转的吊装设备。（图 5-29，图 5-30）。

图 5-29　小秤起重

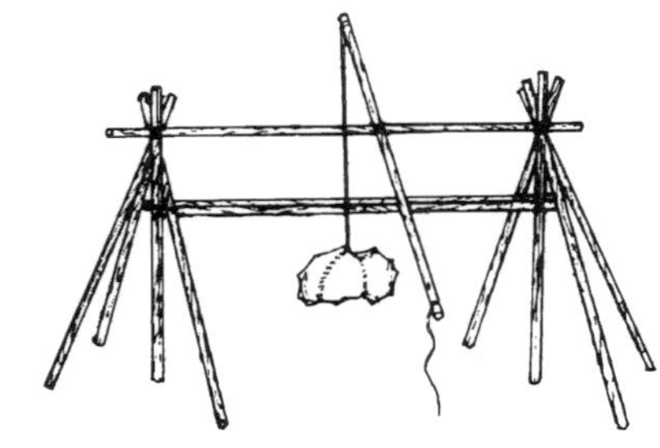

图 5-30　大秤起重

③起重绞磨机

在地上立一根杉杆，杆顶用 4 根大绳拴牢，每根大绳各由 1 人从 4 个方向拉紧并服从统一指挥，既扯住杉杆，又能随时作松紧调整，以便吊起山石后能作水平方向移动。在杉杆的上部还要拴上一个滑轮，再用一根大绳或钢丝绳从滑轮穿过，绳的一端拴吊着山石，另一端再穿过固定在地面上的第二个滑轮，与绞磨机相连，转动绞磨，山石就被吊起来了。

④手动铁链葫芦（铁辘轳）

手动葫芦简单实用，是假山工程必备的一种起重设备。使用这种工具时，也要先搭设起重杆架。起吊山石的时候，可以通过拉紧或松动大绳和移动三脚架的柱脚，来移动和调整山石的平面位置，使山石准确地吊装到位（图5-31，图5-32）。

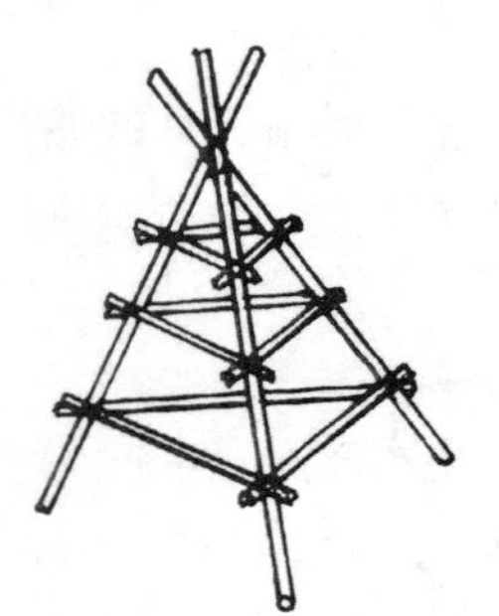

图5-31　三角起重架

图5-32　某手动铁链葫芦示意图

（7）嵌填修饰用工具

假山施工中，对嵌缝修饰需用一简单的手工工具，像泥雕艺术家用的塑刀一样，用大致宽20mm，长约300mm，厚为5mm的条形钢板制面，呈正反S形，俗称"柳叶抹"。

3. 假山工程量估算

假山工程量一般以设计的山石实用吨位数为基数来推算，并以工日数来表示。假山采用的山石种类不同、假山造型不同、假山砌筑方式不同，都会影响工程量。由于假山工程的变化因素太多，每工日的施工定额也不容易统一，因此准确计算工程量有一定难度。根据十几项假山工程施工资料统计的结果，包括放样、选石、配制水泥砂浆及混凝土、吊装山石、堆砌、刹垫、搭拆脚手架、抹缝、清理、养护等全部施工工作在内的山石施工平均工日定额，在精细施工条件下，应为0.1～0.2t每工日；在大批量粗放施工情况下，则应为0.3～0.4t每工日。

假山工程量计算公式：

$$W = A \cdot H \cdot R \cdot Kn$$

式中　W——石料重量，t；

A——假山平面轮廓的水平投影面积，m^2；

H——假山着地点至最高顶点的垂直距离，m^2；

R——石料比重：黄（杂）石2.6t/m^3、湖石2.2t/m^3；

Kn——折算系数：高度在2m以内$Kn=0.65$，高度在4m以内$Kn=0.56$。

（二）山石材料的选用

1. 选石的步骤

山石选择的步骤应当是：先头部后底部、先表面后里面、先正面后背面、先大处后细部、先特征点后一般区域、先洞口后洞中、先竖立部分后平放部分。

2. 山石尺度选择

在同一批运到的山石材料中，石块有大有小，有长有短，有宽有窄，在叠山选石中要分别对待。假山施工开始时，对于主山前面比较显眼位置上的小山峰，要根据设计高度选用适宜的山石，一般应当尽量选用大石，以削弱山石拼合峰体时的琐碎感。在山体上的凸出部位或是容易引起视觉注意的部位，也最好选用大石。而假山山体中段或山体内部以及山洞洞墙所用的山石，则可小一些。

3. 石形的选择

除了作石景用的单峰石外，并不是每块山石都要具有独立而完整的形态。在选择山石的形状中，挑选的根据应是山石在结构方面的作用和石形对山形样貌的影响情况。从假山自下而上的构造来分，可以分为底层、中腰和收顶部分，这三部分在选择石形方面有不同的要求。

4. 山石皴纹选择

作为假山的山石和作为普通建筑材料的石材，其最大的区别就在于是否有可供观赏的天然石面及其皴纹。“石贵有皮”就是说，假山石若具有天然“石皮”，即有天然石面及天然皴纹，就是可贵的，是做假山的好材料。叠石造山要求脉络贯通，而皴纹是体现脉络的主要因素。皴指较深较大块面的皱折，而纹则指细小、窄长的细部凹线。

5. 石态的选择

在山石的形态中，形是外观的形象，而态却是内在的形象；形与态是一种事物的两个无法分开的方面。山石的一定形状总是要表现出一定的精神态势，瘦长形状的山石能够给人有骨力的感觉；矮墩状的山石给人安稳、坚实的印象；石形、皴纹倾斜的，让人感到运动；石形、皴纹平行垂立的，则能够让人感到宁静、安详、平和。这些情况都说明为了提高假山造景的内在形象表现，在选择石形的同时，还应当注意到其态势、精神的表现。

6. 石质的选择

质地的主要因素是山石的比重和强度。如作为梁柱式山洞石梁、石柱和山峰下垫脚石的山石，就必须有足够的强度和较大的密度。而强度稍差的片状石，就不能选用在这些地方，但选用来做石级或铺地则可以，因为铺地的山石不用特别能承重。外观形状及皴纹好的山石，有的是风化过度的，其在受力方面就很差，有这样石质的山石就不要选用在假山的受力部位。

7. 山石颜色选择

叠石造山也要讲究山石颜色的搭配。不同类的山石固然色泽不一，而同一类的山石也有色泽的差异。“物以类聚”是一条自然法则，在假山选石中也要遵循。原则上的要求是要将颜色相同或相近的山石尽量选用在一处，以保证假山在整体的颜色效果上协调统一。在假山的凸出部位，可以选用石色稍浅的山石，而在凹陷部位则应选用颜色稍深者；在假山下部的山石，可选颜色稍深的，而假山上部的用石则要选色泽稍浅的。

（三）假山基础施工

1. 假山定位与放线

首先在假山平面设计图上按 5m×5m 或 10m×10m（小型的石假山也可用 2m×2m）的尺寸绘出方格网，在假山周围环境中找到可以作为定位依据的建筑边线、围墙边线或园路中心线，并标出方格网的定位尺寸。按照设计图方格网及其定位关系，将方格网放大到施工场地的地面。以方格网放大法，用白灰将设计中的山脚线在地面方格网中放大绘出，把假山基底的平面形状（也就是山石的堆砌范围）绘出在地面上。假山内有山洞的，也要按相同的方法在地面绘出山洞洞壁的边线。

最后，依据地面的山脚线，向外取500mm宽度绘出一条与山脚线相平行的闭合曲线，这条闭合线就是基础的施工边线。

2. 基础的施工

假山基础施工可以不用开挖地基而直接将地基夯实后就做基础层，这样既可以减少土方工程量，又可以节约山石材料。当然，如果假山设计中要求了开挖基槽，就还是应挖了基槽再做基础。

在做基础时，一般应先将地基土面夯实，然后再按设计摊铺和压实基础的各结构层，只有做桩基础可以不夯实地基，而直接打下基础桩。

如果是灰土基础的施工，则要先开挖（也可不挖）基槽。基槽的开挖范围按地面绘出的基础施工边线确定，即应比假山山脚线宽500mm。基槽一般挖深为500～600mm。基槽挖好后，将槽底地面夯实，要填铺灰土做基础，铺一层（一步）要夯实一层。

浆砌块石基础施工，其块石基础的基槽宽度也和灰土基础一样，要比假山底面宽500mm左右。基槽地面夯实后，可用碎石、3∶7灰土或1∶3水泥干砂铺在地面做一个垫层。垫层之上再做基础层。

混凝土基础的施工也比较简便。首先挖掘基础的槽坑，挖掘范围按地面的基础施工边线，挖槽深度一般可按设计的基础层厚度，但在在水下作假山基砖时，基槽的顶面应低于水底100mm左右。（图5-33，图5-34）。

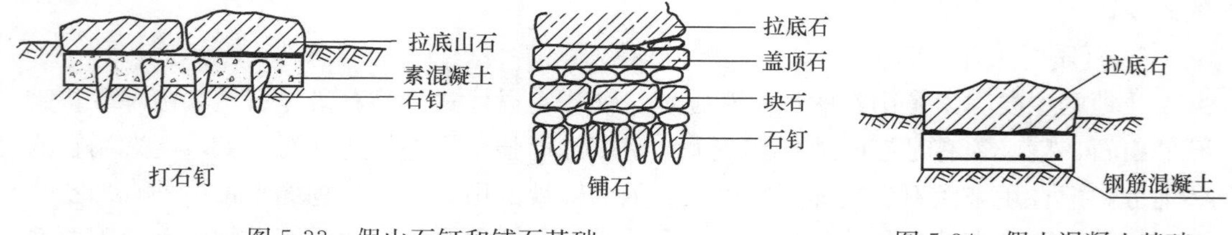

图5-33　假山石钉和铺石基础

图5-34　假山混凝土基础

（四）假山山脚施工

假山山脚直接落在基础之上，是山体的起始部分。俗话说："树有根，山有脚。"山脚是假山造型的根本，山脚的造型对山体部分有很大的影响。山脚施工的主要工作内容是拉底、起脚和做脚三部分，这三个方面的工作是紧密联系在一起的。山脚的造型如图5-35所示。

1. 拉底

所谓拉底，就是在山脚线范围内砌筑第一层山石，即做出垫底的山石层。拉底的方式主要有满拉底和线拉底两种。

2. 起脚

在垫底的山石层上开始砌筑假山，就叫"起脚"。起脚石直接作用于山体底部的垫脚石，它和垫脚石一样，都要选择质地坚硬、形状安稳实在，少有空穴的山石材料，以保证能够承受山体的重压。除了土山和带石上山之外，假山的起脚安排是宜小不宜大，宜收不宜放。起脚一定要控制在地面山脚线的范围内，宁可向内收一点，也不要向山脚

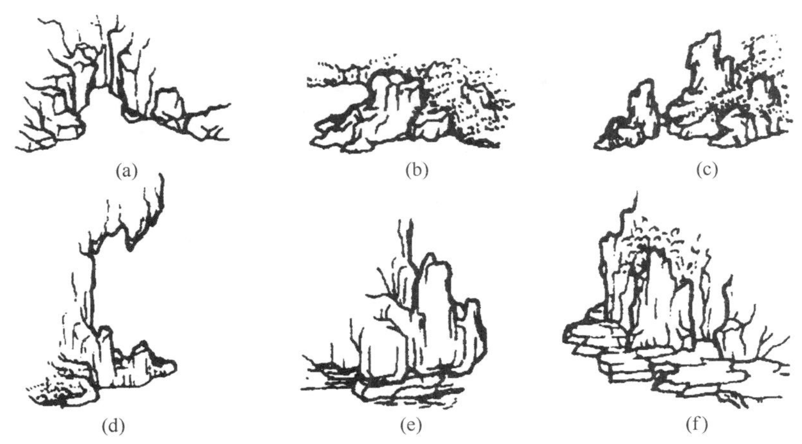

图 5-35 山脚的造型

(a) 凹进脚；(b) 凸出脚；(c) 断连脚；(d) 承上脚；(e) 悬底脚；(f) 平板脚

线外突出。

3. 做脚

做脚，就是用山石砌筑成山脚，它是在假山的上面部分山形山势大体施工完成以后，于紧贴起脚石外缘部分拼叠山脚，以弥补起脚造型不足的一种操作技法。所做的山脚石虽然无需承担山体的重压，但却必须根据主山的上部造型来造型，既要表现出山体如同土中自然生长出来的效果，又要特别增强主山的气势和山形的完美。山脚施工质量好坏，对山体部分的造型有直接影响。山体的堆叠施工除了要受山脚质量的影响外，还要受山体结构形式和叠石手法等因素的影响。

（五）假山山体施工

假山山体的施工，主要是通过吊装、堆叠、砌筑操作，完成假山的造型。由于假山可以采用不同的结构形式，因此在山体施工中也就相应要采用不同的堆叠方法。而在基本的叠山技术方法上，不同结构形式的假山也有一些共同的地方。

1. 山石的固定与衔接

(1) 支撑

山石吊装到山体一定位点上，经过位置、姿态的调整后就要将山石固定在一定的状态上，这时就要先进行支撑，使山石暂时固定下来。支撑材料应以木棒为主。

(2) 捆扎

为了将调整好位置和姿态的山石固定下来，还可采用捆扎的方法。捆扎方法比支撑方法简便，而且对后续施工基本没有阻碍现象。这种方法最适宜体量较小山石的固定，对体量特大的山石则还应该辅之以支撑方法（图 5-36）。

(3) 铁活固定

对质地比较松软的山石，可以用铁爬钉打入两相连接的山石上。将两块山石紧紧地抓在一起，每一处连接部位都应打入 2～3 个铁爬钉。

(4) 刹垫

山石固定方法中，刹垫是最重要的方法之一。刹垫是用平稳小石片将山石底部垫起

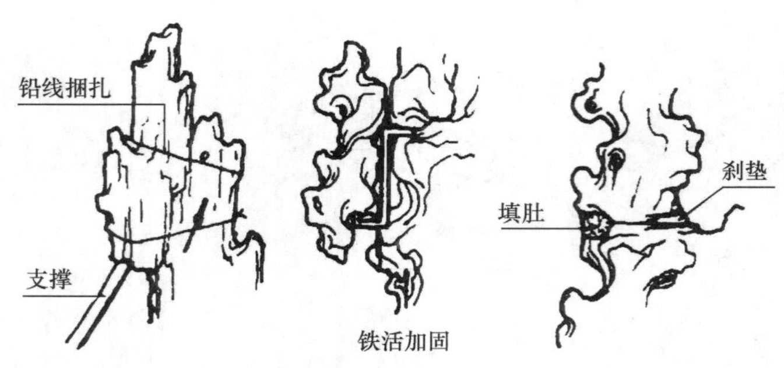

图 5-36 山石衔接与固定的方法

来，使山石保持平稳的状态。操作时，先将山石的位置、朝向、姿态调整好，再把水泥砂浆塞入石底。然后用小石片轻轻打入不平稳的石缝中，直到石片卡紧为止。

（5）填肚

山石接口部位有时会有凹缺，使石块的连接面积缩小，也使连接的两块山石之间成断裂状，没有整体感。这时就需要“填肚”。所谓填肚，就是用水泥砂浆把山石接口处的缺口填补起来，一直要填得与石面平齐。

2. 山石结体的基本形式

掇山虽有峰、峦、洞、壑等各种组合单元的变化，但就山石相互之间的结体而言却可以概括为十多种基本的形式。这就是在假山师傅中有所流传的“字诀”。如北京的“山子张”张蔚庭老先生曾经总结过“十字诀”，即安、连、接、斗、挎、拼、悬、剑、卡、垂。此外，还有挑、飘、戗等常用手法。江南一带则流传 9 个字，即叠、竖、垫、拼、挑、压、钩、挂、撑。两者比较，有些是共有的字，有些称呼不一样但实际上是一个内容。由此可见我国南北的匠师同出一源，一脉相承，大致是从江南流传到北方，并且互有交流。

（1）北方掇山“十字诀”（图 5-37）

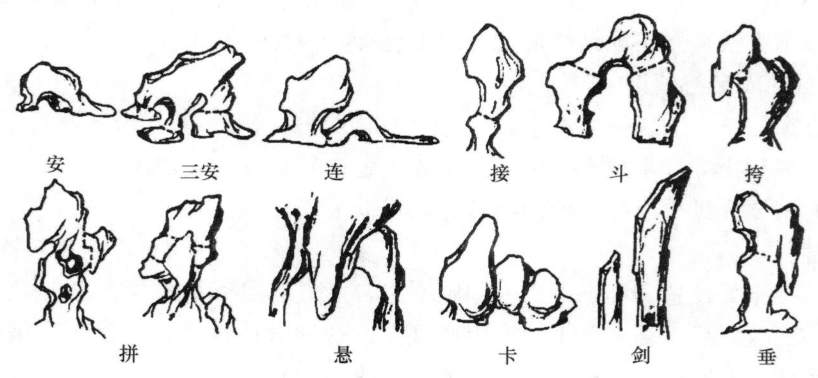

图 5-37 假山山石结体的形式

①安 是安置山石的总称。放置一块山石叫做“安”一块山石。特别强调这块山石放下去要安稳。其中又分单安、双安和三安。

②连 山石之间水平向衔接称为“连”。同时又要符合皴纹分布的规律。

③接 山石之间竖向衔接称为“接”。“接”既要善于利用天然山石的茬口，又要善

于补救茬口不够吻合之处。

④斗 置石成向上拱状，两端架于二石之间，腾空而起，构成如两羊角斗，对顶相斗的形象。

⑤挎 如山石某一侧面过于平滞，可以旁挎一石以全其美，称为“挎”。挎石可利用茬口咬压或上层镇压来稳定，必要时加钢丝绕定。钢丝要藏在石的凹纹中或用其他方法加以掩饰。

⑥拼 在比较大的空间里，因石材太小，单独安置会感到零碎时，可以将数块以至数十块山石拼成一整块山石的形象，这种做法称为“拼”。

⑦悬 在仿溶洞假山洞的结顶中，往往用圈拱夹入几块下悬如钟乳的倒立石，拱石夹持形成倒悬之势。

⑧剑 以竖长形象取胜的山石直立如剑的做法。峭拔挺立，有刺破青天之势。多用于各种石笋或其他竖长的山石。

⑨卡 是两山石间卡住一悬空的小石，下层由两块山石对峙形成上大下小的楔口，再于楔口中插入上大下小的山石，这样便正好卡于楔口中而自稳。承德避暑山庄烟雨楼侧的峭壁山，以“卡”做成峭壁山顶，结构稳定，外观自然。卡石做法要求用在小型掇山造型中。中大型掇山不造卡，以免在年久风化中发生伤人事故。

⑩垂 从一块山石顶面偏侧部位的企口处，用另一山石倒垂下来的做法称“垂”。用它造成构图上不平衡中的均衡感，给人以险奇的观赏心理效果。

⑪挑 又称“出挑”，即上石借下石支承而挑伸于下石之外侧，并用数倍重力镇压于石山内侧的做法。

⑫戗 或称“撑”，即用斜撑的力量来稳固山石的做法。要选取合适的支撑点，使加撑后在外观上形成脉络相连的整体。

（2）江南叠石“九字诀”

①叠 “岩横为叠”，是说掇山造成较大的岩状山体，就得横着叠石，构成这种岩体横阔竖直的气派，这属于设计中的横向岩层结构的施工造型。

②竖 “峰立为竖”，是说掇山造成一座矗立状的峰体，应取竖向岩层结构。

③垫 卧石出头要垫。处理横向层状结构的山石，如卧状，要形成实中带虚的意趣，特垫以石块构成出头之状，也即垫的施工造型含义之一。

④拼 “配凑则拼”，选一定搭配的山石，凑在一起组石成型，组型成景（山景）。

⑤挑 “石横担伸出为挑”，是说在掇山施工造型中，往往竖向之峰的收顶石，用横向压顶山石作艺术造型的挑出，这就是挑的含义。

⑥压 “偏重则压”，即当横挑出来的造型山石，已造成重心偏向一侧的感觉，这时要考虑在上配压以竖向或横向的造型石。“压”与“挑”是相辅相成的施工造型关系。

⑦钩 “平出多时应变为钩”，即山石按横向平伸出得过多时，就应变化方向，形成“钩”。

⑧挂 “石倒悬侧为挂”，与北派“十字诀”的“垂”相同。

⑨撑 “石偏斜要撑”，“石悬顶要撑”，与北派掇山中的“戗”一致。

3. 中层施工

(1) 拼叠山石的基本原则

①同质　指山石拼缀组合时，其品种、质地要一致。

②同色　即使是同一种石质，其色泽相差也很大，如湖石种类中，就有发黑的、泛灰白色的、呈褐黄色的和发青色的等。

③接形　将各种形状的山石外形互相组合堆叠起来，既有变化而又浑然一体，这就叫做“接形”。在掇山这门技艺中，造型的艺术性是第一位的。

④合纹　形是山石的外轮廓，纹是指山石表面的内存纹理脉络。

⑤过渡　即使是同一品质的石料也无法保证其色泽、纹理和形状上的统一。因此在色彩、外形、纹理等方面有所过渡，才能使山体具有整体性。

(2) 施工技术要点

当基础垫平安稳后，顶上一层，就是掇山山脚线以上到顶的造型石，这是占体量较多，而引人观赏的部分。其结构复杂、变化多端，除了底石所要求平稳等方面以外，中层掇山尚须做到以下技术要点。

①接石压茬　山石上下衔接，必须紧密压实。

②偏侧错安　即力求破除对称的形体。要偏侧石块、错安石块，造成自然岩层节理的层状结构。要因偏得致，错综成美。

③仄立避“闸”　山石可立、可蹲、可卧，但不宜像闸门板一样仄立。仄立的山石很难与一般布置的山石相协调，而且往上接山石时接触面往往不够大，因此也影响稳定。

④等分平衡　掇山到中层以后，因重心升高，必须用数倍于“前沉”的重力稳压内侧，把前移的重心再拉回到掇山的重心线上。

4. 收顶

处理掇山结顶山石，要考虑所设计假山造型的意趣，或为峰，或为峦，或为岩。峰有尖，峦为圆，岩顶平，这是3种造型。收顶往往是在逐渐合凑的中层山石顶面加以重力的镇压，使重力均匀地分层传递下去。往往用一块收顶的山石同时镇压下面几块山石。

(六) 山石胶结与植物配置

除了山洞之外，在假山内部叠石时只要使石间缝隙填充饱满，胶结牢固即可，一般不需要进行缝口表面处理。但在假山表面或山洞的内壁砌筑山石时，却要一面砌石一面勾缝并对缝口表面进行处理。在假山施工完成时，还要在假山上预留的种植穴内栽种植物，绿化假山和陪衬山景。

1. 山石胶结与勾缝

山石之间的胶结，是保证假山牢固和能够维持假山一定造型状态的重要工序。

(1) 假山胶结材料　现代假山施工基本上全用水泥砂浆或混合砂浆来胶合山石。水泥砂浆的配制是用普通灰色水泥和粗砂。按1∶1.5～1∶2.5比例加水调制而成，主要用来粘合石材、填充山石缝隙和为假山抹缝。

(2) 山石胶结面的刷洗　在胶结进行之前，应当用竹刷刷洗并且用水管冲水，将待胶合的山石石面刷洗干净，以免石上的泥沙影响胶结质量。

（3）胶结操作的技术要求 水泥砂浆要在现场配制现场使用，不要用隔夜后已有硬化现象的水泥砂浆砌筑山石。最好在待胶结的两块山石的胶结面上都涂上水泥砂浆后再相互贴合与胶结。两块山石相互贴合并支撑、捆扎固定好，还要再用水泥砂浆把胶合缝填满，不留空隙。山石胶结完成后自然就在山石结合部位构成了胶合缝。

2. 假山抹缝处理

用水泥砂浆砌筑后，对于留在山体表面的胶合缝要给予抹缝处理。抹缝一般采用柳叶形的小铁抹，即以“柳叶抹”作工具，再配合手持灰板和盛水泥砂浆的灰桶，就可以进行抹缝操作。平缝是缝口水泥砂浆表面与两旁石面相互平齐的形式；阴缝则是缝口水泥砂浆表面低于两旁石面的凹缝形式。

3. 胶合缝表面处理

假山所用石材如果是灰色、青灰色山石，则在抹缝完成后直接用扫帚将缝口表面扫干净，同时也使水泥缝口的抹光表面不再光滑，从而更加接近石面的质地。对于假山采用灰白色湖石砌筑的，要用灰白色石灰砂浆抹缝，以使色泽近似。采用灰黑色山石砌筑的假山，可在抹缝的水泥砂浆中加入炭黑，调制成灰黑色浆体后再抹缝。对于土黄色山石的抹缝，则应在水泥砂浆中加进柠檬铬黄。如果是用紫色、红色的山石砌筑假山，可以采用铁红把水泥砂浆调制成紫红色浆体再用来抹缝等等。除了采用与山石同色的胶结材料抹缝处理可以掩饰胶合缝之外，还可以采用砂子和石粉来掩盖胶合缝。

4. 假山上的植物配植

在假山上栽种植物，应在假山山体设计中将种植穴的位置考虑在内，并在施工中预留下来。

种植穴是在假山上预留的一些孔洞，专用来填土栽种假山植物，或者作为盆栽植物的放置点。穴坑面积不用太大，只要能够栽种中小型灌木即可。

任务四 园林塑山塑石工程

【知识点】

砖骨架塑山、钢骨架塑山。

【技能点】

园林砖骨架塑山、钢骨架塑山等塑山技术的工艺流程和施工技能。

相关知识

一、园林塑山塑石概述

人工塑山是用雕塑艺术的手法，以天然山岩为蓝本，人工塑造的假山或石块。早在百年前，在广东、福建一带，就有传统的灰塑工艺。20 世纪 60 年代，塑山、塑石工艺在广州得到了很大的发展，标志着我国假山艺术发展到一个新阶段，创造了很多具有时代感的优秀作品。那些气势磅礴，富有力感的大型山水和巨大奇石与天然岩石相比，它们自重轻，施工灵活，受环境影响较小，可按理想预留种植穴。这些人工塑山具有天然山石的纹理、质感与色彩，结合现代建筑的施工技术，不仅可以创作精致细腻的山石景观，在塑造体量巨大、气势恢弘的山水景观中尤其表现出极强的优势。这类假山造型简洁、整体感极强，与现代园林风格非常协调，并且结合现代山石景观创作者对自然地貌景观的认识、理解和掌握，不断创造出新颖独特的作品，更加体现了假山源于自然、高于自然的创作原则。如图 5-38，图 5-39 所示。

图 5-38　塑山

图 5-39　塑石

二、园林塑山塑石的特点

塑山塑石在园林中得以广泛应用，与其“便”、“活”、“快”、“真”的特点是密不可分的。

（一）“便”——取材便利，节省资源；

（二）“活”——施工灵活，易于操作；

（三）“快”——省工省时，经济合理；

（四）“真”——形象逼真，造型丰富。

当然，由于塑山所使用的材料毕竟不是自然山石，因而在神韵上还是不及石质假山。混凝土硬化后表面有细小的裂纹，表面皴纹的变化不如自然山石丰富，而且使用期限较短，且由于雨水冲刷易掉色，所以需要经常维护。

三、传统塑山塑石工艺

（一）砖石塑山塑石

砖骨架塑山，即以砖作为塑山的骨架，适用于小型塑山及塑石。如图 5-40，图 5-41 所示。

施工工艺流程如下：

放样开挖→挖土方→混凝土垫层→砖骨架→打底→造型→面层批塑及上色修饰→成型。

图 5-40　砖填充塑山

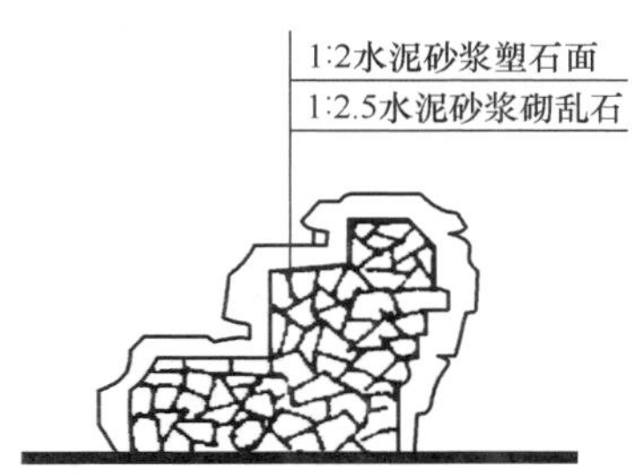

图 5-41　砖石填充结构图

（二）钢筋混凝土塑山塑石

钢筋混凝土塑山也叫钢骨架塑山，以钢材作为塑山的骨架，通用于大型假山的塑造（图 5-42，图 5-43）。

图 5-42　钢筋骨架塑山

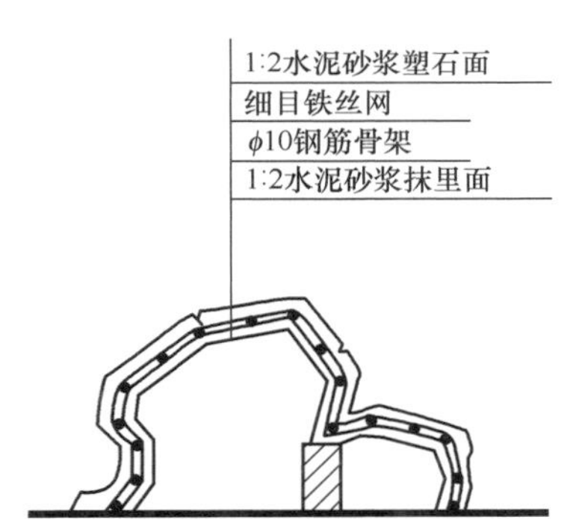

图 5-43　钢筋骨架塑山结构图

施工工艺流程如下：

放样开挖→挖土方→混凝土垫层→焊接骨架→做分块钢架，铺设钢丝网→双面混凝土打底→造型→面层批塑→上色修饰→成型。

1. 打基础

根据基地土壤的承载能力和山体的重量，计算确定其尺寸大小。通常做法是根据山体底面的轮廓线，每隔 4m 做一根钢筋混凝土柱基，如山体形状变化大，则局部样子加密，并在柱间做墙。

2. 立钢骨架

它包括浇注钢筋混凝土柱子、焊接钢骨架、捆扎造型钢筋、盖钢板网等（图 5-44）。

3. 面层批塑

先打底，即在钢筋网上抹灰两遍，材料配比为水泥＋黄泥＋麻刀，其中水泥与砂为

1：2，黄泥为总重量的10%，麻刀适量。水灰比1：0.4，以后各层不加黄泥和麻刀。砂浆拌合必须均匀，随用随拌，存放时间不宜超过1h，初凝后的砂浆不能继续使用。人工塑石能不能够仿真，关键在于石面抹面层的材料、颜色和施工工艺水平（图5-45）。要仿真，就要尽可能采用相同的颜色，并通过精心的抹面和石面裂纹、棱角的精心塑造，使石面具有逼真的质感，才能达到做假如真的效果。

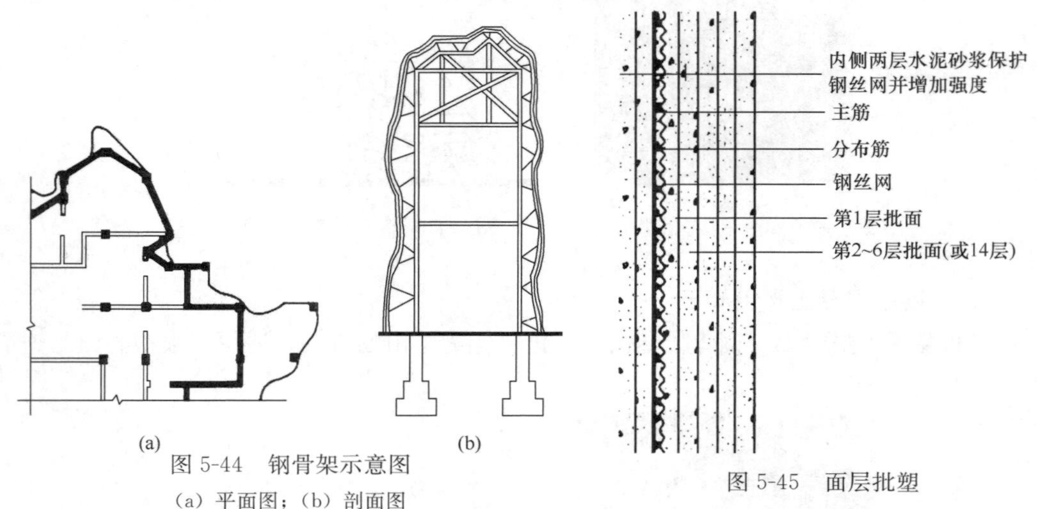

图5-44 钢骨架示意图

（a）平面图；（b）剖面图

图5-45 面层批塑

4. 修饰成型

表面修饰主要有以下三方面的工作。

（1）皴纹和质感

修饰重点在山脚和山体中部。山脚应表现粗犷，有人为破坏、风化的痕迹，并多有植物生长。山腰部分，一般在1.8～2.5m处是修饰的重点，追求皴纹的真实，应做出不同的面，强化力感和棱角，以丰富造型。注意层次，色彩逼真。

（2）着色

可直接用彩色配制，此法简单易行，但色彩呆板。另一种方法是选用不同颜色的矿物颜料加白水泥，再加适量的108胶配制而成，上部着色略浅，纹理凹陷部色彩要深。常用手法有洒、弹、倒、甩。刷的效果一般不好。

（3）光泽

可在石的表面涂过氧树脂或有机硅，重点部位还可打蜡。还应注意青苔和滴水痕的表现，时间久了还会自然地长出真的青苔。

5. 其他配套工程

（1）造种植池

种植池应根据植物（含土球）总重量决定池的大小和配筋，并注意留排水孔。最好塑山时给排水管道预埋在混凝土中，做时一定要做防腐处理。

（2）塑山养护

在水泥初凝后开始养护。要用麻袋片、草帘等材料覆盖，避免阳光直射，并每隔2～3h洒水一次。洒水时要注意轻淋，不能冲射。养护期不少于半个月，气温低于5℃

时应停止洒水养护，采取防冻措施，如遮盖稻草、草帘、草包等。假山内部钢骨架、老掌筋等一切外露的金属均应涂防锈漆，且以后每年涂一次。

【思考与练习】

1. 假山的类型有哪些？
2. 山石景观的材料有哪些？
3. 石景的造型与布置有哪些要点？
4. 假山基础的类型有哪些？
5. 假山山石材料的选择要点有哪些？
6. 山石固定与衔接的方法有哪些？
7. 中层施工的技术要求有哪些？
8. 塑山塑石的类型有哪些？
9. 钢筋混凝土塑山塑石的施工工艺是什么？

【技能训练】

技能训练一　假山山石材料的调查、识别与绘制

一、训练目的

通过该技能训练，使学生能够了解并识别目前园林中常用的山石材料的种类，以及不同山石材料的应用特点。

二、材料与工具

铅笔、橡皮、针管笔、绘图纸、画板、相机、速写本、卷尺等。

三、方法步骤

1. 先实地调研学生所在地区山石材料的种类并通过拍照方式进行识别。
2. 选定某一假山进行实测数据。
3. 根据实测数据绘制假山平、立面。

四、考核要点

1. 山石种类照片与识别种类。
2. 实测数据准确，绘图美观。

技能训练二　假山布局、平面及立面设计

一、训练目的

通过该技能训练，使学生掌握假山布局设计、平面设计及立面设计。

二、材料与工具

铅笔、橡皮、针管笔、草图纸、硫酸纸、画板、丁字尺等绘图工具。

三、方法步骤

1. 给定一环境空间，要求学生根据其空间设计假山布局、平面及立面。
2. 学生根据教学任务要求，实地勘察周围景观，进行假山立意。
3. 绘制方案并完成方案。

四、考核要点

1. 假山布局合理。

2. 假山平面及立面设计功能合理，符合要求。

3. 图面整洁美观。

技能训练三　假山山石材料的选择

一、训练目的

通过该技能训练，使学生掌握山石材料选择的步骤及选石的方法及注意事项。

二、材料与工具

山石材料。

三、方法步骤

1. 给定假山设计图纸。

2. 根据设计图纸选择山石。

四、考核要点

1. 方法及步骤正确。

2. 选石合理。

技能训练四　砖骨架塑石

一、训练目的

通过该技能训练，使学生初步掌握砖骨架塑石的施工技艺流程及施工方法。

二、材料与工具

灰土、砖石、水泥、钢筋混凝土、颜料、挖掘工具、砌筑工具、装饰装修工具等。

三、方法步骤

1. 放样开挖。

2. 挖土方。

3. 混凝土垫层。

4. 砖骨架。

5. 打底。

6. 造型。

7. 面层批塑及上色修饰。

8. 成型。

四、考核要点

1. 施工步骤正确。

2. 施工方法合理。

3. 造型美观。

项目六　园林建筑及小品工程

【内容提要】

园林建筑及小品应满足使用和造景双重功能，尤其突出其造景功能，在园林中往往成为视线的焦点甚至成为控制全园的主景。常见的园林建筑及小品有亭、廊、花架、景墙、园椅、花池、栏杆、标志小品等。此外，园林雕塑在园林中经常起到表达园林主题、点缀园林环境等功能。因此掌握园林建筑及小品的设计要点成为园林工程建设必不可少的一项内容。园林建筑及小品的施工往往因其类型较多也不尽相同，但大多数的园林建筑及小品都需要进行砌筑、混凝土及装饰装修等通用工程。因此，掌握砌筑工程、混凝土工程及园林装饰装修工程对园林建筑及小品的施工具有非常重要的意义。本项目选取园林中有代表性的亭、花架及景墙为例，介绍了其施工工艺。通过本项目的学习，使学生能够掌握各类园林建筑及小品规划的要点及通用项目的施工技术。

任务一　园林建筑及小品规划设计

【知识点】

园林建筑及小品的布局。

园林建筑设计。

园林小品设计。

园林雕塑设计。

【技能点】

花架设计。

景墙设计。

相关知识

一、园林建筑及小品布局

（一）满足使用功能的要求

园林建筑的布局首先要满足功能要求，如使用、交通、用地及景观要求。必须因地制宜，综合考虑。如园林内的卫生间应分布均匀，要半隐半现，又要方便出入。园林管理建筑应布置在园内僻静处，既方便管理又不与游览路线相混合。温室、苗圃、生产管理用地要选择地势高燥、通风良好、水源充足的地方。

（二）满足园林造景的需要

在功能与造景之间，其取舍的原则是当有明显的功能要求的时候，如餐厅、茶室、园务管理、园林厕所等，游览观赏从属于功能。当有明显的观赏要求时，如亭、廊、榭等景点建筑，功能要求从属于游览观赏。功能和观赏二者兼具的时候，在满足功能的基础上，尽量加强庭院、建筑外部的游览观赏性，如茶室、水榭。植物和山水与园景构图关系密切，在造景的过程中，要注意建筑与植物的关系。

（三）注意室内外环境融合

园林建筑的室内外互相渗透，与自然环境有机结合，不但可以使空间富于变化，活泼自然，而且可以就地取材，减少土石方，节约投资。从古到今人们作了许多尝试，如古代的空廊、水榭、亭子、园林窗景，现代的落地长窗、旋转餐厅等。

二、园林建筑规划设计

（一）亭

1. 亭的功能

园林之中，亭是为数最多的建筑物之一，其作用可以概括为两个方面，即“观景”和“景观”。从亭的原意说，它是供人休息的建筑。在园林中，亭也常作为游人停留、小憩的场所，并可以避免日晒、雨淋，这是亭的最基本功能。园林中的亭要结合园林的地形、环境来建造。

2. 亭的布局形式

（1）山地设亭

山上建亭通常选择山巅、山脊等视线较开阔的地方。根据观景和构景的需要，山上建亭可起到控制景区范围和协调山势轮廓的作用（图 6-1）。

（2）临水建亭

水面是构成丰富多变的风景域面的重要因素，在水边设亭，一为观赏水面景色，二为丰富水景效果。水面设亭，一般尽量贴近水面，突出三面或四面环水的环境。水面设亭在体量上应根据水面大小确定，小水面宜小，作配景宜小；大水面宜大，做主景宜

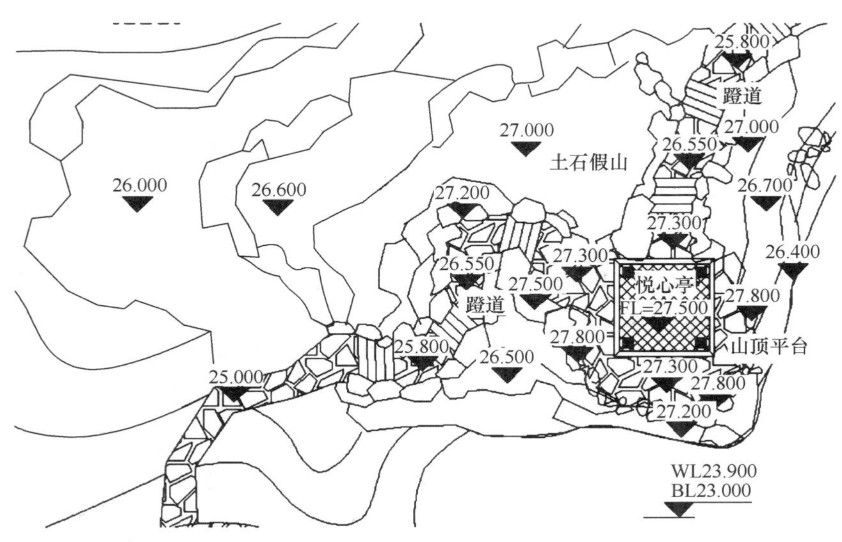

图 6-1 某山顶亭位置图

大，甚至可以以亭组出现，以强调景观。水面亭也可设在桥上，与桥身协调构景（图 6-2）。

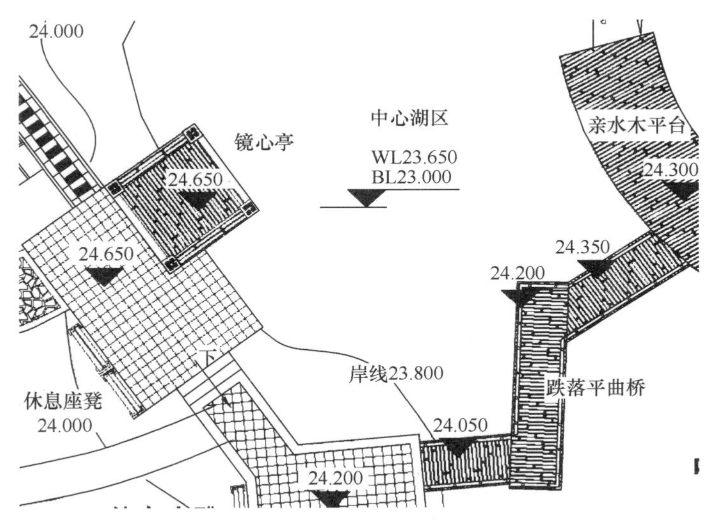

图 6-2 某临水亭位置图

（3）平地建亭

平地建亭，或设于路口，或设于花间、林下，或设于主体建筑的一侧，也可设于主要景区途中作一种标志和点缀。只要亭在造型、材料、色彩等方面与周围环境相协调，就可创造出优美的景色。

3. 园亭的位置选择

园亭选择要考虑两方面的因素。一是亭是供人游息的，要能遮阳避雨，要便于观赏风景。二是亭建成后，又成为园林风景的重要组成部分，所以亭的设计要和周围环境相协调，并且往往起到画龙点睛的作用。因此亭的位置可以是山地、水边、平地等（图 6-3）。

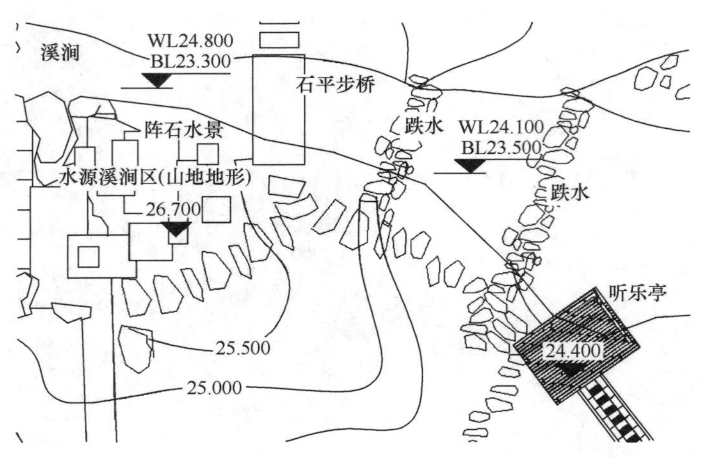

图 6-3 某景亭位置图

4. 亭的设计要求

每个亭都应有特点，不能千篇一律，观此知彼。一般亭只是休息、点景用，体量上不论平面、立面都不宜过大过高，而宜小巧玲珑。一般亭子的直径为 3.5～4m，小的 3m，大的不宜超过 5m。亭的色彩要根据风俗、气候与爱好来定，如南方多用黑褐等较暗的色彩，北方多用鲜艳色彩。在建筑物不多的园林中以淡雅色调较好。

5. 亭的平面

单体的亭（图 6-4）有三角形、正方形、长方形、正六角形、长六角形、正八角形、圆形、扇形、梅花形、十字形等，基本上都是规则几何形体的周边。组合的亭（图 6-5）有双方形、双圆形、双六角形或三座组合、五座组合的，也有与其他建筑在一起的半面亭。亭的入口可分为终点式的一个入口和穿过式的两个入口两种。亭的立面可以按柱高和面阔的比例来确定。方亭柱高等于面阔的 8/10；六角亭为 15/10；八角亭为 16/10 或稍低于此数。中国园林亭宇常用的屋顶形式以攒尖（四角、六角、八角、圆形）为主，其次多为卷棚歇山式及平顶，并有单檐和重檐之分。

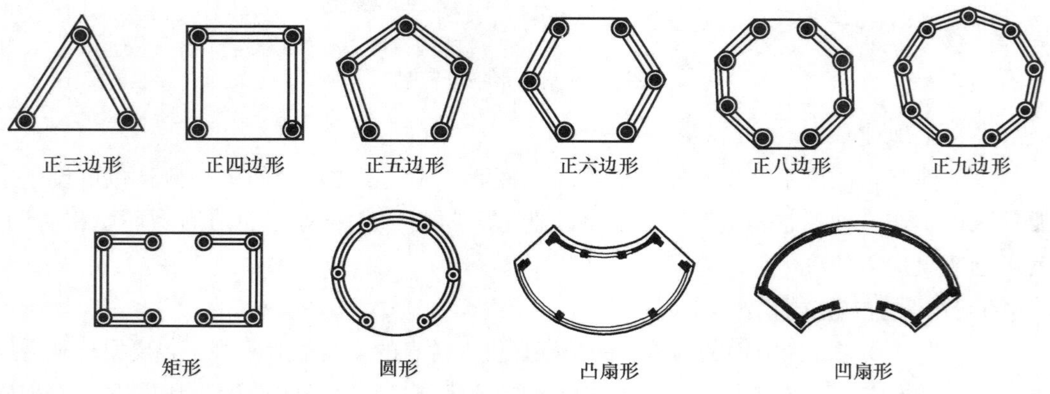

图 6-4 独立亭平面形式

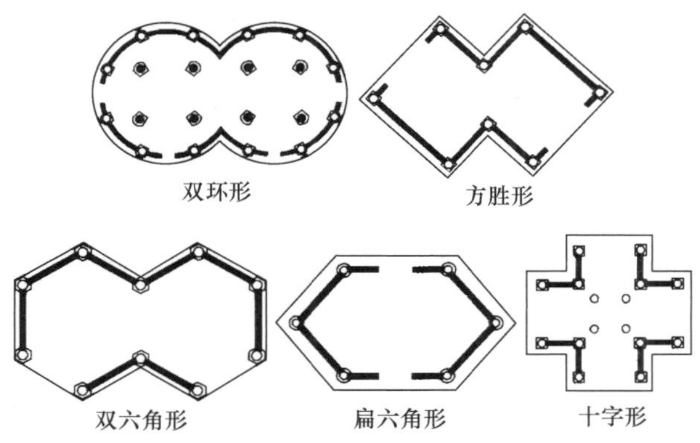

图 6-5 组合亭平面形状

6. 亭的立面

亭的立面因款式的不同有很大的差异，但有一点是共同的，就是内外空间相互渗透，立面显得开畅通透。有平顶、斜坡、曲线等各种新式样（图 6-6）。园亭平面和组成均甚简洁，观赏功能又强，因此屋面变化无妨多一些。如做成折板、弧形、波浪形，

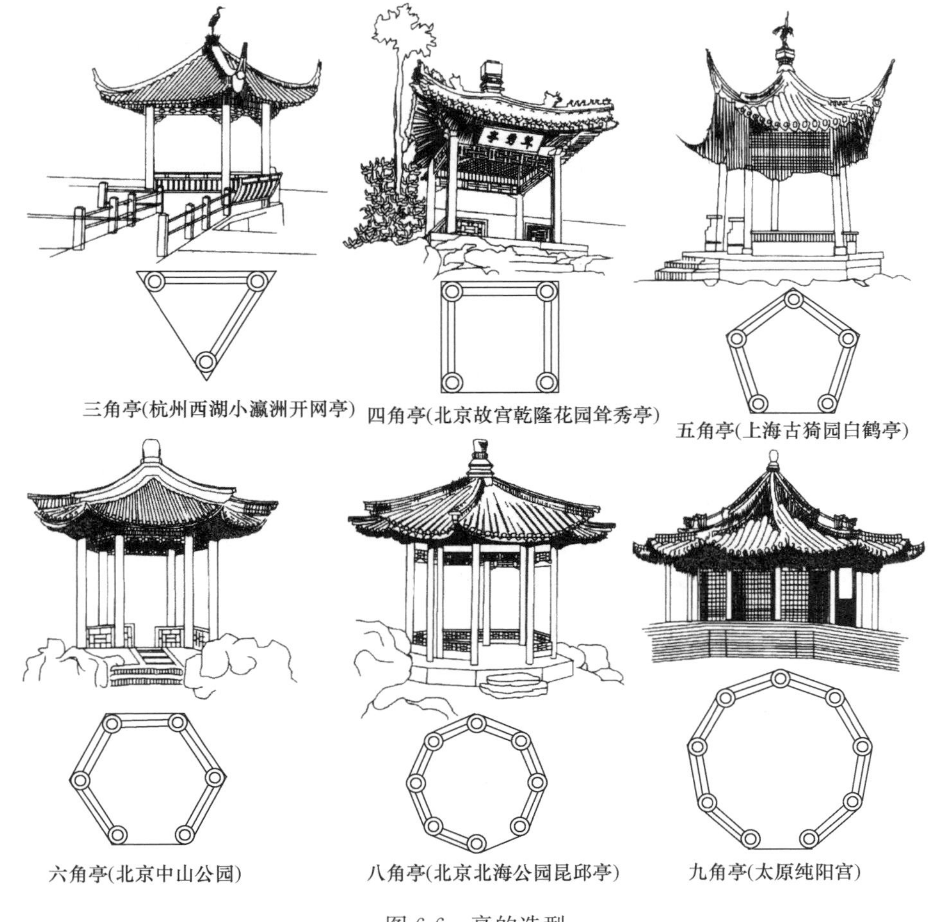

图 6-6 亭的造型

采用新型建材、瓦、板材；或者强调某一部分构件和装修，以丰富园亭外立面。仿自然、野趣的式样，目前用得多的是竹、松木、棕榈等植物外形或木结构，真实石材或仿石结构，用茅草作顶也非常有表现力。

（二）廊

1. 廊的作用

廊是建筑物前后的出廊，是室内外过渡的空间，是连接建筑之间的有顶建筑物，可供人在内行走，起导游作用，也可停留休息赏景。廊同时也是划分空间，组成景区的重要手段，本身也可成为园中之景。现在廊一是作为公园中长形的休息、赏景的建筑，二是和亭台楼阁组成建筑群的一部分。在功能上除了休息、赏景、遮阳、避雨、导游、组织划分空间之外，还常设有宣传、小卖、摄影内容。

2. 廊的形式

（1）按断面形式分

①双面画廊，无柱无墙。

②单面半廊，一面开敞，一面沿墙设各式漏窗门洞。

③暖廊，北方常见，在廊柱间装花格窗扇。

④复廊，廊中设有漏窗墙，两面都可通行。

⑤层廊，常用于地形变化之处，连系上层建筑，古典园林也常以假山通道作上下连系。

（2）按位置分

有爬山廊、廊桥、堤廊等几种形式。

（3）按平面分

有直廊、曲廊、围廊等几种形式。

3. 廊的设计

廊是长形观景建筑物，因此考虑游览路线上的动态效果成为主要因素，是廊设计成败的关键。廊的各种组成，如墙、门、洞等是根据廊外的各种自然景观，通过廊内游览观赏路线来布置安排的，以形成廊的对景、框景，空间的动与静、延伸与穿插，道路的曲折迂回。廊从空间上分析，可以讲是“间”的重复，要充分注意这种特点，有规律地重复，有组织地变化，以形成韵律，产生美感。廊的宽度和高度设定应按人的尺度比例关系加以控制，避免过宽过高，一般高度宜在2.2～2.5m，宽度宜在1.8～2.5m。居住区内建筑与建筑之间的连廊尺度控制必须与主体建筑相适应。

4. 廊的基本构造

（1）空廊的做法

仅为左右两柱，上架横梁，梁上立短柱，短柱之上及横梁两端架檩条联系两榀梁架，最后檩条上架椽，覆望板、屋面即可。

（2）半廊的做法

因排水的需要，外观靠墙做单坡顶，其内部实际也是两坡，故结构稍微复杂一点。内、外两柱一高一低，横梁一端插入内柱，另一端架于外柱上，梁上立短柱。外侧横梁端部、短柱之上及内柱顶端架檩条，上架椽，覆望板、屋面。内柱位于横梁之上连一檩条。上架椽子、覆望板，使之形成内部完整的两坡顶。

（3）复廊的做法

复廊较宽，中柱落地，前后中柱间砌墙，两侧廊道做法可以似半廊，也可以似空廊。复道廊分上、下两层，立柱大多上下贯通，少数上下分开。上层柱高仅为下层的0.8倍。下层柱端架矩形楼板梁，以承楼板。上层结构与空廊或半廊相同。

（4）爬山廊的做法

随山形转折的爬山廊构造与半廊、空廊完全相同，只是地面与屋面同时作倾斜、转折。跌落式爬山廊的地面与屋面均为水平，低的廊段上檩条一端插在高的一段廊段的柱上，另一端架于柱上，由此形成层层跌落之形。与前述游廊稍有不同的是，架于柱上的檩条要伸出柱头，使之形成类似悬山的屋顶，同时，伸出柱头部分还需用博风板进行封护，以免檩头遭雨淋而朽坏。

上述各种游廊，柱间枋下均用挂落，立柱下部设栏杆。挂落的形式，北方常用方格形，江南多用“万”字形。栏杆则有木栏、砖石栏等，栏杆上常做座面，成为“座栏”，以方便游人随时休息小憩。

（三）花架

1. 花架的位置选择

凡适合布置亭、廊、榭的地方均可考虑布置花架，花架也可依附建筑进行布置，挑檐式花架常用来代替建筑周围的檐廊。

2. 花架的常见形式

花架的形式大体上可分为以下类型：

（1）单片式；

（2）独立式：花架的支撑和传力通过钢架结构来实现，造型的灵活度大，别致新颖，常用混凝土、钢材、铝合金等材料；

（3）直廊式：花架的常见形式，柱上架梁，梁上再架格条（枋），格条两端挑出；

（4）梁架式：常见梁架式花架有双臂花架、单臂花架、伞形花架等，常用的材料有竹、木、砖石、钢材、混凝土等；

（5）组合式：是一种与园林建筑小品（如亭、廊、景门、景窗、景墙、隔断等）融为一体的花架形式，其造型更丰富，空间划分与组景的作用更强，弥补了单纯花架功能上的不足（图6-7）。

3. 花架的设计要点

（1）花架与攀缘植物

花架与攀缘植物的配合表现为两方面：一方面，花架的结构、材料、造型在设计时必须考虑所攀附的植物材料特点（植物的攀缘方式、生长习性）；另一方面，植物攀附后与花架实质上成为一个整体，景观效果的取得来自建筑和植物的完美结合，两者必须综合考虑。

（2）花架的高度

根据花架所处的位置及周围环境而定，一般为2.8～3.5m，有时可根据构景的需要适当放大或缩小尺度。

图 6-7　亭廊花架组合

（3）花架的开间与进深

花架相邻两个柱子间的距离称为开间，花架的跨度称为进深。一般的混凝土双臂花架，开间和进深通常为 2.5～3m，有些情况下，花架的进深可达 6～8m。

三、园林小品规划设计

（一）墙

广义地讲，园林中的墙应包括园林内所有能够起阻挡作用的，以砖石、混凝土等实体性材料修筑的竖向工程构筑物，可分为边界围墙、景观墙和挡土墙等。在园林中作为园界，起防护功能，同时美化街景的墙体为边界围墙；在园林中为截留视线，丰富园林景观层次，或者作为背景，以便突出景物时所设置的墙称为景观墙；由自然土体形成的陡坡超过所容许的极限坡度时，土体的稳定性就遭到了破坏，从而产生了滑坡和塌方，若在土坡外侧修建人工的墙体便可维持稳定，这种在斜坡或一堆土方的底部起抵挡泥土崩散作用的工程结构体称为挡土墙；在园林水体边缘与陆地交界处，为稳定岩壁、保护河岸不被冲刷或水淹所设置的与挡土墙类似的构筑物称为驳岸，或叫“浸水挡土墙”。

1. 边界围墙

（1）功能与构图作用

①界定用地边界；

②美化城市环境；

③突出单位特色。

（2）构造与材料

现在的城市建设一般要求场地的围墙为通透式，将场地内的绿化景观透出来，丰富城市景观，因此，当前的边界围墙的构造通常是砖砌体结合金属围栏的形式，一般是连续式的墙体。常用的贴面材料为文化石（通常为板岩）、蘑菇石（花岗石）及各种面砖。常用的饰面为水刷石、斩假石、真石漆等。砖砌体以上一般以方管、扁铁、钢筋、打孔钢板、钢板网、钢丝网及各种金属型材为材料，设计成各种围栏。

（3）设计要点

透绿借景尽量采取通透的形式，彰显庭院的美景，美化沿途街景。设计恰当的形式单元是边界围墙设计的关键，合适的形式单元不仅可以形成优美的韵律感，使横向的构图获得合理的划分，并能使围墙灵活地适应地形的高低变化，与所围合的场地的特点相符。

2. 景观墙

（1）功能

①构成空间

景观墙在构成空间方面的作用主要体现在制约空间和分隔空间两方面。

②屏障视线

具体可分为障景、漏景和框景三种情况。墙体是可用于遮挡影响美观或景区画面完整性的物体，有时也故意屏障视线，以避免景物一览无余，造成景区层次单一。

③调节气候

景观墙可以在一定程度上削弱阳光和风所带来的影响。

④休息座椅

低矮独立式墙在充当其他功能角色的同时，也可以作为供人休息的座椅。

⑤充当背景

景墙以单纯的形式充当其他具有视觉焦点效果的景物的背景。比如苏州园林中的白墙，大多充当这种角色。

⑥视觉媒介

将零散的景物通过景墙联系成整体。

⑦文化表达

在景墙上雕刻带有文化符号特征的图形，表达地方文化。

（2）构造与材料

①砖墙

以砖砌筑，有实心的一砖墙（240mm 厚）、半砖墙（120mm 厚）、空斗墙三种，主要通过变化压顶、墙上花窗、粉刷、线脚以及平面立体构成组合来进行造型设计。

②混凝土墙

以钢筋混凝土浇筑而成的景墙，坚固耐用，通常辅以贴面，如花岗石、砂岩、板岩、砖贴面等。

③石墙

采用石块或预制混凝土块直接砌筑，其构造类似于重力式挡土墙。

④木栅景墙

以木板、木柱构成横向或竖向排列的墙体，一般需要进行表面的防腐处理。

⑤生态绿色墙

构造与边界围墙相同，上部为透空栏杆露明，下部为砖砌体，植物与墙结合，有垂直攀缘型、篱垣悬挂型、缠绕蔓生型和艺术绿墙型等多种形式。

⑥特殊的墙

利用某些特殊材料建造的墙体，如不锈钢或利用工业零件废品制作的，具有现代艺术风格的墙体。

(3) 设计要点

明确墙体的功能，选取合适形态：连续型还是独立型。协调与建筑、场地等园林要素的空间关系，尽可能与花池、水池等小品相结合，室外空间中孤立的墙体容易显得单薄。依据墙体功能和观赏距离，选择恰当的材质以表现应有的质感。协调墙体的高度与视线的封闭性。

3. 挡土墙

(1) 功能

挡土墙是防止土坡坍塌、承受侧向压力的构筑物，它在园林建筑工程中被广泛地用于房屋地基、堤岸、码头、河池岸壁、路堑边坡、桥梁台座、水榭、假山、地道、地下室等工程中。主要功能如下：

①固土护坡，阻挡土层塌落；

②节省占地，扩大用地面积；

③削弱台地高差；

④制约空间和空间边界；

⑤造景作用。

除了上述几种主要功能外，它还可作为园林绿化的一种载体增加园林绿色空间或作为休息之用。

(2) 挡土墙构造

园林中一般挡土墙的构造有以下几类（图 6-8）：

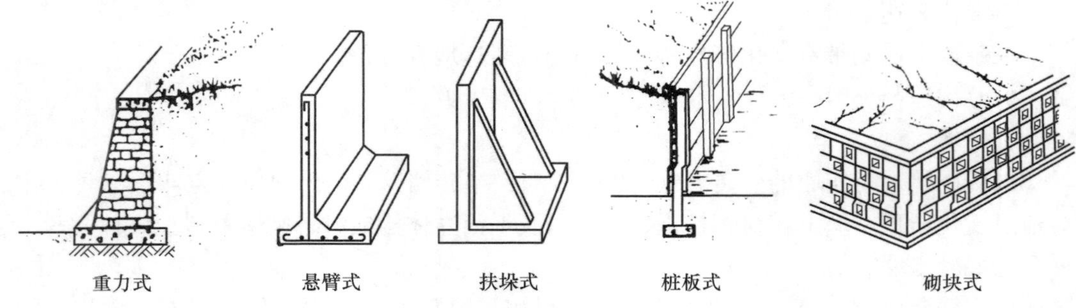

图 6-8 各类挡土墙的示意图

①重力式挡土墙

这类挡土墙依靠墙体自身取得稳定性，在构筑物的任何部分都不存在拉应力，砌筑材料大多为砖砌体、毛石和不加钢筋的混凝土（图 6-9）。常见的横断面形式有 3 种：直立式、倾斜式、台阶式（图 6-10）。挡土墙后土坡的排水处理对维持挡土墙的安全意义重大（图 6-11）。

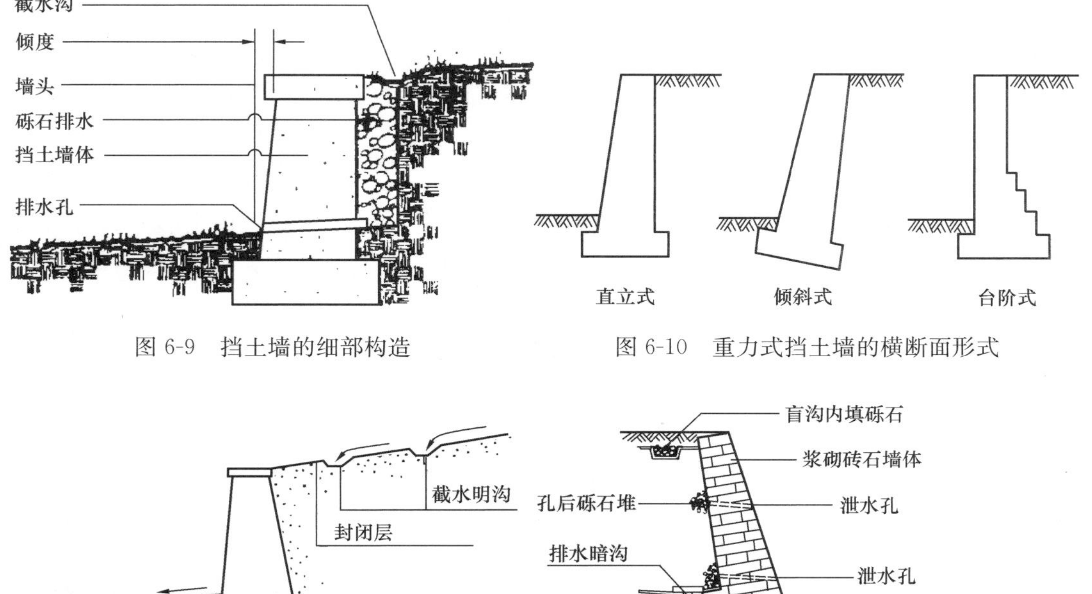

图 6-9　挡土墙的细部构造

图 6-10　重力式挡土墙的横断面形式

图 6-11　挡土墙后土坡的排水处理

②悬臂式挡土墙

其断面通常作 L 形或倒 T 形，墙体材料都是用混凝土。

③扶垛式挡土墙

当悬臂式挡土墙设计高度大于 6m 时，在墙后加设扶垛，连起墙体和墙下底板，扶垛间为 1/2～2/3 墙高，但不小于 2.5m。

④桩板式挡土墙

预制钢筋混凝土桩，排成一行插入地面，桩后再横向插下钢筋混凝土栏板，栏板相互之间以企口相连接，这就构成了桩板式挡土墙。

⑤砌块式挡土墙

按设计的形状和规格预制混凝土砌块，然后用砌块按一定花式做成挡土墙。砌块一般是实心的，也可做成空心的，但孔径不能太大，否则挡土墙的挡土作用就降低了。这种挡土墙的高度在 1.5m 以下为宜。

（3）挡土墙的材料

①石块

石块一般有两种形式：毛石（或天然石块）、加工石。无论是毛石或加工石，用来建造挡土墙都可使用浆砌法和干砌法。

②砖

也是挡土墙的建造材料，它比起石块，能形成平滑、光亮的表面。砖砌挡土墙需用浆砌法。

③混凝土和钢筋混凝土

既可现场浇筑，又可预制。现场浇筑具有灵活性和可塑性；预制水泥件则有不同大小、形状、色彩和结构标准。从形状或平面布局而言，预制水泥件没有现浇的那种灵活和可塑之特性。

④木材

粗壮木材也可以做挡土墙，但须进行加压和防腐处理。用木材做挡土墙，其目的是使墙的立面不要有耀眼和突出的效果，特别能与木建筑产生统一感。

（4）设计要点

与地形设计紧密结合，充分发挥挡土墙的功能，避免设置无实际意义的挡土墙。参与景观构图，平面上参与分割围合空间；立面上可与雕刻相结合。

（二）园椅

园林中的座椅属于休息性小品设施，在恰当的位置设置形式优美的座椅，具有舒适宜人的效果。丛林中、草地上、大树下，几张座椅往往能将无组织的自然空间变为有意境的风景（图 6-12～图 6-14）。

图 6-12　现代感座椅

图 6-13　树叶造型园椅

图 6-14　传统座椅

1. 座椅的构图作用

座椅的构图功能和座椅的形态相联系，直线形态的座椅可以分隔空间，曲线或折线形态的座椅可以围合空间，点形态的座椅可以作为具有视觉趣味的雕塑存在，与空间在材质上和形态上紧密结合的座椅可以强化空间的特性。

（1）分隔、围合空间

利用座椅排列成行，可分隔出不同功能的空间，比如滨河步道上以座椅为隔断分割出通行空间和休憩观赏空间。利用座椅向心排列围合安定的休息空间。

（2）强化空间特性

将座椅和道路的线形、场地的边界结合起来，或者座椅的构成形式与其他硬质要素如建筑、场地在尺度、色彩和材质保持一致时，可起到强化空间特性的作用。

（3）创建视觉趣味

座椅打破常规的形态，与雕塑小品结合，创造某种视觉趣味。比如在座椅上放置就座姿态的人物雕塑，吸引人就座或拍照留念，形成游人与设施之间的对话。

2. 座椅的构造形式

园林中的座椅可分为标准座椅、种植池座椅、台阶座椅、座墙和其他等五种类型，其中以标准座椅的构造为标准，其余各类座椅在尺寸、材质等方面以之为参考（图6-15）。

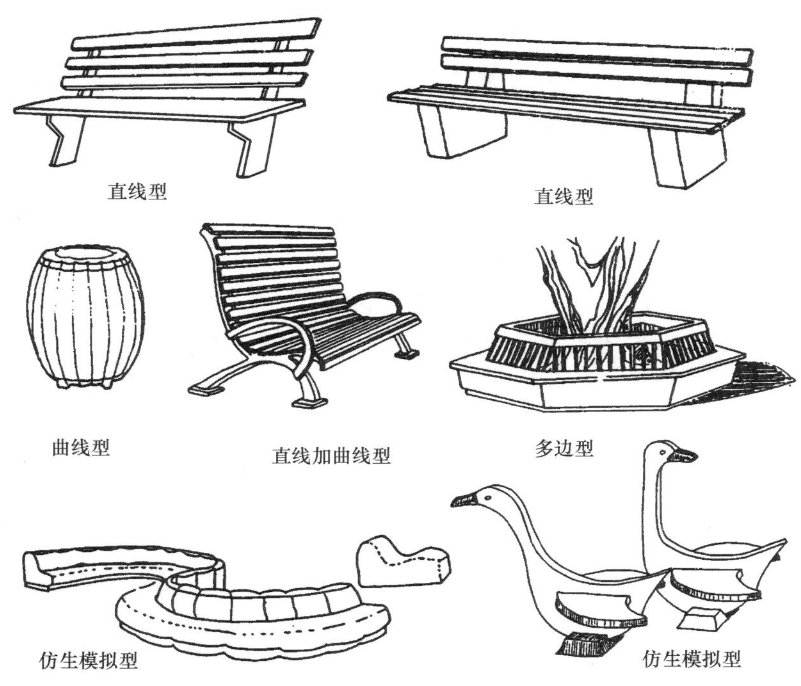

图 6-15 各类园椅造型

（1）标准座椅

座椅的标准形态，包含靠背、坐面、椅腿等部分，有时靠背可取消。标准座椅一般可分为成品座椅与定制座椅两类。对于成人来说，座位应高于地面 370～430mm，宽度为 400～450mm 之间。如果加靠背，那么靠背应高于座面 380mm。而且座面与靠背应形成微倾的曲线，与人体相吻合。带扶手的座椅，扶手应高于座面 150～230mm。

（2）种植池座椅

将种植池与座椅结合，在某些情况下是一举多得的方法，既保护了植物，又形成了座椅，还借用了树阴。种植池座椅分为花池座椅和树池围椅两种形式。花池座椅将花池池壁的高度和压顶的宽度设计得符合就座要求。树池围椅是以形态连续或独立的座椅围合树池的一种座椅形式，树池中一般是冠大荫浓的大乔木，既利用树阴形成覆盖空间，又很好地保护了植物（图 6-16）。

（3）台阶座椅

现代园林中常设计观演舞台以满足人们开展文化娱乐活动的需要。围绕表演舞台，利用地形高差设计成台阶式的看台，台阶高度常为 300mm，并辅以木质铺面，形成台阶座椅。有时还利用滑槽等构造设计成可移动的座面。现代滨水景观常设置临水观景平台，有时也设置台阶座椅。

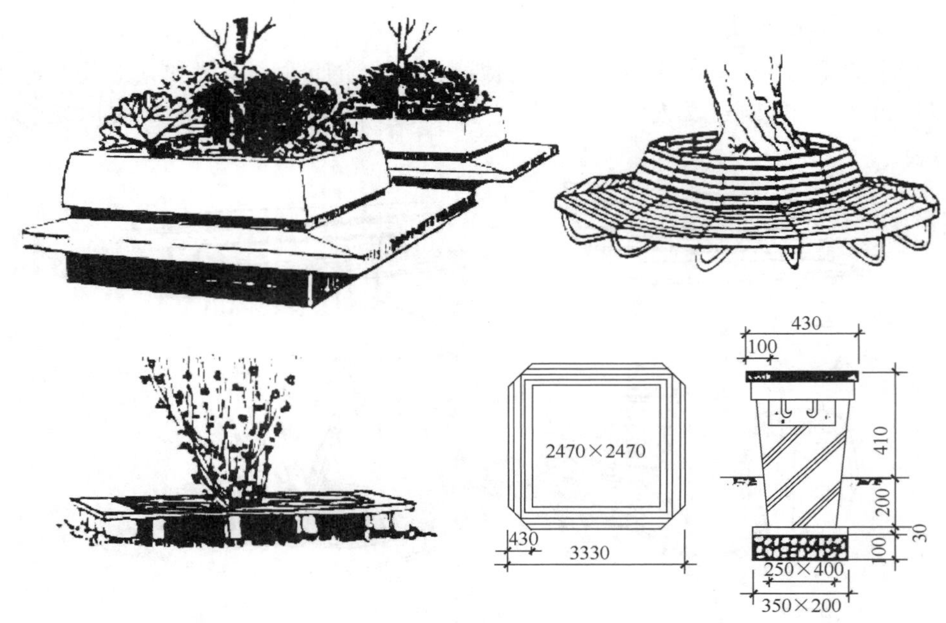

图 6-16 种植池座椅

（4）座墙

在多边形场地边界的某一角形成“L”形或者圆形场地，形成半包围的墙体，将其高度限定在300～400mm，辅以座面，形成既分割空间又可供休息的座墙。这种景观墙的构造通常包括砌体、基础和椅面三个部分。

（5）其他

草地、置石、雕塑、挡土墙、驳岸只要具有被想象成座椅的可能性，在实际使用中均有可能被游人自发地利用。某些情况下，设计师可以有意识地将这些要素的形态暗示成座椅，吸引人就座。

3. 座椅尺寸设计要点

座椅的设计除了在尺寸、形态上要满足人体工程学原理及户外使用的特殊要求外，还应结合座椅在园林中的使用和构图功能，应注意以下设计要点。

（1）统筹规划

座椅的设置应根据不同空间的需求统一规划。首先，应明确使用者的构成，尤其是特殊人群（老人、儿童、病人等）的比例，以此确定座椅的材质、人体工程学的要求、分布密度等；其次，将全园的座椅按不同功能分类设计，明确哪些用于中途休憩，哪些用于赏景，哪些用于围合分隔空间，哪些用于点景等等，以此为依据确定座椅的类型和形态等。

（2）位置和朝向

座椅的设计与安放位置必须配合其功能，需要考虑到许多因素。座椅一般安放在活动场所和道路的旁边，不能直接放于场所之中或道路上，否则人们会觉得挡住去处或四周混乱，使人坐立不安。最好是在角落或活动场所边沿。如果座椅背靠墙或树木，最令人觉得安稳，踏实。另一个理想的场所是在树阴下或荫棚下，树冠的高度限制了空间高度，同时提供阴凉。设置在比较空旷的场地上的座椅，则为户外就座的人们提供另一种选择：有人喜欢绿阴，有的喜爱阳光。而在一年之中，有些日子能享受阳光是很舒适的。座椅的位置选择和布置形式如图 6-17 所示。

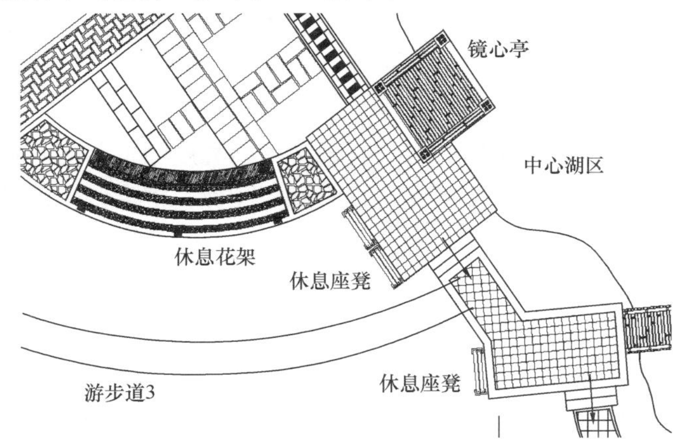

图 6-17　座椅的位置选择和布置形式

（3）材料的选择

园林中的座椅可以由多种材料制造，但一般来说座面用木质材料比较合适。木质较为暖和、轻便，材料来源容易，而且施工简便。天然石材、砖、金属以及水泥也用于座面材料，但夏天经阳光暴晒后，座面会发烫，而冬天又冰冷。某座椅剖面及平面图如图 6-18、图 6-19 所示。

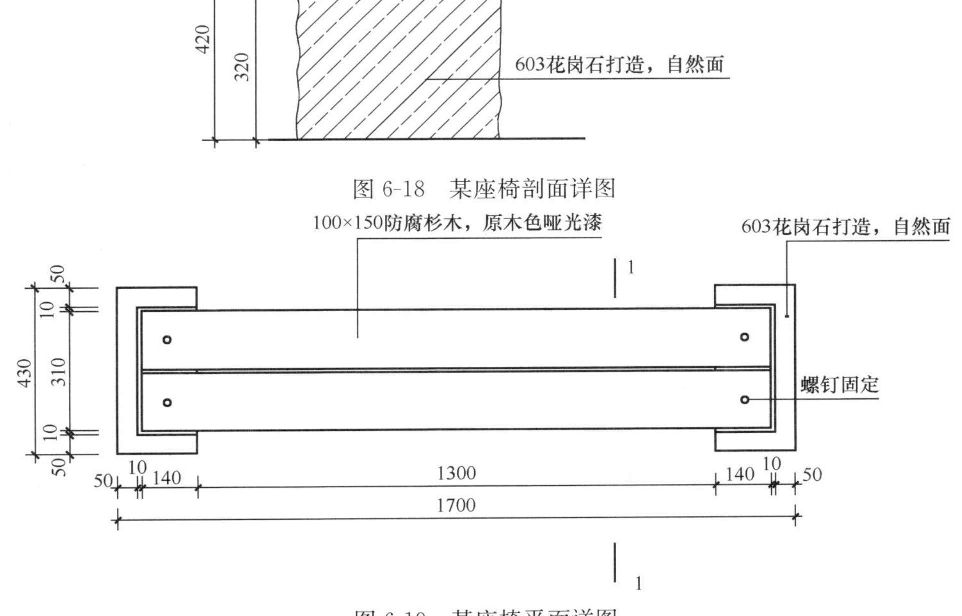

图 6-18　某座椅剖面详图

图 6-19　某座椅平面详图

（三）花池

1. 花池的实用功能

（1）栽种植物

花池最主要的功能是提供栽种植物的容器、提高种植面积，保护花木免遭行人踩踏及满足植物生长所必须的条件

（2）提供休息设施

某些空间中不适宜放置座椅时，可将花池砌体的高度和上表面的宽度设计成符合游人就座的要求，作为休息设施。其形态可以与座椅相似，也可以仅仅具有被想象成座椅的形态。

2. 花池的构图作用

（1）围合分隔空间

图 6-20 立体花坛

利用形态连续的种植池或多个独立的花池分隔空间，形成不同的功能区域。以花池分隔、围合空间的优点在于保持了空间的通透性，又可形成相对稳定的空间；由于以植物为主，比用墙体或构筑物形成的空间边界更为自然。

（2）增加竖向变化

在某些缺少竖向变化的空间中，通过设置跌级式花坛或处理花坛边缘和种植土的形态，增加场地的竖向变化和细节（图 6-20）。

（3）形成视觉焦点

位于建筑物的中轴线、道路交叉点、场地中心的花池可形成视觉焦点，在具有向心形态特征的空间中，其视觉焦点的效果尤为突出。

（4）构成空间序列

利用花池边缘的平面形状有规律的变化，或者花坛的有序排列可形成轴线、韵律、方向等空间序列（图 6-21，图 6-22）。

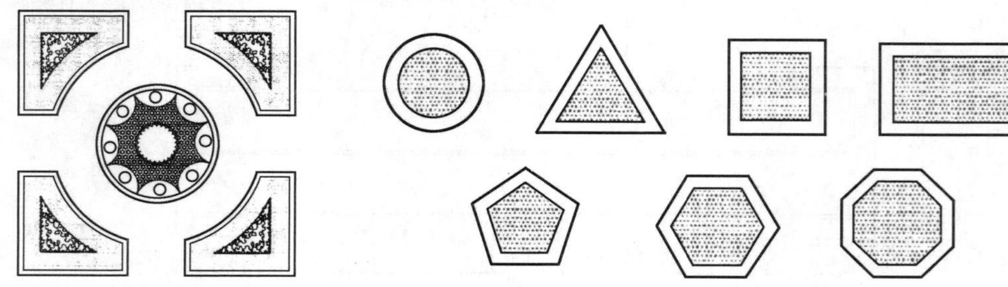

图 6-21 组合花坛平面布置　　图 6-22 独立花坛常见形式

3. 花池的构造形式

（1）固定式花池

一般有方形、圆形、正多边形，需要时还可拼合。固定式花池有普通花池和水中花池，普通花池通常为砌筑式，水中花池的构造由于防水和排水的要求相对比较复杂。

①砌筑式花池

通常包含压顶、砌体和基础，块石砌筑可取消压顶。压顶为花岗岩石板或现浇钢筋混凝土板，以防止雨水渗入破坏砖砌体。砌体通常将块石或砖以强度等级为 M5 的水泥砂浆砌筑基础部分，为避免砌体出现不均匀沉降而设置大放脚。

②水中花池

水中花池相比普通花池，其主要特征在于具有防水与排水要求。因此，水中花池的构造与水池的构造基本相同，包含钢筋混凝土池壁、池底、防水层，另外池底还必须设置排水管，覆盖 150mm 厚的碎石滤水层，确保降水量过大时，花池中多余的水分能经由排水管排出，滤水层上再覆盖不低于 300mm 厚的种植土。水中花池的面积不能超过水池总面积的 2/3。

（2）移动式花池

在不适宜设置固定花池的场地中，可以根据要求放置移动式花池，移动式花池一般多为预制装配式，可搬卸、堆叠、拼接，地形起伏处还可以顺势做成台阶跌落式。通常有木质花池、玻璃钢花池、玻璃纤维混凝土模制花池等。

4. 花池的设计要点

明确花池的用途及在方案中的作用，选择相应的花池形式与构造（图 6-23）。形态

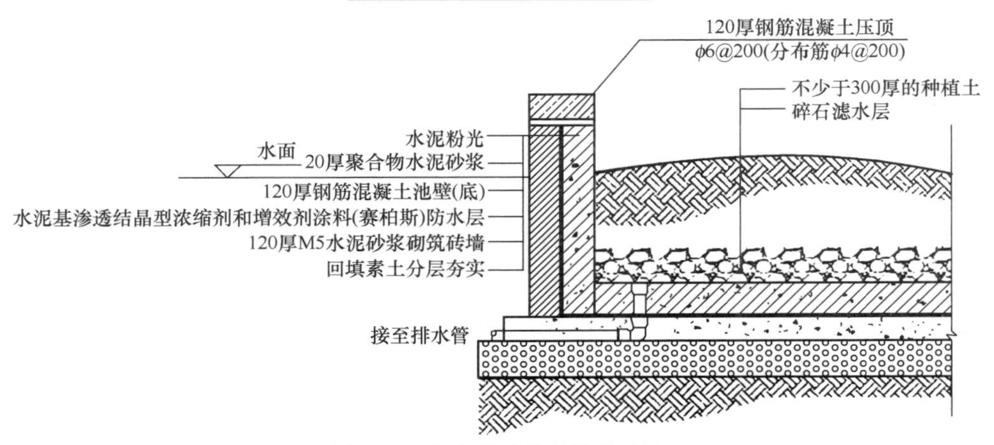

图 6-23　水中花池及其构造做法

上应和其他要素相结合：与场地边界、铺装形式、道路、座椅、墙体等要素在形态、色彩和组合形式上建立统一协调的关系，加强细部之间的整体感。注意细部的舒适度和安全性，花池作为座椅时应按照座椅设计的要求，在尺寸、材质方面注意人体的舒适度。花池在分隔空间、界定道路或场地边界时，在转角处应避免坚硬、突出的锐角（图6-24）。

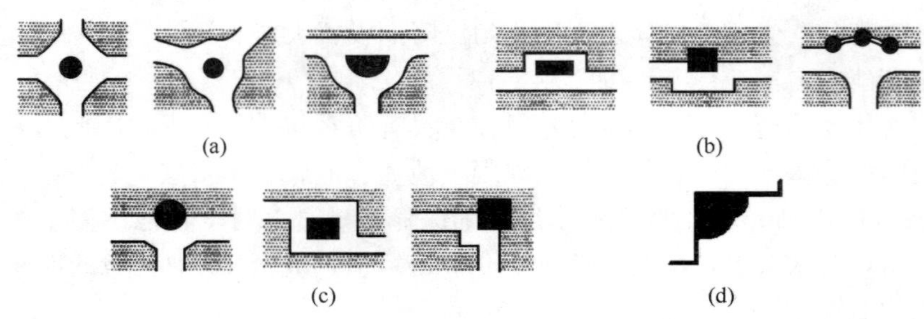

图 6-24　花池位置的选择

（a）位于道路交叉口；（b）位于道路一侧；（c）道路转折处；（d）位于建筑一角

（四）栏杆

1. 栏杆的功能作用

（1）防护功能

一般性质的栏杆多依附于建筑物，而园林中的栏杆则多为独立设置，并具有较好的防护功能。一般而言，防护功能的栏杆常设在园地环境的四周与城市道路结合的部位，具有明显范围界定的防护功能。

（2）分隔空间

园林栏杆是划分园林空间的要素之一，多用于开敞空间或特定局部空间的分隔。在开阔的园林空间中，给人以空旷之感，若以栏杆的形式进行功能性的空间划分，不但不会阻断空间，而且会使空间之间的功能联系更为紧密。

（3）装饰作用

栏杆是装饰性很强的装饰性小品之一，无论在建筑物内部还是园林环境中的栏杆，美观实用，质朴、自然等已是考虑的第一因素。

此外，栏杆还具有改善城市园林绿地景观效果的作用，通过围栏的空隙将沿街各单位的零星绿地组织到街头绿化中，组成城市街道公共绿地的一部分，从视觉上扩大绿化空间，美化市容，这种做法在城市园林绿化中被称为“拆墙透绿”。

2. 栏杆的应用形式

（1）栏杆的造型形式

栏杆的式样繁多不胜枚举（图 6-25），但形式虽多，其造型的原则却都是一样，即必须与环境协调、统一。如在雄伟的建筑环境内，必须配合坚实而具有庄重感的栏杆；而亭、廊等建筑小品的栏杆则宜玲珑轻巧，并可结合座凳为游人提供安全休息的设施。

（2）不同环境的栏杆形式

栏杆设置要与周围环境相协调才能得到相得益彰的效果。在狭长的环境中，宜采用贴边布置，以充分利用空间；在宽敞的环境中可采用展示性栏杆围合空间，构成一定可

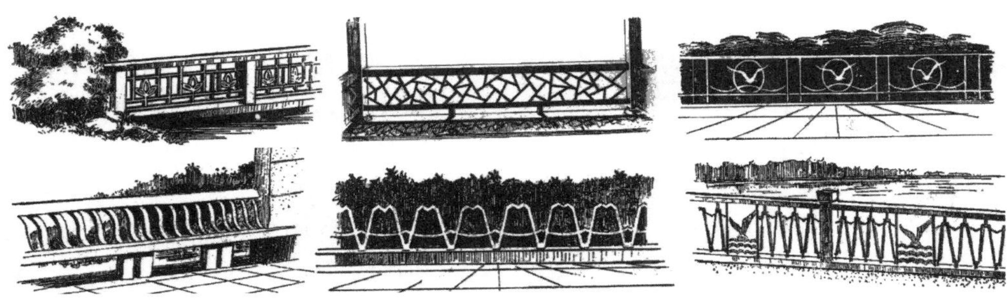

图 6-25　各种栏杆造型

视范围的环境；在背景景物优美的环境中，可采用轻巧、通透的造型，便于视景连续，反之，则宜采用实体展墙。其具体造型和色彩应与环境融合，简洁雅观，切忌烦琐。

临水宜多设空栏，避免视线受过多的阻碍，以便观赏波光倒影、游鱼禽鸟及水生植物等。高台多构实栏，游人登临远眺时，实栏可给人以较大的安全感，由于栏杆作近距离观赏的机会少，可只作简洁的处理。在以自然山水为主的风景区，盘山道若需设置栏杆，一般亦多设置空栏，有的甚至只用几根扶手，连以金属链条或金属管，但务求通透，不能影响自然景色，不破坏山势、山形及风景层次。栏杆在构图上具有垂直方向的性质，又接近游人，其尺度合适与否易于为人们所察觉。

在临水的地段，为了保证安全，栏杆必须要有一定的高度，为了不致使这一尺度破坏整个庭园空间的比例，中国传统庭园中多采用把栏杆与座凳结合成美人靠，栏杆从水平方向横分为二，再加上色彩的区别，一黑一白，一虚一实，从而使一大变为二小，也达到了尺度控制的目的。

栏杆的高度须根据其性质而定。例如，防护性栏杆高可达 900～1200mm，当有特殊要求时，栏杆高度按需要增加，如动物园的兽舍栏杆等；悬崖上装置栏杆，其高度则要求超过人体的重心，故常安装 1100～1900mm 的高栏；一般作为分隔空间用的低栏杆高度为 600～800mm。园林中的花坛、草坪、树池等周边设置的镶边栏杆，可低至 200～400mm，但要按所处环境灵活处理。

园林建筑中常设有靠背栏杆，既作围护又供就座休息，其高度一般为 900mm 左右，其中座椅面的高度为 400～450mm 左右。

3. 不同材料的栏杆

（1）天然石材

各种岩石（包括花岗石、大理石）由于石质坚硬，受到了一定加工手段的限制。石栏显得较粗犷、朴素、浑厚。

（2）人造石材

多由塑性材料仿真制作，如混凝土与钢筋混凝土。由于制作自由，造型比较活泼，形式丰富多样。色彩和质感可随设计要求而定，亦可获得天然石材的效果。

（3）金属

钢栏杆包括型钢、钢管和钢筋等做成的栏杆。此类栏杆造型简洁、通透，加工工艺方便，造型丰富多样，可做成一定的纹样图案，耐久性好，且具有时代感。

(4) 木(仿木)、竹(仿竹)

木制栏杆的使用与园林环境结合在绿地中更能反映其朴素的特点。而竹材在南方地区来源丰富,加工方便,其色泽、纹理、质感极富装饰性,但耐久性差;而在北方地区则用仿竹的形式会取得很好的效果。

(5) 砖栏杆

此类栏杆古朴中透出典雅,且施工方便、经济实用,在中国庭院园林或名胜古迹环境修复中至今都有沿用,但在公共园林中已很少采用,这可能是由于其质感过于简朴或与现代园林材料难以融合的原因所致。

(五) 标志小品

园林标示性小品是园林中极为常见而且也最易引人注意的指示性标志或宣教设施,小到指路标志,大到宣传牌、宣传廊等,均可以吸引人们视线,使人留足观赏。一般标志小品的设置都以提供简明信息为目的,如导游线路介绍、景点分布及方向等,因此其位置常设在园林入口、景区交界、道路交叉口处等地段。由于园林是多个造园要素综合营造的优美环境,为了展现园林景观特色,在标志小品的制作方面也应有多样化的表现方式(图 6-26)。

图 6-26　公园标牌的设计与环境的融合

1. 导游标志

导游标志是城市综合性公园或各类风景区不可或缺的小品设施,常常位于园林或风景区的入口处,为游人提供必要的信息,以满足各类游人游览的需要。

(1) 材料类型

①金属标志;

②石材标志;

③木质标志;

④陶瓷标志;

⑤塑质标志。

(2) 表现形式

①园林入口

园林入口的标志主要以导游牌(图)的形式出现,以使游人对全园游览有一个概括性的了解,这些标志多用金属材料制成,也有用石材、木材等材料制成的。

②景区入口

在园林内部的各景区出入口处,为了更好地展示景区特点引导游人游览,一般也要布置导游牌,并与其他材料结合共同塑造成景观的形式。这些导游牌常常用木材、石材等制成。

③景点介绍

园林内部的各个景点，尤其是带有历史传说或神话故事的景点，也常常以景点的文字或图片来表现。此外，在植物园和动物园中，也对植物或动物进行科普知识介绍。

④方向导识

在大型公园或风景区游览中，常遇到一些道路的交叉口，为了使游人得到明确具体的游览信息，在交叉口处设置方向提示小品是十分必要的。由于地处道路的交叉口处，因此一般提示设置在绿地之中。多用比较自然的材料，如木制、石制材料等制成。

2. 宣传牌与宣传廊

宣传牌与宣传廊（图 6-27）属于园林绿地中进行宣传、科普、教育等方面的一种景观设施，在节假日，利用公众场合对游人进行相关知识的普及、教育和了解，采用寓教于乐的形式，对促进大众素质的提高颇有裨益。

图 6-27　宣传牌与宣传廊实例

（1）材料选择

在材料选择方面，一般将其分为主件和构件两大类。

①主件材料

主件材料一般选用经久耐用的花岗石类天然石、不锈钢、铝、钛、红杉类坚固耐用木材、瓷砖、丙烯板等。

②构件材料

构件材料除选择与主件相同的材料外，还可采用混凝土、钢材、砖材等。

（2）位置处理

宣传牌的位置宜选在游人停留较多之处，如园内各类广场、建筑物前、道路交叉口等地段。

（3）一般要求

宣传牌一般设在人流路线以外的绿地之中，且前部应留有一定的场地，与广场结合的宣传牌，其前部的场地应利用广场，不需要单独开辟；宣传牌的两侧或后部适宜与花坛或乔木结合，以陪衬美化环境或构成绿阴；橱窗的高度控制在视域范围内，以方便人们浏览。

四、园林雕塑规划设计

（一）园林雕塑的功能和作用

1. 表达园林主题

雕塑艺术具有自身独特的艺术语言，生动的形体富有很强的表现力，这是其他艺术形式所难以企及的。因此，园林雕塑往往是园林表达主题的主要方式，把仅运用园林艺术无法具体表达的主题运用雕塑艺术表达出来。如杭州花港观鱼的“年年有鱼”雕塑突出观鱼，借以表达园林主题。青岛五四广场的“五月的风”雕塑以螺旋上升的风的造型和火红的色彩充分体现了“五四运动”反帝、反封建的爱国主义基调和张扬、升腾的民族力量（图 6-28）。

2. 组织园林景观

现代园林中，许多具有艺术魅力的雕塑艺术品为优美的环境注入了人文因素。雕塑本身又往往成为局部景观乃至全园的主景。这些雕塑在环境当中在组织景观，美化环境，烘托气氛方面起到了重要的作用，这类雕塑其主题虽不直白，但却蕴藏着一定的寓意（图 6-29）。

图 6-28　青岛五四广场雕塑

图 6-29　静安雕塑公园内雕塑

3. 点缀装饰环境

园林雕塑中，还有一部分是装饰雕塑。体现在园林装饰上，则常毫不含蓄地追求附属物的外在美，精雕细琢，细腻纤秀，这就从细部丰富了园林总体的审美内容。在现代园林局部景观中，常点缀一些或具有幽默风趣、或夸张、或颜色鲜艳、或抽象意境的雕塑品，以装点环境，烘托现代文化气息。还有些雕塑与水景结合，共同组成优美的画面，以装点环境（图 6-30，图 6-31）。

图 6-30　苏州观前街雕塑

图 6-31　苏州金鸡湖雕塑

4. 其他作用

公园中常设有一些服务性设施，运用雕塑的表现手法，不仅拥有优美的造型，同时也满足了其使用功能。如公园内的花钵、果皮箱、灯柱、座椅以及大型儿童玩具等（图6-32）。另外，一些雕塑常设在公园的入口，与其他景观结合，可起到一定指示作用（图 6-33）。

图 6-32　雕塑结合垃圾桶

图 6-33　指示性雕塑

（二）园林雕塑的类型

1. 纪念性雕塑

纪念性雕塑是以雕塑的形式纪念一些伟大人物和重大历史事件的雕塑，一般安置在特定环境或纪念性建筑物的综合环境中，具有永久、固定的性质，在环境景观中处于视觉焦点的位置，起到控制和统率全部环境的作用。

2. 主题性雕塑

主题性雕塑是指在特定的环境中，为表达某些主题而设置的雕塑。一般的环境缺乏表达主题的功能，无法或不易具体表达某些思想。与环境有机结合的主题性雕塑能增加环境的文化内涵，弥补环境缺乏表意的功能，达到鲜明的环境特征和主题的表意的目的。通常以雕塑作为环境的主要构成要素。

3. 装饰性雕塑

园林装饰性雕塑是装饰、装点园林环境的各种雕塑，主要在空间环境中起装饰和美化环境的作用，是园林雕塑数量比较大的一种类型，对于丰富园林景观，美化园林环境，满足人们的游览观赏有着重要的作用。

4. 功能性雕塑

功能性雕塑具有装饰性美感的同时，又有不可替代的实用功能。如在儿童公园中装点成不同小动物的雕塑；大型公园中的一些公共设施等。其造型夸张、风趣，在美化装点了园林环境的同时又可满足游人休息的需要。

5. 陈列性雕塑

陈列性雕塑是指以优秀的雕塑作品陈列作为环境的主体内容。有时大量的陈列性雕塑可以构成雕塑公园或艺术长廊。优秀的雕塑组合给人的冲击力一般使人很难忘却，具有非凡的艺术感染力。

（三）园林雕塑的艺术布局

1. 园林雕塑的选题与选址

景观雕塑的选题必须服从于整个环境思想的表达，作者赋予雕塑的主题、运用的手法以及雕塑的风格都应与整体环境相协调，这样有利于发挥环境和雕塑各自的作用。好的题材不仅能使雕塑的形象更丰富，而且能加深人们对环境的认识，从而增加环境的感染力，在瞬间打动人心。

雕塑的选址要有利于雕塑主题的表达和观赏以及其形体美的展示，而雕塑的位置及周围环境对其体量的大小、尺度也有影响。观赏雕塑的视觉要求主要通过水平视野与垂直视角关系变化来加以调整，所以雕塑的选址应协调好游人与雕塑的视觉关系，同时要考虑到观赏的透视变形和错觉的校正，注意对形象的上下前后应作一定调整。通常情况下，人们理想的观赏位置多选择在观察对象高度 2～3 倍远的地方，如果要求将对象看得细致，那么人们前移的位置大致处在对象高度 1 倍距离的位置。

2. 园林雕塑的艺术构思手法

（1）形象再现的手法

形象的再现是园林雕塑创作中最基本的构思手法，对内容比较具体、含义比较特定的纪念性雕塑是常用的。

（2）环境烘托的手法

将雕塑布局在特定园林环境中，借以环境气氛的烘托，以表达雕塑的主题与内容，充分利用环境的美学特征来加强雕塑形式美的表现，以提高园林雕塑的表现力和感染力。

（3）含蓄影射的手法

含蓄影射的手法实质是园林艺术布局中意境的创造，运用这种构思手法，可使园林雕塑产生“画外音”，“意不尽”而富有诗情画意使游人产生情思与联想，增强了雕塑的艺术魅力。

另外，还可借用历史典故或神话中的人物，运用含蓄影射的手法，揭示所要表达的主题。抽象雕塑就是这一手法的集中表现。

3. 园林雕塑的平面布局与基座处理

园林雕塑一般设置在入口、广场、花坛中心等视线的焦点或结合水池、儿童游戏场、树丛、草坪等局部环境之中。

（1）园林雕塑平面布局

①中心式

景观雕塑处于环境中央位置，具有全方位的观察视角，在平面设计时注意人流特点。

②丁字式

景观雕塑在环境一端，有明显的方向性，视角为 180°，气势宏伟、庄重。

③通过式

景观雕塑处于人流线路一侧，虽然也有 180°观察视角方位，但不如丁字式显得庄重。比较适合用于小型装饰性景观雕塑的布置。

④对位式

景观雕塑从属于环境的空间组合需要，并运用环境平面形状的轴线控制景观雕塑的平面位置，一般采用对称结构。这种布置方式比较严谨，多用于纪念性环境。

⑤自由式

景观雕塑处于不规则环境中，一般采用自由式的布置形式。

⑥综合式

景观雕塑处于较为复杂的环境结构之中，环境平面、高差变化较大时，可采用多样的组合布置方式。

总之，平面设计过程是将视觉中景观雕塑与环境要素之间不断进行调整的过程，从平面、立面、剖面等因素去分析景观雕塑在环境上所形成的各种观赏效果。另外，在环境平面上的布置还涉及道路、水体、绿化、照明等环境因素。

（2）园林雕塑的基座处理

园林雕塑的基座处理与园林雕塑本身处理一样重要，因为基座在造型上烘托主体，并渲染气氛，是雕塑与环境融合的重要环节，雕塑的表现力与基座的体形相得益彰，但基座又不能喧宾夺主。基座与景观雕塑本身发生联系的同时，又与地面环境发生联系。

任务二　园林建筑及小品通用项目施工

【知识点】

砌筑材料。

模板工程。

混凝土工程。

装饰工程。

【技能点】

砖砌施工。

相关知识

一、砌筑工程

（一）砌筑材料

1. 常用块材

砌筑工程所用的块材主要是砖、石或砌块。砖的种类很多，从材料上看有黏土砖、灰砂砖、页岩砖、煤矸石砖、水泥砖等。从外观上看，有实心砖、空心砖和多孔砖。砖的强度等级按其抗压强度平均值分为：MU30、MU25、MU20、MU15、MU10、MU7.5等（MU30即抗压强度平均值≥30.0N/mm^2）。常用的实心砖规格（长×宽×

厚）为 240mm×115mm×53mm，加上砌筑时所需的灰缝尺寸，正好形成 4∶2∶1 的尺度关系，便于砌筑时互相搭接和组合。常温下砖在砌筑前 1～2d 应浇水润湿，普通黏土砖、多孔砖的含水率宜控制在 10%～15%；对灰砂砖、粉煤灰砖含水率在 8%～10%为宜。干燥的砖在砌筑后会过多地吸收砂浆中的水分而影响砂浆中的水泥水化，降低其与砖的粘结力。

2. 砌筑砂浆

砌筑砂浆有水泥砂浆、石灰砂浆和混合砂浆。砂浆的强度等级分为六级：M20、M15、M10、M7.5、M5、M2.5。砂浆种类选择及其等级的确定，应根据设计要求。砂浆的主要性能是强度、和易性、防潮性等几个方面。

（二）砌筑施工工艺

1. 砌砖施工

（1）砖墙施工工艺

砌砖施工通常包括抄平、放线、摆砖样、立皮数杆、挂准线、铺灰、砌砖等工序。如是清水墙，则还要进行勾缝。

①抄平放线

砌筑完基础或每一层后，应校核砌体的轴线与标高。先在基础面或层面上按标准的水准点定出各层标高，并用水泥砂浆或细石混凝土找平。

②摆砖样

按选定的组砌方法，在墙基顶面放线位置试摆砖样，尽量使门窗垛符合砖的模数，偏差小时可通过竖缝调整，以减小斩砖数量，并保证砖及砖缝排列整齐、均匀，以提高砌砖效率。摆砖样在清水墙砌筑中尤为重要。

③立皮数杆

砌体施工应设置皮数杆，并应根据设计要求、砖的规格和灰缝厚度在皮数杆上标明砌筑的皮数及竖向构造变化部位的标高，如：门窗洞、过梁、楼板等。

④铺灰砌砖

铺灰砌砖的操作方法很多，各地区的操作习惯、使用工具不同，操作方法也不尽相同。砌筑常采用一铲灰、一块砖、一揉压的“三一”砌筑法。

（2）砌筑质量要求

砌筑工程质量着重控制灰缝质量，要求做到横平竖直、厚薄均匀、砂浆饱满、上下错缝、内外搭砌、接搓牢固。对砌砖工程，要求每一皮砖的灰缝横平竖直、砂浆饱满。上面砌体的重量主要通过砌体之间的水平灰缝传递到下面。水平灰缝不饱满往往会使砖块折断。

2. 砌石施工

石材根据加工情况分为毛石和料石，料石按加工平整程度分为毛料石、粗料石、半细料石和细料石等。

（1）毛石砌体

毛石砌体所用石料应选择块状，其中部厚度不应小于 150mm。毛石砌筑时宜分皮卧砌，各皮石块之间应利用自然形状，经敲打修正，使能与先砌筑的石块形状基本吻合、搭砌紧密。毛石砌体应采用铺浆法砌筑，其灰缝厚度宜为20～30mm，石块间不得有相互接触现象。

（2）料石砌体

料石基础砌体的第一皮应用丁砌层坐浆砌筑，料石砌体亦应上下错缝搭砌，砌体厚度大于或等于两块料石宽度时，如同皮内全部采用顺砌，每砌两皮后，应砌一皮丁砌层，如同皮内采用丁顺组砌，丁砌石应交错设置，其中距不应大于2m。料石砌体灰浆的厚度，根据石料的种类确定：细石料砌体不宜大于5mm；半细石料砌体不宜大于10mm；粗石料和毛石料砌体不宜大于20mm。料石砌体砌筑时，应放置平稳。砂浆铺设厚度应略高于规定的灰缝厚度。砂浆的饱满度应大于80%。

二、混凝土工程

混凝土结构在园林建筑小品中的应用十分广泛，如：各种亭、廊、花架、水池、花坛等几乎都能用这种结构来实现。这源于混凝土结构所具有的优点：整体性好，可灌筑成为一个整体；可塑性好，可灌筑成各种形状和尺寸的结构；耐久性和耐火性好；工程造价和维护费用低。

混凝土是由水泥、粗细骨料、水和外加剂按一定比例拌合而成的混合物，经硬化后所形成的一种人造石。混凝土属脆性材料，抗压强度高而抗拉强度低，受拉时容易产生断裂现象。为此，可在结构件的受拉区配置适当的钢筋，充分利用钢筋的抗拉能力，使结构件既能受压，亦能受拉，以满足建筑功能和结构要求。钢筋混凝土是经由水泥、粒料级配、加水拌合而成混凝土，在其中加入一些抗拉钢筋，再经过一段时间的养护，达到工程设计所需的强度。

（一）模板工程

现浇混凝土结构施工用的模板是使混凝土构件按设计的几何尺寸浇筑成型的模型板，是混凝土构件成形的一个十分重要的组成部分。模板系统包括模板和支架两部分。模板的选材和构造的合理性以及模板制作和安装的质量，都直接影响混凝土结构和构件的质量、成本和进度。

1. 模板的基本要求

现浇混凝土结构施工用的模板要承受混凝土结构施工过程中的水平荷载和竖向荷载。为了保证钢筋混凝土结构施工的质量，对模板及其支架的要求有：保证工程结构和构件各部分形状、尺寸和相互位置的正确；具有足够的强度、刚度和稳定性，能可靠地承受新浇混凝土的重量和侧压力，以及在施工过程中所产生的荷载；构造简单，装拆方便，并便于钢筋的绑扎与安装，符合混凝土的浇筑及养护等工艺要求；模板接缝应严密，不得漏浆。

2. 模板的分类

按其所用的材料，分为木模板、钢模板和其他材料模板（如胶合板模板、塑料模板、玻璃钢模板、压型钢模、钢木或钢竹组合模板、装饰混凝土模板、预应力混凝土薄板）。

按施工方法，模板分为拆移式模板和活动式模板。拆移式模板由预制配件组成，现场组装。拆模后稍加清理和修理再周转使用，常用的木模板和组合钢模板等皆属拆移式模板；活动式模板是指按结构的形状制作成工具式模板，组装后随工程的进展而进行垂直或水平移动，直至工程结束才拆除，如滑升模扳、提升模板、移动式模板等。

3. 模板的构造

（1）基础模板

基础的特点是高度较小而体积较大。在安装基础模板前，应将地基垫层的标高及基础中心线先行核对，弹出基础边线。若为独立柱基，即将模板中心线对准基础中心线；若是带形基础，即将模板对准基础边线。然后再校正模板上口的标高，使之符合设计要求。经检查无误后将模板钉（卡、栓）牢撑稳。在安装柱基础模板时，应与钢筋工配合进行。

（2）柱模板

柱子的特点是断面尺寸不大而比较高。因此，柱模主要解决垂直度、施工时的侧向稳定及抵抗混凝土的侧压力等问题。同时也应考虑方便浇筑混凝土、清理垃圾与钢筋绑扎等问题。柱模板底部应留有清理孔，以便于清理安装时掉下的木屑垃圾，待垃圾清理干净、混凝土浇筑前再钉牢。柱身较高时，为使混凝土的浇筑振捣方便，保证混凝土的质量，沿柱高每 2m 左右设置一个浇筑孔，做法与底部清理孔一样。待混凝土浇到浇筑孔部位时，再钉牢盖板继续浇筑。

（3）梁模板

梁的特点是跨度较大而宽度一般不大，梁高可到 1m 左右，梁的下面一般是架空的。因此混凝土对梁模板既有横向侧压力，又有垂直压力。这要求梁模板及其支撑系统稳定性要好，有足够的强度和刚度，不致发生超过规范允许的变形。梁模板应在复核梁底标高、校正轴线位置无误后进行安装。支柱（琵琶撑）安装时应先将其下地面拍平夯实，放好垫板（保证底部有足够的支撑面积）和楔子（校正高度）；支柱间距应按设计要求，当设计无要求时，一般不宜大于 2m；支柱之间应设水平拉杆、剪刀撑，使之互相拉撑成一整体，离地面 500mm 设一道，以上每隔 2m 设一道。

4. 模板的安拆要求

（1）模板的安装

模板及其支撑结构的材料、质量应符合规范规定和设计要求；模板安装时，为了便于模板的周转和拆卸，梁的侧模板应盖在底模的外面，次梁的模板不应伸到主梁模板的开口罩面，梁的模板亦不应伸到柱模板的开口里面；模板安装好后应卡紧撑牢，各种连接件、支撑件、加固配件必须安装牢固，无松动现象；模板拼缝要严密，不得发生下沉与变形。

（2）模板的拆除

在进行模板的施工设计时，就应考虑模板的拆除顺序和拆除时间，以便更多的模板参加周转，减少模板用量，降低工程成本。模板的拆除时间与构件混凝土的强度以及模板所处的位置有关。

模板的拆除，除了侧模应以能保证混凝土表面及棱角不受损坏时方可拆除外，底模应按《混凝土结构工程施工质量验收规范》（GB 50204）的有关规定执行。

模板拆除的顺序和方法，应按照配板设计的规定进行，遵循先支后拆，先非承重部位，后承重部位以及自上而下的原则。拆模时，严禁用大锤和撬棍硬砸硬撬。

拆模时，操作人员应站在安全线外，以免发生安全事故，待该片（段）模板全部拆除后，方准将模板、配件、支架等运出堆放。模板运至堆放场地应排放整齐，并派专人负责清理维修，以增加模板使用寿命，提高经济效益。

拆下的模板、配件等，严禁抛扔，要有人接应传递，按指定地点堆放，并做到及时清理、维修和涂刷好隔离剂，以备待用。

已拆除模板及其支架的结构，在混凝土强度符合设计混凝土强度等级的要求后，方可承受全部使用荷载；当施工荷载所产生的效应比使用荷载的效应更不利时，必须经过核算，加设临时支撑。

（二）钢筋工程

在钢筋混凝土结构中，钢筋及其加工质量对结构质量起着决定性的作用，钢筋工程又属于隐蔽工程，在混凝土浇筑后，钢筋的质量难以检查，故对钢筋的进场验收到一系列的加工过程和最后的绑扎安装，都必须进行严格的质量控制，以确保结构的质量。

1. 钢筋的种类

钢筋的种类很多。按生产工艺可分为热轧钢筋、冷拉钢筋、冷拔钢丝、碳素钢丝、刻痕钢丝、钢绞丝和热处理钢筋等，其中后面四种主要用于预应力混凝土工程。按化学成分又可分为碳素钢钢筋和普通低合金钢钢筋，碳素钢钢筋按含碳量的多少，又可分为低碳钢钢筋（含碳量＜0.25%）、中碳钢钢筋（含碳量0.25%～0.7%）、高碳钢钢筋（含碳量0.7%～1.4%）三种。按力学性能可分为R235、HRB335、HRB400、KL400等，而且级别越高，其强度及硬度越高，但塑性逐级降低；为便于识别，在不同级别的钢材端头涂有不同颜色的油漆。按外形可分为光圆钢筋和变形钢筋，后一种又有月牙形、螺旋形和人字形三种。按供应形式，为便于运输，通常将直径为6～10mm的钢筋卷成网盘，称盘圆或盘条钢筋；将直径大于12mm的钢筋轧成6～12m长一根，称直条或碾条钢筋。按直径大小可分为钢丝（直径3～5mm）、细钢筋（直径6～10mm）、中粗钢筋（直径12～20mm）和粗钢筋（直径大于20mm）。按钢筋在结构中的作用不同可分为受力钢筋、架立钢筋和分布钢筋。

2. 钢筋的连接

（1）焊接连接

①闪光对焊

闪光对焊不需要焊药，施工工艺简单、工作效率高、造价较低、应用广泛。

②电弧焊

电弧焊是利用弧焊机在焊条与焊件之间产生高温电弧，使得焊条和电弧燃烧范围内的金属焊件很快熔化从而形成焊接接头。

③电渣压力焊

电渣压力焊是利用电流通过渣池产生的电阻热将钢筋端部熔化，然后施加压力使钢筋焊接在一起。

④电阻点焊

利用点焊机进行交叉钢筋的焊接，可成型为钢筋网片或骨架，以代替人工绑扎。同人工绑扎相比较，电阻点焊具有工效高、节约劳动力、成品整体性好、节约材料、降低成本等特点。

（2）绑扎连接

钢筋绑扎连接，其工艺简单、工效高，不需要连接设备。但当钢筋较粗时，相应地需增加接头钢筋长度，浪费钢材且绑扎接头的刚度不如焊接接头。当钢筋采用绑扎连接方式时，要求绑扎位置准确、牢固，搭接长度及绑扎点位置应符合下列规定：

①搭接长度的末端距离钢筋弯折处不得小于钢筋直径的10倍，且接头不宜位于构件最大弯矩处。

②受拉区域内，R235钢筋绑扎接头的末端应做有弯钩，HRB335、HRB400钢筋可不做弯钩。

③直径不大于12mm的受压R235钢筋的末端，以及轴心受压构件中任意直径的受力钢筋的末端，可不做弯钩，但钢筋搭接长度应不小于钢筋直径的35倍。

④绑扎接头处的中心和两端均应用铁丝扎牢。

⑤对于受压钢筋，其绑扎接头的搭接长度，应取受拉钢筋绑扎接头搭接长度的0.7倍。

（3）钢筋的绑扎

加工完毕的钢筋即可运到施工现场进行安装、绑扎。钢筋绑扎一般采用20#～22#铁丝或镀锌铁丝，铁丝过硬时，可经过退火处理。钢筋绑扎时其交叉点应采用铁丝扎牢；板和墙的钢筋网，除靠近外围两排钢筋的交叉点全部扎牢外，中间部分交叉点可间隔交错扎牢，但必须保证受力钢筋不发生位置偏移；双向受力的钢筋，其交叉点应全部扎牢；梁柱箍筋，除设计有特殊要求外，应与受力钢筋垂直设置，箍筋弯钩叠合处应沿受力主筋方向错开设置；柱中竖向钢筋搭接时，角部钢筋的弯钩平面与模板面的夹角，对矩形柱应为45°角，对多边形柱应为模板内角的平分角；对圆形柱钢筋的弯钩平面应与模板的切平面垂直；中间钢筋的弯钩面应与模板面垂直；当采用插入式振捣器浇筑小型截面柱时，弯钩平面与模板面的夹角不得小于15°。

钢筋的安装绑扎应该与模板安装相配合，柱筋的安装一般在柱模板安装前进行；而梁的施工顺序正好相反，一般是先安装好梁底模，再安装梁筋，当梁高较大时，可先留下一面侧模不安，待钢筋绑扎完毕，再支余下一面侧模，以方便施工；楼板模板安装好后，即可安装板筋。为了保证钢筋的保护层厚度，工地上常采用预制的水泥砂浆块垫在模板与钢筋间，垫块的厚度即为保护层厚度。垫块一般布置成梅花形，间距不超过1m。构件中有双层钢筋时，上层钢筋一般是通过绑扎短筋或设置垫块来固定。对于基础或楼板的双层筋，固定时一般采用钢筋撑脚来保证钢筋位置，间距1m。特别是雨篷、阳台等部位的悬臂板，更需严格控制钢筋位置，以防悬臂板断裂。

（三）混凝土工程

混凝土工程是钢筋混凝土结构工程的一个重要组成部分，其质量好坏直接关系到结构的承载能力和使用寿命。混凝土工程包括配料、搅拌、运输、浇筑、养护等施工过程，各工序相互联系又相互影响，因而在混凝土工程施工中，对每个施工环节都要认真对待，把好质量关，以确保混凝土工程获得优良的质量。

1. 混凝土的配料

混凝土的配料指的就是将各种原材料按照一定的配合比配制成工程需要的混凝土。

(1) 原材料的选择

①水泥

水泥是一种无机粉状水硬性胶凝材料，加水搅拌后成浆体。能在空气和水中硬化，并能把砂、石等材料牢固地胶结在一起，具有一定的强度。水泥的品种和成分不同，其凝结时间、早期强度、水化热、吸水性和抗侵蚀的性能等也不相同，这些都直接影响到混凝土的质量、性能和适用范围。水泥在进场时必须具有出厂合格证或进场试验报告，并对其品种、强度等级、包装或散装仓号、出厂日期等内容进行检查验收，并分别堆放，并做好标志，做到先到先用，防止混用。

②细骨料

混凝土配制中所用细骨料一般为砂，根据其平均粒径或细度模数可分为粗砂、中砂、细砂和特细砂四种。作为混凝土用砂，砂的颗粒级配、含泥量、坚固性、有害物质含量等性质方面必须满足国家有关标准的规定。混凝土用砂一般采用细度模数为2.5～3.5的中砂或粗砂，孔隙率不宜超过45%。砂中一些杂质会影响混凝土的质量，如砂中含有过量云母会影响水泥与砂粒的粘结。黑云母易风化，会降低混凝土的抗冻性和耐久性；尘屑、淤泥、黏土等杂质会降低混凝土的强度、抗渗性和抗冻性，增大收缩变形；硫化物和硫酸盐对水泥有腐蚀作用等。

③粗骨料

混凝土级配中所用粗骨料指的是碎石或卵石。由天然岩石或卵石经破碎、筛分而得的、粒径大于5mm的岩石颗粒，称为碎石。由于自然条件作用而形成的粒径大于5mm的岩石颗粒，称为卵石。碎石或卵石的颗粒级配和最大粒径对混凝土的强度影响较大，级配越好，混凝土的和易性和强度也越高。在级配合适的条件下，石子最大粒径越大，其表面积越小，空隙率也可减少。这对节省水泥、提高混凝土强度和密实性都有好处。

④水

混凝土拌合用水一般采用饮用水，当采用其他来源水时，水质必须符合国家现行标准的规定。主要是要求水中不能含有影响水泥正常硬化的有害杂质。如污水、工业废水及pH值小于4的酸性水和硫酸盐含量超过1%的水不得用于混凝土中。

⑤外加剂

在混凝土中掺入少量外加剂，可改善混凝土的性能，加速工程进度或节约水泥，满足混凝土在施工和使用中的一些特殊要求，保证工程顺利进行。外加剂的种类很多，用途和用法各不相同，常用的有早强剂、减水剂、缓凝剂、抗冻剂等。

(2) 混凝土配合比的确定

混凝土配合比应根据材料的供应情况、设计混凝土强度等级、混凝土施工和易性的要求等因素来确定，并应符合合理使用材料和经济的原则。合理的混凝土配合比应能满足两个基本要求：既要保证混凝土的设计强度，又要满足施工所需要的和易性。对于有抗冻、抗渗等要求的混凝土，尚应符合相关的规定。

①试配强度

普通混凝土和轻骨料混凝土的配合比应分别按国家现行标准《普通混凝土配合比设计规程》和《轻骨料混凝土技术规程》进行计算，并通过试配确定。

②和易性

混凝土的和易性是指混凝土拌合后，既便于浇筑，又能保持其匀质性，不出现离析现象，即具有一定的黏聚性和流动性。

2. 混凝土的拌制

混凝土的拌制就是水泥、水、粗细骨料和外加剂等原材料混合在一起进行均匀拌合的过程。搅拌后的混凝土要求匀质，且达到设计要求的和易性和强度。

目前普遍使用的搅拌机根据其搅拌机理可分为自落式搅拌机和强制式搅拌机两大类。为获得均匀优质的混凝土拌合物，除合理选择搅拌机的型号外，还必须合理确定搅拌制度。具体内容包括装料容积、投料顺序和搅拌时间等。

（1）装料容积

不同类型的搅拌机具有不同的装料容积，装料容积指的是搅拌一罐混凝土所需各种原材料松散体积之和。一般来说装料容积是搅拌机拌筒几何容积的1/3～1/2。搅拌完毕混凝土的体积称为出料容积，一般为搅拌机装料容积的0.55～0.75。搅拌机上标明的容积一般为出料容积。

（2）装料顺序

投料顺序应从提高搅拌质量，减少叶片、衬板的磨损，减少拌合物与搅拌筒的粘结，减少水泥飞扬改善工作环境等方面综合考虑确定。常用的有一次投料法和两次投料法。

①一次投料法

是在上料斗中先装石子、再加水泥和砂，然后一次投入搅拌机。

②二次投料法

可分为预拌水泥砂浆法和预拌水泥净浆法，预拌水泥砂浆法是指先将水泥、砂和水投入拌筒搅拌1～1.5min后，加入石子再搅拌1～1.5min。预拌水泥净浆法是先将水和水泥投入拌筒搅拌1/2搅拌时间，再加入砂石搅拌到规定时间。

（3）搅拌时间

搅拌时间指的是从全部原材料装入拌筒时起，到开始卸料时为止的时间。一般适当延长搅拌时间，会相应地提高混凝土的强度，但超过一定限度后，混凝土的强度不再随着搅拌时间的增加而增加，时间过长，将导致混凝土出现离析现象。我国规范规定不同情况下搅拌混凝土的最短时间见表6-1。

表6-1　混凝土搅拌的最短时间

混凝土坍落度/mm	搅拌机类型	混凝土搅拌的最短时间/s		
		出料量＜250L	出料量250～500L	出料量＞500L
≤30	强制式	60	90	120
	自落式	90	120	150
＞30	强制式	60	60	90
	自落式	90	90	120

注：当掺有外加剂时，时间可适当延长；采用其他搅拌机根据说明书规定或试验确定。

3. 混凝土的浇筑成型

混凝土浇筑成型就是将混凝土拌合料浇筑在符合设计要求的模板内，加以捣实使其达到设计质量强度要求并满足正常使用的要求。混凝土的浇筑成型过程包括浇筑与捣实，是混凝土施工的关键，对于混凝土的密实性、结构的整体性和构件的尺寸准确性都起着决定性的作用。

（1）混凝土的浇筑

混凝土浇筑前应检查模板的标高、尺寸、位置、强度、刚度等内容是否满足要求，模板接缝是否严密；钢筋及预埋件的数量、型号、规格、摆放位置、保护层厚度等是否满足要求，并做好隐蔽工程；模板中的垃圾应清理干净；木模板应浇水湿润，但不允许留有积水。

（2）混凝土结构的浇筑方法

钢筋混凝土结构的园林建筑的主要构件有基础、柱、梁、楼板等。其中柱、梁、板等构件是沿垂直方向重复出现的，施工时，一般按结构层来划分施工层。当结构平面尺寸较大时，还应划分施工段，以便组织各工序流水施工。

（3）混凝土的振捣

混凝土浇筑入模后，内部还存在着很多空隙。为了使混凝土充满模板内的每一部分，而且具有足够的密实度，必须对混凝土进行捣实，使混凝土构件外形正确、表面平整、强度和其他性能符合设计及使用要求。

4. 混凝土的养护

混凝土成型后，为保证混凝土在一定时间内达到设计要求的强度，并防止产生收缩裂缝，应及时作好混凝土的养护工作。养护的目的就是给混凝土提供一个较好的强度增长环境。混凝土的强度增长是依靠水泥水化反应进行的结果，而影响水泥水化反应的主要因素是温度和湿度；温度越高水化反应的速度越快，而湿度高则可避免混凝土内水分丢失，从而保证水泥水化作用的充分，当然水化反应还需要足够的时间，时间越长，水化越充分，强度就越高。因此混凝土养护实际上是为混凝土硬化提供必要的温度、湿度条件。

（1）覆盖浇水养护

覆盖浇水养护是指混凝土在浇筑完毕后 3～12h 内，可选用草帘、芦席、麻袋、锯末、湿土和湿砂等适当材料将混凝土表面覆盖，并经常浇水使混凝土表面处于湿润状态的养护。覆盖浇水养护应在混凝土浇筑完毕 12h 以内进行覆盖和洒水养护。混凝土的养护时间与水泥品种有关，对于采用硅酸盐水泥、普通硅酸盐水泥或矿渣硅酸盐水泥拌制的混凝土，不得少于 7d，对掺用缓凝型、外加剂或有抗渗性要求的混凝土，不得少于 14d。每日浇水的次数以能保持混凝土具有足够的湿润状态为宜。一般气温在 15℃以上时，在混凝土浇筑后最初 3 昼夜中，白天至少每 3h 浇水一次，夜间也应浇水两次；在以后的养护中，每昼夜应浇水 3 次左右；在干燥气候条件下，浇水次数应适当增加。

（2）塑料薄膜养护

塑料薄膜养护就是以塑料薄膜为覆盖物，使混凝土表面与空气隔绝，可防止混凝土内的水分蒸发，水泥依靠混凝土中的水分完成水化作用而凝结硬化，从而达到养护目的。

①薄膜布直接覆盖法

是指用塑料薄膜布把混凝土表面敞露部分全部严密地覆盖起来，保证混凝土在不失水的情况下得到充分的养护。其优点是不必浇水，操作方便，能重复使用，能提高混凝土的早期强度，加速模具的周转。

②喷洒塑料薄膜养生液法

是指将塑料溶液喷涂在混凝土表面，溶液挥发后在混凝土表面结成一层塑料薄膜，使混凝土表面与空气隔绝，封闭混凝土内的水分不再被蒸发，从而完成水泥水化作用。这种养护方法一般适用于表面积大或浇水养护困难的情况。

三、装饰工程

（一）抹灰类饰面构造

1. 装饰抹灰

（1）拉毛灰

拉毛灰是用铁抹子先将罩面灰轻压后并顺势轻轻拉起，形成一种质感较强的饰面层。这种工艺通常用水泥石灰砂浆或水泥纸筋灰浆，是过去比较广泛采用的一种传统饰面做法，要求表面花纹、斑点分布均匀，颜色一致，同一平面上不显接槎。

（2）洒毛灰

洒毛灰是用竹丝刷等工具将罩面灰浆甩洒在墙面上的一种饰面做法。也有先在基层上刷水泥色浆，再甩上不同颜色的罩面灰浆，并用抹子轻轻压平形成两种颜色的套色做法。

（3）扒拉石

扒拉石是用钉耙子在面层表皮已经凝结到一定程度的水泥石碴的表面上，扒拉表面浆皮和部分石子的饰面做法。施工准备基本同一般抹灰，工具中需增加钉耙子，钉耙子是在小木块上钉钉子，使钉尖外露 2cm 左右形成的工具。扒拉石的材料为 1∶1 水泥石碴，施工前检查抹灰中层表面平整度。

（4）假面砖

假面砖是利用普通材料，模仿高级装饰并取得良好效果的成功尝试，装饰等级只与一般抹灰相同，装饰效果却好得多。它的横竖间隙线条掩盖局部颜色不均，虽然表面粗糙，但污染对其影响较小，饰面造价低，操作简单。

（5）真石漆

天然真石漆是一种高级水溶性油漆，适用于水泥墙体、木板、纸、泡沫、玻璃、胶合板等基体材料的喷抹。因此，使用天然真石漆进行装饰，基层必须平精、干燥、结实。受潮剥离的旧基体，必须重新作基层处理；新墙体需待其干透后才能施工。否则，都会影响天然真石漆的效果。

2. 石渣装饰抹灰

石渣装饰抹灰是以水泥为胶凝材料、石渣为骨料的水泥石渣浆抹于墙体基层表面，然后用水冲洗、斧剁、水磨等方法除去表面水泥浆皮以露出石渣的颜色、质感为主的饰面做法。主要有水刷石、斩假石、水磨石、干粘石、干粘彩色瓷粒、喷石及彩釉砂抹灰工程的施工。它具有明亮、鲜艳、颜色稳定、质感丰富的效果。石渣类装饰抹灰工程常用材料主要指石渣骨料，以及粘结石渣用的胶结材料或胶粘剂等。石渣装饰抹灰通常采用水泥做胶结材料，常用108胶、丙烯酸酯共聚乳液为石英砂的胶粘剂。

（1）洗米石（水刷白）

洗米石饰面是在中底层上先刷一遍素水泥浆，然后再抹水泥石渣浆，待面层开始凝固时，即用刷子蘸水（或用喷雾器喷水）刷掉面层水泥浆至石子外露的一种装饰方法，是应用较早的饰面做法，耐久性好但费工费料。建筑工程中通常称为水刷石，只是园林建筑小品中所用的石子是通常为直径3～6mm的石米（像小型的卵石），因而形象地称为洗米石。

（2）干粘石

干粘石是在水刷石的基础上改变了其施工方法，从而达到外装修效果基本相同、又能节约材料、提高工效的要求。它的主要特点是石子粘于砂浆之上形成饰面。

干粘石饰面所用的石子以粒径3～4mm为多，也可用粒径5～6mm。石子在使用前应洗净，晒干，装于干净的袋中或存放在不易落灰的房间里。干粘石饰面所用砂子以0.35～0.5mm的中砂为好，要求砂子含泥量不得超过3%，粘接层砂浆可用1∶3水泥砂浆，也可用1∶0.5∶2的水泥、石膏、砂混合砂浆。美术干粘石要求在粘接砂浆中加矿物质颜料，颜料的色彩和质量要按设计要求严格检验。为增强粘接层的粘接力，砂浆中还可掺入适量的108胶。

（3）机喷石

机喷石是用机械代替干粘石施工中的手工甩石操作的施工方法。这种方法可极大地提高工效，减轻劳动强度，可以省去干粘石施工中的拍压工序，并能保证粘接牢固。

（4）斩假石

斩假石（又称剁斧石），是把水泥石子浆或水泥石屑浆涂抹在墙体的中层上，待其凝固硬化后，用斧子和凿子等工具在表面剁斩出类似石材的纹理效果的一种装饰方法。

其抹面做法同水刷石，但石子粒径一般较小，在1∶3水泥砂浆上抹1∶1.25水泥石渣后，表面要养护一段时间，待表面水泥凝结而又未达到最后硬度时，用斧剁去表面水泥硬浆皮，形成各种样式的细条纹。斩假石的装饰效果较庄重，但费工费力，质量标准为剁纹顺直，线条清晰不得漏剁，保留不剁的边条也应宽窄一致，棱角分明。

（二）陶瓷饰面构造

陶瓷贴面，即是把陶瓷贴面材料贴到基层上的一种装饰方法。陶瓷贴面面层表面光滑，易于清洗，而且防腐耐碱，能起保护墙面的功能。

面砖安装前先将表面清洗干净，然后将面砖放入水中浸泡，贴前取出晾干或擦干。面砖安装时用1∶3水泥砂浆打底并划毛，后用1∶0.3∶3水泥石灰砂浆或用掺有108胶（水泥用量的5%～10%）的1∶2.5水泥砂浆刮满于面砖背面，四角刮成斜面，注意边角满浆，其厚度不小于10mm，然后将面砖贴于墙上，轻轻敲实，使其与底灰粘牢。一般面砖背面有凸凹纹路，更有利于面砖粘贴牢固。面砖之间要留有一定的缝隙，以利湿气排出。面砖的排列和布缝，要考虑面砖的大小和色彩的搭配来设计出一个合理的排砖布缝方案。在墙角或柱角相接时，通常是整体性饰面或面积较大的饰面去压面积较小的饰面。

（三）石材类饰面构造

1. 石材的种类

天然石材是指从天然岩体中开采出来，并经加工成块状或板状材料的总称。人造石材（亦称人造石）是人造大理石和人造花岗石的总称，属水泥混凝土和聚酯混凝土的范畴。这里重点介绍天然石材。

（1）天然大理石

天然大理石是指变质或沉积的碳酸盐岩类的一种变质岩，常呈层状结构，属于中硬石材。大理石质地均匀细密，硬度小，易于加工和磨光，富有装饰性。大理石可锯成薄片，厚度为2mm左右。经过加工的大理石板材表面光洁如镜，棱角整齐，美丽大方，给人以朴素光洁的感觉。但大理石一般都含有杂质，其硬度、强度、耐久性均比火成岩花岗石差。大理石主要由碳酸盐组成，如使用于室外，当空气潮湿并含有 SO_2 时，大理石面层因化学变化将生成易溶于水的石膏，使大理石表面很快失去光泽，久而久之则遭受破坏。因此，大理石饰面板不宜使用于室外，用于室内较好。

（2）天然花岗石

天然花岗石是火成岩，属于硬石材。岩质坚硬密实，按其结晶颗粒大小可分为“伟晶”、“粗晶”和“细晶”三种。天然花岗石饰面板，一般采用晶粒较粗、结构较均匀、排列比较规整的原材料经研磨抛光而成。表面平整光滑，棱角整齐。其颜色多为粉红底黑点、花皮、白底黑点、灰白色、黑等。花岗石不易风化变质，耐磨，外观色泽可保质百年以上，因此多用于墙基础和外墙饰面，也常用于高级建筑装饰工程、大厅地面、墙裙、柱面等部位，其装饰效果庄重大方、高贵豪华。

2. 石材表面纹理

天然石材饰面板不仅具有天然材料的自然美感，而且质地致密坚硬，耐久性、耐磨性等均比较好。天然石材按其表面的装饰效果，主要分为以下六种主要类型。

（1）研磨

表面平整，有细微光泽，可选择不同的光泽度。表面非常平滑但多孔，在人行很多的地方这种表面很常见。因为研磨的板材孔径大，应使用渗透密封剂。一般研磨石材的颜色不如抛光表面鲜明。

（2）抛光

表面有光泽，但经过一段时间使用后就会因行人太多和养护不当而失去光泽。这种表面平滑而少孔，抛光后晶体的反射产生绚丽色彩，显现出天然石材的矿物颗粒，光泽就是来自于石材晶体的自然反射。在生产中使用抛光砖和抛光粉而形成抛光面，光泽不是涂料产生的。

（3）火烧

表面粗糙，在高温下形成。生产时对石材加热，晶体产生爆裂，因而表面粗糙、多孔，须用渗透密封剂。

（4）翻滚

表面粗糙，通过将大理石、石灰石有时还有花岗石的碎片在容器内翻滚，变成古旧的样子，经常需要使用石材增色剂使颜色更鲜明。

（5）喷砂

用砂和水的高压射流将砂子喷到石材上，形成有光泽但不光滑的表面。

（6）剁斧

通过锤打，形成表面纹理，可选择不同粗糙程度。可分为麻面、条纹面等类型，当然，根据设计的需要，也可加工成其他的表面，如剔凿表面、蘑菇状表面等。由于表面的处理形式不同，其艺术效果当然也不相同。

3. 石材饰面施工方法及构造

（1）石材饰面安装方法

①绑扎法

花岗石板材饰面和大理石板材饰面安装固定的构造基本上是一样的，采用板材与基层绑或挂，然后灌浆固定的办法。镶贴面积较大的板材（尺寸大于 400mm×400mm，厚度大于 10mm），仅用胶粘剂固定于基层还不够，还需要铜丝或不锈钢挂件，将板材系到基层，以防因表面积大可能造成的局部空鼓而坠落。超过 1.2m 的高度，均要用铜丝绑扎（图 6-34）。

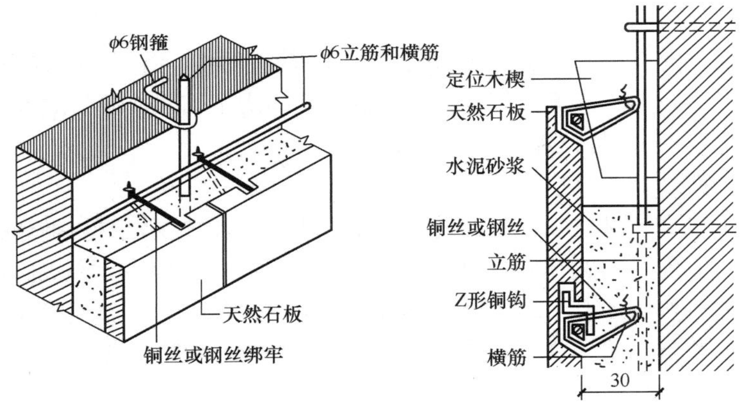

图 6-34　石材绑扎法

②干挂法

干挂法就是用螺栓和挂件（挂件一般由不锈钢制成）固定饰面石材。在需要铺贴饰面石材的部位预留金属预埋件或者直接在需要装饰的部位用电钻钻孔，打入膨胀螺栓，然后用螺栓与挂件将其固定，最后进行勾缝处理。这种做法也称为锚固法（图 6-35）。

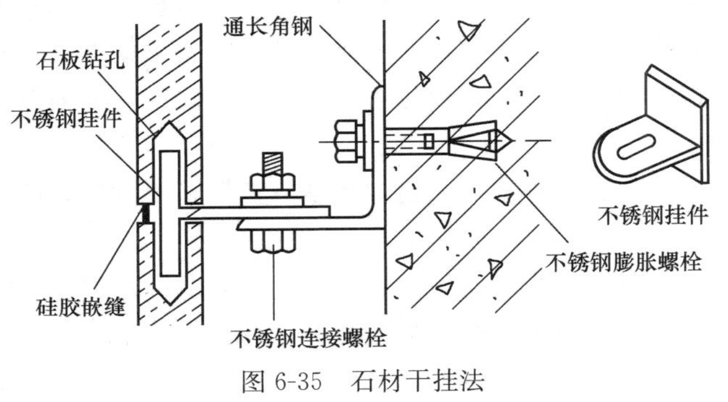

图 6-35　石材干挂法

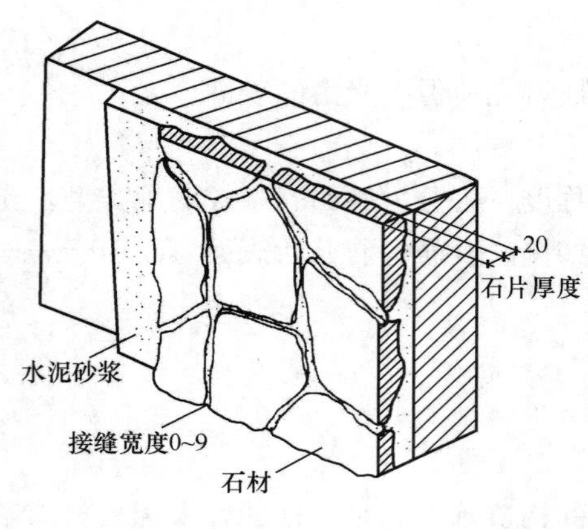

图 6-36　石材粘贴法

③粘贴法

碎小、形状不规则的或小于 400mm×400mm 且厚度小于 10mm 的石材，一般可采用粘贴的方法安装。小型石材的粘贴与粘贴墙面砖的做法相似。常在 1∶2 水泥砂浆内掺入水泥量 5%～10%的 108 胶（图 6-36）。

（2）石材的构造

①板材类饰面的细部构造

在板材类饰面的施工安装中，除了应解决饰面板与墙体之间的固定技术，还应切实处理好各种交接部位的构造。

②拼缝

饰面板材一般来说都比较厚，因此除少量的薄板以外，选择适当的拼缝形式，对装饰效果也是极具影响的一个重要问题。常见的拼缝方式有平接、搭接、嵌接等。

③灰缝

板材类饰面，尤其是采用凿琢表面效果的饰面板墙面，通常都留有较宽的灰缝。灰缝，可做成凸形、凹形、圆弧形等各种各样的形状。为了加强灰缝的效果，常将饰面板材、块材的周边凿琢成斜口或内凹等不同的形式。

④青石板饰面

青石板系水成岩，材质软，易风化。因其材料纹理构造易于劈制成面积不大的薄板，使用规格一般为长、宽 300～500mm 不等的矩形块，边缘不要求很平直，表面也保持其劈开后的自然纹理形状，再加上青石板有暗红、灰、绿、蓝、紫等不同颜色，所以掺杂使用能形成色彩富于变化而又具有一定自然风格的墙体饰面，多用于园林建筑之中。

（四）玻璃屋顶构造

当前的一些园林建筑小品中常采用玻璃采光顶，是以铝合金型材（或钢型材、不锈钢型材）为骨架，以玻璃为覆面材料组装而成的。

1. 构成材料

（1）骨架材料

玻璃屋面的骨架材料可以是型钢，也可以是铝合金材料。在选用钢材时，要注意钢的化学成分，钢中含碳多了不利于焊接。一般在焊接结构中钢的含碳量常限制在 0.2%以下。而铝合金型材尺寸精确，有利于防水处理，不必油饰，装饰效果好。

（2）玻璃材料

玻璃是采光屋顶的主要材料之一，通常在亭或花架采用钢化玻璃和夹层玻璃。

①钢化玻璃

钢化玻璃是普通玻璃和浮法玻璃经过物理或化学方法进行钢化形成的。它比未处理的同厚度普通玻璃的抗弯曲强度和耐冲击强度高 3～5 倍，耐急冷急热的温度变化能力提高 3 倍。当被击碎时，碎裂成近似圆形、无尖角小块，不会伤人。钢化玻璃属于安全玻璃之一，常用于中空玻璃和夹层玻璃原片。

②夹层玻璃

夹层玻璃是一种性能优良的安全玻璃，它是用透明的聚乙烯醇缩丁醛（PVB）胶片将两片或多片玻璃牢固黏合而成，具有透明度高、机械性高、耐光、耐热、耐寒等性能，玻璃和中间层的牢固结合，使其具有良好的抗冲击性能。破碎时，只是形成辐射状裂纹，不会有玻璃碎片飞溅伤人，还可以保持原来的形状和可见度，在一定的时间内可继续使用。

（3）密封材料

玻璃屋面所采用的骨架材料——型钢或铝合金材料和覆面材料——玻璃均是硬度很高（或较高）的材料，在安装施工中，必然在它们之间产生间隙，为补偿这些间隙以及由于骨架材料与玻璃不同的温度变形性而引起的间隙，就要采用柔性密封材料和密封胶束进行密封处理。这既是结构一体性的需要，也是防水措施的需要。由于屋面常年受到阳光、雨、雪、风等的最直接影响，因此密封材料必须耐老化性好、可靠性好。

①密封胶

密封胶有结构密封胶、建筑密封胶（耐候胶）、中空玻璃二道密封胶等。结构玻璃装配使用的结构密封胶只能是硅酮（聚硅氧烷）密封胶，它的主要成分是二氧化硅，由于紫外线不能破坏硅氧键，所以硅酮密封胶具有良好的抗紫外线性能。结构玻璃装配是使用一种硅酮结构密封胶，将玻璃固定在铝框上，玻璃镶片承受的荷载和间接作用，通过胶缝传递到铝框上。结构密封胶是固定玻璃并使其与铝框有可靠连接的胶粘剂，同时也把玻璃屋顶密封起来。

②垫条与垫杆

垫条与垫杆是当屋顶局部采用玻璃采光，制作隐框采光顶时的必备材料。垫条用于结构玻璃装配，垫杆用于填缝时的后衬材料，它们都是高分子发泡材料。垫条一般用聚氯酯发泡材料制成，分为Ⅰ型、Ⅱ型。Ⅰ型用于厚度为 8mm 及以上的单片玻璃和中空玻璃，Ⅱ型用于厚度为 6mm 及以下的玻璃。

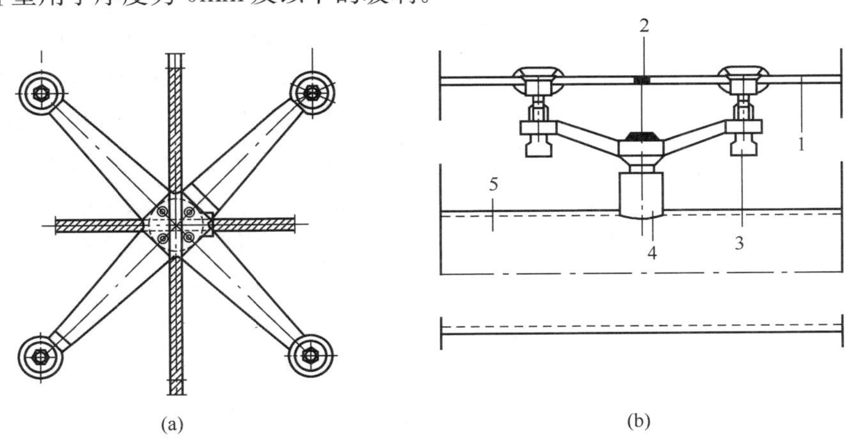

图 6-37　点支撑玻璃屋面构造

1—玻璃；2—密封胶；3—驳接爪；4—背栓；5—结构体系

2. 点支撑玻璃屋面构造

点支撑玻璃屋面又可以称作接驳式全玻璃屋面，这种屋面使建筑具有更好的开敞性和通透性，支撑屋面的结构体系更能体现其金属框架的结构美（图 6-37）。如常见的蛙爪式或 H（X）型驳接爪，其安装方法是通过对每相邻四块玻璃的相邻四个孔洞予以固定，H（X）型的钢爪的背栓再与框架体系的梁或檩相连接。

（五）油漆涂饰

1. 园林工程中常用的油漆

（1）清油

清油又称鱼油、熟油，干燥后漆膜柔软，易发黏。多用于调稀厚漆、红丹防锈漆、打底及调配腻子，也可单独涂刷于金属、木材表面。

（2）厚漆

厚漆又称铅油，有红、白、黄、绿、灰、黑等色。使用时需加清油、松香水等稀释。漆膜柔软，与面漆黏结性能好，但干燥慢，光亮度、坚硬性较差。可用于各种涂层打底或单独作表面涂层，亦可用来调配色油和腻子。

（3）调和漆

调和漆有油性和磁性两类。油性调和漆的漆膜附着力强，有较高的弹性，不易粉化、脱落及龟裂，经久耐用，但漆膜较软，干燥缓慢，光泽差，适用于室外面层涂刷。磁性调和漆常用的有脂胶调和漆和酚醛调和漆等，漆膜较硬，颜色鲜明。

（4）清漆

以树脂为主要成膜物质，分油质清漆和挥发性清漆两类。漆膜干燥快，光泽透明，适用于木门窗、板壁及金属表面罩光。挥发性清漆又称泡立水，常用的有漆片，漆膜干燥快、坚硬光亮，但耐水、耐热、耐气候性差，易失光，多用于室内木材面层的油漆或家具罩面。

2. 油漆涂饰施工

（1）基层处理

为了使油漆和基层表面黏结牢固，节省材料，必须对涂刷的木料、金属、抹灰层和混凝土等基层表面进行处理。木材基层表面油漆前，要求将表面的灰尘、污垢清除干净，表面上的缝隙、毛刺、节疤和脂囊修整后，用腻子填补。抹腻子时对于宽缝、深洞要深入压实，抹平刮光。磨砂纸时要打磨光滑，不能磨穿油底，不可磨损棱角。金属基层表面油漆前，应清除表面锈斑、尘土、油渍、焊渣等杂物。抹灰层和混凝土基层表面油漆前，要求表面干燥、洁净，不得有起皮和松散处等，粗糙的表面应磨光，缝隙和小孔应用腻子刮平。

（2）打底子

在处理好的基层表面上刷底子油一遍（可适当加色），并使其厚薄均匀一致，以保证整个油漆面色泽均匀。

（3）抹腻子

腻子是由油料加上填料（石膏粉、大白粉）、水或松香水拌制成的膏状物。抹腻子的目的是使表面平整。对于高级油漆施工，需在基层上全部抹一层腻子，待其干后用砂纸打磨，然后再抹腻子，再打磨，直到表面平整光滑为止，有时还要和涂刷油漆交替进行。腻子磨光后，清理干净表面，再涂刷一道清油，以便节约油漆。

（4）涂刷油漆

油漆施工按质量要求不同分为普通油漆、中级油漆和高级油漆三种。一般松软木材面、金属面多采用普通或中级油漆；硬质木材面、抹灰面则采用中级或高级油漆。涂饰的方法有刷涂、喷涂、擦涂、揩涂及滚涂等多种。

任务三　园林建筑及小品施工

【知识点】

施工准备内容。

防腐木基本知识。

【技能点】

花架施工工艺。

防腐木亭施工工艺。

景墙施工工艺。

相关知识

一、拟木花架工程施工

1. 准备工作

（1）材料

拟木花架施工图（图 6-38），白灰，标桩，钢筋，水泥，铁线，粉笔，氧化铁，防腐木。

（2）仪器设备

全套全站仪或经纬仪，皮尺，斧子，铁锹，搅拌机，夯实机，钢筋调直机，钢筋钳子，钢筋折弯机，电焊机，模板，全套瓦工工具，振捣棒。

2. 钢筋加工

钢筋表面应洁净，使用前必须清理干净黏着的油污、浮锈。盘圆调直，冷拉率不宜大于 4%。钢筋切断应根据钢筋号、直径、长度和数量，长短搭配，先断长料后断短料，尽量减少钢筋短料，节约钢材。钢筋弯钩时应注意弯曲处内皮收缩，外皮延伸的特点，考虑起弯点位置的调整，保证成型钢筋符合设计及规范要求。

3. 基坑放线及施工

根据总平面图的控制网格，参考拟木花架的柱基础位置，进行基坑放线。根据花架

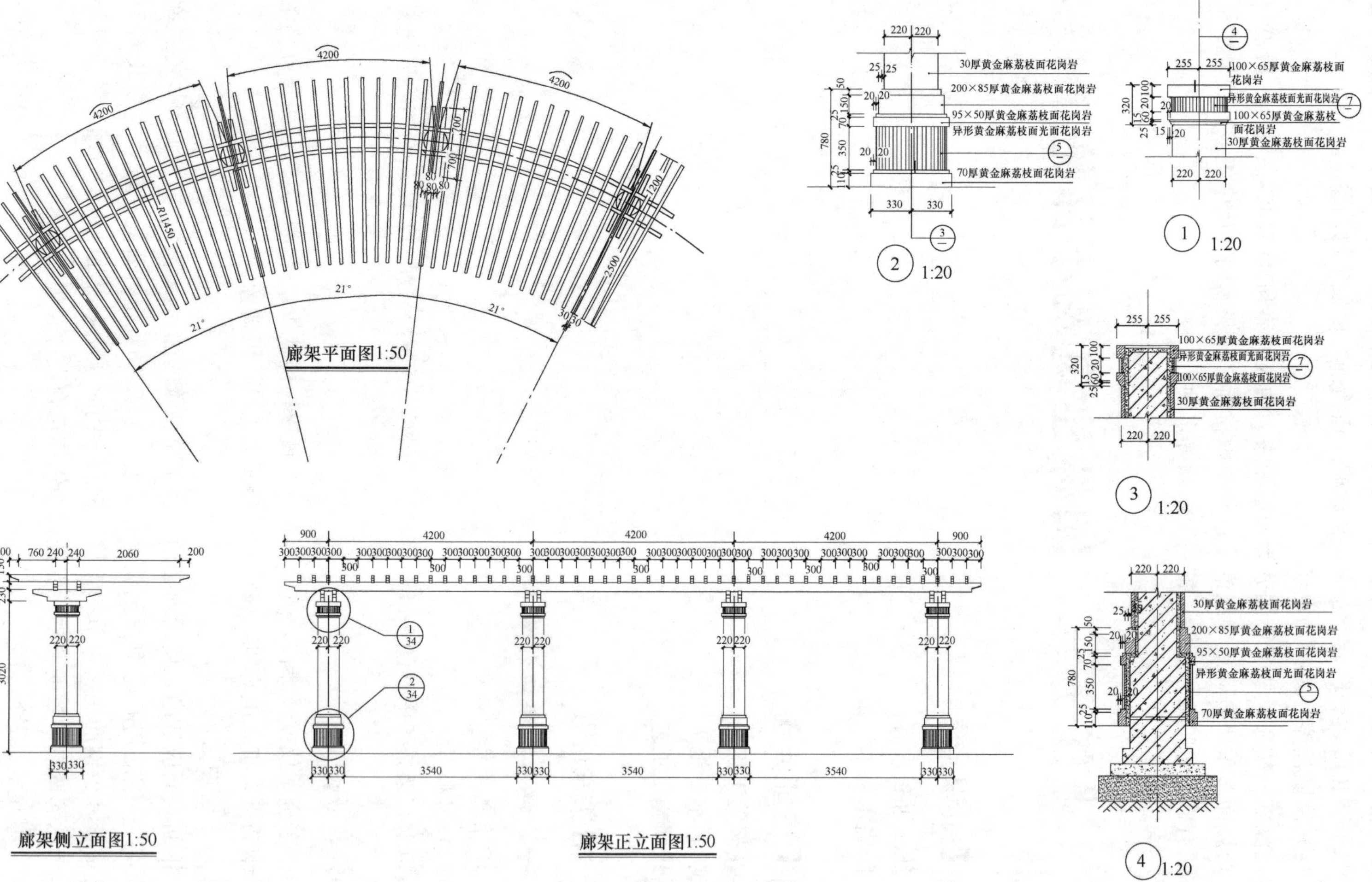

图 6-38 拟木花架施工图

基础施工图要求，在基坑位置画上白灰。

4. 基础施工

根据放线比外边缘宽 20cm 左右，按要求深度挖好基坑之后，首先用素土夯实，有松软处要进行加固，不得留下不均匀沉降的隐患，再用 150mm 厚级配三合土做垫层，基层用 100mm 厚的 C10 素混凝土。

5. 钢筋绑扎

钢筋网的绑扎，四周两行钢筋交叉点应每点扎牢，中间部分隔点扎牢成梅花形，独立性基础的钢筋网双向弯曲受力，短向钢筋应放在横向钢筋的上边，现浇柱与基础连接的箍筋应比别的箍筋缩小一个柱筋。钢筋绑扎完成后将基坑内清扫干净，测度标高（图 6-39）。

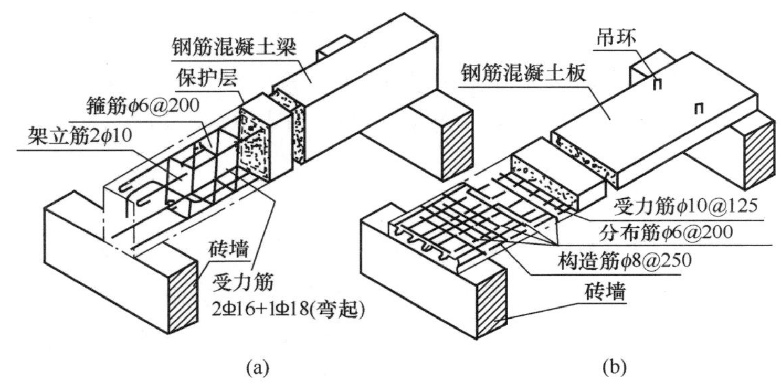

图 6-39　钢筋混凝土中钢筋的配置

（a）钢筋混凝土梁；（b）钢筋混凝土板

6. 模板支撑

基础模板根据高度选择钢模来拼制成若干块侧板，特殊区域也可用窄木模进行调整。柱模板由四块拼板围成，错缝排列为宜，四角用连接角模连接。当柱模大于 2m 时，宜考虑留出浇筑口，模板外设柱箍。核定柱顶高度后进行梁模支撑，梁的底模和侧模均用小钢模拼装，当长度不符合模数时，可用木模补充调整。

7. 混凝土浇筑与振捣

混凝土自高处倾落的自由高度，不应超过 2m。在浇筑竖向结构混凝土前，应先在底部填以 50～100mm 厚与混凝土内砂浆成分相同的水泥砂浆；浇筑中不得发生离析现象。柱子浇筑完毕后，应停歇 1～2h，使混凝土获得初步沉实，待有了一定强度以后，再浇筑梁。浇筑混凝土应连续进行。当必须间歇时，其间歇时间宜缩短，并应在前层混凝土凝结之前，将次层混凝土浇筑完毕。每一振点的振捣延续时间，应使混凝土表面呈现浮浆和不再沉落。采用插入式振动器时，捣实普通混凝土的移动间距，不宜大于振捣器作用半径的 1.5 倍，捣实轻骨料混凝土的移动间距，不宜大于其作用半径；振捣器与模板的距离，不应大于其作用半径的 0.5 倍，并应避免碰撞钢筋、模板、预埋件等；振捣器插入下层混凝土内的深度应不小于 50mm。一般每点振捣时间为 20～30s，使用高频振动器时，最短不应少于 10s，应使混凝土表面成水平不再显著下沉，不再出现气泡，表面泛出灰浆为准。

8. 模板拆除

模板拆除一般是先支的后拆，后支的先拆，先拆非承重部位，后拆承重部位，并作到不损伤构件或模板；拆除时不要用力过猛、过急，拆下来的木料应整理好及时运走，做到活完地清。

9. 饰面装饰

先配制 1∶2 的普通水泥砂浆，在花架表面打底再按照设计样式进行造型，再利用氧化铁配制需要的 1∶1 的彩色水泥砂浆，对拟木造型上色，尽量做到以假乱真。

二、防腐木凉亭工程施工

（一）防腐木的基础知识

1. 防腐木的使用特点

加工、定做各种规格的锯材，既节约材料又节省时间。天然材质，健康自然柔和，方便机械切割，施工便捷，安装迅速，维护方便，使用寿命 20～50 年以上，可回收利用，节约森林资源。

2. 防腐木的使用范围

使用范围包括各住宅小区、别墅、园林、户外休闲场所、城市公园建设、城市装饰、广场、码头、桥梁等领域。主要可用于居家阳台、庭园、泳池、公园、花架、木亭、木屋、木桥、花圃、户外家具、户外地板、游艇甲板、码头、桥梁、护栏、凉亭、园林古建等。

3. 防腐木板与地面连接方法

在整平的水泥面上预先埋好木楔，将龙骨固定在木板上，最后将防腐木板的面板用防水螺丝固定在龙骨上。这个方法施工起来十分简便，而且木板固定非常牢固，缺点就是能看到地板上的螺丝，影响美观。

在整平的水泥地面上预埋好龙骨，然后在埋好的龙骨上，摆好防腐木板，使板面朝下，再在木板上对应已埋龙骨的两侧固定两根龙骨，这时螺丝钉是从龙骨向木板方向固定。然后将板面翻转，与预埋龙骨嵌合，这样就看不到螺丝了，最后在地板外侧从侧面将预埋龙骨与地板龙骨固定。这种方法的缺点就是增加了龙骨用量，使造价提高。

将防腐木板做成规则的木板模块，整平地面，然后直接将模块铺设在地面上。这种方法极为简单，而且可以根据个人喜好随意设计模块图案，但由于没有与地面固定，容易丢失，一般适用于内庭或有人管理的园林中。

4. 防腐木施工中的注意事项

五金件应用不锈钢、热镀锌或铜制的（主要避免日后生锈腐蚀木材并影响连接牢度），否则，可能木材还保持完好状态的时候，连接件已经锈蚀了。连接安装时请预先钻孔，以避免木材开裂。

设计施工中充分保持防腐木材与地面之间的空气流通。安装防腐木时，防腐木与防腐木之间留 3～5mm 的缝隙，避免雨天积水；连接件采用不锈钢的，可避免日后生锈。

尽可能使用现有尺寸及形状，加工裁割部分应补涂刷木材专用防腐剂、户外保护涂料；因防腐木本身是半成品，尤其防腐加压后毛细孔张开产生毛糙现象，等其风干后，毛糙部分可在产品制作完后再用细砂纸砂光一下。

如需涂刷户外保护涂料的，表面应保持干净及干燥（施工前在现场隔开摆放自然风干）后再涂刷户外保护涂料，如有颜色的保护涂料应充分搅匀，禁止兑任何稀释剂。表面用户外保护涂料或油基类涂料涂刷完后（只需一遍），为了达到最佳效果，48h内避免人员走动或重物移动，以免破坏木材面层已形成的保护膜。

由于户外环境下使用的特殊性，木材会出现裂纹、细微变形，属正常现象，并不影响其防腐性能和结构强度。

（二）施工工艺

1. 准备工作

（1）材料

防腐木亭施工图（图6-40），白灰，标桩，防腐木、砂纸、钢筋、角钢、不锈钢螺栓、橡胶垫、不锈钢螺丝。

（2）仪器设备

全套全站仪或经纬仪，皮尺，斧子，铁锹，脚手架、电钻、电锯、螺丝刀。

2. 基坑放线及施工

根据总平面图的控制网格，参考防腐木亭的柱基础位置，进行基坑放线。根据花架基础施工图要求，在基坑位置画上白灰。

3. 基础施工

柱基础根据放线比外边缘宽20cm左右，按要求深度挖好基坑之后，首先用素土夯实，有松软处要进行加固，不得留下不均匀沉降的隐患，再用100mm厚水泥稳定碎石为基层，用ϕ12@130钢筋网C25混凝土做基础，中间留出底部290mm×290mm、上面450mm×450mm、深500mm的坑（图6-41～图6-43）。

亭地面基础按照施工图进行基槽施工，确保基坑的平整度小于2%，素土夯实后用，100mm厚水泥稳定碎石为基层，100mm厚C15混凝土垫层，并进行抄平。

4. 安装柱

将加工好的柱子下端竖直放入基础坑中，吊线确定竖直，然后在空隙中浇筑C25细石混凝土，并支撑待混凝土完全硬化（图6-44）。

5. 梁及支撑木方

横梁和斜梁的规格按照施工图进行加工，搭好脚手架后先安装横梁，再安装斜梁。连接处均为榫接。

6. 安装亭顶

在斜梁上安装防腐木龙骨，再用防腐木板纵向铺满，木板用不锈钢螺丝与龙骨固定。木板先截长的后截短的，这样节省材料。具体的亭子及亭顶结构及做法详图如图6-45，图6-46所示。

7. 安装亭内地板

按照施工图在地面进行放线，确定龙骨位置。先将橡胶垫放在摆放好的龙骨下，把角铁放在龙骨两侧，拿掉龙骨后将角铁用不锈钢螺栓固定在地面上，然后把龙骨放在两角铁之间，从侧面用螺栓固定角铁和龙骨，再在龙骨上面铺防腐木板，木板之间留

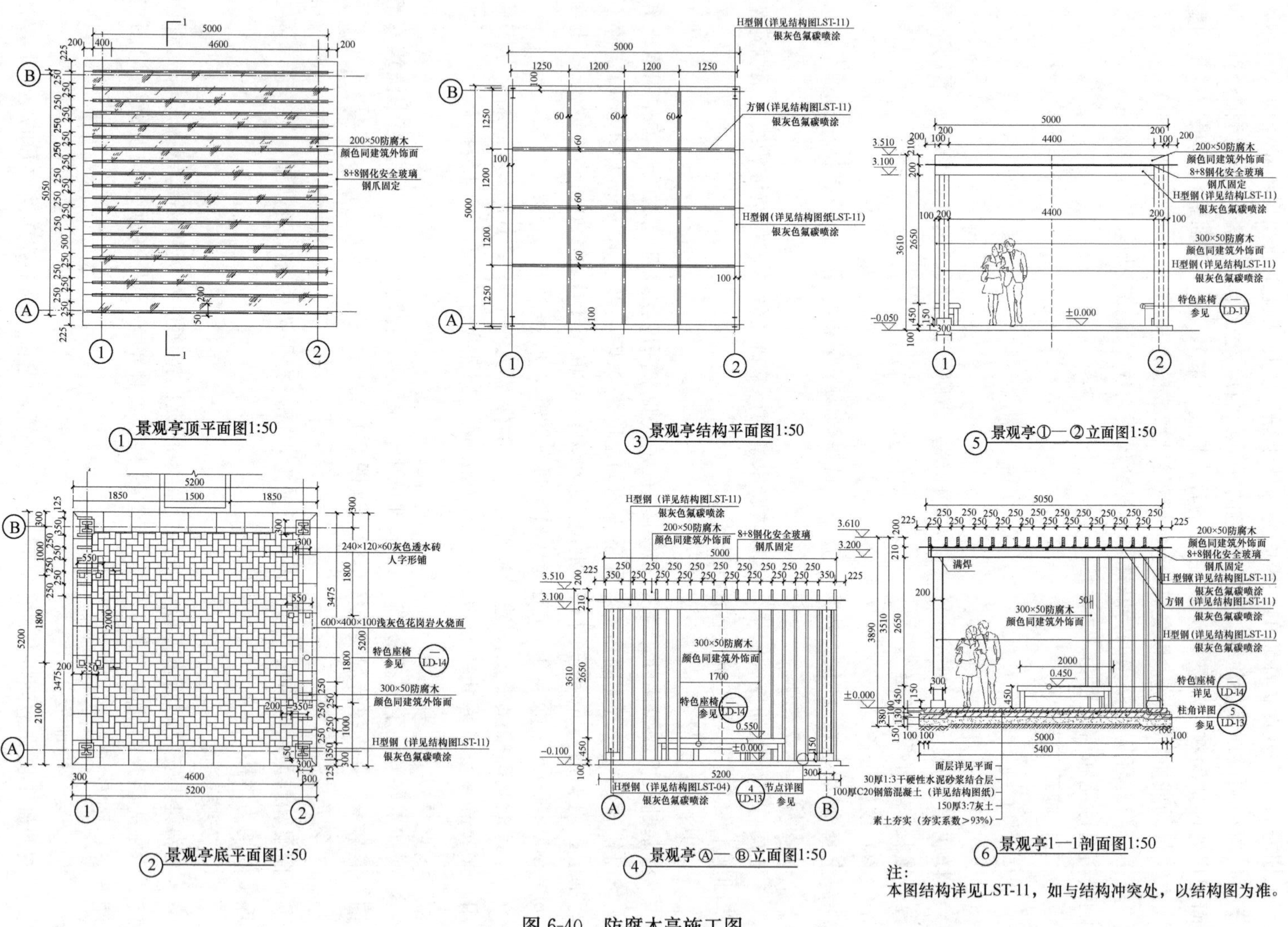

图 6-40 防腐木亭施工图

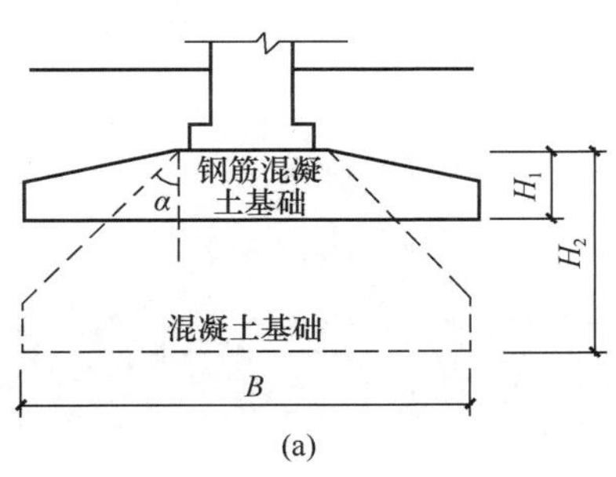

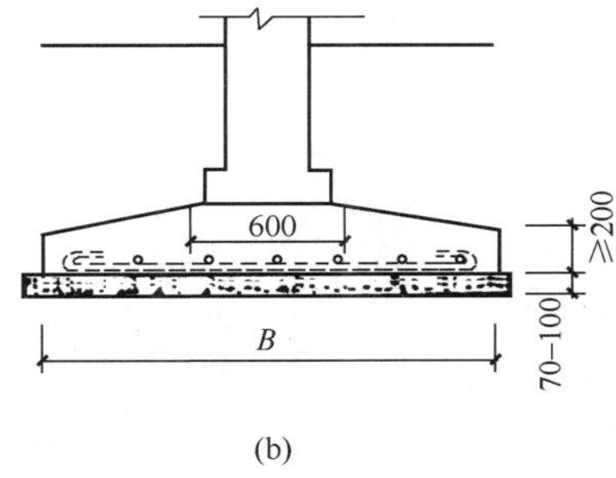

图 6-41　亭钢筋混凝土基础

(a) 混凝土与钢筋混凝土基础的比较；(b) 钢筋混凝土基础构造

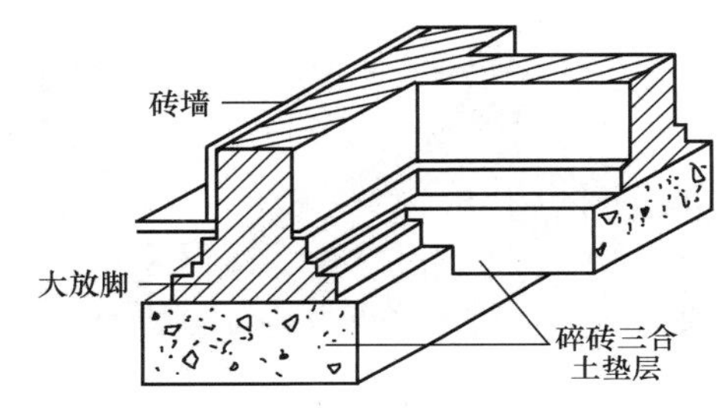

图 6-42　亭带状基础

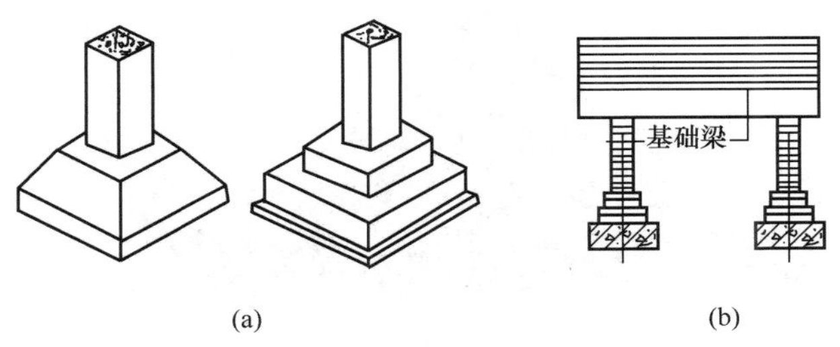

图 6-43　亭独立基础

(a) 柱下独立基础；(b) 墙下独立基础

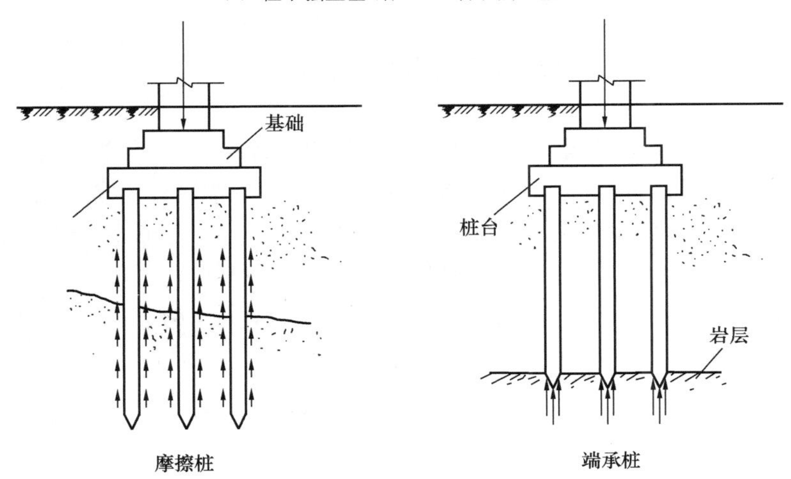

图 6-44　亭柱的受力类别

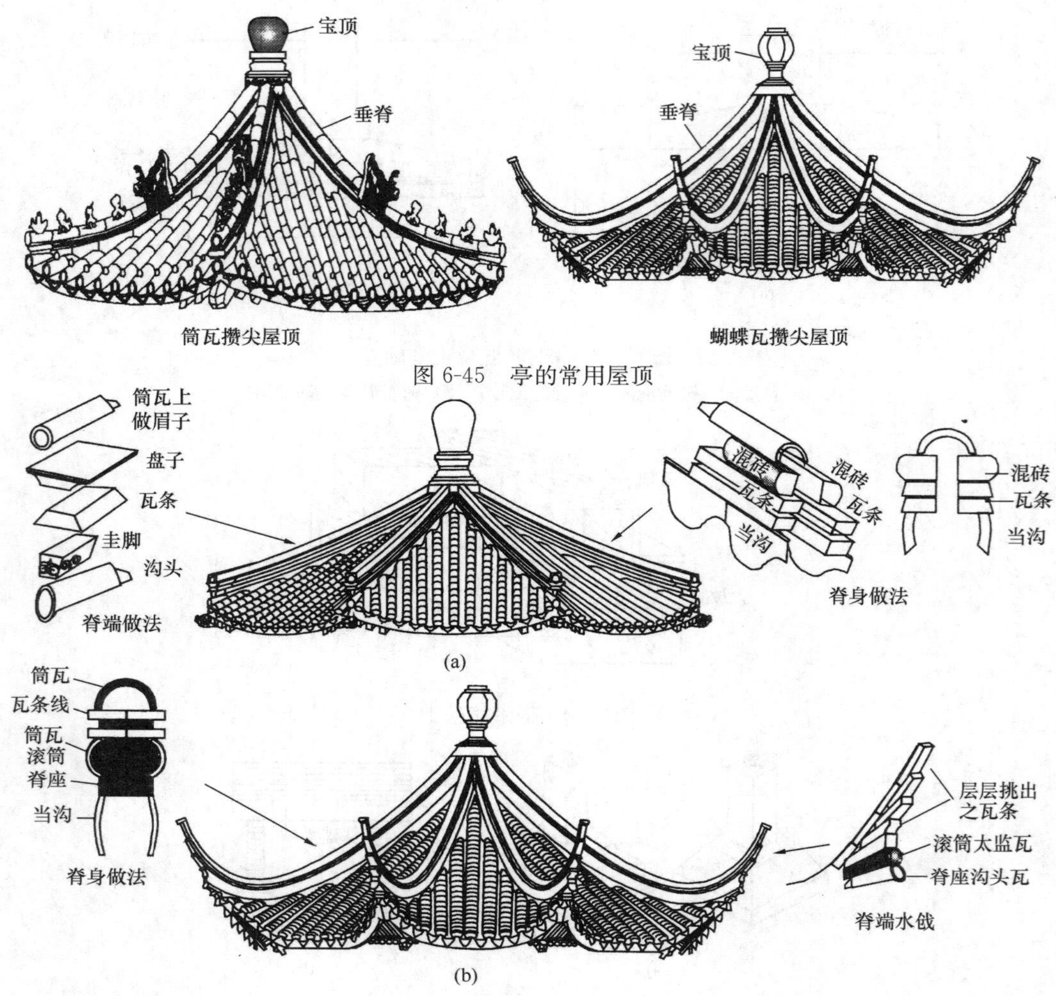

图 6-45 亭的常用屋顶

图 6-46 传统景亭屋脊做法

（a）小式亭屋脊做法；（b）南方地区亭屋脊做法

0.5cm 缝隙，最后在铺好的木板四周的侧面用木板封闭。

8. 打磨刷漆

将安装完成的木亭进行粗砂纸打磨，再采用户外漆刷三遍。清除木材面毛刺、污物，用砂布打磨光滑。打底层腻子，干后砂布打磨光滑。按设计要求，底漆、面漆及层次逐层施工。混色漆严禁脱皮、漏刷、反锈、透底、流坠、皱皮。清漆严禁脱皮、漏刷、斑迹、透底、流坠、皱皮。桐油应用干净布浸油后挤干，揉涂在干燥的木材面上。严禁漏涂、脱皮、起皱、斑迹、透底、流坠。以上三种漆面的表面要求均为光亮、光滑，线条平直。

三、景墙工程施工

（一）施工工艺

1. 准备工作

（1）材料

景墙施工图、白灰、标桩、砖、沙、水泥、白灰膏、钢筋、文化石等。

(2) 仪器设备

全套全站仪或经纬仪，皮尺、筛子、手推车、铁板、铁锹、平锹、灰勺、水勺、托灰板、木抹子、铁抹子、阴阳角抹子、塑料抹子、刮杠、软刮尺、软毛刷、钢丝刷、长毛刷、鸡腿刷、粉线包、钢筋卡子、小线、喷壶、小水壶、水桶、扫帚、锤子、錾子、百格网、搅拌机、线坠、水平尺、脚手架、模板、钢刷。

2. 基槽放线

根据总平面图的控制网格，参考景墙的基础位置，进行基坑放线。以施工图中圆弧圆心所在点为圆心，用皮尺按圆弧半径画弧来确定景墙厚度，利用图中方格网确定景墙长度，然后进行基槽的开挖。

3. 配制砂浆

砂浆配合比由实验室确定，一般为 1∶3，砌筑的砂浆必须机械搅拌均匀，随拌随用，水泥砂浆和混合砂浆分别在 3h 和 4h 内用完，细石混凝土在 2h 内用完。水泥砂浆和水泥混合砂浆的搅拌时间不能少于 2min，掺外加剂的砂浆不能少于 3min，掺有机塑化剂的砂浆应为 3～5min。同时砂浆还应具有较好的和易性和保水性。

4. 基础施工

考虑原地下部分的方位建筑基础，建议机械开挖，人工修理。除去松散软弱土层，用灰土填补夯实，并铺设垫层；砖基础做成阶梯形，俗称大放脚，大放脚做法有等高式（两皮一收）和间隔式（两皮一收与一皮一收相间）两种，每种收退台宽度均为 1/4 砖。先用干砖试摆，确定排砖方法和错缝位置。使砌体平面尺寸符合要求；有预留孔洞时应按施工图纸要求的位置和标高留设。砌完基础，应及时清理基槽内杂物和积水，在两侧同时回填土，并分层夯实。

5. 墙体砌筑

砌筑时，应先铺底灰，再分皮挂线砌筑，铺砖按“一丁一顺”砌法，做到里外咬茬，上下层错缝，竖缝至少错开 1/4 砖长，转角处要放七分砖，并在山墙和檐墙两处分层交替设置，不能同缝，基础最下与最上一皮砖应采用丁砌法，先在转角处及交接处砌几皮砖，然后拉通线砌筑。砌筑时灰缝砂浆要饱满，水平灰缝厚度为 10mm，不应小于 8mm，也不应大于 12mm。每皮砖要挂线，与皮数杆的偏差值不得超过 10mm。

6. 抹灰施工

用钢刷进行基础处理，清除砌体表面的杂物、尘土，抹灰前应将墙体洒水湿润，然后找规矩在四角找方、横线找平、竖线吊直。再在上方两角处以及两角水平距离之间 1.5m 左右的必要部位做灰饼标志块，可采用底层抹灰砂浆，大致呈一方形平面，并在洞口等部位加做标志块。标志块收水后，在各排上下标志块之间做砂浆标志带，采用的砂浆与标志块相同，宽度为 100mm 左右，分 2～3 遍完成并略高出标志块，然后用刮杠将其搓抹至与标志块齐平。这些做完后就可以进行底层和中层的抹灰了，将底层和中层砂浆批抹于墙面标筋之间。底层抹灰收水或凝结后再进行中层抹灰，厚度略高出标筋，然后用刮杠按标筋整体刮平。待中层抹灰面全部刮平时，再用木抹子搓抹一遍，使表面密实、平整。

7. 镶贴工程

先将基层湿润，所用镶贴面层也要洒水湿润。饰面砖镶贴前应画网格线预排，以使接缝均匀。在同一墙面上的横竖排列，均不得有一行以上的非整砖。非整砖行应排在次要部位或阴角处。饰面砖的接缝宽度，应符合设计要求，一般为 8～12mm。饰面砖每天镶贴的高度不得超过一步架，在饰面砖镶贴完成一定流水段落后，立即用 1∶1 水泥砂浆勾缝，勾缝应密实内凹，防止接缝处渗水。在施工过程中要节省材料。

（二）景墙验收规范

1. 砌体验收标准

砌筑基础前，应校核放线尺寸。砌筑顺序应为：基底标高不同时，应从低处砌起，并应由高处向低处搭砌。当设计无要求时，搭接长度不应小于基础扩大部分的高度；砌体的转角处和交接处应同时砌筑，当不能同时砌筑时，应按规定留茬、接茬。

施工脚手眼补砌时，灰缝应填满砂浆，不得用砖填塞。设计要求的洞口、管道、沟槽应于砌筑时正确留出或预埋，未经设计同意，不得打凿墙体和在墙体上开凿水平沟槽。宽度超过 300mm 的洞口上部，应设置过梁。设置在潮湿环境或有化学侵蚀性介质的环境中的砌体灰缝内的钢筋应采取防腐措施。砌体工程检验批验收时，其主控项目应全部符合本规范的规定；一般项目应有 80％及以上的抽检处符合本规范的规定，或偏差值在允许偏差范围以内。

2. 砌筑砂浆

水泥进场使用前，应分批对其强度、安定性进行复验。检验批应以同一生产厂家、同一编号为一批。当在使用中对水泥质量有怀疑或水泥出厂超过三个月（快硬硅酸盐水泥超过一个月）时，应复查试验，并按其结果使用。不同品种的水泥，不得混合使用。砂浆用砂不得含有有害杂物。配制水泥石灰砂浆时，不得采用脱水硬化的石灰膏。消石灰粉不得直接使用于砌筑砂浆中。拌制砂粉用水，水质应符合国家现行标准的规定。

【思考与练习】

1. 亭的功能、布局形式、位置选择及设计要求有哪些？
2. 廊的作用、形式及设计要求有哪些？
3. 花架的运用特点、常见形式及设计要点有哪些？
4. 景观墙的功能、构造及设计要点有哪些？
5. 座椅的实用功能、构图作用、构造及设计要点有哪些？
6. 花池的实用功能、构图作用、构造及设计要点有哪些？
7. 栏杆的实用功能、应用形式及环境处理有哪些？
8. 园林雕塑的类型有哪些？
9. 花架的施工工艺是什么？
10. 防腐木亭的施工工艺是什么？
11. 景墙的施工工艺是什么？

【技能训练】

技能训练一　亭、廊、花架组合设计

一、训练目的

通过该技能训练，使学生能够掌握园林建筑中常见的亭、廊、花架的设计，并根据现场环境进行亭、廊、花架三者的组合设计。

二、材料与工具

铅笔、橡皮、针管笔、绘图纸、画板、相机、速写本、卷尺等。

三、方法步骤

1. 实地勘察所给环境，分析其场地。
2. 根据场地情况，草图画出亭、廊、花架的组合设计，平面、立面及效果。
3. 墨线稿，色彩渲染。

四、考核要点

1. 布局合理，满足功能。
2. 造型优美，与周边环境相协调。
3. 图面整洁。

技能训练二　景墙施工

一、训练目的

通过该技能训练，使学生能够掌握景墙的施工步骤、施工工艺以及施工时的注意事项及验收标准。

二、材料与工具

景墙施工图、白灰、标桩、砖、沙、水泥、白灰膏、钢筋、文化石等；全套全站仪或经纬仪、皮尺、筛子、手推车、铁板、铁锹、平锹、灰勺软毛刷、钢丝刷、长毛刷、鸡腿刷、粉线包、钢筋卡子、小线、喷壶、小水壶、水桶、扫帚、锤子、錾子、百格网、搅拌机、线坠、水平尺、脚手架、模板、钢刷等。

三、方法与步骤

1. 准备工作；
2. 基槽放线；
3. 配置砂浆；
4. 基础施工；
5. 墙体砌筑；
6. 抹灰施工；
7. 镶贴工程。

四、考核要点

1. 施工步骤及施工工艺正确无误。
2. 景墙工程满足验收标准及规范。

项目七　园林绿化种植工程

【内容提要】

园林绿化种植是利用植物形成环境和保护环境，构成人类的生活空间。由于植物本身是活的有机体，它的萌芽、展叶、开花、结果、落叶等生命迹象会随着季节而发生变化。再加上近些年大量新优品种的出现，使得植物在形态、色彩、种类上都发生了更多的改变，更加丰富了园林景致，这种多样性是人工材料所不及的。

园林绿化种植工程的施工包括从起苗、运输、定植到栽后管理这四大环节中的所有工序。一般的工序和环节包括种植前的准备、放线、定点、挖穴、换土、起苗、包装、运苗、假植、修剪、种植、栽后管理与现场清理等。一个完整的种植施工的完成应是所有这些工序或环节的组合，所以要把它们综合起来学习和理解。

任务一　乔灌木种植工程施工

【知识点】

乔灌木种植的概念及原理。

乔灌木的栽植季节。

影响乔灌木移植成活的因素。

乔灌木种植对环境的要求。

乔灌木的选择。

【技能点】

乔灌木种植前的准备工作。
定点放线。
挖穴技术。
掘苗技术。
包装运输和假植。
栽植前的修剪。
栽植。
栽植后的养护管理。

相关知识

一、乔灌木种植的概念及原理

（一）乔灌木种植的概念

乔灌木的种植实际上就是移栽。它是将树木从一个地点移植到另一个地点，并使其继续生长的操作过程。然而树木移栽是否成功，不仅要看栽植后树木能否成活，而且要看以后树木生长发育的能力及长势情况。

（二）乔灌木的种植原理

乔灌木树种的移栽，不论是裸根栽植，还是带土栽植，为了保证树木成活必须掌握树木生长规律及生理变化，了解树木栽植的成活原理。树木栽植中，植株受到的干扰首先表现在树体内部的生理与生化变化，总的代谢水平和对不利环境抗性下降。这种变化开始不易觉察，直至植株发生萎蔫甚至死亡时，已发展到极其严重的程度了。因此，树木栽植成活的原理是保持和恢复树体以水分为主的代谢平衡。

二、乔灌木的栽植季节

园林树木栽植原则上应在其最适宜的时期进行，它是根据各种树木的不同生长特性和栽植地区的特定气候条件而决定的。一般来说，落叶树种多在秋季落叶后或在春季萌芽前进行，因为该时期树体处于休眠状态，生理代谢活动滞缓，水分蒸腾较少，体内贮藏营养丰富，受伤根系易于恢复，移植成活率高。常绿树种栽植，在南方冬暖地区多行秋植，或于新梢停止生长期进行；冬季严寒地区，易因秋季干旱造成“抽条”而不能顺利越冬，故以新梢萌发前春植为宜；春旱严重地区可行雨季栽植。

（一）春季栽植

在冬季严寒及春雨连绵的地方，春季栽植最为理想。这时气温回升，雨水较多，空气湿度大，土壤水分条件好，地温转暖，有利于根系的主动吸水，从而保持水分的平衡。

春天栽植应立足一个“早”字。只要没有冻害，便于施工，应及早开始。其中最好的时期是在新芽开始萌动之前两周或数周。此时幼根开始活动，地上部分仍处于休眠状态，先生根后发芽，树木容易恢复生长。尤其是落叶树种，必须在新芽开始萌动或新叶开放之前栽植，若延至新叶开放之后，常易枯萎或死亡，即使能够成活也是由休眠芽再生新芽，当年生长多数不良。如果常绿树种植偏晚，萌芽后栽植的成活率反而要比同样情况下栽植的落叶树种高。虽然常绿树在新梢生长开始以后还可以栽植，但远不如萌动之前栽植好。

（二）夏季栽植

夏季栽植最不保险。因为这时候，树木生长最旺，枝叶蒸腾量很大，根系需吸收大量的水分；而土壤的蒸发作用很强，容易缺水，易使新栽树木在数周内遭受旱害，但如果冬、春雨水很少，夏季又恰逢雨季的地方，如华北、西北及西南等春季干旱的地区，应掌握有利时机进行栽植（实为雨季栽植），可获得较高的成活率。

（三）秋季栽植

秋季气温逐渐下降，土壤水分状况稳定，许多地区都可以进行栽植，特别是春季严重干旱和风沙大或春季较短的地区，秋季栽植比较适宜，但若在易发生冻害的地区不宜采用秋植。从树木生理来说，由落叶转入休眠，地上部分的水分蒸散已达到很低的程度，而根系在土壤中的活动仍在进行，甚至还有一次生长的小高峰，栽植以后根系的伤口容易愈合，甚至当年可发出少量新根，翌年春天发芽早，在干旱到来之前可完全恢复生长，增强对不利环境的抗性。

秋季栽植的时期较长，从落叶盛期以后至土壤冻结之前都可进行。近年来许多地方提倡秋季带叶栽植，取得了栽后愈合发根快，第二年萌芽早的良好效果，但是带叶栽植不能太早，而且要在大量落叶时开始，否则会降低成活率，甚至完全失败。

（四）冬季栽植

在比较温暖，冬天土壤不结冻或结冻时间短，天气不太干燥的地区，可以进行冬季栽植。在北方或高海拔地区，土壤封冻，天气寒冷，一般不宜冬天栽植。但是，在冬季严寒的华北北部、东北大部，土壤冻结较深，也可采用带冻土球的方法栽植。我国古代，北方的帝王宫苑常用这种方法移栽大树。在国外，如日本北部及加拿大等国家，也常用冻土球法移栽树木。一般说来，冬季栽植主要适合于落叶树种，它们的根系冬季休眠时期很短，栽后仍能愈合生根，有利于第二年的萌芽和生长。

三、影响乔灌木移植成活的因素

（一）根部受损情况

树木在移植的过程中，根部会受到不同程度的损伤，造成植株地上部分和地下部分生理作用失去平衡，往往导致移植不成功。

（二）水分平衡

移植时植物枯死的最大原因是由于根部不能充分吸收水分，茎、叶蒸腾较大，水分收支失去平衡。植物体蒸腾的部位是叶的气孔、叶的表皮和枝干的皮孔。其中，叶的气孔的蒸腾量为全部的十分之八九，叶表皮的蒸腾量为全部的十分之一以下，枝茎皮孔的蒸腾量不过数十分之一。但是，当植物体处于缺水状态时，气孔关闭了，叶的表皮和枝茎皮孔的蒸腾就成了问题的焦点。

（三）断根处理

根部吸收水分的功能主要靠须根顶端的根毛，须根发达，根毛多、吸收能力强，移植前能经过多次断根处理，促使其原土内的须根发达，移植时由于带有充足的根土，就能保证成活。再者，在移植的时候根被切断、根毛受损伤，树整体的吸收能力下降，这时，老根、粗根均会通过切口吸收水分，有利于水分收支平衡。

（四）储存物质

根的再生能力是靠消耗树干和树冠下部枝叶中储存物质产生的。所以，最好在储存物质多的时期进行移植。

四、乔灌木种植对环境的要求

（一）对温度的要求

植物的自然分布和气温有密切的关系，不同的地区，就应选用能适应该区域条件的树种。实践证明，当日平均温度等于或略低于树木生物学最低温度时，栽植成活率高。

（二）对光的要求

植物的同化作用是光反应，所以除二氧化碳和水以外，还需要波长为490～760nm的绿色和红色光（表7-1）。

表7-1　光的波长对植物的影响

光　　线	波长/nm	对植物的作用
紫外线	400以下	对许多合成作用有重要作用，过度则有害
紫-蓝色光	400～490	有折光性，光在形态形成上起作用
紫-红色光	490～760	光合作用
红外线	760以上	一般起温度的作用

一般光合作用的速度，随着光强度的增加而加强。弱光时，光合作用吸收的二氧化碳和其呼吸作用放出的二氧化碳是同一数值时，这个数值称作光饱和点。

植物的种类不同，光饱和点也不同。光饱和点低的植物耐阴，在光线较弱的地方也可以生长。反之，光饱和点高的植物喜阳，在光线强的情况下，光合作用强，反之，光合作用减弱，甚至不能生育。由此可知，在阴天或遮光的条件下，对提高种植成活率有利。

（三）对土壤的要求

土壤是树木生长的基础，它是通过其中水分、肥分、空气、温度等来影响植物生长的。适宜植物生长的最佳土壤是：矿物质45%，有机质5%，空气20%，水30%（以上按体积比）。矿物质是由大小不同的土壤颗粒组成的。种植树木和草类的土质类型最佳重量百分比（%）见表7-2。

表7-2　树木和草的土质类型最佳配比重量

种别	黏土	黏砂土	砂
树木	15%	15%	70%
草类	10%	10%	80%

植物在生长过程中所必需的元素有16种之多，其中碳、氢、氧来自二氧化碳和水，其余的都是从土壤中吸收的。一般说来，养分的需要程度和光线的需要程度是相反的。

当阳光充足时，光合作用可以充分进行，养分较少也无妨碍；养分充足时阳光接近最小限度时，也可维持光合作用。

土壤养分充足对于种植的成活率、种植后植物的生长发育有很大影响。

树木有深根性和浅根性两种。种植深根性的树木有深厚的土壤，在移植大乔木时比小乔木、灌木需要更多的根土，所以栽植地要有较大的有效深度。具体可见表 7-3。

表 7-3　植物生长所需的最低限度土层厚度　cm

种类	植物生存的最小厚度	植物培育的最小厚度
草类、地被	15	30
小灌木	30	45
大灌木	45	60
浅根性乔木	60	90
深根性乔木	90	150

有很多种土壤不适宜植物的生长，因而如何改善土壤性状，提高土壤肥力，为植物生长创造良好的土壤环境则是一项重要工作。常用的改良方法有：通过工程措施，如排灌、洗盐、清淤、清筛、筑池等；通过栽培技术措施，如深耕、施肥、压砂、客土、修台等方法；此外还可通过生长措施改良土壤，如种抗性强的植物、绿肥植物、养殖微生物等。

五、乔灌木的选择

（一）苗木质量

苗木质量的好坏直接影响栽植的质量、成活率、养护成本及绿化效果。因此应选择植株健壮、根系发达无病虫害的苗（树）木。

（二）苗（树）龄与规格

树木的年龄对栽植成活率的高低有很大影响，并与成活后植株的适应性和抗逆性有关。

1. 幼龄苗木，植株较小，根系分布范围小，起挖时根系损伤率低，栽植过程（起掘、运输和栽植）也较简便，并可节约施工费用。由于幼龄苗木容易保留较多的须根，起挖过程对树体地上与地下部分的平衡破坏较小。因此，幼龄植株栽后受伤根系再生力强，恢复期短，成活率高，地上枝干经修剪留下的枝芽也容易恢复生长。幼龄苗木整体上营养生长旺盛，对栽植地环境的适应能力较强。但由于植株小，易遭受人畜的损伤，尤其在城市条件下，更易受到人为活动的损伤，甚至造成死亡而缺株，影响日后的景观，绿化效果发挥也较差。

2. 壮、老龄树木，根系分布深广，吸收根远离树干，起挖时伤根率较高，若措施不当，栽植成活率低。为提高栽植成活率，对起、运、栽及养护技术要求较高，必须带土球移植，施工养护费用也贵。但壮老龄树木，树体高大，姿形优美，栽植成活后能很快发挥绿化效益，在重点工程特殊需要时，可以适当选用，但必须采取大树移栽的特殊措施。

根据城市绿化的需要和环境条件的特点，一般绿化工程多需用较大规格的幼青年苗木，移栽较易成活，绿化效果发挥也较快，为提高成活率，尤其应该选用苗圃多次移植的大苗。

（三）苗木来源

栽植的苗（树）木，一般有三种来源，即当地培育、外地购进及从园林绿地和野外搜集的苗（树）木。当本地培育的苗木供不应求，不得不从外地购进时，必须在栽植前数月从相似气候区内订购。在提货之前应该对欲购树木的种源、起源、年龄、移植次数、生长及健康状况等进行详细的调查。要把好起（挖）苗、包装的质量关，按照规定进行苗木检疫，防止将严重病虫害带入当地；在运输装卸中，要注意洒水保湿，防止机械损伤和尽可能地缩短运输时间。

任务实施

一、乔灌木种植前的准备工作

乔灌木的种植工程是绿化工程中重要的组成部分，其施工质量的好坏，直接影响到景观及绿化效果。因此，绿化施工单位在接受施工任务后，工程开工前，必须做好绿化施工的一切准备工作。

（一）明确设计意图与施工任务量

施工单位应了解设计意图，向设计人员了解设计思想，所要达到的预期目的或意境，以及施工完成后近期所要达到的效果，并通过设计单位和工程主管部门了解工程概况。

1. 工程范围及任务量

包括种植乔灌木的规格和质量要求，以及相应的建设工程，如土方、道路、给排水、山石、园林设施等工程的范围、工程量和工程进度。

2. 工程的施工期限

包括工程总的进度和完工日期以及每种苗木要求种植完成日期。应特别强调植树工程进度的安排必须以不同树种的最适种植日期为前提，其他工程项目应围绕植树工程来进行。

3. 工程投资及设计概（预）算

包括主管部门批准的工程投资额和设计预算的定额依据。

4. 设计意图

施工单位拿到设计单位全部设计资料（包括图面材料、文字材料及相应的图表）后应仔细阅读，弄清图纸上的所有内容，并听取设计技术交底和主管部门对于绿化效果的要求。

5. 施工地段的地上与地下情况

包括有关部门对地上物的保留和处理要求等，以及地下管线特别是地下各种电缆及管线情况。要和有关部门配合，以免施工时造成事故。

6. 定点放线的依据

一般以施工现场及附近水准点作定点放线的依据，如条件不具备，可与设计部门协商，确定一些永久性建筑物作为依据。

7. 工程材料来源

了解各项工程材料的来源渠道，其中主要是苗木的出圃地点、时间及质量。

8. 运输情况

了解施工所需用的机械和车辆的来源，行车道路及交通状况。

（二）现场踏勘

在了解设计意图和工程概况之后，负责施工的主要人员必须亲自到现场进行细致的踏勘与调查。主要包括以下 4 个方面的内容：

1. 各种地上物（如房屋、原有树木、市政或农田设施等）的去留及需要保护的地上物（如古树名木等），要拆迁的应如何办理有关手续与处理办法。

2. 现场内外交通、水源、电源情况，现场内外能否通行机械车辆，如果交通不便，则需确定开通道路的具体方案。

3. 施工期间生活设施（如食堂、厕所、宿舍等）的安排。

4. 施工地段的土壤调查，以确定是否换土，估算客土量及其来源等。

（三）制定施工方案

施工方案是根据工程规划设计所制定的施工计划，又叫“施工组织设计”或“组织施工计划”。根据绿化工程的规模和施工项目的复杂程度制定的施工方案，在计划的内容上尽量考虑得全面而细致，在施工的措施上要有针对性和预见性，文字上要简明扼要，抓住关键，其主要内容如下。

1. 工程概况。工程名称、施工地点；设计意图；工程的意义、原则要求以及指导思想；工程的特点及有利和不利条件；工程的内容、范围、工程项目、任务量、投资预算等。

2. 施工的组织机构。参加施工的单位、部门及负责人；需要设立的职能部门及其职责范围和负责人；明确施工队伍，确定任务范围，任命组织领导人员，并明确有关的制度和要求；确定任务范围，任命组织领导人员，并明确有关的制度和要求；确定劳动力的来源及人数。

3. 施工进度。分单项进度与总进度，确定其起止日期。

4. 劳动力计划。根据任务工程量及劳动定额，计算出每道工序所需用的劳动力和总劳动力，并确定劳动力的来源、使用时间及具体的劳动组织形式。

5. 材料和工具供应计划。根据工程进程的需要，提出苗木、工具、材料的供应计划，包括用量、规格、型号、使用期限等。

6. 机械运输计划。根据工程需要，提出所需用的机械、车辆，并说明所需机械、车辆的型号，日用台班数及具体使用日期。

7. 施工预算。以设计预算为主要依据，根据实际工程情况、质量要求和届时的市场价格，编制合理的施工预算。

8. 技术和质量管理措施。制定操作细则，施工中除遵守统一的技术操作规程外，应提出本项工程的一些特殊要求及规定；确定质量标准及具体的成活率指标；进行技术交底，提出技术培训的方法；制定质量检查和验收的办法。

9. 绘制施工现场平面图。对于比较大型的复杂工程，为了了解施工现场的全貌，便于对施工的指挥，在编制施工方案时，应绘制施工现场平面图。平面图上主要标明施工现场的交通路线、放线的基点、存放各种材料的位置、苗木假植地点、水源、临时工棚和厕所等。

10. 安全生产制度。建立、健全保障安全生产的组织；制定安全操作规程；制定安全生产的检查和管理办法。

（四）种植工程主要技术项目的确定

为确保工程质量，在制定施工方案的时候，应对种植工程的主要项目确定具体的技术措施和质量要求。

1. 定点和放线。确定具体的定点、放线方法（包括平面和高程），保证种植位置准确无误，符合设计要求。

2. 挖坑。根据苗木规格，确定树坑的具体规格（直径×深度）。为了便于施工中掌握，可根据苗木大小分成几个级别，分别确定树坑规格，进行编号，以便工人操作。

3. 换土。根据现场踏勘时调查的土质情况，确定是否需要换土。如需换土，应计算出客土量，确定客土的来源及换土的方法（成片换还是单坑换），还要确定渣土的处理去向，如果现场土质较好，只是混杂物较多，可以去渣添土，尽量减少客土量，保留一部分碎破瓦片有利于土壤通气。

4. 掘苗。确定具体树种的掘苗、包装方法，哪些树种带土球，土球规格，包装要求；哪些树种可裸根掘苗及应保留根系的规格等。

5. 运苗。确定运苗方法，如用什么车辆和机械，行车路线，遮盖材料、方法及押运人，长途运输要提出具体要求。

6. 假植。确定假植地点、方法、时间、养护管理措施等。

7. 种植。确定不同树种和不同地段的种植顺序，是否施肥（如需施肥，应确定肥料种类、施肥方法及施肥量），苗木根部消毒的要求与方法。

8. 修剪。确定各种苗木的修剪方法（乔木应先修剪后种植，绿篱应先种植后修剪）、修剪的高度和形式及要求等。

9. 树木支撑。确定是否需要立支柱以及立支柱的形式、材料和方法等。

10. 灌水。确定灌水的方式、方法、时间、灌水次数和灌水量，封堰或中耕的要求。

11. 清理。清理现场应做到文明施工，工完场净。

12. 其他有关技术措施。如灌水后发生倾斜要扶正，遮阴、喷雾、防治病虫害等的方法和要求。

（五）施工现场的准备

施工现场的准备是植树工程准备工作的重要内容，现场准备的工作量随施工场地的地点不同而有很大差别。这项工作的进度和质量对完成绿化施工任务影响较大。

1. 清理障碍物。绿化工程用地边界确定之后，凡地界之内，有碍施工的市政设施、农田设施、房屋、树木、坟墓、堆放杂物、违章建筑等，一律应进行拆除和迁移。对现有树木的处理要持慎重态度，对于病虫害严重的、衰老的树木应予砍伐；凡能结合绿化设计可以保留的尽量保留，无法保留的可进行迁移。

2. 地形地势的整理。地形整理是指从土地的平面上，将绿化地区与其他用地界限区划开来，根据绿化设计图纸的要求整理出一定的地形起伏。此项工作可与清除地上障碍物相结合。

3. 土壤的整理。地形地势整理完毕之后，为了给植物创造良好的生长基地，必须在种植植物的范围内，对土壤进行整理。原是农田菜地的土质较好，侵入体不多的只需要加以平整，不需换土。如果在建筑遗址、工程弃物、矿渣炉灰地修建绿地，需要清除渣土换上好土。对于树木定植位置上的土壤改良，待定点刨坑后再行解决。

4. 接通电源、水源，修通道路。这是保证工程开工的必要条件，也是施工现场准备的重要内容。

5. 根据需要，搭建临时工棚。

二、定点放线

定点放线指在现场测出苗木栽植的位置和株行距。由于树木栽植方式各不相同，定点放线的方法也有很多种，常用的有以下三种。

（一）自然式配置乔灌木放线法

自然式栽植放线比较复杂，其方法有以下三种：

1. 方格网放线法

在面积较大的植树绿化工地上，可以在图纸上，以一定的边长，画出方格网（如5m、10m、20m 等长度），再把方格网按比例测设到施工现场（一般多采取经纬仪器来放桩比较准确），再在每个方格内按照图纸上的相对位置，用绳尺定点。

2. 小平板放线法

小平板详细的使用方法，一般在测量学中学习过，这里重点强调的是小平板放线：首先定出具有代表意义的控制点，再将植株位置按设计依次定出，用白灰点表示。小平板定点适用于范围较大、测量精度要求较高的绿地。

3. 目测法

对于设计图上无固定点的绿化种植，如灌木丛、树群等可用上述两种方法测出树群树丛的栽植范围，其中每株树木的位置和排列可根据设计要求在所定范围内用目测法进行定点，定点时应注意植株的生态要求、注意自然美观。

定好点后，多采取白灰打点或打桩，标明树种，栽植数量（灌木丛树群）、坑径。

（二）整形式（行列式）放线法

对于成片整齐式种植或行道树的放线法，可用仪器和皮尺定点放线，定点的方法是先将绿地的边界、园路广场和建筑物等的平面位置作为依据，量出每株树木的位置，钉上木桩，桩上写明树种名称。

一般行道树的定点是以路牙或道路的中心为依据，可用皮尺、测绳等，按设计的株距，每隔 10 株钉一木桩作为定位和栽植的依据，定点时如遇电杆、管道、涵洞、变压器等障碍物应躲开，不应拘泥于设计的尺寸，而应遵照与障碍物相距的有关规定距离。下面是市政地下各种管线和地上架空电线，以及各种公用设施和道路绿化种植之间的关系数据，可以作为道路绿化种植的参考（表 7-4、表 7-5）。

表 7-4　绿化中树木与市政地下管线的最小水平距离　m

地下管线名称	乔木	灌木
电力电缆	1.2～1.5	1.0～1.5
通信电缆	1.2～1.5	1.0～1.5
给水管	1.0	—
排水管	1.0～1.5	—
排水沟	1.0～1.5	0.5
消防龙头	1.2	1.0
煤气管道（低中压）	1.2～2.0	1.0～2.0
热力管线	2.0	2.0

表 7-5　绿化行道树与市政地上架空电线的最小间距　m

电线电压	树冠至电线的最小水平距离	树冠至电线的最小垂直距离
1kV	1.0	1.0
1～20kV	3.0	3.0
35～110kV	4.0	4.0
150～220kV	5.0	5.0

（三）等距弧线的放线

若树木栽植为一弧线，如街道曲线转弯处的行道树，放线时可从弧的开始到末尾以路牙或中心线为准，每隔一定距离分别画出与路牙垂直的直线，在此直线上，按设计要求的树与路牙的距离定点，把这些点连接起来就成为近似道路弧度的弧线，在此线上再按株距要求定出各点。

三、开挖树穴

（一）确定树穴尺寸

树穴的大小和深浅应根据树木规格和土层厚薄、坡度大小、地下水位高低及土壤墒情而定。实践证明，大坑有利树体根系生长和发育，一般坑的直径与深度比根的幅度与深度或土球大 20～40cm，甚至一倍。如种植胸径为 5～6cm 的乔木，土质又比较好，可挖直径约 80cm、深约 60 cm 的坑穴。但缺水的沙土地区，大坑不利保墒，宜小坑栽植；黏重土壤的透水性较差，大坑反易造成根部积水，除非有条件加挖引水暗沟，一般也以小坑栽植为宜。定植坑穴的挖掘，上口与下口应保持大小一致，切忌呈锅底状，以免根系扩展受碍。

一般带土球的乔木坑穴应比土球直径放大 40～60cm，坑的深度一般是坑径的 3/4～4/5，坑的上口与下底一样大小。

裸根灌木坑穴的规格比根幅宽 20～30cm，深 10～20cm。坑的规格参照表 7-6、表 7-7。

表 7-6　裸根乔木挖种植穴规格　cm

乔木胸径	种植穴直径	种植穴深度	乔木胸径	种植穴直径	种植穴深度
3～4	60～70	40～50	6～8	90～100	70～80
4～5	70～80	50～60	8～10	100～110	80～90
5～6	80～90	60～70			

表 7-7 裸根灌木类挖种植穴规格 cm

灌木高度	种植穴直径	种植穴深度	灌木高度	种植穴直径	种植穴深度
120～150	60	40	180～200	80	60
150～180	70	50			

（二）操作方法

以定点标记为圆心，以规定的坑径为直径，先在地上画圆，沿圆的四周向内向下直挖，掘到规定的深度，然后将坑底刨松后，铲平。栽植裸根苗木的坑底刨松后，要堆一个小土丘以使栽树时树根舒展。如果是原有耕作土，上层熟土放在一侧，下层生土放另一侧，为栽植时分别备用。

（三）挖树坑作业的技术要求

1. 挖出的表土与底土分别堆放，待填土时将表土填入下部，底土填入上部和做围堰用。

2. 挖坑一般应略大于苗木的土球或根群的直径，当土质不良时，应加大穴径，并将杂物清走；栽植适应性强的树种的坑穴，可以略小；栽植适应性差的树种的坑穴，应放大；对干径超过 0.1m 的大规格苗木，均应加大树坑。

3. 挖穴时，如遇地下管线时，应停止操作，及时找有关部门解决，以免发生事故。

4. 绿篱等株距较小者，可挖成沟槽。

5. 种植穴的形状，从正投影来看，一般为圆形，为开挖方便起见，也有用多边形的，对特殊的带方形土球的大树，自然要挖方形坑，不管哪一种坑形都要避免出现上大下小的“锅底坑”。

四、掘苗

根据乔灌木的生态习性和生长状态以及施工季节的不同，掘苗时应注意以下几点：

（一）掘苗移植的时间

掘苗时间因地区和树种不同而不同，一般多在秋冬休眠以后或者在春季萌动前进行，另外在各地区的雨季也可进行。

（二）苗木的质量标准

在掘苗之前，首先要进行选苗，除了根据设计提出对规格和树形的特殊要求外，还要注意选择生长健壮、无病虫害、无机械损伤、树形端正和根系发达的苗木。做行道树种植的苗木分枝点应不低于 2.5m，选苗时还应考虑起苗包装运输的方便。

（三）掘苗的准备工作

1. 选苗：苗木的质量是影响成活和生长的重要因素。

2. 挂牌：在选定的苗木上挂一个牌，注明树木的名称和所要求的穴径，便于施工。

3. 灌水：当土壤较干时，为便于挖掘，保护根系，应在起苗前 2～3d 进行灌水湿润。

4. 拢冠：为了便于起苗操作，对于侧枝低矮和冠丛庞大的苗木，应先用草绳将树冠捆拢起来，但应注意松紧适度，不要损伤枝条。捆拢树冠可与号苗结合进行。

5. 断根：地径较大的苗木，起苗前在根系周边挖半圆进行预断根，深度一般为 15～20cm 。

（四）掘苗方法

起苗时，要保证苗木根系完整。裸根乔、灌木根系的大小，应根据掘苗现场的株行距及树木高度、干径而定。

1. 裸根法

裸根法适用于处于休眠状态的落叶乔木、灌木，起苗时应该多保留根系，留些宿土，如掘出后不能及时运走，应埋土假植，并要求埋根的土壤湿润。灌木的裸根起苗范围可按苗木高度的 1/3 左右来确定。苗高及冠幅要符合绿化要求。

2. 带土球法

将苗木的根系带土削成球状，经包装后起出，称为“带土球法”。此法较费工时，适用于常绿树、名贵树木和较大的灌木。

（1）挖掘土球步骤

① 以树干为中心画一个圆圈，标明土球直径的尺寸，一般应较规定稍大一些，作为掘苗的根据。

② 去表土。画好圆圈后，先将圈内表土（也称宝盖土）挖去一层，深度以不伤地表的苗根为度。

③ 沿所画圆圈外缘向下垂直挖沟，沟宽以便于操作为宜，一般作业沟为 60～80cm。随挖随修整土球表面，操作时千万不可踩土球，一直挖掘到规定的深度（土球高度）。

（2）掏底

球面修整完好以后，再慢慢从底部向内挖，称“掏底”。直径小于 50cm 的土球可以直接掏空，将土球抱到坑外“打包”；而大于 50cm 的土球，则应将土球底部中心保留一部分，支撑土球以便在坑内“打包”（表 7-8）。

表 7-8　留底规格表　　cm

土球直径	50～70	80～100	100～140
留底规格	20	30	40

（3）打包程序

土球挖掘完毕以后，用蒲包等物包严，外面用草绳捆扎牢固，称为“打包”。打包之前应用水将蒲包、草绳浸泡潮湿，以增强它们的强力。如图 7-1 所示。

① 土球直径在 50cm 以下的可出坑（在坑外）打包。

方法：先将一个大小合适的蒲包浸湿摆在坑边，双手捧出土球，轻轻放入蒲包正中，然后用湿草绳将包捆紧，捆草绳时应以树干为起点从上向下，兜底后，从下向上纵向捆绕。绳间距应小于 8cm。

② 土质松散以及规格较大的土球，应在坑内打包。

方法：是用蒲包包裹土球，从中腰捆几道草绳使蒲包固定后，然后按规定缠绕纵向草绳。纵向草绳捆扎方法：先用浸湿的草绳在树干基部固定后，然后沿土球垂直方向稍

图 7-1　土球包装

成斜角（约 30°左右）向下缠绕草绳，兜底后再向上方树干方向缠绕，在土球棱角处轻砸草绳，使草绳缠绕得更牢固，每道草绳间隔 8cm 左右，直至把整个土球缠绕完。

③ 根据土球直径大小，决定缠绕强度和密度。

土球直径小于 40cm，用一道草绳缠绕一遍，称"单股单轴"。土球较大者，用一道草绳，沿同一方向缠绕两遍，称"单股双轴"。土球很大、直径超过 1m 者，须用两道草绳缠绕，成为"双股双轴"。纵向草绳缠绕完一圈后在树干基部收尾捆牢。

④ 系腰绳。

直径超过 50cm 的土球，纵向草绳收尾后，为保护土球，还要在土球中腰横向捆草绳称"系腰绳"。

方法：用草绳在土球中腰横绕几遍，然后将腰绳和纵向草绳穿连起来捆紧。根据土球大小，规定腰绳道数（表 7-9）。

表 7-9　腰绳道数

土球径/cm	50	60～100	100～120	120～140
腰绳道数	3	5	8	10

⑤ 封底。

凡在坑内打包的土球，在捆好腰绳后，用蒲包、草绳将土球底部包严，称"封底"。

方法：先在坑的一边（树倒的方向）挖一条放倒树身的小纵向沟，顺沟放倒树身，然后用蒲包将土球底部裸土之处堵严，再用草绳对兜底的纵向绳进行连接，一般在土球底部连接成五角形。

（4）土球规格

土球的大小可按树木胸径的 10 倍左右来确定，对于特别难成活的树种一定要考虑加大土球，土球的高度一般比宽度少 5～10cm，土球厚度应为土球直径的 4/5 以上，土球的形状可根据施工方便而挖成方形、圆形、长方的半球形等，但应注意保证土球完好。常绿树带土球规格详见表 7-10。

表 7-10　常绿树土球苗的规格要求　　cm

苗木高度	土球直径	土球高度	备注
80～120	25～30	20	主要为绿篱苗
120～150	30～35	25～30	柏类绿篱苗
	40～50	—	松类
150～200	40～45	40	柏类
	50～60	40	松类
200～250	50～60	45	柏类
	60～70	45	松类
250～300	70～80	50	夏季放大一个规格
400 以上	100	70	夏季放大一个规格

五、包装运输和假植

（一）包装运输

1. 裸根苗装车

装乔木时应根前梢后，灌木直立；车后箱板应垫软物防止磨损；树梢不能拖地；凡远距离运输裸根苗时，常把树木的根部浸入事先调制好的泥浆中然后取出，用蒲包、稻草、草席等物包装，并在根部衬以青苔或水草，再用苫布或湿草袋盖好根部，以有效地保护根系而不致使树木干燥受损，影响成活。

2. 带土球苗装车

苗高 1.5m 以下的带土球苗木可以立装，高大的苗木必须放倒，土球靠车厢前部，树梢向后并用木架将树头架稳，支架和树干接合部加垫蒲包。土球直径大于 60cm 的苗木只装一层，土球小于 60cm 的土球苗可以码放 2～3 层，土球之间必须排码紧密以防摇摆。土球上不准站人和放置重物。较大土球，防止滚动，两侧应加以固定。

3. 运输

在运输途中要经常检查毡布，防止根部受晒。长途运输时，应淋湿根部，在阴凉处停车。

4. 卸车

卸车时要爱护苗木，轻拿轻放。裸根苗木应按顺序拿放，不要乱抽乱堆。带土球苗木应双手抱土球拿放，不准拉树干和树梢，已经散的苗木，应及时包装。

（二）假植

假植是在定植之前，按要求将苗木的根系埋入湿润的土壤中，以防风吹日晒失水，保持根系生活力，促进根系恢复与生长的方法。树木运到栽种地点后，因场地、人工、时间等主客观因素而不能及时定植者，则须先行假植。假植地点应选择靠近栽植地点、排水良好、阴凉背风处。

六、栽植前的修剪

园林树木栽植前修剪的目的，主要是为了提高成活率和注意培养树形，同时减少自然伤害。因此应对树冠在不影响树形美观的前提下按设计要求进行适当修剪。

（一）修剪部位

1. 剪枝条　一般剪除病虫枝、枯死枝、细弱枝、徒长枝、衰老枝等。

2. 剪根系　对于根系修剪，裸根树木栽植前应对根系进行适当的修剪，主要剪去断根、劈裂根、病虫根、过长的根。

（二）修剪量

修剪时其修剪量依不同树种而要求有所不同。

1. 常绿针叶树、绿篱。不应多剪，只剪去枯病枝、受伤枝即可。

2. 较大的落叶乔木。尤其是长势较强，容易抽出新枝的树木，如杨、柳、槐等，可进行强修剪，树冠可剪去 1/2 以上，这样可减轻根系负担，维持树木体内水分平衡，也使得树木栽后稳定，不致招风摇动。

3. 花灌木、生长较慢的树木。可进行疏枝，短截去全部叶或部分叶，去除枯病枝、过密枝，对于过长的枝条可剪去 1/3～1/2。

（三）注意事项

修剪乔木时要注意分枝点的高度。修剪灌木时要保持其自然树形，短截时应保持外低内高。修剪时剪口应平而光滑，并及时涂抹防腐剂以防过分蒸发、干旱、冻伤及病虫危害。

七、栽植

（一）散苗

将树苗按设计图要求、散放于定植坑边称"散苗"。操作要求如下：

1. 爱护苗木轻拿轻放，不得损伤树根、根皮和枝干。
2. 散苗速度与栽苗速度相适应，边散边栽，散毕栽完，尽量减少树根暴露时间。
3. 假植沟内剩余的苗木，要随时用土埋严树根。
4. 行道树散苗时应事先量好高度，保证邻近苗木规格大体一致。
5. 对有特殊要求的苗木，应按规定对号入座，不要搞乱。

（二）准备坑穴，放入苗木

先检查坑的大小是否与树木根深和根幅相适应。坑过浅要加深，并在坑底垫 10～20cm 的疏松土壤，踩实。对坑穴做适当填挖调整后，按树木原生长的方向放入坑穴内。同时尽量保证邻近苗木规格基本一致。

（三）回填土壤，踩实

树木放好后保证根系舒展，防止窝根，可逐渐回填土壤。填土时应尽量铲土扩穴。如果树小，可一人扶树，多人铲土；如果树大，可用绳索、支杆拉撑。填土时最好用湿润疏松肥沃的细碎土壤，特别是直接与根接触的土壤，一定要细碎、湿润，不要太干也不要太湿。太干浇水，太湿加干土。第一批土壤应牢牢地填在根基上，当土壤回填至根系约 1/2 时，可轻轻抖动树木，让土粒"筛"入根间，排除空洞（气袋），使根系与土壤密接。填土时应先填根层的下面域周围，逐渐由下至上，由外至内压实，不要损伤根系。如果土壤太黏，不要踩得太紧，否则通气不良，影响根系的正常呼吸。栽植完成以后要尽量使树木感到好像生长在原来的地方一样。栽植过浅，根系经风吹日晒，容易干燥失水，抗旱性差；栽植过深，树木生长不旺，甚至造成根系窒息，几年内就会死亡。

八、栽植后的养护管理

（一）树木支撑

一般栽植胸径 5cm 以上树木时，特别是在栽植季节有大风的地区，植后应立支架固定，以防冠动根摇，影响根系恢复生长。常用通直的木棍、竹竿做支柱，长度视苗高而定，以能支撑树的 1/3～1/2 处即可。一般用长 1.7m，粗 5～6cm 的支柱，但要注意支架不能打在土球或骨干根系上。树木支撑的形式多种多样，也因树木规格、栽植时间、栽植环境等有所不同。目前常采用的有四角桩、三角桩、单桩等。三角桩或四角桩的固定作用最好，且有良好的装饰效果，在人流量较大的市区绿地中多用。也可设置保护栅保护新栽树木，保护栅种类很多，材料可用绳子、铅丝、竹竿、木桩、水泥柱等。保护栅的设立方向，一般应设在下风口，才能充分发挥保护作用。支撑方法如图 7-2、

图 7-3 所示。

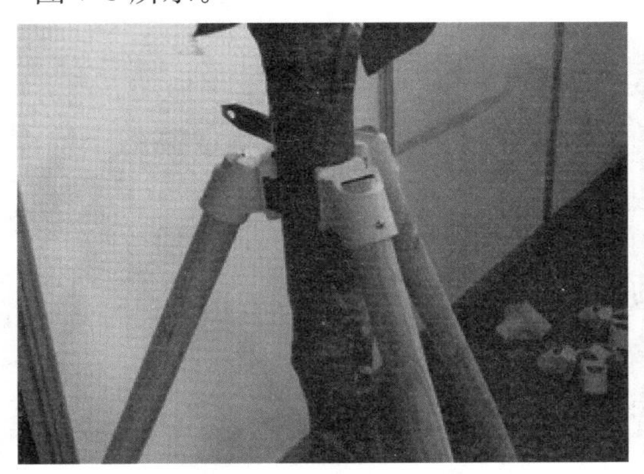

图 7-2　三角柱撑

图 7-3　四角柱撑

(二) 开堰灌水

水是保证树木成活的关键，栽后必须连灌三次水，栽植灌水不仅为保证根区湿度，还有夯实栽植土壤的作用。

1. 开堰

苗木栽好后灌水之前，先用土在原树坑的外沿培起高约 15～20cm 左右圆形土堰，并用铁锹将土堰拍打牢固，以防跑水。

2. 灌水

图 7-4　苗木灌水示意图

新植树木应在当日浇透第一遍水，水量不宜过大，主要目的是通过灌水使土壤缝隙填实，保证树根与土壤紧密结合。二次水距头次水时间为 3～5d，水量仍以压土填缝为主要目的。第三次水距第二次 7～10d，此次水一定要灌透、灌足，即水分渗透到全坑土壤和坑周围土壤内（图 7-4）。

树木栽植后，每株每次浇水量可参考表 7-11。

表 7-11　树木栽植后浇水量

乔木及常绿树胸径/cm	灌木高度/m	绿篱高度/m	树堰直径 /cm	浇水量/kg
—	1.2～1.5	1～1.2	60	50
—	1.5～1.8	1.2～1.5	70	75
3～5	1.8～2	1.5～2	80	100
5～7	2～2.5	—	90	200
7～10	—	—	110	250

(三) 扶直封堰

1. 扶直

每次浇水渗透后的次日，应检查树苗是否有歪倒现象，发现后及时扶直，并用细土将堰内缝隙填严，将苗木稳定好。

2. 封堰

三遍水浇完，待水分渗透后，用细土将灌水堰填平。封堰土堆应稍高于地面。南方封堰防止积水，北方地区封堰为了保墒。秋季植树应在树干基部堆成 30cm 高的土堆，有保墒、防寒、防风作用。

（四）其他栽后养护管理工作项目

1. 对受伤枝条和栽前修剪不够理想枝条的复剪。
2. 病虫害的防治。
3. 巡查、维护、看管，防止人为损坏。
4. 场地清理，做到场光地净、文明施工。

任务二　大树移植工程施工

【知识点】

大树移植的概念。

大树移植在城市园林建设中的意义。

大树的选择。

大树移植的时间。

【技能点】

大树移植前的准备工作。

大树移植的方法。

大树的吊运。

大树的定植。

定植后的养护管理。

相关知识

一、大树移植的概念

（一）大树的界定

按园林绿化施工规范规定，胸径或基径 10～20cm 的称为大规格苗木，落叶乔木胸径大于 20cm，常绿树胸径（基径）超过 15cm 称为大树。

（二）大树的来源及生长特点

1. 来源于城市绿地

大树很少是从园林苗圃培育的，大多数是园林绿化改造工程中需要调整的种植了几十年的树木。这些苗木大都是苗圃培育而后定植的，经过多次移植，根系比较发达，移植成活率高。栽植基质土壤较好，便于挖掘土球或箱板苗的土台。这类大树移植的困难小些，成活率会高些。

2. 来源于乡村山林

目前园林当中经常要求种大树，于是，农村种植几十年的，野生于山林的大树都成了寻求的目标。这些绝大部分都是野生的实生苗，绝大部分都没有经过移植，没有断过根，只有直根系，侧根很少。根系分布没有规律，移植断根后损失惨重。我们建议这种“山苗”最好不用。

二、大树移植在城市园林建设中的意义

随着社会经济的发展，城市建设水平的提高，单纯地用小苗栽植来绿化城市的方法已不能满足目前城市建设的需要，尤其是一些重点工程，往往需要在较短的时间就要体现出较好的绿化美化效果，因而需要移植相当数量的大树。移植大树能充分地挖掘苗源，特别是利用郊区的天然林的树木以及一些闲散地上的大树。此外，为保留建设用地范围内的树木，也需要实施大树移植。

三、大树的选择

选择需移植的大树时，一般要注意以下几点：

（一）树木原生长条件应与定植地立地条件相适应。

（二）选择合乎绿化要求的树种，应根据设计要求来合理选择树种。

（三）选择壮龄的树木。因为移植大树需要很多人力、物力，若树龄太大，移植后不久就会衰老很不经济，而树龄太小，绿化效果又较差。

（四）选择生长健康的树木。选择没有感染病虫害和未受机械损伤的树木。

（五）考虑移植地点的自然条件和施工条件。

（六）如在森林内选择树木时，选疏密度不大的林分中的最近 5～10 年生长在阳光下的树。

四、大树移植的时间

严格来说，如果掘起的大树带有较大的土块，在移植过程中严格执行操作规程，移植后又注意养护，那么，在任何时间都是可以进行大树移植的。但在实际中，最佳移植大树的时间是早春。因为这时树液开始流动，树木开始发芽、生长，挖掘时损伤的根系容易愈合和再生，移植后经过从早春到晚秋的正常生长以后，树木移植时受伤的部分已复原，给树木顺利越冬创造了有利条件。

（一）春季栽植

在春季树木开始发芽而树叶还没有全部长成以前，树木的蒸腾还未达到最旺盛时期，这时候，进行带土球的移植，缩短土球暴露在空气中的时间，栽植后进行精心的养护管理，就能确保大树的存活。

（二）夏季栽植

盛夏季节，由于树木的蒸腾量大，此时移植对大树的成活不利，在必要时可加大土球，加强修剪、遮阴，尽量减少树木的蒸腾量，也可以成活。由于所需技术复杂，费用较高，故尽可能避免。

（三）深秋冬季

深秋及冬季，从树木开始落叶到气温不低于－15℃这一段时间，也可移植大树。这个期间，树木虽处于休眠状态，但是地下部分尚未完全停止活动，故移植时被切断的根系能在这段时间进行愈合，给来年春季发芽生长创造良好的条件。

任务实施

一、大树移植前的准备工作

（一）大树预掘的方法

1. 多次移植

此法适用于专门培养大树的苗圃中。速生树种的苗木可以在头几年每隔1～2年移植一次，待胸径达6cm以上时，可每隔3～4年再移植一次。而慢生树待其胸径达3cm以上时，每隔3～4年移植一次，长到6cm以上时，则隔5～8年移植一次，这样树苗经过多次移植，大部分的须根都聚生在一定的范围，再移植时，可缩小土球的尺寸和减少对根部的损伤。

2. 预先断根法（回根法）

适用于一些野生大树或一些具有较高观赏价值的树木的移植。一般是在移植前1～3年的春季或秋季，以树干为中心，2.5～3倍胸径为半径或以较小于移植时土球尺寸为半径划一个圆或方形，再在相对的两面向外挖30～40cm宽的沟（其深度视根系分布而定，一般为50～80cm），对较粗的根应用锋利的锯或剪，齐平内壁切断，然后用沃土（最好是沙壤土或壤土）填平，分层踩实，定期浇水，这样便会在沟中长出许多须根。到第二年的春季或秋季再以同样的方法挖掘另外相对的两面，到第3年时，在四周沟中均长满了须根，这时便可移走。挖掘时应从沟的外缘开挖，断根的时间可按各地气候条件有所不同。

3. 根部环状剥皮法

同上法挖沟，但不切断大根，而采取环状剥皮的方法，剥皮的宽度为10～15cm，这样也能促进须根的生长，这种方法由于大根未断，树身稳固，可不加支柱。

（二）大树的修剪

修剪是大树移植过程中，对地上部分进行处理的主要措施，至于修剪的方法各地不一，大致有以下几种。

1. 修剪枝叶

这是修剪的主要方式，凡病枯枝、过密交叉徒长枝、干扰枝均应剪去。此外，修剪量也与移植季节、根系情况有关。当气温高、湿度低、树木切根法带根系少时应重剪；而湿度大，根系也大时可适当轻剪。

2. 摘叶

这是细致费工的工作，适用于少量名贵树种，移前为减少蒸腾可摘去部分树叶，移后即可再萌出树叶。

3. 摘心

此法是为了促进侧枝生长，一般顶芽生长旺盛的如杨、白蜡、银杏等均可用此法以促进其侧枝生长，但是如木棉、针叶树种都不宜摘心处理，因此应根据树木的生长习性和要求来决定。

4. 剥芽

此法是为了抑制侧枝生长，促进主枝生长，控制树冠不至于过大，以防风倒。

5. 摘花摘果

为减少养分的消耗，移植前后应适当地摘去一部分花、果。

6. 刻伤和环状剥皮

刻伤的伤口可以是纵向的也可以是横向，环状剥皮是在芽下 2～3cm 处或在新梢基部剥去 1～2cm 宽的树皮到木质部。其目的在于控制水分、养分的上升，抑制部分枝条的生理活动。

（三）编号定向

编号是当移栽成批的大树时，为使施工有计划顺利地进行，可把栽植坑及要移栽的大树均编上一一对应的号码，使其移植时可对号入座，以减少现场混乱及事故。

定向是在树干上标出南北方向，使其在移植时仍能保持它按原方位栽下，以满足它对庇荫及阳光的要求。

（四）清理现场及安排运输路线

在起树前，应把树干周围 2～3cm 以内的碎石、瓦砾堆、灌木丛及其他障碍物清除干净，并将地面大致整平，为顺利移植大树创造条件。然后按树木移植的先后次序，合理安排运输路线，便于每棵树都能顺利运出。

（五）支柱、捆扎

为了防止在挖掘时由于树身不稳、倒伏引起工伤事故及损坏树木，在挖掘前应对需移植的大树支柱，一般是用 3 根直径 15cm 以上的大戗木，分立在树冠分枝点的下方，然后再用粗绳将 3 根戗木和树干一起捆紧，戗木底脚应牢固支持在地面，与地面成 60°左右，支柱时应使 3 根戗木受力均匀，特别是避风向的一面。

（六）工具材料的准备

包装方法不同，所需材料也不同，表 7-12 中列出如挖掘一株 1.85m×1.85m×0.80m 方木箱苗所需用的工具、材料、机械、车辆等。

表 7-12　木板方箱移植所需机具与材料

名称		数量、规格及用途
材料类	材料木板	箱板（边、底、上板）厚 5cm；带板（纵钉箱板上）厚 5cm、宽 10～15cm、长 80cm；箱板上口长 1.85cm、底口长 1.75cm，共 4 块，用三块带板钉好后高 0.8cm；底板约长 2.1m、厚 5cm、宽 10～15cm，45 块；上口板约长 2.3m、宽 10～15cm、厚 5cm，4 块
	铁皮（铁腰）	约 80 根，厚 0.2cm，宽 3cm，长 80～90cm，每条打 10 个孔，空间距 5～10cm，两端对称
	钉子	约 750 个，3～3.5 寸
	杉篙	3 根，比树高略高，作支撑用
	支撑横木	4 根，10cm×15cm 木方，长 1m 左右，在坑内四面支撑木箱用

续表

名称		数量、规格及用途
材料类	垫板	8块，厚3cm，长20～25cm，宽15～20cm，用来支撑横木和垫木墩用
	方木	10cm×10cm～15cm×15cm，长1.50～2.00m，约需8根，吊装、运输、卸车时垫木箱用
	圆木墩	约需10个，直径25～30cm，支垫木箱底
	蒲包片	约10个，包四角填充上、下板
	草袋	约10个，围裹保护树干用
	扎把绳	约10根，捆杉篙起吊牵引用
工具类	花剪	2把，剪枝用
	手锯	1把，锯树根用
	木工锯	1把，准备锯上、下板用
	铁锹	圆头，锋利铁锹3～4把，掘树用
	平锹	2把，削土台、掏底用
	小板镐	2把，掏底用
	紧线器	2个，收紧箱板用
	钢丝绳	2根，0.4寸，每根连打扣长约10～12cm，每根附卡子4个
	尖镐	2把，刨土用
	铁锤、斧	2～4把，钉铁皮用
	小铁棍	2根，粗0.6～0.8cm，长40cm，拧紧线器用
	冲子、垛子	各一个，剁铁皮及铁皮打孔用
	鹰嘴扳子	1个，调整钢丝绳卡子用
	起钉器	2个，起弯钉用
	油压千斤	1台，上底板用
	钢尺	1把，量土台用
	废机油	少量，坚硬木板润滑钉子用
机械类	起重机	按需要配备起重机1～2台，土质松软处，应用履带式起重机（木箱1.50m用5吨吊，木箱1.8m用8吨吊，木箱2.0m用15吨吊）
	车辆	数量、车型、载重量、视需要而定

（七）其他

1. 如确因城市基础设施建设需要移栽古树名木，必须预先报请所属地有关主管部门批准。

2. 现场勘察决定实施方案。勘察内容：树种及规格，土壤质地，土层厚度，建筑物距离，架空线，地下管线，挖掘、吊装、运输作业场地等。进行可行性分析，制定作业方案。

3. 大树移植不再单纯强调观赏面，重要的是注意原生态方向。一定要先在大树上标明原生地朝向，保证移栽后的阴阳面与原有立地条件一致。

4. 作业场地的准备。对挖掘大树作业和拟移栽大树作业的周边现场进行清理，保证吊装、运输通畅无阻。超宽超长运输应向交管部门报批，取得批件。

二、大树移植的方法

（一）软材包装移植法

软材包装移植法适用于挖掘圆形土球，树木的胸径 10～15cm 或稍大一些的常绿乔木。

1. 土球大小的确定

起掘前，可根据树木胸径的大小来确定挖土球的直径和高度，可参考表 7-13。一般来说，土球直径为树木胸径的 7～10 倍，土球过大，容易散球且会增加运输困难。土球过小，又会伤害过多的根系以影响成活，所以土球的大小还应考虑树种的不同以及当地的土壤条件，最好是在现场试挖一株，观察根系分布情况，再确定土球大小。

表 7-13　土球规格

树木胸径/cm	土　球　规　格		
	土球直径/cm	土球高度/cm	留底直径
10～12	胸径 8～10 倍	60～70	土球直径的 1/3
13～15	胸径 7～10 倍	70～80	

2. 土球的挖掘

挖掘前，先用草绳将树冠围拢，其松紧程度以不折断树枝又不影响操作为宜，然后铲除树干周围的浮土，以树干为中心，比规定的土球大 3～5cm 划一圆，并顺着此圆圈往外挖沟，沟宽 60～80cm，深度以到土球所要求的高度为止。

3. 土球的修整

修整土球要用锋利的铁锨，遇到较粗的树根时，应用锯或剪将根切断，不要用铁锨硬扎，以防土球松散。当土球修整到 1/2 深度时，可逐步向里收底，直到缩小到土球直径的 1/3 为止，然后将土球表面修整平滑，下部修一小平底，土球就算挖好了。

4. 土球的包装

土球修好后，用草绳打上腰箍，腰箍的宽度一般为 20cm 左右（图 7-5），然后用蒲包或蒲包片将土球包严并用草绳将腰部捆好，以防蒲包脱落，然后即可打花箍：将双股草绳的一头拴在树干上，将草绳绕过土球底部拉紧捆牢（图 7-6），草绳的间隔在 8～10cm，土质不好的，还可以密些。花箍打好后，在土球外面结成网状，最后再在土球的腰部密捆 10 道左右的草绳，并在腰箍上打成花扣，以免草绳脱落。

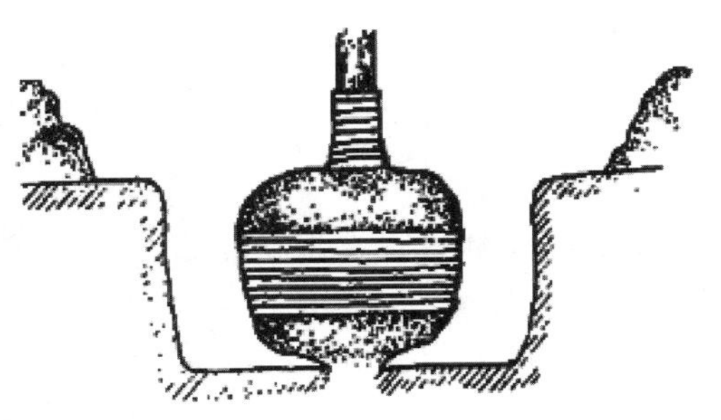

图 7-5　打好腰箍的土球

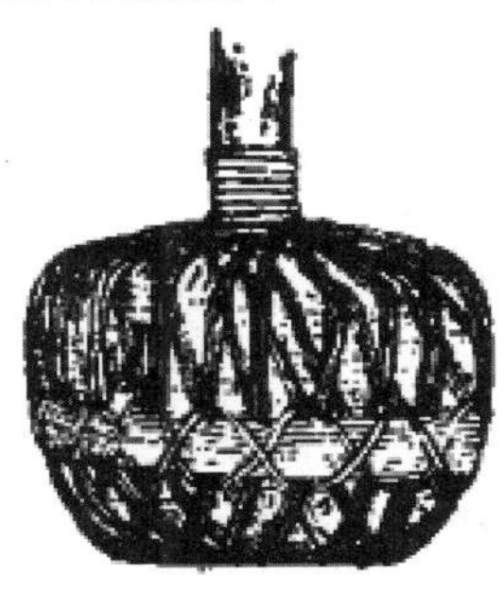

图 7-6　包装好的土球

土球打好后，将树推倒，用蒲包将底堵严，用草绳捆好，土球的包装就完成了。在我国南方，一般土质较黏重，故在包装土球时，往往省去蒲包或蒲包片，而直接用草绳包装，常用的有橘子包（其包装方法大体如前）、井字包和五角包（图 7-7）。

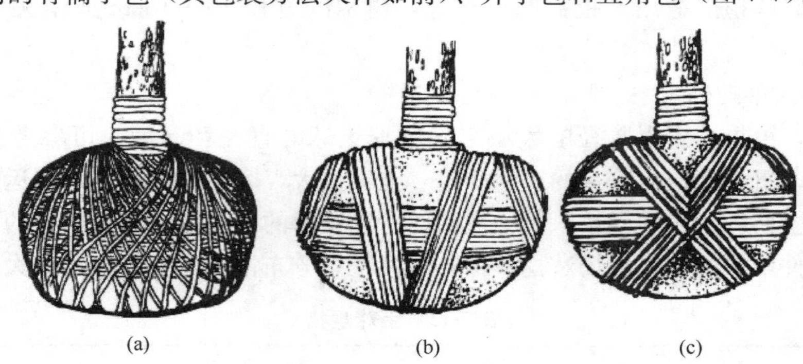

(a)　(b)　(c)

图 7-7　土球的包扎
（a）橘子包装法；（b）井字包装法；（c）五角包装法

（二）木箱包装移植法

当树木胸径超过 15cm，土球直径超过 1.3m 以上的大树，由于土球体积、重量较大，用软材包装移植时，较难保证安全吊运，宜采用木箱包装移植法。

南方在箱板材料上有所创新，主要包括以下两种：

1. 钢筋混凝土槽包装法

此方法与木箱包装法相似，只是将木板换成钢筋混凝土槽，但应注意的是钢筋混凝土浇捣后要保证 28d 的养护期后，才能吊装或移动。

2. 钢板包装法

土球四周用钢板和螺栓固定，钢板和土台接触部位用草包填实，防止意外振动导致土台破裂。节约了木材，节省了部分工力。不足之处是加大了箱板苗的重量。

（1）移植前的准备

移植前首先要准备好包装用的板材：箱板、底板和上板，掘苗前应将树干四周地表的浮土铲除，然后根据树木的大小决定挖掘土台的规格，一般可按树木胸径的 7～10 倍作为土台的规格，具体可见表 7-14。

表 7-14　土台的规格

树木胸径/m	0.15～0.18	0.19～0.24	0.25～0.27	0.28～0.30
土台规格（上边长×高）/m	1.5×0.6	1.8×0.70	2.0×0.70	2.2×0.80

（2）画线

开挖前以树干为正中心，比规定边长多 5cm 画成正方形，作为开挖土台的标记，画线尺寸一定要准确无误。

（3）挖作业沟

沿边线的外沿挖掘，沟的宽度要方便工人在沟内操作，一般要达 60～80cm，土台四边比预定规格最多不得超过 5cm，立面中央部分应略高于四边，一直挖到规定的土台高度。

（4）铲除表土

为减轻重量，将表土铲到树根开始分布之处，从此向下计算土台高度，这项操作称“去表层土”，表面四角要水平。

（5）土台修整

土台掘到规定高度后，用平口锹将土台四壁修整平滑称“修平”，修平时遇到粗根，要用手锯锯断，不可用铁锹硬切，会造成土台损伤。粗根的断口应稍低于土台表面，修平的土台尺寸要略大于边板规格，以保证箱板与土台紧密靠紧。土台形状与边板一致，呈上口稍宽，底口稍窄的倒梯形，这样可以分散箱底所受压力。修平时要多次用箱板实地核对，以免返工和出现差错。挖出的土堆放在离土台较远的地方，由辅助工协助工作。

（6）装箱

①上边板（上箱板）；

② 掏底与上底板 ；

③上盖板。

（三）机械移植法

机械移植法是利用树木移植机，用来移植带土球的树木，可以连续完成挖栽植坑、起树、运输、栽植等全部移植作业。树木移植机的主要优点是：

1. 生产率高，一般能比人工提高 5～6 倍以上，而成本可下降 50%以上，树木径级越大效果越显著；

2. 成活率高，几乎可达 100%；

3. 适当延长移植的作业季节，不仅能在春季进行，在夏天雨季和秋季移植时成活率也很高，即使冬季在南方也能移植；

4. 能适应城市的复杂土壤条件，在石块、瓦砾较多的地方也能作业；

5. 减轻了工人劳动强度，提高了作业的安全性。树木移植机的常见类型如图 7-8 所示。

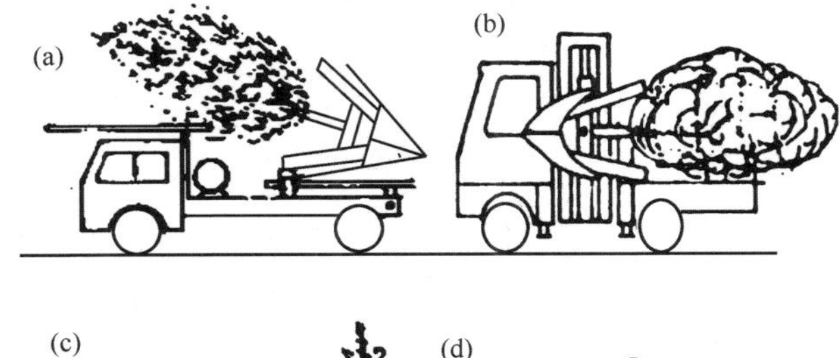

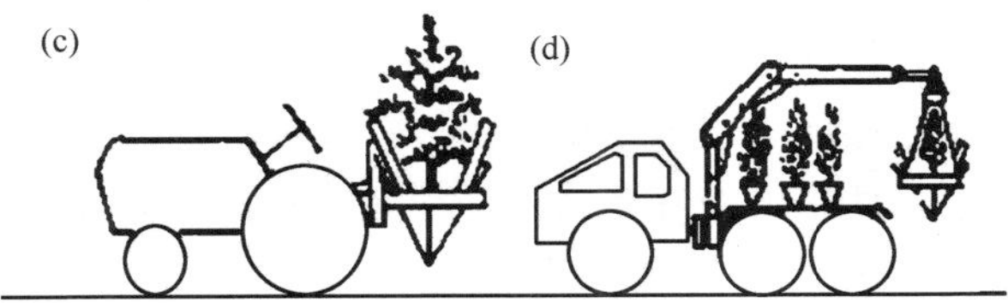

图 7-8　树木移植机常见类型

（a）起挖运输式大型移植机；（b）起挖种植式移植机；（c）拖拉机组合式移植机；（d）中小苗木快速起挖式种植机

（四）冻土球移植法

冻土球移植法在我国北方寒冷地区较多采用。在冻土层较深的北方，在土壤冻结期挖掘土球，可不必包装，且土球坚固，根系完好，便于运输，有利于成活，是一种节约经费的好方法。

冻土球移植法适用于耐严寒的乡土树种，待气温降至－12～－15℃，冻土深达 0.2m 时，开始挖掘，对于下部没冻部分，需停放 2～3d，待其冻结，再行挖掘，也可泼水，促其冻结，树木挖好后，如不能及时移栽，可填入枯草落叶覆盖，以免晒化或寒风侵袭冻坏根系。一般冻土球移植重量较大，运输时也需使用吊车装卸，由于冬季枝条较脆，吊装运输过程中要格外注意保护树体不受损伤。

树坑最好于结冻前挖好，可省工省时。栽植时应填入化土、夯实，灌水支撑，为了保墒和防冻，应于树干基部堆土成台。春季解冻后，将填土部位重新夯实，灌水，养护。

三、大树的吊运

大树的吊运工作也是大树移植中的重要环节之一。吊运的成功与否，直接影响到树木的成活、施工的质量以及树形的美观等，常用方法如下所述。

（一）吊装的方法

1. 起重机吊运法

目前我国常用的是汽车式吊车，其优点是机动灵活，行动方便，装车简捷。

木箱包装吊运时，用两根 7.5～10mm 的钢索把木箱两头围起，钢索放在距木板顶端 20～30cm 的地方，把 4 个绳头结在一起，挂在起重机的吊钩上，并在吊钩和树干之间系一根绳索，使树木不致被拉倒，还要在树干上系 1～2 根绳索，以便在起运时用人力来控制树木的位置（图 7-9，图 7-10），不损伤树冠，有利于起重机工作。在树干上束绳索处，必须垫上柔软材料，以免损伤树皮。

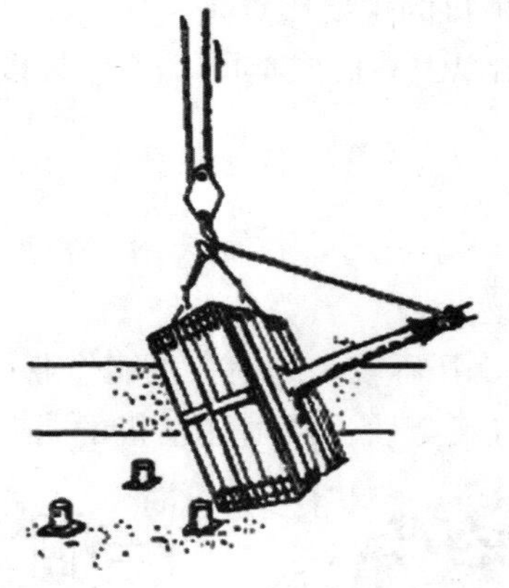

图 7-9　木箱的吊装

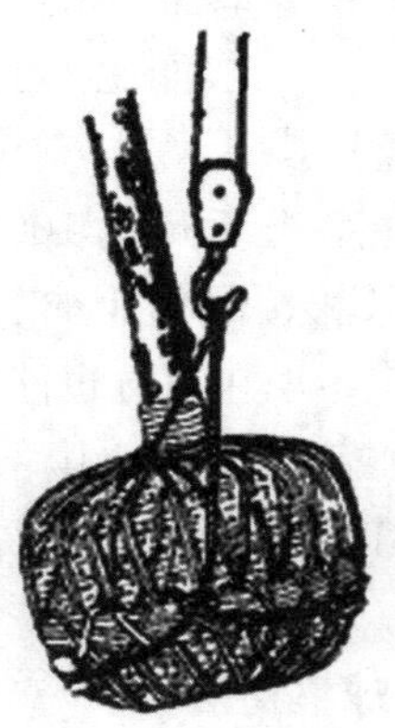

图 7-10　土球吊运

吊运软材料包装的或带冻土球的树木时，为了防止钢索损坏包装的材料，最好用粗麻绳，因为钢丝绳容易勒坏土球。先将双股绳的一头留出 1m 多长结扣固定，再将双股绳分开，捆在土球的由上向下 3/5 的位置上，绑紧，然后将大绳的两头扣在吊钩上，在绳与土球接触处用木块垫起，轻轻起吊后，再用脖绳套在树干下部，也扣在吊钩上即可起吊。这些工作做好后，再开动起重机就可将树木吊起装车。

2. 滑车吊运法

在树旁用杉篙搭一木架，把滑车挂在架顶，利用滑车将树木吊起后，立即在穴面铺上两条 50～60cm 宽的木板，其厚度根据汽车（或其他运输工具）和树木的重量及坑的大小来决定（如果坑过大，可在木板中间底下立一支柱，以增加木板的耐压力），汽车或其他运输机械就可以运输树木了。

（二）装车

树木装进汽车时，使树冠向着汽车尾部，土块靠近司机室，树干包上柔软材料放在木架或竹架上，用软绳扎紧，土块下垫一块木衬垫，然后用木板将土球夹住或用绳子将土球缚紧于车厢两侧（图 7-11）。通常一辆汽车只装一株树。

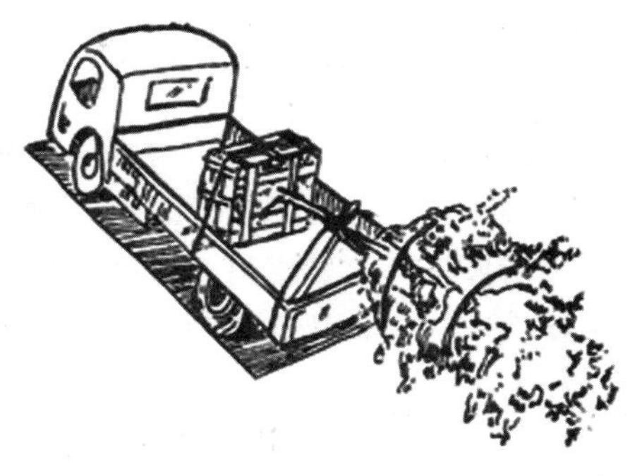

图 7-11 运输装车法

（三）运输

运输大苗必须有专人在车厢上负责押运，押运人员必须熟悉行车路线、沿途情况、卸车地区情况，并与驾驶人员密切配合，保证苗木质量、行车安全。

1. 装车后、开车前，押运人员必须仔细检查苗木的装车情况，要保证刹车绳索牢固、树梢不得拖地、树皮与刹车绳索、支架木棍及汽车槽箱接触的地方，必须垫上蒲包等防止损伤树皮。对于超长、超宽、超高的情况，要事先办理好行车手续，还要有关部门（如电管部门、交管部门等）派技术人员随车协作。

2. 押运人员必须随车带有挑电线用的绝缘竹竿，以备途中使用。

四、大树的定植

（一）定植的准备工作

1. 平整场地。进行场地的清理和平整，具体要求与任务一相同。

2. 定点放线。按设计图纸的要求进行定点放线，放线的方式、方法同任务一中的介绍。

3. 树穴开挖。在挖移植坑时，要注意坑的大小应根据树种及根系情况、土质情况等而有所区别，一般应在四周加大 30～40cm，深度应比木箱加 20cm，土坑要求上下一致，坑壁直而光滑，坑底要平整，中间堆 20cm 宽的土埂。

4. 穴内换土。由于城市广场及道路的土质一般均为建筑垃圾、砖瓦石砾，对树木的生长极为不利，因此必须进行换土和适当施肥，以保证大树的成活和有良好的生长条件，换土是用 1∶1 的泥土和黄沙混合均匀施入坑内。

（二）卸车

1. 卸放地点

树木运到工地后要及时用起重机卸放，一般都卸放在定植坑旁，若暂时不能栽下的则应放置在不妨碍其他工作进行的地方。

2. 木箱卸车方法

木箱落地前，在地面上横放一根长度大于边板上口 40cm×40cm 的大方木，其位置应使木箱落地后，边板上口正好枕在方木上，注意落地时操作要轻，不可猛然触地，振伤土台。用方木顶住木箱落地的一边，以防止立直时木箱滑动，在箱底落地处按 80～100cm 的间距平行地垫好两根 10cm×10cm×200cm 的方木，让木箱立于方木上，以便栽苗时穿绳操作。此时即可缓缓松动吊绳，按立起的方向轻轻摆动吊臂。使树身徐徐立直，稳稳地立在平行垫好的两根方木上，到此卸车就顺利完成了。注意当摆动吊臂，木箱不再滑动时，应立即去掉防滑方木。

3. 带土球卸车方法

带土球的树木卸车时用大钢丝绳从土球下两块垫木中间穿过，两边长度相等，将绳头挂于吊车钩上，为使树干保持平衡可在树干分枝点下方拴一大麻绳，拴绳处可衬垫草，以防擦伤。大麻绳另一端挂在吊车钩上，这样就可把树平衡吊起，土球离开车后，迅速将汽车开走，然后移动吊杆把土球降至事先选好的位置。

（三）定植

1. 放入栽植坑时，应由专人掌握好定植方向，应考虑树姿和附近环境的配合，并应尽量地符合原来的朝向。

2. 当树木栽植方向确定后，在坑内垫一土台或土埂，若树干不和地面垂直，则可按要求把土台修成一定坡度，使栽后树干垂直于地面以下再吊大树。

3. 当落地前，迅速拆去中间底板或包装蒲包，放于土台上，并调整位置。

4. 土球下填土压实，起边板，填土压实。如坑深在 40cm 以上，应在夯实 1/2 时，浇足水，等水全部渗入土中再继续填土。

5. 由于移植时大树根系会受到不同程度损伤，为促其增生新根，恢复生长，可适当使用生长素。

五、定植后的养护管理

定植大树以后必须进行养护工作，应采取下列措施：

（一）支撑

大树栽植后应立即支撑固定，预防歪斜。正三角撑最有利于树体固定，支撑点树体高度 2/3 处为好，支柱根部应入土中 50cm 以上，方能固着稳定。井字四角撑，具有较好的景观效果，也是经常使用的支撑方法。

（二）浇水

新移植大树，根系吸水功能减弱，对土壤水分需求量较小，只要保持土壤适当湿润即可。第一次定植浇透水后，间隔 2～3d 后浇第二次水，隔一周后浇第三次水，之后应视天气情况、土壤质地，谨慎浇水。但夏季必须保证每 10～15d 浇一次水。同时，要防止树池积水，种植时留下的围堰，在第三次浇水后即应填平并略高于周围地面；在地势低洼易积水处，要开排水沟，保证雨天能及时排水。

（三）施肥

对于新移植的大树，结合树冠水分管理，每隔 20～30d 用 100mg/L 的尿素＋150mg/L 的磷酸二氢钾喷洒叶面，有利于维持树体养分平衡。

（四）裹干

为防止树体水分蒸腾过大，可用草绳等软材将树干全部包裹至一级分枝。经裹干处理后，一可避免强光直射和干风吹袭，减少树体枝干的水分蒸腾；二可存储一定量的水分，使枝干保持湿润；三可调节枝干温度，减少高、低温对树干的损伤。薄膜裹干，在树体休眠阶段使用，效果较好，但在树体萌芽前应及时解除。

（五）树盘处理

浇完第三次水后，即可撤除浇水围堰，并将土壤堆积到树下成小丘状，经常疏松树盘土壤，改善土壤的通透性。也可在根际周围种植地被植物，如马蹄金、白三叶、红花酢浆草等，或铺上一层白石子，既美观又可减少土面蒸发。

（六）根系保护

在北方的树木，特别是带冻土块移植的树木移植后，定植坑内要进行土面保温，即先在坑面铺 20cm 厚的泥炭土，再在上面铺 50cm 厚的雪或 15cm 的腐殖土或 20～25cm 厚的树叶。早春，当土壤开始化冻时，必须把保温材料拨开，否则被掩盖的土层不易解冻，影响树木根系生长。

（七）搭遮阴棚

生长季移植，应搭遮阴棚，防止树冠经受过于强烈的日晒影响，减少树体蒸腾强度。特别是在成行、成片移植，密度较大时，宜搭建大棚，省材而方便。全冠搭建时，要求荫棚上方及四周与树冠间保持 50cm 的间距，以利棚内空气流通，防止树冠日灼危害。遮阴度为 70%左右，让树体接受一定的散射光，以保证树体光合作用的进行。

（八）防寒防冻

新植大树的枝梢、根系萌发迟，年生长周期短，养分积累少，组织发育不充实，易受低温危害，应做好防冻保温工作。首先，入秋后要控制氮肥、增施磷钾肥，并逐步撤除荫棚，延长光照时间，提高光照强度，以提高枝干的木质化程度，增强自身抗寒能力。第二，在入冬寒潮来临之前，做好树体保温工作，可采取覆土、裹干、设立风障等方法加以保护。

（九）看管围护

在人流较多、易遭人为伤害的地方，对新栽的大树采取围栏措施，并加强看管。

（十）定期检查

主要是了解树木的生长发育情况，并对检查出的问题如病虫害、生长不良等及时采取补救措施。

任务三　草坪工程施工

【知识点】

草坪建植的概念。

草种选择的依据。

草坪种子预处理技术。

营养体法建植。

液压喷播种法。

植生带铺栽法。

【技能点】

场地准备。

种植草坪。

草坪的养护管理。

相关知识

一、草坪建植的概念

草坪是指人工建造及人工养护管理，起绿化、美化作用的草地。在园林绿地、庭园、运动场等地多为人工建造的草坪。

建造人工草坪首先必须选择合适的草种，其次是采用科学的栽植及管理方法。

二、草种选择的依据

建造草坪时所选用的草种是草坪能否建成的基本条件。选择草种应考虑以下方面：

（一）地理环境

首先必须了解建坪所在区域，才可能确定使用的品种。我国可划分为以下九个气候带；（1）青藏高原带；（2）寒冷半旱带；（3）寒冷潮湿带；（4）寒冷干旱带；（5）北过渡带；（6）云贵高原带；（7）南过渡带；（8）温暖潮湿带；（9）热带亚热带。

（二）土壤情况

土壤的质地、结构、酸碱度及肥力是影响草种选择的主要因素。

1. 质地。质地疏松、具有团粒结构的土壤，草坪生长最好。

2. 肥力。在肥力适中时，大部分草可正常生长，在土壤贫瘠地区需选择特殊的品种。

3. 酸碱度。一般草坪在pH6～7的范围内生长良好，如早熟禾在pH6.0～7.5中可以生长，超出此范围，一般须进行改良。

（三）使用目的

使用目的不同，草种选择不同。游憩草坪面积大，应选可粗放管理的草种。观赏草坪要求草坪品质，管理精细，因此可选耐低修剪，叶质细致，枝条密度高，绿期长，色泽美的品种。运动场草坪需选耐践踏，耐修剪，根系发达，再生力强的品种。固土护坡则选根系发达、耐瘠薄的品种。

（四）草坪草自身特性

草坪草自身的特性包括17个方面：定植速度，形成枯草层速度，叶子质地，叶子密度，抗旱性，抗寒性，抗病性，耐热性，耐阴性，耐酸性，耐湿性，耐盐性，耐践踏性，修剪高度，修剪质量，再生性、需肥量。

通过各种草在以上特性方面的比较，我们可以根据需要来选择一个或几个草种或品种混播。作为通常考虑的指标，常从以下几个方面来考虑：

1. 质地

质地指草坪草茎叶的感触性、光滑度和硬度。质地决定了草坪的观赏价值和耐践踏的能力。从质地出发，一般观赏性草坪要选择生长低矮、纤细，质地柔软、光滑和草姿优美的草种。

2. 枝叶密度

枝叶密度指单位面积内草坪植物地上部分茎叶的生物量。枝叶密度大，说明植株分蘖情况好，生长旺。

3. 覆盖度

指草坪草的茎、叶覆盖地面的能力。不同草坪植物覆盖速度不同，当然与经营水平也有关。一般地，具有匍匐茎草种的覆盖性能好。草坪的覆盖性是观赏性草坪选择草种的重要因素之一。

4. 颜色和绿色期

草坪草茎、叶颜色的深浅和绿色期的长短，是选择草坪草的主要指标。

5. 环境的适应性

不同条件下要选择具有某种优势的草种。如抗旱，抗寒，耐瘠薄和耐阴等。

6. 对外力的抗逆性

如运动场要抗践踏，观赏性草坪要耐修剪。

7. 抗病性

管理水平和要求管理程度影响抗病能力，因此要结合管理要求选择草种。

8. 成坪速度

根据施工单位要求选择成坪快或速度一般的草种。

（五）光照条件对选种的影响

绝大多数草种喜光，因此在树阴下或住宅区阴面草坪绿化时需选用耐阴的品种。

（六）其他因素

资金充足的选好的品种，不足的用粗放的品种。深浅色泽可根据主人喜爱选择，并注意与周围环境的协调性。

三、营养体法建植

（一）适合营养体法建植的草种

由于某些草坪草的种子比较缺乏，或是获取的成本较高，在草坪建植时常采用营养体法繁殖。采用此法建植草坪的草种的另一大特点是本身具有地上或地下横走茎。营养体法建植草坪比种子建植简便快捷、可靠。

（二）营养体法建植的时机

营养体法建植最好的时机是草坪旺盛生长时。冷季型草在春秋冷凉季节，暖季型草在盛夏高温季节，发芽、展叶、抽条（爬蔓）时都可以进行。冬季休眠期因为草株地上部分枯萎导致（分株、埋蔓）繁殖系数变小，成本加大。草块和草坪卷建植全年都可进行，国外常使用未返青的休眠草皮卷，其基质以草炭及木纤维为主。

（三）营养体法建植的类型

1. 分栽建植法

草坪分栽建植分为根茎法栽植和分株栽植两种。根茎法栽植在江南地区应用较为普遍。一般对于种子繁殖（种子少）较困难、又具有较发达的地上横走茎或地下根茎的草种，如细叶结缕草、沟叶结缕草或匍匐茎、根状茎较发达的草种，多采用此方法进行繁育。此法的优点是繁殖简单，能大量节省草源，一般 $1m^2$ 的草块可以栽成 $5\sim10m^2$，或更多一些。缺点是草坪覆盖郁闭周期比较长，不能马上见效，因此对需要立即见效的草坪建植工程不宜选用此方法。

2. 埋蔓建植法

适用于具发达的匍匐茎草种。江南地区狗牙根草坪建植常用此方法，只要先将草坪成片铲起，冲洗掉根部泥土，将匍匐茎切成 3～5cm 长短的草段，上面覆盖耕作土即可。

3. 草块建植法

草块建植草坪是完整保护草坪根系、迅速成坪的技术工艺之一。草坪分块移栽繁殖法在南方广泛应用。将圃地通过种子繁殖或营养繁殖培育成密度适中、生长优良健壮的草坪，按照 30cm×30cm、25cm×30cm、20cm×20cm 等不同的大小规格切割成草皮块，捆扎装车运至绿地，在平整的场地上铺设，使之迅速形成新草坪。

用草块建植草坪的优点是受时间和季节限制小，草坪草块建植可在全年进行，能高效、快速地形成草坪，栽后养护也比较简单；其缺点是成本高，繁殖系数为 1∶0.8 或更低些。

四、植生带铺栽法

（一）植生带铺栽法概况

采用具有一定韧性和弹性的无纺布，在其上均匀撒播种子和肥料而培植出来的地毯式草坪种植带，此法是在工厂里，采用自动化设备连续成批生产草坪植生带，产品可成卷入库贮存，所以，人们常称它为“草坪工厂化生产”。

（二）植生带铺栽法特点

草坪植生带具有发芽快、出苗齐、形成草坪速度快和减少杂草的滋生等优点；植生带又具有保水和避免灌溉及雨水冲刷种子的特性；它还具有体积小、重量轻，便于贮藏的特点。

（三）适用范围

可广泛用于城市的园林绿化、高等级公路的护坡、运动场草坪的建植以及水土保持、国土治理等绿化事业上，特别适用于常规施工方法十分困难的陡坡上铺设，操作方便，省工。

（四）生产要求

1. 加工工艺一定要保证种子不受损伤，包括机械磨损，冷热复合时对种子活力的影响，确保种子的活力和发芽率。
2. 布种均匀，定位准确，保证播种质量和适宜的密度。
3. 栽体轻薄、均匀、易降解。
4. 植生带中种子发芽率不得低于常规种子发芽率。

（五）储存、运输的要求

1. 库房整洁卫生，干燥通风。
2. 温度 10～20℃，湿度不超过 30%。

3. 防火、防虫、防鼠害及病菌污染。

4. 运输中防水、防潮、防磨损。

任务实施

一、场地准备

铺设草坪和栽植其他植物不同，在建造完成以后，地形和土壤条件很难再行改变。要想得到高质量的草坪，应在铺设前对场地进行处理。场地的准备包括场地的清理，土壤的翻耕和改良，排灌系统的建置等内容。

（一）清理场地

1. 清理树木

要认真清理乔、灌木的树桩树根，因为有些残根能萌发新植株，或腐烂后形成洼地破坏草坪的一致性，或滋生某些菌类。

2. 清理岩石、瓦砾

要清理坪床表土下60cm以内的大石砾，清除20～30cm层内的小石块和瓦砾。

3. 清除杂草

（1）物理防除

可用犁、耙、锄头等工具，即翻耕了土壤又清除了杂草。但有的根茎型杂草，用翻耕、拣拾的方法难以一次除尽，通常可用土地休闲的方法清除。即夏季不种任何植物，但仍要定期耙、锄，以达到较彻底的清除。

（2）化学防除

草甘膦为灭生性杀草剂，入土24h即可分解，可于播种前3～5d使用，之后再铲锄一次。

（二）平整翻耕

土壤翻耕深度不得低于30cm，把土块打碎（土粒直径小于1cm），反复翻打几次。为了使草坪保持优良的质量，减少管理费用，应尽可能使土层厚度达到40cm左右，最好不小于30cm。在小于30cm的地方应加厚土层。

（三）土壤改良

1. 物理性质改良

对过黏、过沙性土壤进行客土改良。专用草坪及运动场草坪土壤基质有其特殊要求，如高尔夫球的发球台和果岭必须覆沙，要求通气透水良好的沙性基质。一般的园林绿地草坪土质和肥力应达到农田耕作土标准即可。

常用的改良土壤肥力的办法是增加土壤有机质含量。掺加适量的草炭、松林土或腐叶土，均匀施入腐熟的有机肥，如家禽粪、各种饼肥等。无论施用何种肥料，都必须先粉碎、撒匀翻入土中，否则会使同一地块草坪长势不一致，高矮、颜色不均，影响景观效果。施用的肥料不能选用牛、羊或马的粪便，因其中含有大量杂草种子，会造成草坪中杂草丛生，严重破坏草坪的纯净度，给后期养护工作带来极大困难。施入未被腐熟的有机肥，会招致地下害虫严重危害。

2. 化学性质改良

不良的土壤化学性质严重影响草坪草出土和草坪后期存活，酸性土和盐碱较重的土壤必须进行改良。

（1）酸性土壤改良。向土壤中撒石灰粉在国外资料中常被提到，那是因为欧美地区酸性土所占比例较多。我国南方草坪建植中改良酸性土壤是必要措施，常用的方法是施用细粒石灰粉，应撒播均匀无死角。根据土壤酸度和质地，一般施用量平均 200g/m²，强酸性可施用 300～400g/m²，间隔数月可再施一次，可在几周内将土壤 pH 值提高一个单位。

（2）碱性土壤改良。北方土壤浇水干燥后，表层常有一层盐皮。表明表层盐分浓度较大，会严重影响种子发芽和小苗存活。常采用施用石膏、磷石膏的方法，去除地表盐渍，保护草籽发芽，这种方法见效快。施用硫黄粉改良作用较慢，施用硫酸亚铁一般碱性土施 30～50g/m²，重盐碱的可分批分次施入。

（四）施基肥

整好地后应施足有机肥（马粪除外）或过磷酸钙做基肥，肥料应腐熟、菌少，粉碎后均匀撒入土中，有机肥每亩施 2000～3000kg，过磷酸钙每亩施 10～15kg。

在沙质土壤中，应多施入有机肥，以增强保水能力，黏重土壤中施入有机肥则可改进土壤的结构和性能。基肥可拌入土壤的 10cm 深土层内，再用磙子压实和粗平整，灌足底水，自然下渗 1～2d 后即进行细平整和播种作业。

（五）土壤消毒

土壤中含有许多杂草种子、营养繁殖体、致病有机体、线虫和其他有害有机体，能影响草坪正常生长。采用熏蒸法是进行土壤消毒的最有效方法。常用的熏蒸剂有溴甲烷、氯化苦等。方法为将熏蒸地段用塑料薄膜覆盖，导管引入熏蒸药物，熏蒸 24～48h 后撤走塑料薄膜，在细平整前后进行均可。

（六）排水及灌溉系统

1. 排水

草坪与其他场地一样，需要考虑排除地面水。因此，最后平整地面时，要结合考虑地面排水问题，不能有低凹处，以避免积水，但是作成水平面也不利于排水。理想的平坦草坪的表面应是中部稍高，逐渐向四周或边缘倾斜。建筑物四周的草坪应比房基低 5cm，然后向外倾斜。一般设计 2%～5%的坡度，可以向一边倾斜或以中间高，两边低的形式布置，周边设计排水沟等排水设施。地形过于平坦的草坪或地下水位过高或聚水过多的草坪，运动场的草坪等应设置暗管或明沟排水，最完善的排水设施是用暗管组成一个系统与自由水面或排水管网相连接。

2. 灌溉系统

草坪灌溉系统是草坪建植的重要项目。目前国内外草坪大多采用喷灌，为此，在场地最后整平前，应将喷灌管网埋设完毕。

（七）平整、浇水

植草前进行最后的平整。平整应按地形设计要求进行，或呈平面式，或呈起伏山丘式，确保地面排水畅通和无低洼积水之处。若地形平整中移动的土方量较大，应将表层土铲在一边，取出底土或垫高地形后再将原表层土返回原地表。平整后灌水，让土壤沉降，如此可发现是否有积水处需填平。

（八）种植草坪

选择了合适的草源，处理好土地之后，就可以种草了。种植方式有很多种，应按照设计的要求进行施工。

二、播种法建植草坪

（一）选种

播种用的草种，一般用于结籽量大而且种子容易采集的草种，如野牛草、结缕草、苔草、剪股颖、早熟禾等都可用种子繁殖，而且必须选取能适合本地区气候条件的优良草种。要取得播种的成功，选种时一要重视纯度，二要测定它的发芽率，必须在播种前做好这两项工作。纯度要求在90%以上，发芽率要求在50%以上，从市场购入的外来草籽必须严格检查。混合草籽中的粗草与细草，冷地型草与暖地型草，均应分别进行测定，以免造成不必要的损失。

（二）种子处理

有的种子发芽率不高并不是因为质量不好，而是因各种形态、生理原因所致。为了提高发芽率，达到苗全、苗壮的目的，在播种前可对种子加以处理。

（三）播种量和播种时间

1. 播种量

草坪种子播种量越大，见效越快，播后管理越省工。单播时，一般用量0.01～0.02kg/m^2，具体应根据草种类型、种子发芽率而定。

2. 播种时间

暖季型草种为春播，可在春末夏初播种，冷季型草种为秋播，北方最适合的播种时间为9月上旬，详见表7-15。

表7-15 草坪的播种量和播种期

草　　种	播种量/（kg/m^2）	播种期
狗牙根	0.01～0.015	春
羊茅	0.015～0.025	秋
剪股颖	0.005～0.01	秋
早熟禾	0.01～0.015	秋
黑麦草	0.02～0.03	春和秋
向阳地——野牛草75% ——羊茅25%	0.01～0.02	秋
背阴地——野牛草25% ——羊茅75%	0.01～0.02	秋

（四）草坪的混播

几种草坪混合播种，可以适应较差的环境条件，更快地形成草坪，并可使草坪的寿命延长，其缺点是不易获得颜色纯一的草坪。不同草种的配合依土壤及环境条件不同而不同。在混播时，混合草种包含主要草种和保护草种，保护草种一般是发芽迅速的草种，作用是为生长缓慢和柔弱的主要草种遮阴及抑制杂草，并且在早期可以显示播种地的边沿，以便于修剪。如早熟禾（占 80%）与剪股颖（占 20%）混播，前者为主要草种，单播时生长慢，易为杂草所侵占；后者为保护草种，生长快，在混播草坪中可逐渐被前者挤出，但在早期可防止杂草发生。

选择混播草种时应注意：所选草种、品种在外观上基本相似，即叶形叶色相近或协调；目的草种的生长速度相当，优势互补。

播种量的计算公式：

$$\text{播种量（g/m}^2\text{）}=\frac{\text{每 m}^2\text{ 留苗数}\times\text{千粒重（g）}\times 10}{1000\times\text{种子纯度}\times\text{发芽率}}$$

以上是理论播种量，实际操作中，要加 20%的耗损。计算混播播种量时，先计算出混播品种各自单播的播种量，然后按混播种子各自混播比例，计算出各草种的需播量。

（五）播种方法

1. 撒播法。由于草籽细小，为了使撒播均匀，最好的办法是在草种中掺入 2～3 倍的细沙或细土。撒播时，先用细齿耙松表土，将种子均匀地撒在耙松的表土上，再用细齿反复耙拉表土，然后用碾子磙压，或用脚并排踩压，使土层中的种子密切和土壤结合，同时播种操作者应作回纹式或纵横式向后退撒播。

2. 条播法。在整好的场地上开沟，沟深 0.05～0.1m，沟距 0.15m，用等量的细土或沙与种子拌匀撒入沟内，播种后用罐子磙压和浇水等。采用这种方法播种有利于播后管理。

三、营养体法建植草坪

种子播种法建坪成本低，但需要时间长，初期管理费工费时。而营养繁殖省时，立即见效，因此建立应急草坪、补植及局部修整，可应用营养体建植法。

（一）分栽建植法

1. 种植时间

最佳的种植时间是草坪生长季的中期，过早尚未形成足够的营养体，种植时间过晚，当年不能覆盖地面，无法形成景观。对于暖季型草种，在春末夏初时进行分栽建植效果最好。

2. 分株栽植步骤

将原草坪块状铲起，3～5 株一撮拉开，连同匍匐茎一起挖坑栽下，栽种可采用条栽或穴栽。条栽可按 30cm 的距离开沟，沟深 4～6cm，每隔 20cm 左右分栽一撮（3～5 株）。穴栽则可按 5～10cm 见方挖穴，穴深约 5cm，将预先分好的植株栽入穴中，埋土踏实。

3. 栽植密度要求

栽植密度，即株行距可根据施工要求自行调整，株行距可 10cm×10cm，也可以 15cm×15cm。密植成坪快，费工，费料，加大成本。稀植成坪慢，省工，省料，成本降低。按 15cm×15cm 行距的经验数字进行施工，繁殖系数可达 1∶10，即买 $1m^2$ 密度较大的母草可分铺建植 $10m^2$ 草坪。

4. 栽后整理

栽植后地面随即平整，利用压磙进行镇压。目的是使草根茎与土壤密切接触，同时使地面平整无凹凸，便于后期养护管理。如灌水后出现坑洼、空洞等现象应及时覆土，再次滚压。

（二）埋蔓建植法

1. 条植埋蔓法

利用人工开沟，将开沟器调到适宜深度，深 3～5cm，将两侧土复原，平整清场后滚压。行距 20～30cm，再挖第二道沟。

2. 坪床埋蔓法

坪床准备好后，将草蔓均匀撒铺在已经整理好的坪床上，掌握适宜的密度，一般 $1m^2$ 原草可铺 $5m^2$。为方便覆土作业，可将成卷的铁纱网铺展开压在草蔓上，覆土厚度 1cm 左右。覆土耙平后撤出铁纱网，进行下一单元作业。覆土不必将草蔓全部埋严。覆土并压实后，可覆盖较薄的无纺布或规格较稀的遮阳网，降温保湿，然后浇透水，保持土壤湿润，一般 20d 左右就可以滋生新的匍匐茎。

（三）草块建植

这种方法的主要优点是形成草坪快，可以在任何时候（北方封冻期除外）进行，且栽后管理容易，缺点是成本高，并要求有丰富的草源。

1. 选定草源。要求草生长势强，密度高，而且有足够大的面积为草源。

2. 铲运草块。铲草块前应修剪，提前三天灌水，保证草块湿度。将选定的优良草坪，一般取 30cm×30cm 的方块状，使用薄形平板状的钢质铲（平锹），先向下垂直切 3cm 深，然后再用横切，草块的厚度约 2～3cm，草块带土应厚度一致。

3. 草块的铺栽方法常见的有下列 3 种：

（1）密铺法

密铺法就是将甲地生长的优良草块，切成 0.3m×0.3m 的方形草坪泥块，或切成长条状的草块，运往乙地按照原甲处占地的大小重新铺成草坪，但块与块中间须保持 1～2cm 的空隙，然后用磙筒或木夯压紧、压平。压紧后应使草面与四周土面平、草皮与土壤紧接。

（2）间铺法

为节约草皮材料可用间铺法，该法有两种形式，均用长方形草皮块。一为铺块式，各块间距 0.2～0.3m，铺设面积为总面积的 1/3；另为梅花式，各块相间排列，所呈图案颇为美观，铺设面积占总面积的 1/2，用此法铺设草坪时，应按草皮厚度将铺草皮之处挖低一些，以便草皮与四周土面相平。春季铺设应在雨季后，匍匐枝向四周蔓延可互相密接。

（3）点铺法

将草块分成 0.05m×0.05m 的小块，铺种地上，草块间隙 0.03～0.05m，然后用脚踩，边踩边淋水，直到踩出泥浆，使草根粘满泥浆为止。

四、新工艺草坪建植

（一）喷播草坪建植

1. 场地准备

草坪喷播前的用地准备的内容及标准同播种建植技术。大面积的平整地要有一定坡度，播种地先要进行粗整，然后要用铁磙进行镇压。如果土壤过于干燥，应在喷播前三四天进行补水，以保证土壤湿度。

2. 配料

把水加到物料罐体的 1/3 处，然后打开循环压力泵，加入木纤维、草籽进行循环搅拌，随着罐内水量加大，再加入粘合剂和保水剂进行搅拌。罐内水加满后，将罐体内的浆料继续搅拌 5～10min。保水剂充分吸水后待用。

3. 喷播技术要领

平地喷播作业是由里向外进行，坡地是由高向低进行。喷播时握紧喷头，左、右方喷洒，喷洒幅宽 5～6m，进深 1m，喷播接茬时应压茬 40～50cm。喷播完成后，要进行巡视检查，防止漏喷。喷后晾晒 2～3h，待地表浆全部干燥结壳后，人员可以进入，进行铺设无纺布作业。

4. 铺盖无纺布

目的是防止阳光曝晒，保湿降温，更重要的是防止人工灌水或雨水对草籽的冲刷。两条布搭茬应重叠 10～15cm，并用竹签、木棍或钢丝固定牢，防止被大风吹开。操作人员要穿平底鞋，以免破坏建植地平整度。

5. 喷播后养护

在确定给水系统正常工作后，即可给水，每天 3～4 次，根据墒情及天气变化进行增减。一旦浇过水后，切记不可再断水，以免破坏种子的出土。冷季型草种根据草种不同一般 7～10d 后种子开始发芽，12～20d 芽苗基本发齐，待芽苗长到 5～7cm 时揭去无纺布。揭无纺布前要给小苗控水，揭布后要及时补水，最好选在下午 3 点后或傍晚前后揭无纺布。视小苗生长情况春秋季 25～35d 就可进行第一次修剪，基本上达到了建坪要求。

6. 喷播建植草坪的技术难点

喷播技术关键是喷撒手法。每桶料中的草籽量是个定数，按额定每平方米播种量必须将桶中的浆料均匀喷播到额定的土地面积上。要求每个角落种子分布要均匀，避免个别地面重喷和漏喷。施工人员要熟练无误地掌握好这项技术。

（二）草皮卷建植

草坪卷和草块只是形状不同，草块多为手工用平锹或专用工具铲取，而草坪卷则必须用专用大型铲草机或小型铲草机铲取。北方冷季型草种草坪如结缕草等常用草卷建植。

1. 草皮卷的规格及质量要求

（1）一般草皮卷的规格可视生产需要、起草皮机的类型及草皮草生长状况来确定。通常采用长条形 200cm×30cm 或方块形 30cm×30cm，早熟禾类草坪起草厚度 3cm 左右，一般机械铲取，人工卷起，装车运输或放在胶合板制成的托板上，以利运输。

（2）草坪卷应薄厚一致，起卷厚度要求为1.8～2.5cm。

（3）草坪卷出圃前要求应进行一次修剪。铲取草卷之前2～3d应灌水，保证草卷带土湿润。草坪卷应健康，无病虫害、无杂草。

2. 草坪卷建植方法及技术要点

（1）建坪时间。草坪卷的铺装可在春、夏、秋三季进行，但因冷季型草坪在夏季进入生长弱势时期，因此此时建坪必须增加灌溉次数，加强管理。

（2）草种选择、播种量要求均与直播法建坪相同。草坪卷生产者应选择优良品种，应严格规范播种量，生产周期最少6～8个月。

（3）场地准备。铺装草坪卷的地段整地工作要求除与直播要求一致外，对于平整度要求更加严格，并要求土壤处于湿润状态。

（4）起运技术。起、运过程要连续，运输车应用帆布遮阴，防止水分过分蒸发。运输过程要保持草块完整。

（5）建植。把运来的草皮卷顺次铺于已整好的土地上，草皮块运输过程中边缘会干缩，遇水后伸展，因此草皮块与块之间要保留0.5cm的间隙，中间缝隙填入细土。应准备大号裁纸刀，对不整齐的边沿截平，长短需求不要用手撕扯，应用裁纸刀裁断。

（6）滚压、浇水。铺后立即进行滚压，压实、压平。之后均匀适量地浇水，第一次浇足、灌透。2～3d后再滚压，以促进根系与土壤的充分接触。新铺草块，压1～2次是不行的，以后每隔一周灌水一次，次日滚压一次，直到草块完全平整。对于高低不平处，要起开草皮，高处去土，低处填平，再把草皮铺好。

（7）施肥。新铺草坪要注意保护，防止践踏，完成缓苗后可施一次尿素，用量为$10g/m^2$。

（三）草坪植生带建植

1. 场地准备

在铺装前，全面翻耕土地，深耕20～25cm，并适当施入基肥。打碎土块，耧细耙平，清除残根和石砾，粗整地与直播相同，细致整地要求更精细，压实。

2. 备细沙土

在施工地的边缘，准备好足够的用于覆盖的细土，沙质壤土为好，备土量为每铺$100m^2$的植生带需$0.5m^3$的细土，应取耕作层以下的生土，以避免在覆盖土中带有杂草种子，绝不能用混有杂草和杂物的土作为覆盖土。

3. 灌底水、铺植生带

铺前1～2d，要灌足底水，充分整平。铺装植生带前，在耧细耙平的坪床上，再一次用木板条刮平土壤表面，将草坪植生带自然地平铺在坪上，将植生带拉直，放平，但不要加外力强拉。植生带的接头处，要有适当的重叠，避免出现漏铺现象。

4. 覆细土

在铺好的植生带上，用筛子均匀地筛上事先准备好的细土，细土的覆盖厚度为0.3～0.5cm。

5. 浇水

植生带铺装好后，第一次灌溉浇水时，一定要浇透，使植生带完全湿润和湿透。以后每日都要喷水，每次的喷水量以保持铺设地块的土壤湿润为原则，每日喷水次数视土壤温度而定，直至出苗形成草坪。

6. 固定

在斜坡上铺装植生带，要在植生带的接头和边上，用粗铁丝制成反“U”形钉子固定植生带，以免被风刮走。

五、草坪的养护管理

种植施工完成后，一般经过1～2周的养护就可长成丰满的草坪。草坪长成后，还要进行经常性的养护管理，才能保证草坪景观长久地持续下去。草坪的养护管理工作主要包括：灌水、施肥、修剪、除杂草等环节。

（一）浇灌

草坪植物的含水量占鲜重的75%～85%，叶面的蒸腾作用要耗水，根系吸收营养物质、营养物质在植物体内的输导也离不开水。一旦缺水，草坪生长衰弱，覆盖度下降，叶枯黄，提前休眠，当含水量下降到60%时，草坪草就会死亡。

1. 水源的选择

没有被污染的井水、河水、湖水、水库存水、自来水等均可作灌水水源。国内外目前试用城市“中道水”作绿地灌溉用水。随着城市中绿地不断增加，用水量大幅度上升，给城市供水带来很大的压力，“中道水”不失为一种可靠的水源。

2. 灌水方法

草坪灌溉有地面漫灌和喷灌两种方法。

（1）地面漫灌

地面漫灌简单易行，但耗水量大，水量不够均匀，坡度大的草坪不能使用。采用这种灌溉方法的草坪表面应十分平整，且具有一定的坡度，理想的坡度是0.5%～1.5%，这样的坡度用水量最经济。

（2）喷灌

用喷灌设备令水像雨点一样淋到草坪上，其优点是能在地形起伏变化大的地方或斜坡使用，灌水量容易控制，用水经济，便于自动化作业。缺点是建造成本高，但此法仍为目前国内外采用最多的草坪灌水方法。

3. 灌水时间

对已建成并处于生长季的草坪，根据不同时期的降水量及不同的草种适时灌水是极为重要的。

（1）返青到雨季前。这一阶段，气温逐渐上升，蒸腾量大，需水量大，是一年中最关键的灌水时期，根据土壤保水性能的强弱及雨季来临的时期可灌水2～4次。在返青时灌返青水，在北方封冻前灌封冻水也都是必要的。

（2）雨季基本停止灌水。这一时期空气湿度较大，草的蒸腾量下降，而土壤含水量已提高到足以满足草坪生长需要的水平。

（3）雨季后至枯黄前这一时期降水量少，蒸发量较大，而草坪仍处于生命活动较旺盛阶段，与前两个时期相比，这一阶段草坪需水量显著提高，如不能及时灌水，不但影响草坪生长，还会引起提前枯黄进入休眠。在这一阶段，可根据情况灌水4～5次。

(4) 一天之中，何时实施灌溉为好，首先要看怎样灌溉，理论上讲，只要灌溉水的量小于同期土壤的渗透能力，一天中任何时候都能灌溉；其次得看灌溉方式，如果应用间歇喷雾或间歇喷灌（雾化度较高），顶着太阳灌溉最好，不仅能补充水分，而且能明显地改善小气候，有利于蒸腾作用、气体交换和光合作用等。

4. 灌水量

每次灌水量应根据土质、生长期、草种等因素而确定。一般草坪生长季节的干旱期内，每周约需补水 20～40mm；旺盛生长的草坪在炎热和严重干旱的情况下，每周需补水 50～60mm 或更多。不论何种灌溉方式，都应多灌溉几次，每次水量少些，最大到地面刚刚发生径流为度。

（二）施肥

为了保持草坪叶色嫩绿、生长繁密，必须进行施肥。在建造草坪时应施基肥，草坪建成后在生长季需施追肥。由于草坪植物主要是进行叶片生长，并无开花结果的要求，所以草坪草需要最多的养分是氮，其次是钾，再其次是磷，所以氮肥更为重要，施氮肥后的反应也最明显，一般选择硫胺或尿素进行追肥。寒季型草种的追肥时间最好在早春和秋季。第一次在返青后，可起促进生长的作用，第二次在仲春。天气转热后，应停止追肥，秋季施肥可于 9、10 月进行。暖季型草种的施肥时间是在晚春。在生长季每月或两个月应追一次肥，这样可增加枝叶密度，提高耐踩性。最后一次施肥北方地区不能晚于 8 月中旬，而南方地区不应晚于 9 月中旬。

草坪的肥料施量，应按自然土壤肥力、生长季的长短和踏压程度而定。在贫瘠土壤上生长的草坪，需要的肥料较多；生长季越长，需要的肥料也越多；在重度使用的草坪上应施更多的肥料来促进它们的旺盛生长。就一般水平而论，草坪每年施肥两次，氮：磷：钾＝10：6：4，一次施量为 20～90g/m^2。表 7-16 是国外草坪施肥量，可供参考。

表 7-16　不同草种的施肥量

喜肥程度	施肥量/（g/m^2·月）（按纯氮计）	草　种
最低	0～2	野牛草
低	1～3	紫羊茅、加拿大早熟禾
中等	2～5	结缕草、黑麦草、普通早熟禾
高	3～8	草地早熟禾、剪股颖、狗牙根

（三）修剪

修剪是为维持优质草坪的重要作业，修剪的目的在于在特定的范围内保持顶端生长，控制不理想的不耐修剪的营养生长，维持一个供观赏和游憩的草坪空间。

一般的草坪一年最少修剪 4～5 次，国外高尔夫球场精细管理的草坪一年中要经过上百次的修剪。修剪的次数与修剪的高度是两个相互关联的因素，修剪时的高度要求越低，修剪次数就越多，这是我们进行养护草坪所需要的。修剪一般根据草的剪留高度进行，即当草长到规定剪留高度（一般剪留高度为 0.05 m）的 1.5 倍时就可以修剪，最高不得超过剪留高度的两倍，修剪时间最好在清晨草叶挺直时进行，便于剪齐。各种草种的修剪频率见表 7-17，最适合的剪留高度见表 7-18。

表 7-17　不同草坪剪草的频度

草坪类型	草　种	剪草频率			
		次/月			次/年
		4～6 月	7～8 月	9～11 月	
庭园	细叶结缕草	0. 3～1	2～3	0. 3～1	5～10
	剪股颖	2～3	2～4	2～3	16～20
公园	细叶结缕草	1	2～3	1	10～15
	剪股颖	2～4	1～2	2～4	15～30
竞技场 校园	细叶结缕草	1～3	2～3	1～3	10～15
	狗牙根	2～4	4～5	2～4	20～35
高尔夫发球台	细叶结缕草	1	8～9	4～5	30～35
高尔夫球盘	细叶结缕草	12～13	16～20	12～13	70～90
	剪股颖	16～20	12～13	16～20	100～150

表 7-18　几种草种的最适剪留高度

相对修剪程度	剪留高度/cm	草　种
极低	0.5～1.3	匍匐剪股颖、绒毛剪股颖
低	1.3～2.5	狗牙根、细叶结缕草、细弱剪股颖
中等	2.5～3.5	野牛草、紫羊茅、草地早熟禾、黑麦草、结缕草、假俭草
高	3.5～7.5	苇状羊茅、普通早熟禾
较高	7.5～10.2	加拿大早熟禾

（四）除杂草

杂草是草坪的大敌，杂草的入侵会严重影响草坪的质量，使草坪失去均匀、整齐的外观。同时杂草与目的草争水、争肥、争阳光，使目的草的生长逐渐衰弱。因而除杂草是草坪养护管理中必不可少的一环。

防、除杂草的最根本方法是合理的水肥管理，促进目的草的生长，增强与杂草的竞争能力，并通过多次修剪，抑制杂草的发生。一旦发生杂草侵害，主要靠人工挑除，可用小刀连根挖出，大面积除杂草可采用化学除草剂，如 2.4—D、西马津、扑草净、除草醚、敌草隆等。

（五）松土通气

为了防止草坪被践踏和滚压后造成的土壤板结，应当经常进行松土通气，松土还可以促进水分渗透，改善根系通气状况，保持土壤中水分和空气的平衡，促进草坪生长。松土宜在春季土壤湿度适宜时进行，松土即是在草坪上扎孔打洞。人工松土可用带钉齿的木板、多齿的钢叉等来扎孔，大面积松土可采用草坪打孔机进行。

任务四 草本花卉种植工程施工

【知识点】

花坛的概念及分类。

花境的概念及分类。

草本花卉的种植方法。

花卉种植时间。

花卉种植原则。

【技能点】

花坛、花境施工前的准备工作。

花坛的种植施工。

花境的种植施工。

相关知识

一、花坛的概念及分类

（一）花坛的概念

传统的花坛是指在具有一定几何形轮廓的种植床内栽植各种色彩的观赏植物而构成花丛花坛或华美艳丽纹样图案的种植形式。现代意义的花坛是指利用盆栽观赏植物或利用各种形式的盆花组合（穴盘）组成华美图案和立体造型的造景形式。

（二）花坛的分类

以表现的主题不同分为花丛式花坛、模纹式花坛、标题式花坛和立体花坛。

二、花境的概念及分类

（一）花境的概念

花境主要是模拟自然界中林缘地带多种野生花卉交错生长的状态，并运用艺术手法设计的一种花卉应用形式。花境布置多利用在林缘、墙基、草坪边缘、水边和路边坡地、挡土墙垣等地的位置，将花卉设计成自然块状混交，展现花卉的自然韵味。

（二）花境的分类

按照花境的观赏点可分为以下几种类型。

1. 单侧观赏花境。以树丛、绿篱、墙垣、建筑为背景的花境。一般接近游人一侧布置低矮的植物；渐远渐高，花境总宽度为3～5m。

2. 双侧观赏花境。在道路两侧或草地、树丛之间布置，可以供游人两侧观赏的花境。一般栽种植物要中间高、两边低，不会阻挡视线。花境总宽度在4～8m。常以多年生花卉为主，一次建成可多年使用。

三、草本花卉的种植方法

花卉的种植方法可分为种子直播、裸根移植、钵苗移植和球茎种植四种基本方法。

（一）种子直播

种子直播大都用于一、二年生草本花卉，首先要作好播种床的准备。

1. 在预先深翻、粉碎和耙平的种植地面上铺设8～10cm厚的配制营养土或成品泥炭土，然后稍压实，用板刮平。

2. 用细喷壶在播种床面浇水，要一次性浇透。

3. 小粒种子可撒播，大、中粒种子可采取点播。如果种子较贵或较少可点播，这样出苗后花苗长势好。点播要先横后竖划线，在线交叉处播种。也可以条播，条播可控制草花猝倒病的蔓延。此外，在斜坡上大面积播花种也可采取喷播的方法。

4. 精细播种，用细沙土或草炭土将种子覆盖。覆土的厚度原则上是种子粒径的2～3倍。为掌握厚度，可用适宜粗细的小棒放置于床面上，覆土厚度只要和小棒平齐即能达到均匀、合适的覆土厚度。覆好后拣出木棒，轻轻刮平即可。

5. 秋播花种，应注意采取保湿保温措施，在播种床上覆盖地膜。如晚春或夏季播种，为了降温和保湿，应薄薄盖上一层稻草，或者用竹帘、苇帘等架空，进行遮阴。待出苗后撤掉覆盖物和遮挡物。

6. 对床面撒播的花苗，为培养壮苗，应对密植苗进行间苗处理，间密留稀，间小留大，间弱留强。

（二）裸根移植

花卉移栽可以扩大幼苗的间距、促进根系发达、防止徒长。因此，在园林花卉种植中，对于比较强健的花卉品种，可采用裸根移植的方法定植。但常用草花因植株小、根系短而娇嫩，移栽时稍有不慎，即可造成失水死亡。因此，对草本花卉进行裸根移植时，应注意以下几点要求。

1. 在移植前两天应先将花苗充分灌水一次，让土壤有一定湿度，以便起苗时容易带土、不致伤根。

2. 花卉裸根移植应选择阴天或傍晚时间进行，便于移植缓苗，并随起随栽。

3. 起苗时应尽量保持花苗的根系完整，用花铲尽可能带土坨掘出。应选择花色纯正、长势旺盛、高度相对一致的花苗移栽。

4. 对于模纹式花坛，栽种时应先栽中心部分，然后向四周退栽。如属于倾斜式花坛，可按照先上后下的顺序栽植；宿根、球根花卉与一、二年生草花混栽者，应先栽培宿根、球根花卉，后栽种一、二年草花；对大型花坛可分区、分块栽植，尽量做到栽种高矮一致，自然匀称。

5. 栽植后应稍镇压花苗根际，使根部与土壤充分密合；浇透水使基质沉降至实。

6. 如遇高温炎热天气，遮阴并适时喷水，保湿降温。

（三）钵苗移植

草花繁殖常用穴盘播种，长到4～5片叶后移栽钵中，分成品或半成品苗下地栽植。这种工艺移植成活率较高，而且无需经过缓苗期，养护管理也比较容易。

钵苗移植方法与裸根苗相似，具体移栽时还应注意以下几点。

1. 成品苗栽植前要选择规格统一，生长健壮，花蕾已经吐色的营养钵培育苗，运输必须采用专用的钵苗架。

2. 栽植可采用点植，也可选择条植。挖穴（沟）深度应比花钵略深，栽植距离则视不同种类植株的大小及用途而定。钵苗移栽时，要小心脱去营养钵，植入预先挖好的种植穴内，尽量保持土坨不散，用细土堆于根部，轻轻压实。

3. 栽植完毕后，应以细孔喷壶浇透定根水。保持栽植基质湿度，进行正常养护。

（四）球茎种植

球根类花卉大都花茎秀美、花多而艳丽、花期较长，在花坛、花境布置中应用广泛。球根类花卉一般采用种球栽植，不同品种栽植要求略有差别。

1. 球根类花卉培育基质应松散而有较好的持水性，常用加有1/3以上草炭土的沙土或沙壤土，提前施好有机肥。可适量加施钾、磷肥。栽植密度可按设计要求实施，按成苗叶冠大小决定种球的间隔。按点种的方式挖穴，深度宜为球茎的1～2倍。

2. 种球埋入土中，围土压实，种球芽口必须朝上，覆土约为种球直径的1～2倍。然后喷透水，使土壤和种球充分接触。

3. 球根类花卉种植后水分的控制必须适中，因生根部位于种球底部，控制栽植基质不能过湿。

4. 秋栽品种，在寒冬季节应覆地膜、稻草等物保温防冻。

四、花卉种植时间

在春、秋、冬三季基本没有限制，但夏季的栽种时间最好在上午11时之前和下午16时以后，要避开太阳暴晒。花苗运到后，应及时栽种，不要放很久才栽。

五、花卉种植原则

栽花前应将平整好的花坛充分灌水渗透，待土壤干湿合适时，立即放线栽植。各种花坛其花卉种植的顺序应符合下列规定。

1. 独立花坛应由中心向四周顺序种植。栽植花苗时，一般的花坛都从中央开始栽，栽完中部图案纹样后，再向边缘部分扩展栽下去。

2. 坡式花坛应由上向下种植。在单面观赏花坛中栽植时，则要从上面或后边栽起，逐步栽到下面或前边。

3. 模纹花坛应先种植图案的轮廓线，后种植内部填充部分。模纹花坛和标题式花坛，应先栽模纹、图线、字形，后栽底面的植物。在栽植同一模纹的花坛时，若植株稍有高矮不齐，应以矮植株为准，对较高的植株则栽得深一些，以保持顶面整齐。

4. 大型花坛宜分区、分块种植。花坛花苗的株行距应据植株大小而确定。植株小的，株行距可为15cm×15cm；植株中等大小的，可为20cm×20cm～40cm×40cm；对较大的植株，则可采用 50cm×50cm 的株行距。

任务实施

一、花坛、花境施工前的准备工作

（一）技术准备

1. 施工必须符合设计的要求。

2. 施工前必须根据设计要求进行材料、场地、人工等的准备。

3. 施工无法满足设计要求时，必须提前 7d 作出调整方案，并有保证落实的措施。

（二）土壤的准备

1. 在种植前，一定要先整地，一般应深翻 30～40cm，挑出草根、石头和其他杂物。如果栽植深根性花木，还要翻耕更深一些。严禁含有有害物质和大于 1cm 以上的石子等杂物。

种植表土层（30cm）必须采用疏松、肥沃、富含有机质的培养土。

2. 如土质较差，则应将表层更换好土（30cm 表土），避免根直接与肥料接触而造成烂根。

3. 根据需要施加适量肥性好而又持久的已腐熟的有机肥作为基肥，其上覆盖一层细土。

4. 土壤必须经过消毒，严禁含有病菌或对植物、人、动物有毒有害的物质。

5. 花坛土壤必须提前将土壤样品送到指定的土壤测试中心进行测试，并在种植花卉前取得符合要求的测试结果。

（三）花卉材料的准备

1. 花坛栽植的花卉应符合下列质量要求：

（1）花卉的主杆矮，具有粗壮的茎杆；基部分支强健，分蘖者必须有 3～4 个分叉；花蕾露色。

（2）花卉根系完好，生长旺盛，无根部病虫害。

（3）开花及时，用于绿地时能体现最佳效果。

（4）花卉植株的类型标准化，如花色、株高、开花期等的一致性。

（5）植株应无病虫害和机械损伤。

（6）观赏期长，在绿地中有效观赏期应保持 45d 以上。

（7）花卉苗木的运输过程及运到种植地后必须采取有效措施保证其湿润状态。

2. 花境栽植的花卉应符合下列质量要求：

（1）宿根花卉，根系发育良好，并有 3～4 个芽，绿叶期长，无病虫害和机械损伤。

（2）球根花卉宜采用休眠期不需挖掘地下部分养护的种类，苗木健壮，生长点多。

（3）观叶植物必须移植或盆栽苗，叶色鲜艳，观赏期长。

（4）一、二年生花卉应符合花坛栽植花卉质量要求。

二、花坛的种植施工

（一）普通花坛的种植施工

1. 定点放线

根据施工图纸和地面坐标系的对应关系，用测量仪器把花坛群中主花坛中心点坐标测设到地面上，再把纵横中轴线上的其他中心点的坐标测设下来，将各中心点连线即在地面上放出了花坛群的纵横轴线。由此可量出各处个体花坛的中心点，最后将各处个体花坛的边线放到地面上就可以了。

2. 砌筑边缘石

花坛工程的主要工序就是砌筑边缘石。放线完成后，应沿着已有的花坛边线开挖边缘石基槽。基槽的开挖宽度应比边缘石基础宽 10cm 左右，深度可在 12～20cm 之间。槽底土面要整平、夯实，有松软处要进行加固，不得留下不均匀沉降的隐患。在砌基础之前，槽底还应做一个 3～5cm 厚的粗砂垫层，作基础施工找平用。

3. 整地翻耕

为保证花坛栽植的各类植物、花卉能茁壮生长，栽植花卉的土壤必须深厚肥沃、疏松，因此栽植前必须先整地翻耕。

4. 图案放样

花坛种植床整理好之后，应当在中央重新打好中心桩，作为花坛图案放样的基准点。将设计图案在植床上按比例放大，划分出各品种花卉的种植位置，用石灰粉撒出轮廓线。

5. 选苗、起苗

（1）选苗：普通花坛既要看单株姿态美，又要观其整体效果，因此选苗时注意同一花坛同一植物的高度、形态基本一致。

（2）起苗：起苗应在土壤湿润的条件下进行，以减少起苗时根系受伤。

①裸根苗：用铲子将苗带土掘起，然后将根系附着的泥土轻轻抖落。注意不要拉断细根和避免长时间暴晒或风吹。裸根苗应随起随栽，栽前适当剪断须根，以促发新根生长。

②带土苗：先用铲子将苗四周泥土铲开，然后从侧下方将苗掘起，尽量保持土坨完成。为保持水分平衡，起苗后可摘除一部分叶片以减少蒸腾，但不宜摘除过多。

③盆苗或袋苗：宜将盆或袋退去，并确保土球不松散。

6. 栽植

将具有 10～12 枚真叶或苗高约 15cm 的幼苗，按绿化设计的要求定位栽到花坛里，移植最后一次称定植。花苗随栽随运，一时栽不完的植物，需放置阴凉处。

（1）灌水渗透。种植前 3～4d，应充分灌水渗透花坛种植土，待土壤干湿度适宜再行栽植。

（2）苗木处理。裸根苗在栽前宜切断部分须根以促生新根，带土球苗应保持土球完整，种植前，苗木均应放在阴凉处。

（3）栽植裸根苗。应使根系舒展，防止根系卷曲。为使根系与土壤充分接触，覆土时用手按压泥土。

（4）栽植带土苗。在土坨的四周填土并按压。按压时，防止将土坨压碎。

7. 养护管理

（1）浇水。栽植完毕，用喷壶充分灌水，使花苗根系与土壤密切接合。

（2）中耕杂草。花苗长到一定高度，出现了杂草时，要进行中耕除草，并剪除黄叶和残花。

（3）防治病虫害。若发现有病虫滋生，要立即喷药杀除。

（4）补植。花坛内如果有缺苗现象，应及时补植，以保持花坛内的花苗完美无缺。

（5）施肥。对花坛上的多年生植物，每年要施肥 2～3 次；对一般的一二年生草花，可不再施肥；如有必要，也可以进行根外追肥，方法是将水、尿素、磷酸二氢钾、硼按 15000∶8∶5∶2 的比例配制成营养液，喷洒在花卉叶面上。

（6）修剪。一般草花花坛，在开花时期每周剪除残花 2～3 次。

（7）更新品种。当大部分花卉都将枯谢时，可按照花坛设计中所作的花卉轮替计划，换种其他花卉。

（二）模纹式花坛的种植施工

模纹式花坛又称“图案式花坛”。由于花费人工，一般均设在重点地区，种植施工应注意以下几点。

1. 整地翻耕

按设计的要求整理地形，整地土粒要细，其表面要整平。四面观赏的花坛应把植床面按设计要求整成弧面。

模纹花坛的平整要求要高于一般花坛，为了防止花坛出现下沉和不均匀现象，在施工时应增加 1～2 次镇压。

2. 上顶子

模纹式花坛的中心多数栽种苏铁、龙舌兰及其他球形盆栽植物，也有在中心地带布置高低层次不同的盆栽植物，称之为“上顶子”。

3. 定点放线

上顶子的盆栽植物种好后，应将其他的花坛面积翻耕均匀，耙平，然后按图纸的纹样精确地进行放线。

可先以卷尺或方格网定出主要控制点的位置，然后用较粗的镀锌钢丝按设计图样，盘绕编扎好图案的轮廓模型，也可以用纸板或三合板临摹并刻制图案，然后平放在花坛地面上轻压，印压出模纹的线条。

标题式花坛可按设计要求，在花坛地面上用木棍用双勾法划出字形，也可和模纹花坛一样用纸板或三合板刻制，在地面上印压而成。

4. 栽草

（1）栽植顺序

① 独立花坛，应由中心向外的顺序种植。

② 斜面花坛，应由上向下种植；高矮不同品种的花苗混植时，应按先高后低的顺序种植。

③ 模纹花坛和标题式花坛，则应先栽模纹、图线、字形，后栽底面的植物。在栽植同一模纹的花卉时，若植株稍有高矮不齐，应以矮植株为准，对较高的植株则栽得深一些，以保顶面整齐。

④ 大型花坛，宜分区、分块种植。

（2）栽植要求

要求做到苗齐，地面达到上看一平面，纵看一条线。为了强调浮雕效果，施工人员事先用土做出形来，再把草栽到起鼓处，则会形成起伏状。株行距离视五色草的大小而定，一般白草的株行距离为 3～4cm，小叶红草、绿草的株行距离为 4～5cm，大叶红草的株行距离为 5～6cm。平均种植密度为每平方米栽草 250～280 株。最窄的纹样栽白草不少于 3 行，绿草、小叶红、黑草不少于 2 行。花坛镶边植物栽植距离为 20～30cm。

5. 修剪和浇水

修剪是保证五色草花纹好看的关键。草栽好后可先进行 1 次修剪，将草压平，以后每隔 15～20d 修剪 1 次。有两种剪草法：一种是平剪，纹样和文字都剪平，顶部略高一些，边缘略低。另一种为浮雕形，纹样修剪成浮雕状，即中间高于两边。栽好后浇 1 次透水，以后应每天早晚各喷水 1 次。

（三）立体花坛的种植施工

1. 骨架的制作

按设计图的形象、规格作出骨架。骨架制作可分别为木制、钢筋或砖木等结构，制作时应考虑承重，坚固不变形。

2. 种植土的固定

用蒲包或麻袋、棕皮等将泥炭土或腐叶包附固定在底膜上，然后用细铅线按一定间隔编成方格将其固定。

3. 栽植

立体花坛的主体植物材料是五色草和满天星类的小菊花等。

① 五色草栽植。栽时用小锥将蒲包戳一个小洞，将小苗从小洞插入，注意苗根舒展，用土填严压实不漏土。植物栽植一般由下往上栽，以密植效果好。栽完后按设计要求修剪出规定的形状，植株高度一致。

② 小菊花栽植。将已孕蕾的花苗脱盆，去掉多余的盆土，用棕片将根包好，插入骨架绑扎牢固。施工顺序由下至上进行，为取得满意效果，菊花苗高矮、花色应与设计要求相同。

4. 养护管理

施工完成后，为保证其具有较长的观赏期，必须加强后期管理，主要包括浇水、修剪、病虫害防治、水肥管理以及对花卉生长和花期的管理、植物补种、非植物构件维护、保洁及辅助设施维护等方面。

（1）水肥管理

在栽植完毕后，需立即浇一次透水，使植物根系与土壤紧密结合，提高成活率。不管何种方式，在浇水时要以人工浇水为宜，采用喷洒喷雾的方式。

（2）定型修剪

植物栽植完后，根据设计要求和植物生长情况对植物进行精修剪，修剪时尽量平整，同时将图案的边缘线修出，使轮廓边界更清晰、自然，造型更加生动，达到设计要求。

（3）病害控制与保持观赏性

为防止病害发生，除降低小环境湿度外，应改善通风透光条件。

三、花境的种植施工

（一）花苗准备

1. 花苗种类的选择

几乎所有的露地花卉都可以布置花境，尤其是宿根花卉和球根花卉的效果更好。

2. 花苗质量的要求

（1）选择生长健壮、造型端正的苗木是花境种植效果的基本保证。

（2）多年生宿根花卉株高应为10～40cm，冠径为15～35cm，分枝不应少于3～4个，叶簇健壮，色泽明亮，根系完整。

（3）球根类花卉应茎芽饱满、根茎茁壮、无损伤。

（4）观叶植物应叶色鲜艳、叶簇丰满、株形饱满。

（5）此外，所选苗木数量还应比设计要求的用量多10%左右，作为栽植时的补充使用。

（二）整地及土质改造

花境栽种的大都为多年生花卉，观赏期限较长，施工完成后须考虑多年应用，因而理想的土壤是花境成功的重要保障。

1. 土层厚度

根据品种不同要求应为30～50cm。

2. 土壤改良

花境种植床的土壤基质应进行改良，富含有机质具有较好的物理化学性质，第一年栽种时要施足基肥。

3. 种植床坡度

为使排水良好，种植床宜设置3%左右的坡度。单面花境靠路边略低，后部抬高；双面花境或岛式花境应该让中部略高，四周倾斜降低。对原有地面过于低洼不利排水的种植床，可以用石块、木条等垒边，形成类似花坛的台式花境进行改善。

4. 土壤消毒

在种植前应进行土壤消毒，可采用40%的福尔马林配成1∶50或1∶100倍药液泼洒土壤，用量为2.5kg/m^2，泼洒后用塑料薄膜覆盖5～7d，揭开晾晒10～15d后即可种植；或用多菌灵原粉8～10g/m^2撒入土壤中进行消毒。

5. 换土、改造

对土壤有特殊要求的植物，可在其种植区采用局部换土措施。

（三）花境图案放样

用卷尺、小木桩按设计范围在植床上定位，以白灰或草绳在植床上划分出不同花卉植物的种植区块。为防止地下根茎互相穿插混生，破坏花境的观赏效果，可在各区块间用砖、石或铝板设置隔离带。

（四）花境的栽植

1. 种植技术

（1）花境栽植应尽量采用容器苗，种植时仔细除去容器，避免根系受到损伤。

（2）根据不同花卉按照体量调节种植株行距。考虑植物的生长速度和个体成形时的大致规格及所需空间，预先留出花卉的生长空间，达到预期最好的观赏效果。

（3）种植深度以根茎部位为准，避免种植过深。

（4）种植后将根坨之间空隙用土壤基质填实，压紧栽正，防止浇水后倒伏。

（5）整理场地覆土平整。

2. 种植顺序

（1）单面花境从后部高大的植株开始，依次向前栽植逐层低矮的植物。

（2）双面或岛式花境，从中心部位开始。

（3）混合花境，先栽大型植株，定好骨架后再依次栽植宿根花卉、球根花卉及一、二年生草花。

（五）花境栽后管理

1. 浇水。花境花卉种植结束后，应及时浇足水分到土壤饱和为止，用灌水对土壤基础进行压实，使土壤和根系密切接触。

2. 施肥。在花境中宿根花卉应用很多，为保证宿根花卉多年开花，需要不断补充营养才能保持最佳状态。

3. 松土、除草。在生长期中，日常管理非常重要，每年早春要进行松土、除草。

4. 补植。花境虽不要求年年更换，但是有时还要更换部分植株或补播一、二年生花卉。

5. 防治病虫害。

任务五　屋顶花园工程施工

【知识点】

屋顶花园的概况。

屋顶花园的分类。

屋顶绿化植物的选择依据。

屋顶绿化常用植物。

屋顶花园中园林工程的荷载 。

【技能点】

施工准备。

构造层施工。

屋顶绿化种植植物施工。

栽植工程的养护管理。

相关知识

改善大中城市的生态环境，途径之一是开拓城市的绿化空间，建造田园式都市。要实现这一目的，必须从点滴的城市绿化和开拓城市生态园林做起。增加城市绿化面积所面临的问题，是城市高楼大厦林立、众多的道路和硬质铺装取代了自然土地和植物。在城市里水平方向发展绿地已越来越困难了，这就使我们必须向立体化空间绿化寻找出路，即向建筑物的垂直绿化和屋顶绿化方向发展。

一、屋顶花园的概况

（一）屋顶花园的概念

屋顶花园广义上指在各类古今建筑物、构筑物、城围、桥梁（立交桥）等的屋顶、露台、天台、阳台或大型人工假山山体上进行造园，种植树木花卉的统称（图 7-12）。

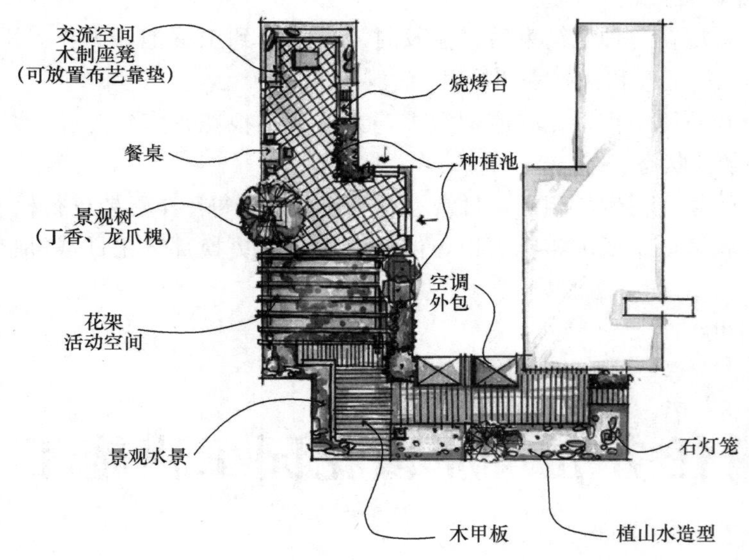

图 7-12　某小区的屋顶花园平面图

（二）屋顶花园的特点

1. 是解决城市缺乏公共绿地空间，提高生态绿化效能的有效途径。
2. 能够减轻城市的热岛效应。
3. 对有害气体、粉尘具有吸附过滤的作用，改善城市空气质量。
4. 有效延长屋顶保护层的寿命。
5. 改善屋顶眩光、美化城市景观。
6. 储蓄雨水。

二、屋顶花园的分类

（一）按使用要求分

1. 公共游息性屋顶花园

在国内外均为主要形式之一。因为屋顶花园除具有绿化效益外，同时也为人们的工作和生活提供一处室外活动的花园。

2. 赢利性屋顶花园

多用于旅游宾馆、酒店。为游客提供夜生活场所，可在屋顶花园中开办露天歌舞会、冷饮茶座等。

3. 家庭式屋顶小花园

一般面积较小，多为 10～20m² 左右。重点放在种草养花方面，不宜设置园林小品、假山、水体等，但可充分利用墙体和栏杆进行垂直绿化。

4. 以绿化、科研生产为目的的屋顶花园

为科研生产绿化的需要所开辟的屋顶，一般只设为科研生产所必需的设施，如水电系统、规整的种植池和人行道。专为绿化效果服务的屋顶，甚至整个屋顶无道路，形成整体地毯式种植区。

（二）按绿化形式分

1. 成片状种植区

（1）地毯式

在整个屋顶或屋顶的绝大部分，种植各类地被植物或小灌木。由于地被植物在种植土的厚度为 10～20cm 时即可生长发育，因此，它对屋顶所加荷重较小，一般屋顶结构均可承受。

（2）自由式种植区

一般种植面积较大，植物种植类型从草坪至乔木。因此，它的种植土厚度需从 10～100cm 以上，应结合微地形改造和种植设计，计算其荷重。

（3）苗圃式

屋顶花园（绿化）的种植区采用农业生产通用的排行式，在南方地区结合屋顶生产基地，种植果树、中草药、蔬菜和花木。苗圃式种植区多在已建成的建筑物屋顶上改建而成，投资少，见效快。

2. 分散和周边式

屋顶种植采用花盆、花桶、花池、花坛等分散形式组成绿化区或沿建筑屋顶周边布置种植池，是屋顶花园采用较多的绿化形式。这种点线式种植花木的方式可以根据屋面的使用要求和空间尺度布置。它布点灵活，构造简单、适应性强。

3. 庭院式

这种庭院式的屋顶花园，实际是将露地庭院小花园建到屋顶上。除露地庭院中较大的乔木、假山等外，庭院中的花灌木、浅水池、置石、园林小品等均可在屋顶上建造。

（三）按屋顶花园的位置分

1. 单层、多层建筑屋顶花园

（1）单层建筑上建造屋顶花园，多为取得绿化环境效果，常采用成片状地毯式绿化形式，为周围多层或高层建筑俯视效果服务。由于单层建筑不具备楼梯设备，因此，一般游人不能登顶观景。

(2) 多层建筑上的屋顶花园有独立式和附建式两种，所谓独立式是在整幢多层建筑的屋顶上建造花园；附建式是多层建筑依靠在其旁的高层建筑的一侧，也就是高层建筑前的裙楼。

2. 高层建筑屋顶花园

高层建筑的屋顶花园建设难度相应比较大，因为高层建筑的每层建筑面积均较小，楼层愈高，顶层面积愈小，顶层荷重传递的层次愈多，对抗震愈加不利。高层或超高层建筑的屋顶供水和排水也要比多层建筑要困难得多。高层建筑物屋顶风力很大，而屋顶上为减轻荷重，需尽量减少种植土深度和容重，这就使得一些灌木和乔木因风大而被风吹倒，甚至连根拔起。因此，多采用轻质人工合成种植土种植浅根植物。

(四) 按空间开敞程度分

按屋顶花园空间开敞程度，可分为开敞式、半开敞式和封闭式三种。

1. 开敞式

在单体建筑整个屋顶上建造屋顶花园，屋顶四周不与其他建筑相接，成为一座独立的空中花园。通风良好，日照充足，有利于屋顶花木的生长发育。多层住宅单元楼屋顶改建的屋顶花园多属于此种类型。

2. 半开敞式屋顶花园

花园的一侧、两侧或三面被建筑物包围的空中花园。此类花园一般是为其周围的主体建筑服务的。因此，它多用于旅游宾馆、饭店的夜花园，办公楼上及为私家服务的屋顶小花园。

3. 封闭式屋顶花园

花园的四周被高于它的建筑物围住，形成天井式空间。这种全封闭式屋顶花园，可为四周建筑提供服务，并可通过屋顶花园成为四通八达的流动空间。在这种花园中休息能给人以安全感。

(五) 按布局形式分

1. 自然式园林布局

园林空间的组织，地形的处理，植物的配置等均以自然式的布局手法。讲究植物的自然形态与建筑、山石、水体的协调关系，讲究花木的四季景致，高低错落，疏密相间。注重色彩的变化和景观的层次变化。

2. 规则式园林布局

布局注重的是装饰性的景观效果，强调动态与秩序的变化。植物配置上形成规则的、有层次的、交替的组合，再点缀精巧的小品，常常把不大的屋顶空间变得景观丰富、视野开阔。

3. 混合式园林布局

注重自然与规则的协调与统一。空间构成在点的变化中形成多样的统一，不强调景观的连续性，更多地注重个体的变化，这种类型的布局在屋顶花园中使用较多。

三、屋顶绿化植物的选择依据

（一）影响植物选择的因素

1. 光照

屋顶相对比地面接受的太阳辐射较多，紫外线强度也较大，因此应选择喜阳性植物或沙生植物。而高层建筑的裙楼屋顶因被包围于众多的建筑物之中，很可能常年不受阳光直射，因此可选择各类喜阴植物或藤本植物，如爬山虎、五叶地锦等。

2. 温度

屋顶位置较高，日照辐射强，钢筋混凝土等屋面材料经太阳辐射升温快、反射强，夏季白天温度高出地面 3～5℃，夜晚却低于地面 2～3℃，屋顶温差较大，有利于植物进行光合作用和有机物质的积累。冬季霜冻对植物根系侵害小，据测定，屋顶花园的土温比周围地面园林土温至少要高出 5℃以上。

3. 湿度

由于地势高，日照充足，温度较高，风大，因此水分蒸发快，屋顶相对湿度比地面低 10%～20%。尤其在夏季，植物生长旺盛，蒸腾作用强，湿度会更低。

4. 风力

建筑物顶部因遮挡物较少，因而风力会强于地面风力。

5. 土壤

由于屋顶绿化的土质重量轻，土层较浅，且土质大多混合有泥炭，珍珠岩等其他基质，所以肥力不会很高，且屋顶绿化多靠降雨灌溉，土壤水分含量不高。

6. 承重

屋顶绿化多数是在建筑建好之后才附建的，因此要解决屋顶绿化的承重问题，保证建筑物的安全。

7. 排水

由于建在屋顶上，所建的绿化必须要有良好的排水功能，避免水淤积在楼顶，破坏楼顶的隔水层。

8、根须穿透力

许多植物如榕树，羊蹄甲等，其根系具有十分强的穿透能力，会破坏建筑物。因此植物选择时要注意不要对屋顶楼板、隔水层等造成破坏。

（二）屋顶绿化植物选择的原则

屋顶绿化植物的选择必须从屋顶的环境出发，首先考虑到满足植物生长的基本要求，然后才能考虑到植物配置艺术。

1. 选择耐旱、抗寒性强的矮灌木和草本植物。

2. 选择阳性、耐瘠薄的浅根性植物。

3. 选择抗风、不易倒伏、耐积水的植物种类。

4. 选择以常绿为主，冬季能露地越冬的植物。

5. 尽量选用乡土植物，适当引种绿化新品种。

6. 能够抵抗空气污染并能吸收污染的品种

7. 选择容易移植成活、耐修剪，生长较慢、养护管理要求较低的品种。

四、屋顶绿化常用植物

我国南北地区气候差异较大，在选用屋顶绿化植物之前，要先了解植物的生态习性及生长速度，以便选定适合该地区的植物种类。在江南一带气候温暖、空气湿度较大，所以浅根性、树姿轻盈、秀美，花、叶美丽的植物种类都很适宜配植于屋顶花园中。在北方营造屋顶花园困难较多，冬天严寒，屋顶薄薄的土层很易冻透，而早春的旱风在冻土层解冻前易将植物吹干，故宜选用抗旱、耐寒的草种、宿根、球根花卉以及乡土花灌木，也可采用盆栽、桶栽，冬天便于移至室内过冬。屋顶花园植物配置实例如图 7-13 所示。以下介绍几类北方屋顶花园中常用的植物。

图 7-13 某屋顶花园植物配置实例图

（一）乔木

宜选择可以欣赏树形、枝叶、树姿或观果的小乔木，常作中心景观。常用的植物种类有：玉兰、龙柏、龙爪槐、紫叶李、海棠类、垂枝榆、山楂等。

（二）花灌木

许多用于北方露地绿化的花灌木都可以用于屋顶绿化，常见的有：卫矛、水枸子、水蜡、紫叶小檗、连翘、榆叶梅、迎春、金银忍冬、天目琼花、黄刺玫、海州常山、红瑞木、月季类、锦带花类、小叶黄杨、大叶黄杨、侧柏、金叶女贞、绣线菊等。

（三）草坪草

常用的草坪草有白车轴草、早熟禾、高羊茅、野牛草、匍匐剪股颖、中华结缕草、大羊胡子草、小羊胡子草、黑麦草等。

（四）宿根花卉

常用的宿根花卉有：垂盆草、佛甲草、八宝景天、凹叶景天、银叶蒿、蛇鞭菊、雏菊、金盏菊、黑心菊、蓍草、荷兰菊、大花金鸡菊、紫菀、大丽花、花叶蔓长春、石竹、马蔺、鸢尾、玉簪、芍药、假龙头、马薄荷、桔梗、射干、漏斗菜、荷包牡丹、千屈菜、宿根福禄考、紫斑风铃草、金鱼草、花叶芦竹、玉带草、天竺葵、旱金莲、羽衣甘蓝等。

（五）一年生草花

常见的一年生花卉有：诸葛菜、蒲公英、蛇莓、紫花苜蓿、点地梅、牵牛、打碗花、龙葵、曼陀罗、菱陵菜、矮牵牛、万寿菊、孔雀草、千日红、翠菊、酢浆草、一串红、三色堇、百日草、凤仙花、大花马齿苋、鸡冠花等。

（六）木质藤本

不占或很少占用种植面积。其常见品种有爬山虎、五叶地锦、葡萄、紫藤、常春藤、金银花、猕猴桃、南蛇藤、凌霄、藤本月季等。

（七）果树和蔬菜

矮化苹果、梨等可以作为微型的灌木来种植，廊架上种植丝瓜、葡萄、黄瓜、葫芦、扁豆等，地上种植青菜、辣椒、茄子、西红柿等各种蔬菜。

五、屋顶花园中园林工程的荷载

屋顶花园中的各项园林工程的荷载均要化成每平方米的等效均布荷载，然后与屋顶花园的活荷载相比，取其大者作为屋顶结构计算的数值。除均布荷载外，对独立的集中荷载也要按不同情况进行个别结构的校核和验算（图 7-14）。

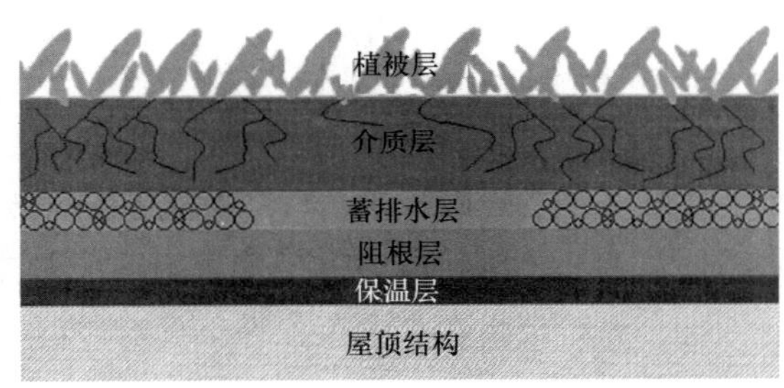

图 7-14　屋顶花园荷载层次

（一）种植区荷载

种植区的荷重包括种植土、排水层、过滤层和各类花卉植物等的重量。现根据它们的不同品种、材料、厚度以及含水重分别介绍如下。

1. 地被植物、花灌木和乔木的荷载（表 7-19）。

表 7-19　各类植物荷载

植物名称	最大高度	荷载/(kg/m²)	植物名称	最大高度	荷载/(kg/m²)
地被草坪	—	5.1	大灌木	6	40.8
低矮灌木	1	10.2	小乔木	10	61.2
1～1.5m 灌木	1.5	20.4	乔木	15	153.0
灌木	3	30.6			

2. 种植土荷载

根据植物品种确定种植土的厚度，再按人工种植土的不同配合比，算出屋顶种植土每平方米的荷载。不同植物生存和生育所需土层的最小厚度是不相同的，而植物本身又有深根型和浅根型之分，对种植土深度也有不同要求；屋顶上一般风力较大，植物防风处理也对种植土提出了要求。综合以上因素，对地被、花卉灌木和乔木等不同品种植物生存和生育的最适合的种植土深度提供数据，见表 7-20。

表 7-20　屋顶花园种植区植物生长的土层厚度与荷载值

类别	单位	地被	小灌木	大灌木	浅根乔木	深根乔木
植物生存种植土最小厚度	cm	15	30	45	60	90～120
植物生育种植最小厚度	cm	30	45	60	90	120～150
排水层厚度	cm	—	10	15	20	30
平均荷载（种植土容重按 $1000kg/m^3$ 计）	kg/m^2	150	300	450	600	600～1200
	kg/m^2	300	450	600	900	1200～1500

3. 排水层荷载

排水层的厚度可采用上表中的数据，但需根据排水层使用的材料计算它每平方米的重量。卵石、砾石和粗砂的容重为 $2000～2500kg/m^3$，陶土烧制的陶粒容重为 $600kg/m^3$。采用塑料空心制品时其重量将更轻。

另外，种植区内除种植土、排水层外，另有过滤层、防水层和找平层等。在计算屋顶花园荷载时，可统一算入种植土的重量，省略繁杂的小项荷载计算工作。

（二）盆花、花池荷载

1. 盆花荷载

盆栽在屋顶花园中，也是常采用的绿化方式，特别是受到季节限制的地区可摆放适时的盆花。它的平均荷载估算为 $100～150kg/m^2$。若采用黏土花盆（盆口直径 23cm、高 15cm）盆内用 $r=1600kg/m^3$ 种植土，平面布置满布花盆时，荷载约为 $127kg/m^2$。

2. 花池荷载

（1）低矮花池的砖砌池边可按种植土的重量折算，无需另行计算。

（2）独立式、较大型乔木种植池，应分别计算池壁材料和种植土的重量，再按花池、花坛所占面积折算成平均荷载，施加到楼板或大梁上。

（三）水体工程荷载

屋顶花园的小型水池、喷泉等的荷载，应视其积水深度和池壁材料来确定。

1. 水深

根据不同使用要求确定水深后，其荷载按平方米重量计算。水深 10cm 时分布荷载为 $100kg/m^2$，水深 100cm 时，荷载为 $1000kg/m^2$。

2. 池壁

（1）若采用金属或塑料制品，其重量可与水重一起考虑。

（2）若采用砖砌或混凝土池壁，则应根据其壁厚和贴面材料的品种和容重分别计算后，再与水体重一起折算成每平方米的荷载。

（四）假山置石和雕塑荷载

1. 假山置石荷载

屋顶花园上一般多堆砌小型石料假山体或自由散点式山石，或放置较大的置石。

（1）假山体

用实际山体体积乘以 0.7～0.8 的孔隙系数，再按不同石质的单位重（约 $2000～2500kg/m^3$）求出山体每平方米的平均荷载。

(2) 置石，则应按集中荷载考虑。

2. 雕塑荷载

屋顶花园中的雕塑重量由其材质和体量的大小而定。

(1) 木雕、金属薄壁制品的重量较轻，可以不计，但其礅座实体往往比雕塑本身要重，是项不可忽略的集中荷载。

(2) 大型石雕塑像可将其折算到台座的面积上，换算成均布荷载或集中荷载，施加到楼板或大梁上。

(五) 园林小品和园林建筑的荷载

屋顶花园中的园林小品如园椅、园灯、花架、博古架等，荷载均较小，可统一计算在屋顶活荷载中，不需另行计算和验算。

但屋顶花园中的园林建筑，则应根据它的建筑结构形式和传递荷载的方式，分别计算出其均布荷载（kg/m^2）、线荷载（kg/m）或集中荷载（kg），进行结构验算和校核。

任务实施

一、施工准备

施工的准备工作包括以下几个方面：

(一) 认真组织学习设计图纸和设计技术资料，学习本工程招标文件及监理程序，熟悉合同文件和技术规范。

(二) 现场核对设计资料，对地形地貌、地质水文状况等进行全面的调查。

(三) 做好现场布置及临时设施的敷设。

(四) 在施工范围内进行场地清理，清除杂草、拆除障碍物。

二、构造层施工

屋顶花园一般种植层的构造从上到下依次是：植物层、种植土层、过滤层、排水层、防水层、保温隔热层和结构承重层等，如图 7-15 所示。

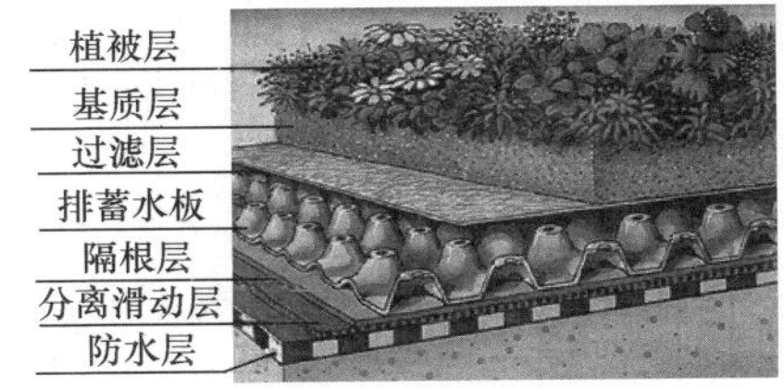

图 7-15　屋顶花园构造剖面

(一) 找坡找平层

为了便于防水卷材的施工，找平层应压实平整，充分保湿养护，不能有疏松、起沙和空鼓现象。先将屋面混凝土板面清理干净，屋面充分湿润后不可积水。用 1∶2 水泥砂浆找平层，按设计要求找坡，防水砂浆找平层应做上女儿墙、屋面机房、梯屋烟囱、支墩等不少于 20cm（阴阳角处做成 $R=10$cm 圆弧）且留设分格缝，同时反边高度为 20cm。其纵横间距不大于 6m，缝宽 20mm，填嵌密封材料。

(二) 防水隔根层

应采用具有耐水、耐腐蚀、耐霉烂、性能优良和对基层伸缩或开裂变形适应性强的卷材作为防水阻根层。一般有合金、橡胶、PE（聚乙烯）和 HDPE（高密度聚乙烯）等材料类型，用于防止植物根系穿透防水层。隔根层铺设在排（蓄）水层下，搭接宽度不小于 100cm，并向建筑侧墙面延伸 15～20cm。

（三）分离滑动层

一般采用玻纤布或无纺布等材料，用于防止隔根层与防水层材料之间产生粘连现象。柔性防水层表面应设置分离滑动层；刚性防水层或有刚性保护层的柔性防水层表面，分离滑动层可省略不铺。分离滑动层铺设在隔根层下。搭接缝的有效宽度应达到10～20cm，并向建筑侧墙面延伸15～20cm。

（四）排（蓄）水层

1. 传统排水层

通常的做法是在过滤层下做10～20cm厚的轻质骨料材料铺成排水层，骨料用砾石、焦渣和陶粒等。屋顶种植土的下渗水和雨水，通过排水层排入暗沟或管网，此排水系统可与屋顶雨水管道统一考虑。它应有较大的管径，以利清除堵塞。在排水层骨料选择上要尽量采用轻质材料，以减轻屋顶自重，并能起到一定的屋顶保温作用。常见屋顶花园排水构造如图7-16所示。

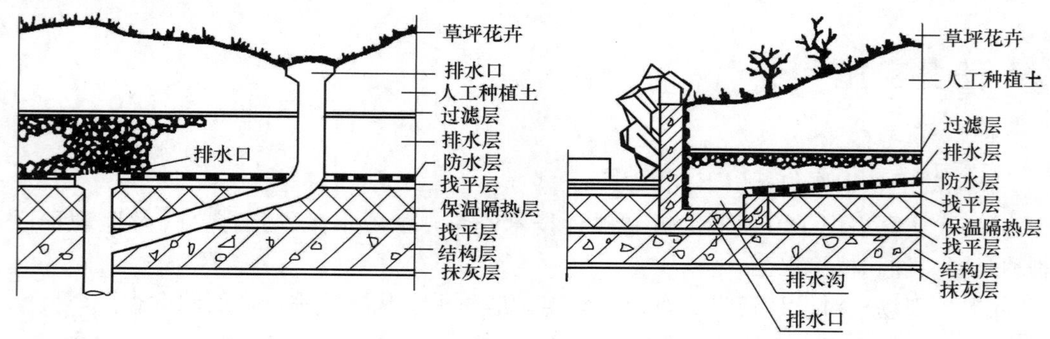

图7-16 屋顶花园排水构造

2. 排水板保护层

蓄排水板代替了传统的用陶粒和卵石作为排水层的方法。排水板为聚乙烯材料，不仅是很好的植物阻隔材料，还起到了二次防水阻根的作用。一般分为单层凸台和双层凸台，屋顶绿化一般都采用单层凸台的排水板。

排水保护板的安装施工根据设计图要求铺设，板材的长短边拼接采用搭接的方式，搭接宽度大于5cm，并向建筑侧墙面延伸至基质表层下方5cm处。

3. 隔离过滤层

一般采用既能透水又能过滤的聚酯纤维无纺布等材料，用于阻止基质进入排水层。隔离过滤层铺设在基质层下，搭接缝的有效宽度应达到10～20cm，并向建筑侧墙面延伸至基质表层下方5cm处。

4. 基质层

是指满足植物生长条件，具有一定的渗透性能、蓄水能力和空间稳定性的轻质材料层。采用人工合成种植土代替露地耕土。人工配制的栽植土，其主要成分为蛭石、泥炭、砂土、腐殖土或有机肥、珍珠岩、煤渣、发酵木屑等材料，使土壤养分充足，酸碱度适于相应植物品种的生长要求。基质配制，屋顶绿化基质荷重应根据湿容重进行核算，不应超过1300kg/m³。常用的基质类型和配制比例见表7-21，可在建筑荷载和基质荷重允许的范围内，根据实际酌情配比。

表 7-21　常用基质类型和配制比例参考

基质类型	主要配比材料	配制比例	湿容重/(kg/m³)
改良土	田园土，轻质骨料	1∶1	1200
	腐叶土，蛭石，沙土	7∶2∶1	780～1000
	田园土，草炭，(蛭石和肥)	4∶3∶1	1100～1300
	田园土，草炭，松针土，珍珠岩	1∶1∶1∶1	780～1100
	田园土，草炭，松针土	3∶4∶3	780～950
	轻砂壤土，腐殖土，珍珠岩，蛭石	2.5∶5∶2∶0.5	1100
	轻砂壤土，腐殖土，蛭石	5∶3∶2	1100～1300
超轻量基质	无机介质	—	450～650

注：基质湿容重一般为干容重的 1.2～1.5 倍。

三、屋顶绿化种植植物施工

（一）定点放线

定点前先清除障碍，用仪器或皮尺将标明边界、道路、建筑的位置，根据图纸上的种植设计，按比例放样于地面，确定各苗木的种植点。

（二）挖穴

栽植坑（穴）位置确定后，可根据树种根系特点，决定挖坑（穴）的规格，要求比土球大，加宽放大 30cm 左右，加深 20cm 左右，穴挖得好坏，对栽植质量和以后的生长以及发育有很大的影响，因此必须严格控制挖穴质量。

（三）修剪

无论出圃时对苗木是否进行过修剪，栽植时都必须修剪。

（四）栽植

栽植技术按照不同的植物类型，参照之前项目中介绍的乔灌木、草花、草坪的栽植方法进行即可（图 7-17，图 7-18）。

（五）灌水、封堰

栽后当天之内必须及时浇上第一遍水，第二遍水要在第二天连续进行。水一定要浇透，使土壤吸足水分，并有助于根系与土壤密接，方保成活。少雨季节植树，应每间隔 3～5d 浇一次透水。浇水时要防止冲垮水堰，每次浇水渗入后，将歪斜树苗扶直，并对塌陷处填实土壤，最好是覆盖一层细干土。第一遍将水渗入后，可将土堰铲去，将土堆于干基，稍高出原地面，可利于防风、保墒和保护根系。

四、屋顶花园栽植工程的养护管理

（一）修剪

植物生长到一定程度，相邻植株的枝叶会互相缠绕，影响通风，滋生病虫，须定期修剪疏枝，防止过密。草坪地被同样需要定期修剪成形，以免影响景观。

（二）浇水

确保培养基质排水顺畅，以免局部浸渍导致烂根生长不良。灌溉间隔一般控制在

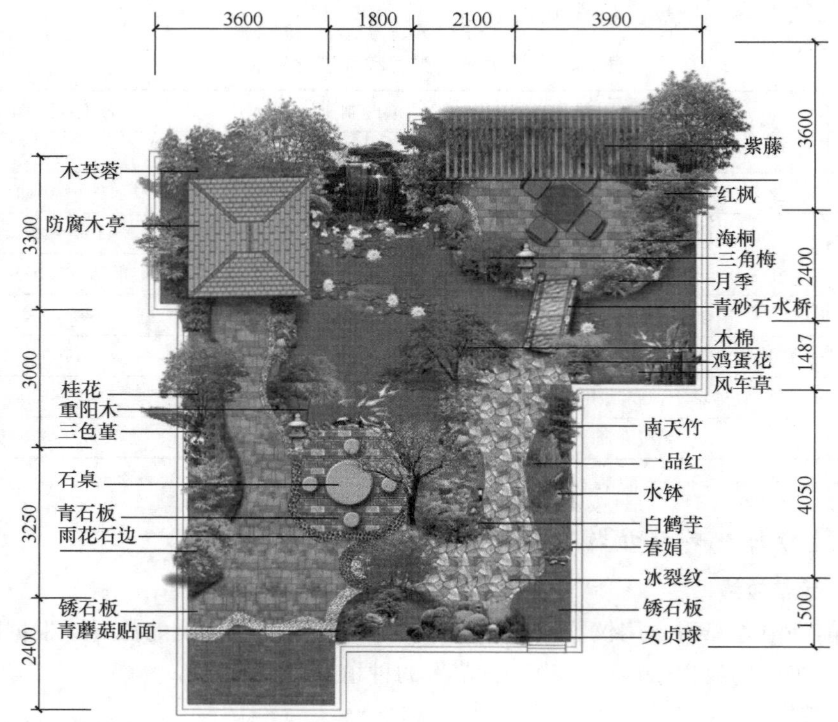

图 7-17　植物种植平面图

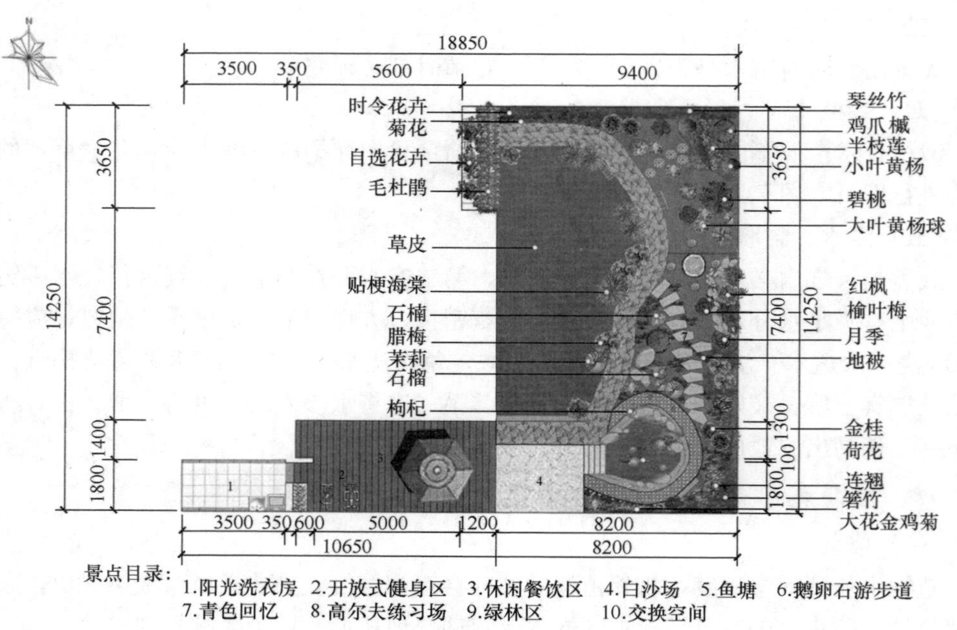

图 7-18　某屋顶花园平面效果图

10～15d。简单式屋顶绿化一般基质较薄，应根据植物种类和季节不同，适当增加灌溉次数。

（三）施肥

根据土壤状况和植物生长状态，适时进行适量施肥。应采取控制水肥的方法或生长抑制技术，防止植物生长过旺而加大建筑荷载和维护成本。植物生长较差时，可在植物生长期内按照 30～50g/m^2 的比例，每年施 1～2 次长效 N、P、K 复合肥。

（四）基质补充

人工基质可能会因风化、雨水冲刷而流失，导致有效体积缩小、种植层厚度不够，应及时补充基质。

（五）病虫害防治

尽量选择适于本地的抗性植物品种，一旦发现病虫害，在发生初期迅速控制，采用对环境无污染或污染较小的防治措施，如人工及物理防治、生物防治、环保型农药防治等措施。

（六）日常保洁

专人定期负责屋顶绿化的保洁工作，避免生活垃圾、落叶影响景观。植物落叶期间，保证有专人负责清除，以免堵塞排水孔。

（七）防风防寒

应根据植物抗风性和耐寒性的不同，采取搭风障、支防寒罩和包裹树干等措施进行防风防寒处理。使用材料应具备耐火、坚固、美观的特点。

（八）灌溉设施

宜选择滴灌、微喷、渗灌等灌溉系统。有条件的情况下，应建立屋顶雨水和空调冷凝水的收集回灌系统。

任务六　边坡植物绿化防护工程施工

【知识点】

边坡绿化的意义和基本原则。

边坡绿化的分类方法及选择依据。

边坡绿化的植物配置。

边坡绿化工程的施工管理。

【技能点】

边坡绿化前的调查。

边面绿化工程的施工计划。

坡面绿化的初期整治工作。

边坡绿化的施工方法。

边坡植物绿化养护管理。

相关知识

一、边坡绿化的意义和基本原则

（一）边坡绿化的意义及分类

随着经济的发展，工厂、住宅用地急剧增加，导致了大规模的挖土、填土而形成坡面。如果坡面一直处于裸露状态，长期受到雨水的冲击和洗刷就会受到侵蚀。边坡绿化可分为土质边坡绿化和石质边坡绿化，其环保意义是明显的。边坡绿化可美化环境，涵养水源，防止水土流失和滑坡，净化空气。对于石质边坡而言，边坡绿化的环保意义尤其突出。

（二）边坡绿化的基本原则

边坡绿化作为一种环保技术，必须坚持以下原则：

1. 安全性原则。对边坡进行绿化必须确保边坡的稳定和安全，绿化的同时，要考虑对边坡进行防护。

2. 协调性原则。边坡绿化必须与周围环境协调一致。

3. 永久性原则。对边坡绿化必须做到一劳永逸，避免日后人工维护和管理。

4. 经济性原则。必须考虑合适的绿化方法，做到经济上合理。

二、边坡绿化的分类方法及选择依据

（一）边坡绿化的分类

1. 按所用植物不同分为木本植物绿化，藤本植物绿化，草本植物绿化。

2. 按栽种植物方法不同分为栽植法和播种法。

（1）播种法主要用于草本植物的绿化。按使用机械与否，可分为机械播种法和人工播种法；按播种方式不同可分为点播、条播、撒播。

（2）栽种法，适用于乔木、灌木类植物。

（3）按植生土的来源不同可分为客土绿化和原地绿化。客土绿化按所用材料不同又分为移土绿化和植生砼绿化。

（二）选择边坡绿化方法时应考虑的因素

1. 边坡绿化后所要达到的目的，如美学的要求、安全等级要求等。

2. 边坡所在地区的气候条件。

3. 边坡本身的地质条件，如土质、坡度，岩坡还涉及节理发育情况。

4. 施工条件，如施工机械、施工季节等。

三、边坡绿化的植物配置

边坡绿化是用各种植物材料，对具有一定落差坡面起到保护作用的一种绿化形式。包括大自然的悬崖峭壁、土坡岩面以及城市道路两旁的坡地、堤岸、桥梁护坡和公园中的假山等。护坡绿化要注意色彩与高度要适当，花期要错开，要有丰富的季相变化。因坡地的种类不同而要求不同。

（一）常见的植物配置形式

1. 坡面植草式

采用草坪进行绿化种植，主要用于高速公路边坡和城市快速路的绿化，好处是不会影响行车的视线。

2. 坡面图案式

在有些坡面上，上边坡与车辆行驶方向相对的部位土质良好且朝向阳坡，可以在这些边坡表面用低矮草被作底色，用色彩鲜艳的低矮灌木或者草花配植成优美、流畅、向上的图案或标语。

3. 悬垂枝覆盖式

适宜在岩石边坡和护坡构筑物上部采用。选用匍匐灌木和藤本植物，如迎春花、蟛蜞菊、金樱子等苗木，在坡上部与天沟间的地方砌种植槽或挖种植穴，加土和施基肥后，按株距30cm植苗。

4. 灌草混栽式

利用本地生长的地被植物或是低矮的花灌木自然生长在路旁山丘等坡地的一种比较原始的绿化形式，能够获得模拟自然而胜于自然的绿化效果。

5. 攀缘植物覆盖式

比较适合在岩石边坡、护坡构筑物下部及各种城市旱地桥墩采用。在这些区域的坡面上，植物生长环境较差，可以选用攀缘植物，如爬墙虎、五叶地锦等植物进行覆盖式绿化。

（二）可用于边坡绿化的植物种类

1. 草坪植物

草坪植物是最主要的水土保持植物，因为有大量的草坪植物种子可供选用。草种一般都具有发芽容易，见绿快、成坪快的优点，使施工地段在最短的时间内达到100%的地面覆盖率。

（1）评价草种水土保持性能的技术指标

① 繁殖材料的可获得性。能够用于边坡绿化和岩面修复的草种非常多，但是适宜工程施工的前提必须是繁殖材料能有商业化、规模化的供应。

② 种子发芽和成坪的速度。发芽、见绿和成坪越快越好，速度越快，水土流失的成效就越大，苗期养护的难度就越低，费用也就越少。

③ 夏季表现。主要是对高温、干旱的抗逆性表现，一定要能够顺利越夏，否则，达不到持久保持的目的。

④ 冬季表现。除了要求耐寒不被冻死外，还要求冬季能保持施工地块的生命力以及良好的冬季观赏性。如冬季全部枯黄，不仅不美观，更危险的是容易引起火灾。

⑤ 对贫瘠土壤的适应性。

⑥ 稳定性和持久性。植被退化过快，不利于水土保持。施工草坪植物的水土保持作用应能一直持续到宿根花卉和灌木均已成长并影响到草坪生长时为止。

⑦ 兼容性。在混配其他植物种类时，需要考虑这一点。兼容性强的，则混配容易。

⑧ 可播种季节。这一点也非常重要，现实中，很多工程的工期和可播种季节不吻

合，导致坡面绿化失败。

（2）草坪植物种类

① 狗牙根　最常用的一种，发芽快，生命力强，与其他植物共生性好。

② 百喜草　生性粗放，不择土，耐旱、耐阴、耐践踏，还可以做牧草，缺点是发芽较慢。

③ 弯叶画眉草　发芽快，对土壤的要求不严，耐旱、耐瘠薄，在半干旱甚至沙漠地区也能够生长，抗病虫害能力强。

④ 马尼拉　生命力强，耐旱、耐瘠薄，病虫害少。缺点是没有种子，只能通过铺设草坪方式施工；自身过于致密，与其他植物的共生性极差；根系虽多但一般不易深扎。

⑤ 高羊茅　发芽快，是最耐热和耐践踏的冷季型草坪，耐酸、耐瘠薄，抗病性强。

⑥ 多年生黑麦草　发芽快，冷凉季节表现佳。

⑦ 一年生黑麦草　发芽快，种子便宜。

⑧ 白三叶　发芽快，固氮作用强，可以为混播的其他草坪草提供氮肥。

2. 藤本植物

（1）爬山虎　枝条粗壮，卷须多分枝，顶端有吸盘。叶互生，入秋叶色变红，十分美观。

生长强健，对土壤适应能力强，多攀缘于岩石、大树或墙壁上。

（2）常春油麻藤　叶革质光亮，花期4～5月，蓝紫色花序大而美丽，如串串风铃。喜光，生长快且强健，攀爬能力强，可达十多米，地面覆盖能力强。种子和扦插繁殖。

（3）络石　既可攀缘也可匍匐地面，枝叶细密。花白色，花期夏季。在全光或荫蔽条件下均能健康生长，对土壤要求不严。扦插繁殖。

（4）葛藤　三小叶互生，花开粉紫色。蔓延能力和覆盖力强，可大面积地覆盖树木和地面，蔓藤可以长达10～30m，匍匐地面可达百米。耐旱、耐寒，不择土壤，生长迅速。种子和扦插繁殖。

3. 灌木

灌木有较之草坪植物更深的根系，在一些易于坍塌的坡面特别是人工修复的岩面上，施工中最好考虑加入一些灌木种子。

灌木种子水土保持的性能，最为重要的是能与草坪植物兼容。

（1）马棘　高约1.0～1.5m，花淡红或紫红色。喜光，耐干旱、耐瘠薄、耐水湿。发芽快，生长强健。

（2）花木蓝　花为桃红色，5月上旬至9月下旬为开花期，1年生植株可达1.6m，枝条密生。花木蓝比马棘萌发早，落叶迟，植株更强健，花期更长，花量更大。

（3）胡枝子　茎直立、粗壮，高1m以上，多分枝。花有紫、白二色，荚果。耐阴、耐旱、耐寒、耐瘠薄，根系发达，再生性强。

（4）紫穗槐　高1～4m。花小，蓝紫色，花期5～6月。根系发达，在干旱的坡地上也能生长，对土壤的要求不严。每公斤种子约10万粒，单播5g/m²。

（5）火棘　高达3m。花白色，花期5～6月。秋果繁多，鲜红色。可耐－6℃的低温，耐旱力强，不择土壤，耐修剪。播种量3～5g/m^2。

(6) 盐肤木　秋叶红色。喜温暖湿润气候，能耐一定寒冷，耐干旱、耐瘠薄，根系发达，有很强的萌蘖性。

(7) 伞房决明　高约1.5～2m，花期长（夏秋季开花），花金黄色，开花繁茂。生长快，适应性强，黄河以南地区可露地越冬。

(8) 锦鸡儿　枝细长，开展，有棱，有托叶刺。花单生，黄色，花期4～5月。根系发达，具根瘤，抗旱耐瘠薄，萌芽力强，能自然播种繁殖。

4. 草本花卉

草本花卉以其绚丽的花色，交错的花期，构成了独特的边坡景观。

(1) 草本花卉的特点

① 主要是种子繁殖的多年生、适应性强的花卉，也有一年生和多年生的花卉品种，但这类植物必须具备较强的自播繁衍能力。能比大多数草坪植物更长地保持良好的绿化美化效果。

② 可供选择的景观野花植物种类多，花色丰富。

③ 有部分品种适合临时性绿化施工。一些两年生草本花卉，秋播后经过冬季的春化作用才能开花结种子。但是施工单位因为工期或临时性需要，在春季播种，虽然能够很好地发芽生长，但不能开花结籽，不能实现自播繁衍而长久保持。所以也就成为临时性的一年生植物。

④ 抗性强，适应性广，养护管理较粗放。

⑤ 发芽快，发芽期春播4～5d，秋播7～10d，发芽成苗时间一般都在一个月之内。

⑥ 种子价格及建植成本低。每平米用量在300～500粒左右，成本一般在0.6～0.9元。

(2) 影响草本花卉应用的因素

① 种类繁多，特性各异，选择余地虽大，但选择决定困难。

② 立地要求一般都要高于草坪植物。因此应为其播种和生长环境提供较为深厚、肥沃的土壤条件和相对充足的水分。

③ 播种期比草种更加多样化。

④ 单位面积的种子成本会略高于草坪。早期养护难度大，但相对较长的绿化美化时间足以弥补所提高的成本。

(3) 草本花卉的种类

① 金鸡菊　多年生草本，株高30～60cm，叶长圆匙形或披针形，头状花序金黄色，花期5～11月。不择土壤，繁衍扩展快，耐寒耐旱，喜光，耐半阴，对二氧化硫有较强的抗性。

② 波斯菊　一年生草本，植株高度30～120cm，细茎直立。单叶对生，二回羽状全裂。头状花序，舌状花有白、粉、紫色、深红色等，筒状花为黄色，花期夏、秋季。喜光，耐干旱瘠薄，自播能力强。

③ 蛇目菊　二年草本植物，基部光滑，上部多分枝，株高60～80cm，花期5～11月。喜光，耐寒，耐干旱，耐瘠薄，不择土壤，凉爽季节生长较佳，自播能力强。

④ 花菱草　多年生草本植物，株形铺散或直立、多汁，株高 30～60cm，全株被白粉，呈灰绿色。花期春季到夏初，花色以橙黄为主。耐寒力较强，喜冷凉干燥气候、不耐湿热，常秋后再萌发。

⑤ 诸葛菜　株高多为 30～50cm。基生叶和下部茎生叶羽状深裂，叶基心形。花色蓝，早春开花，花期较长，一般可以从春季持续到 6 月。具有较强的耐寒性、耐阴性。生长强健，种子自播能力强。

⑥ 紫花苜蓿　多年生草本植物，高 60～120cm。发芽迅速，在华东华南地区一年四季都可播种。耐旱耐寒，表现优良。

⑦ 蓝香芥　多年生草本。花期为 4～6 月，花序大且花量多，成片景观十分夺目。全光或半阴条件生长，自播能力强。

⑧ 野花混合种　根据施工季节和地域条件，选择 2～5 种，满足当年及以后的绿化和景观需要。一般考虑颜色、花期不同的种子混合，且数量大致相当。每平方米考虑用量 10～20g。

四、边坡绿化工程的施工管理

（一）工序管理

1. 进度管理

播种作业受气候影响，因此要提前制定工序表，合理安排坡面整形、清扫、张拉金属网、材料劳务供应、机械搬运等前期工序的时间。

2. 作业量管理

作业量关系着坡面的面积，必须事先制成展开图，便于随时掌握作业面积。

3. 安排管理

（1）材料。需要贮藏、保管的材料很多，应合理安排其供应与使用，并对现场的贮藏地点、贮藏方法、使用顺序给以充分注意。

（2）劳务。由于高处作业较多，要求熟练的作业也多，所以要把重点放在适合各种施工法的作业人员的安排与配置上。

（3）机械。准备好最适合各种施工法使用的机种。现场多有发生故障的情况，要尽量避免因此而延误。

（二）质量管理

下面重点介绍关于边坡绿化工程中有关播种工程的质量管理。

（1）土壤硬度

在施工前测定坡面的土壤硬度，检查其硬度是否在设计文件所标示的植被施工法的适用范围内。关于调查地点，一般系对坡面出现的每种土质层调查各 3 处左右，测定坡面表面及坡面表面下 3～5cm 的硬度 3 次，求其平均值，如其值在适用范围以外时，再详细调查研究改变施工法。

（2）土壤酸度

对泥岩、页岩及它们的风化土，还有火山、温泉地带，在施工前应按 1000m^2 一处左右的比例，测定土壤酸度。测定用的试样土，由坡面表面暴在空气中的和坡面表面下 10cm 处分别采取测定。当差值在 pH 值 1 以上时，将采取的土暴露于空气中 1 周左右以后再测定，当见到酸度降低时，继续进行测定直至无降低的倾向为止。如最低值在设计施工法 pH 值的适用范围以外时，须对施工法本身再作研究。

（3）发芽试验。为防备种子有不发芽或发芽不齐的情况，应对种子做发芽试验。

（4）材料数量及施工质量检查。

任务实施

一、边坡绿化前的调查

城市边坡绿化前应该调查坡面的各项情况，为以后采用何种绿化工程提供依据。调查的项目主要有如下几方面：

1. 观察周围环境

通常当坡面周围环境为树林时，最好把坡面恢复为类似森林的形态；草原出现的边坡，以种草为目的最好；街道、休憩地附近的边坡应种植乔灌木、花卉、草坪形成景观边坡。

2. 观察植被类型

观察边坡附近植物分布情况，调查结果可作为绿化种类选择以及群落选择的依据。

3. 观察地形、地质

观察边坡形状、规模、坡度、走向、风化程度、地质状况、涌水等，据此拟订粗略的边坡绿化方案。在挖方的边坡还必须实际调查边坡上方的地形、流水方向和流量、渗透水状况，作为边坡的稳定与否的依据。

二、制订施工计划

充分调查、掌握工程现场的各项条件之后，为了工程能在工期内以最小经费安全地进行施工，施工人员要制订具体的实施计划。

1. 工序计划

由于边坡施工时会出现雨天、强风等不可能施工的情况，高处作业也多，所以施工人员要以工程内容、工期、现场各项条件、施工方法等为基础，制定各项作业的施工顺序、时间等工序计划及日程计划，确保全部工程在工期内能经济地完成。

2. 机械计划

机械的种类、台数及使用时间根据施工法的内容、现场的状况、工程数量、工期、施工方法、工程计划决定。

3. 材料计划

边坡绿化工程使用的材料有工厂生产品、天然生产物、进口品等多种多样，这些材料到手需要一定的时间，或许某个时期供应不足，也有长期保管困难的，必须预先对所使用材料的种类与数量详细调查制订计划。

三、坡面绿化的初期整治工作

1. 加固

（1）植物生长需要有一定的基础，因此要对坡面采取一定的措施，保证植物在坡面上能够正常生长。根据不同的边坡地质结构，在种植前要对边坡进行不同程度的加固。

（2）有活性断裂或地质结构较破碎的边坡，要修建钢筋混凝土抗滑墙，增强边坡的稳定性。

（3）边坡的前缘靠近公路或居民区时，为了起到保护作用，一般都要修建挡土墙。

2. 排水

为了避免地表径流对边坡的破坏，可以修建截水沟、排水沟。为尽量减少对土体结构的破坏，截水沟可以修建在水平平台的边缘，和排水沟共同组成一个网状的地表排水系统，必要时还可以挖排水盲沟等进行地下排水。

3. 坡面平整及清理

工程坡面宜采用光面控制爆破开挖，对交验后的坡面应清除坡面浮石、浮根等，对凸出或凹进坡面大于10cm的岩土应予以削平，或采用C15混凝土或浆砌片石等予以嵌补，尽可能平整坡面，坡面清理有利于基材和岩石坡面的自然结合。禁止出现反坡。

四、边坡绿化的施工方法

（一）种子撒播法

1. 播种

采用人工播种方式或使用固定在卡车上的种子撒布机，将种子、肥料、木质纤维、防止侵蚀剂等，加水搅拌后，以泵向边坡撒布形成1cm厚的种子混合物的施工方法，适用于土壤肥沃湿润的侵蚀轻微的坡面，植被的基材以木质纤维为主。

2. 开穴工程

在边坡上用钻具挖掘直径为5～8cm，深度在10～15cm的洞穴，每平方米约有8～12个，放入固体肥料等，用土、沙等将洞埋住后，进行种子撒播工程或客土种子喷播工程施工的方法。也可向洞内放土时放置种子，再用乳化沥青液等防止侵蚀剂进行养生。

3. 挖沟工程

在边坡上大致按水平间隔50cm左右，挖掘深10～15cm的沟，放入肥料覆土后，用种子撒播工程或客土种子喷播工程进行施工的方法。这两种方法常用于公路两侧的绿化用地立地条件较差的情况，如硬质土或花岗岩风化砂土的挖方边坡。

（二）客土种子喷播法

客土喷播是精心配制适合于特殊地质条件下的植物生长基质（客土）和种子，然后用挂网喷附的方式覆盖在坡面，从而实现对岩石边坡的防护和绿化。

1. 客土

包含土壤、纤维、肥料、保水剂、胶粘剂、稳定剂。配制后的客土能满足植物生长所需要的基本厚度、酸碱度、空隙率、营养成分、水分以及耐久性。这些指标不仅与具体的边坡地质条件有关，还受当地的气候条件影响。

2. 种子

由多种草本、灌木组成，而且尽量采用当地天然植被类似的种类。混合多个种类的目的在于使植被实现从草坪到树林的演替。锚杆挂网对边坡局部不稳定者来说，可通过这种方法加强边坡稳定性。

3. 客土基质

可以借助金属网的支撑附着在坡面，过陡的坡面可以加密网或设置双层网。由于客土可以由机械拌合，挂网容易实施，机械化程度高，速度快，植被防护的效果好，喷播后基本不需要养护即可维持植物的正常生长。

4. 施工顺序

清理坡面→安装锚杆→固定镀锌铁丝网→喷射有机基材→喷播草籽→覆盖无纺布。

（1）清理坡面

一般用人工方法进行处理，清理坡面浮石、浮土等，并且做到处理后的坡面倾斜一致、平整、无大的石头突出与其他杂物存在，使其有利于有机基材与岩土表面的自然结合。

（2）挂网及打锚杆

采用高镀锌棱形铁丝网，铁丝直径 2mm，网孔规格为 6cm×6cm。岩石处用风钻或电钻按 1m×1m 间距梅花形布置锚杆和锚钉。锚杆长 90～100cm。挂网施工时采用自上而下放卷，两网交接处至少要求有 10cm 的重叠，锚钉每平方米不少于 5 只。网与作业面保持一定间隙，并均匀一致。较陡岩面处，可用草绳按一定间隔缠绕在网上，以增加附着力，使客土厚度得到保证。挂网可以使客土基质在岩石表面形成一个持久的整体板块。

（3）有机基材喷播

客土喷播前浇水湿润坡面，将泥炭、腐殖土、草纤维、缓释营养肥料等混合材料经过专用机械的搅拌后喷播在铁丝网上，厚度为 6～10cm。

（4）喷播植物种子

根据施工作业面土壤或岩面性质、当地气候条件、施工季节，结合各种植物生长特性选择植物的种子，并增加当地类似地貌作业面上的乡土树种种子，使次生植被在今后的数年内逐渐与自然生态植被融合，不显人工雕琢的痕迹（图 7-19，图 7-20）。

乔、灌木种子用 80℃热水（含浸种剂）浸种 1d，草本植物种子在喷播前浸种 1～2h，使种子吸水湿润即可。

将处理好的种子与纤维、粘合剂、保水剂、复合肥、缓释肥、微生物菌肥等经过喷播机搅拌混匀成喷播泥浆，在喷播泵的作用下，均匀喷洒在工作作业面上。

（5）覆盖

为保证多雨季节植物种子生根前免受雨水冲刷，寒冷季节植物种子和幼苗免受冻伤害，正常施工季节的保温保湿，要求采用无纺布覆盖。

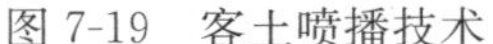

图 7-19 客土喷播技术

图 7-20 土壤喷播机

（三）喷混植草

喷混植草技术，是类似于客土喷播的一项坡面绿化技术，可以在岩质坡面上形成一个既能让植物生长发育的种植基质又不被雨水冲刷的多孔稳定结构。

1. 技术特点

利用特制喷混机械将土壤、肥料、有机质、保水材料、植物种子、水泥等混合干料加水后喷射到岩面上，通过水泥的粘结作用，使上述混合物在岩石表面形成一层具有连续空隙的硬化体，从而可以保证种植基质免遭冲蚀。空隙既是种植基质的填充空间，也是植物根系的生长空间。

2. 加固

对稳定性较差的边坡，可以在坡面上打设锚杆并挂镀锌编织铁丝网，起到稳定坡面的作用，然后将由黏土、谷壳、锯末、水泥、复合肥以及草木种子等通过一定配方拌合的混合物喷射在边坡上，喷射厚度一般为 6～10cm，具体视坡度和坡面的破碎程度而定，对比较稳定的边坡可以直接在裸露坡面上喷射混合物。

3. 配方技术

喷混植草技术中，混合物配方好坏是成功的关键。良好的配方能够保证在陡于 53°的边坡上，既能较好地保护坡面和抵抗雨水冲刷能力，又有足够的空隙率和肥力以保证植物的生长。同客土喷播相比，此项技术的缺点是保水、保肥效果较差，隔热性能较低。

4. 适用范围

不仅适用于所有开挖后的岩体坡面的保护绿化，而且对于岩堆、软碎裂岩、散体岩、极酸性土以及挡土墙、护面墙混凝土结构边坡等通常不宜绿化的都能绿化。

（四）三维网植草防护

1. 特点

三维网植草防护是将一种带有突出网包的多层聚合物网固定在边坡上，在网包中敷土植草。是基于三维网对边坡掩体本身在防护植物未生长完全前的一种防护工艺。养护为三个月，三个月达到 95％覆盖率以上，草灌木生长达到自然形态，形成良好的防护及景观效果。

2. 适用范围

适用于填方土石混填边坡，覆土后可有效促进植物生长，增强防护效果。

3. 施工工序

（1）先对边坡进行清理，确保边坡平整，无明显凸凹不平。

（2）用制作好的 U 形钉把三维网紧紧固定在边坡表面，确保三维网与边坡完全接触，U 形钉可用 6mm 左右圆钢制作。

（3）撒上拌基肥的肥土，每网眼播种 2～3 粒，覆土后淋水保湿。

（五）连续喷丝固土植生法

连续喷丝固土植生法是一种新型的喷播绿化方式，它利用特制喷混机械将按比例混合并搅拌均匀的有机基材长效肥、速效肥、保水剂、粘接剂、植物种子和水的混合物，喷射到坡面上，在喷射客土植生基材的同时，利用空压机及喷丝机把纺织纤维丝与植生基材同时喷射，由于粘接剂的粘结作用及纺织纤维丝的连接作业，混合物可在岩石表面形成一个既能让植物生长发育，种植基质又不被冲刷的多孔稳定结构（即一层具有连续空隙的硬化体），种子可以在空隙中生根、发芽、生长，从而达到恢复植被、改善景观、保护环境的目的。

（六）植生袋法

1. 特点

利用植生袋进行坡面的绿化，在短时间内就可以覆盖边坡，达到抑制径流、防止冲刷、稳定坡面、减少维护费用的要求。

2. 优点

（1）长效性。使用土壤改良剂及有机质、纤维质组成的基质材料有良好的保水、保肥性及透气性，有利于植物的长期生长。

（2）适应性强。对不同坡度，不同岩性的边坡可根据具体情况，调整基质配方，以适应当地气候和地质条件。

（3）施工过程中，可以通过加设钢筋网及锚杆抑制山体风化，防止边坡局部塌陷，又可以保证植物生长的最大土壤厚度。

（4）根据生态的结构需要，可以乔灌草有机结合，形成分布合理、生态功能强的植被。

（5）全天候施工，机械化作业程度高，无需养护，经济美观。

3. 适用范围

这种方式适用于上边坡的坡上部几何骨架内和岩石露头多的坡面。

4. 施工工序

（1）整平坡面。

（2）选用降解薄膜做成直径 10cm，有网痕的植生袋，袋底放置腐熟的有机基肥，种子拌入沙质营养土中，每袋 15～17 粒。

（3）装袋后按株距埋植生袋，将植生袋平铺于坡面上，袋一半露出坡面，一半埋入土中。

（4）用木桩钉固定。

（5）浇水保湿。草籽即可发芽、生长。

（6）从铺设到形成草坪一般只需 40d 左右，是高速公路边坡快速植物防护的好方法。

（七）草皮铺设法

1. 特点

采用草皮铺设绿化的方法主要是将预先生长好的草皮挖取，采用适当的施工方法，铺设在要防护的坡面上。

2. 适用范围

适用于坡面比较高陡、土质比较贫瘠或坡面易受冲刷的地段使用。草皮铺设法广泛适用于希望迅速绿化的小面积园林绿地。

3. 施工方法

将草皮切割成一定大小，一般为30cm×30cm左右，在边坡全面铺成格子状，然后用竹（或铁）钎固定。要注意必须使草皮与土充分粘附，接头部分密接。

（八）预制框格坡面防护

1. 特点

预制框格工程就是在工厂预制好的混凝土或钢铁、塑料、金属网格在边坡上装配成不同的形状，用锚或桩固定后，在框格内堆填借土或土袋，然后进行植被建造工程。常与借土喷播工程或种子撒布工程及铺草皮等方法联合使用。

2. 网格形式

有正方形、菱形、拱形、主肋加斜向横肋或波浪形横肋以及多种几何图形组合等。这种方法广泛用于高等级公路的路基边坡及隧道进出口边坡防护工程中（图7-21）。

图7-21 预制框格坡面防护

3. 适用范围

在施工过程中，要注意由于客土、土袋下沉及下沉部分冲刷引起的崩塌，因此在不稳定的坡面上要避免使用。

（九）连续框格工程法

1. 特点

连续框格工程类似于预制框格工程，但通常都是在边坡上设置模板，安设钢筋，浇筑混凝土，或挖沟安设钢筋喷入砂浆等（图7-22）。

图7-22 连续框格工程法

2. 适用范围

框格交叉点是连续的，常与岩体绿化工程或土袋植被工程联合使用，适用于有边坡崩塌危险，但进行边坡修正又不大可能，却有必要引进。

（十）几种特殊边坡的绿化

1. 岩石边坡绿化

岩石边坡一般属高陡边坡。无植物生长的条件，绿化时需要客土。

（1）对于稳定性良好的岩坡，可考虑藤本植物绿化。方法是在边坡附近或坡底置土，在其上栽种藤本植物，藤本植物生长、攀缘、覆盖坡面。

（2）对于节理发育的岩坡，应充分考虑坡面防护。一般采用植生砼绿化。方法是先在岩坡上挂网，采用特定配方的含有草种的植生砼，用喷锚机械设备及工艺喷射到岩坡上，植生砼凝结在岩坡上后，草种从中长出，覆盖坡面。

2. 高硬度土质边坡绿化

当土壤抗压强度大于 $15kg/cm^2$ 时，植物根系生长受阻，植物生长发育不良，这时可采用钻孔、开沟客土改良土壤硬度，也可以用植生砼绿化。

3. 陡坡绿化

对于 25°以上边坡，绿化时要特别注意边坡防护，植物可选用灌木、草本类植物，可在边坡上打桩，设置栅栏，浆砌石框格以利于边坡稳定和植物生长。但这些措施并不能保证边坡长久的稳定，后期还要维护和管理。对于重要边坡，可选用植生砼绿化。

4. 景点边坡绿化

景点边坡的绿化对美学要求高，有条件进行经常维护和管理。绿化时需经过精心设计和施工，树木宜选用四季常青类，草类宜用生长旺盛的种类，还可选用花卉。边坡应进行必要的加固处理，如挂网、打桩等。应设置人行通道，便于日常维护管理。

五、边坡植物绿化养护管理

作为边坡保护工程的坡面绿化，应该不需要进行保护和管理就能建成目的植物群落，但是不同的边坡要求不同，条件差的边坡，仅仅依靠实施绿化播种后就能达到其绿化目的是比较困难的，必须通过保护和管理。许多边坡必须采取一定的管理措施，才能逐渐达到设计的要求，发挥绿化所带来的生态方面的作用。

1. 覆盖完成前的保护管理

边坡绿化工程中，除按耐侵蚀的绿化施工法进行施工外，均需要尽快地使边坡全面覆盖，防止降雨、冻胀、冻结等侵蚀。一般使用外来草种，2～3 个月就可完成全面覆盖，但坡面的条件差时，有时不发芽。不发芽时，多是干旱缺乏水分或在低温期施工造成的。

（1）浇水

由于坡面所处的环境条件比较恶劣，坡面的保水性能比较差，需配备专用水车，播植后 1 月内晴天每天均需喷淋 1 次，通常进行 $3\sim5L/m^2$ 的洒水，如超过土壤的吸水能力，浇水过多时，剩余的水顺边坡流下，易侵蚀边坡。1 个月后每 3～5d 喷水 1 次保湿。夏季宜在早晨或日落后的低温时进行，冬季宜在中午高温时进行，但进行一次浇水后，必须连续浇水直到有降雨为止，如中途停止浇水，反而容易受到干害，应对植被状态加以注意。种子因耐干旱，一般可不浇水，顺其自然即可。

（2）施用肥料、激素

养分不足的问题，通常进行氮量为 5～10g/m^2 左右的追肥，一次施肥量多时，反而产生障碍，在坡度陡急的坡面上肥料效果的持续时间为：合成肥料每 2～3 个月，缓效性肥料每 2～3 年追肥 1 次。

2. 全面覆盖完成后的保护、管理

一般坡面播种工程，经过 2～3 个月就可全面覆盖，但以后根据边坡的地点条件及土壤条件，其生长状态及种类就发生变化，其过程是以外来草种为主的播种植物开始逐渐衰退，如不伴有侵入种等引起的植物转变，就将出现裸地化。

（1）追肥

栽植后每年在 4～5 月生长季进行 1 次追肥，追肥应该连续增加，只有这样，植物才能常年繁茂，逐渐蓄积腐殖质。

（2）专人管理

栽植后坡面绿化应该不断完善专人、分段承包管护，做到每路段有专人巡逻看守，防止人畜践踏。

（3）补植

种植验收后有 3～5 个月补植护理期。此间通过补植和加强水肥管理，使播植地被物达到合同要求的标准，形成良好覆被固坡效果。

施工后的保护管理见表 7-22。

表 7-22　覆盖完成前后的养护管理

状态区分	覆盖完成以前的植被管理	覆盖完成后的植被管理
发芽、生长不良 发生裸地状态	谋求生长基盘的改良、造成延迟追肥追播 延迟再施工（适用施工法）	植被迁移的观察 草本类的变化与木本类的管理 高树类的密度管理
木本类的幼树 侵入状态	施用磷酸肥料 林床植被的消失（长成密度、上层被压）	植物体防上滑落，采伐 用追肥等的植被管理 侵蚀沟等的补修
引进植实的急剧衰退现象 正在进行的状态	谋求用追肥使覆盖力恢复（一年 2 次左右） 研究追播	—
生长良好、稳定的植被状态	维持草本类 引进低树类	
砂质土 亚黏土 黏性土	裸地发生、容易侵蚀、使早期完成全面被覆 容易引起霜柱、冻胀、冻结、融解等产生的植物体的滑落、崩落	为了不引起植补的衰退、早期进行追肥 高木类的密度管理
硬质土 石灰岩质	容易引起缺肥、干害等 重视对生长基盘的绿化基础工程及追肥	稳定的植被构成、需要长时间计划长期间追肥

【思考与练习】

1. 乔灌木适合在哪个季节进行栽植?
2. 影响树木栽植成活的因素有哪些?
3. 如何确定挖树穴的大小及挖树穴时有哪些技术要求?
4. 带土球树栽植需要注意的事项有哪些?
5. 常绿树种与落叶树种在栽植时期上有何不同?
6. 反季节栽植应该注意哪些环节?
7. 简述普通花坛种植施工的工艺流程及技术要点。
8. 屋顶花园种植设计时如何选择植物种类?
9. 边坡绿化中可以选择哪些植物种类?

【技能训练】

技能训练一　大树移植的施工

一、训练目的

通过本次技能训练使学生掌握带土球的大树起苗的技术，能按规范进行大树的移植，做好移植后的养护工作。

二、材料与用具

1. 植物材料：胸径大于 20cm 的落叶乔木若干株。

2. 工具：铁锹、铁锨、锄头、修枝剪、皮尺、草绳、木桩、$L=1.5$m 的木棍、浇水工具等。

三、方法步骤

1. 分组：以 4～5 人为一组。

2. 确定土球直径

以苗木 1.3m 处胸径的 8～10 倍，确定土球的大小。

3. 树冠修剪与拢冠

根据树种的习性进行修剪，落叶树种可以保持树冠外形，进行适当强剪；常绿阔叶树种可保持树形，适当疏枝和摘去部分叶片，然后用草绳将树冠拢起，捆扎好，便于装运。

4. 挖掘、修剪

根据土球大小，先铲除苗木根系周围的表土，以见到须根为度，顺次挖去规格周围之外的土壤，挖土球深度为土球直径的 2/3。

5. 包装

用草绳包扎土球。首先扎腰绳，1 人扎绳，2 人扶树，2 人传递草绳，再扎竖绳，包扎好后铲断主根，将带土球的苗木提出坑外。

6. 装车

装车时，1 人扶住树干，4 人用木棒放在根颈处抬上车，使树梢朝后，上车后只能平移，不要滚动土球。装车时，土球要相互紧靠，各层之间错位排列。

7. 挖栽植穴

栽植穴比土球大 40cm 左右，做到穴壁垂直，表土和心土分开堆放。

8. 栽植

按设计要求，将带土球的大树放入栽植穴中。根据大小高度，先将表土堆在栽植穴中形成馒头形，使苗木放上去的土球高度略高于地面，如土球有包装材料，应先剪除，将苗木扶正，再进行回填土。当回填土达到土球深度的 1/2 时，用木棒在土球外围夯实，注意不要敲打在土球上。继续回填土，直至与地面相平，上部用心土覆盖，不用夯实，保持土壤透水透气。

9. 支撑

正三角撑，支撑点在树体高度的 2/3 处，支柱根部应入土中 50cm 以上。

10. 裹干

用草绳等软材将树干全部包裹至一级分枝。

11. 浇水

栽植后完成第一遍浇透水，进行移植的养护管理。

四、作业

完成实习报告。

技能训练二　行道树栽植施工

一、训练目的

了解树木栽植成活原理，熟悉选择树木适宜的栽植季节，掌握行道树的栽植技术，掌握行道树栽植后成活期的养护管理技术。

二、材料与用具

1. 植物材料：裸根苗木若干株。

2. 工具：铁锹、铁锨、锄头、修枝剪、皮尺、测绳、木桩、浇水工具等。

三、方法步骤

1. 分组：以 2～3 人为一组。

2. 定点放线

以路牙或道路的中心为依据，可用皮尺、测绳等，按设计的株距，每隔 10 株钉一木桩作为定位和栽植的依据。

3. 挖栽植穴

根据苗木的规格挖栽植穴。在栽植前，苗木必须经过修剪，修剪时剪口应平而光滑，并及时涂抹防腐剂。将苗木放入种植穴中，扶正、回填土、提苗、土壤压实、松土覆盖。浇水栽植后完成第一遍浇透水。

四、作业

完成实习报告。

技能训练三　花卉的栽植施工

一、训练目的

了解花卉的生态习性，掌握花卉的栽植技术，掌握花卉栽后的管理技术。

二、材料与用具

1. 植物材料：花苗若干株。

2. 工具：移植铲、耙子、铁锹、皮尺、测绳、锄头、喷壶等。

三、方法步骤

1. 分组：以 2～3 人为一组。

2. 整地

栽植前对土壤深翻，施入有机肥，并覆上一薄层土，对土壤进行消毒。

3. 放样

根据施工图纸直接进行定点放样，放样尺寸应准确，用灰线标明。

4. 起苗

（1）裸根苗：用铲子将苗带土掘起，然后将根群附着的泥土轻轻抖落。

（2）带土苗：先用铲子将苗四周泥土铲开，然后从侧下方将苗掘起，尽量保持土坨完成。

5. 栽植

按绿化设计的要求定位栽到绿地里，栽植的方法可分为沟植、孔植、穴植。

6. 浇水

栽植完毕，用喷壶充分灌水。

四、作业

完成实习报告。

技能训练四　草坪的铺设施工

一、训练目的

熟悉常见的草坪草的种类及特点，掌握草坪的建植技术，掌握草坪铺设后的养护管理技术。

二、材料与用具

1. 植物材料：催芽处理后的草种。

2. 用具：耙子、铁锹、喷壶、水桶、锄头、木质镇压磙、草帘等。

三、方法步骤

1. 分组：以 2～3 人为一组。

2. 地面清理和整地

树木、杂草清理，清除岩石、瓦砾，翻耕深度一般不低于 30cm。

3. 播种

播种前 1～2d 要灌足底水，手播的要掺细沙，以免不均。播后可用细钉耙轻轻地把草种耙到土中，不可过深，耙时要按一个方向进行。

4. 镇压

为了使种子与土壤充分接触，要用木质镇压磙镇压。

5. 覆盖

用草帘覆盖，不能太厚、太密，要有一定的缝隙。

6. 浇水

喷水均匀，慢慢喷洒，水流不可直击覆盖物。水应湿到地面下3～5cm，不可漏浇。

四、作业

完成实习报告。

技能训练五　屋顶花园的设计与施工

一、训练目的

了解屋顶花园中园林工程的荷载，熟悉屋顶绿化植物的选择，掌握构造层施工技术、植物种植技术，掌握栽植工程的养护管理。

二、材料与用具

材料：水泥、沙子、防水卷材、胶粘剂、蓄排水板、聚酯纤维无纺布、轻砂壤土、腐殖土、珍珠岩、蛭石、植物材料。

用具：铁锹、铁锨、锄头、修枝剪、皮尺、草绳、木桩、$L=1.5$m的木棍、浇水工具、灰匙等。

三、方法步骤

1. 分组：以3～5人为一组。

2. 合理选择植物种类，进行植物种植设计。

3. 场地清理，清除杂草、拆除障碍物。

4. 构造层施工

找平层用灰匙压实磨光，依次铺设防水隔根层、蓄排水板、隔离过滤层，按设计要求配制铺设基质层。

5. 栽植

依据设计图纸，栽植乔木、灌木、草本花卉。

6. 养护管理

对新栽植的花木进行浇水、立三角支撑。

四、作业

完成实习报告。

项目八　园林景观照明工程

【内容提要】

园林绿地（公园、小游园等）和工农业生产一样，需要用电。没有电，园林事业便无法经营管理。园林照明除了创造一个明亮的园林环境，满足夜间游园活动、节日庆祝活动以及保卫工作需要等功能要求之外，最重要的一点是园林照明与园景密切相关，是创造新园林景色的手段。

园林中的供电工程分为室内及室外两大部分。室内供电主要以照明为主，在一些餐饮业及服务设施中有少量的动力用电。室外部分基本上也是以照明为主，包括园路、广场、水景及树木、山石等的一般照明、局部照明及混合照明。另外还有一些如游艺设施、动态水景、喷灌及电动机具等则为动力用电。园林中照明用电比动力用电要多。而在园林建设工程施工中临时用电则以动力用电为主，照明用电为辅。

任务一　园林照明施工

【知识点】

园林照明的基本理论知识。

园林景观照明和不同类型园林照明设计的相关知识。

【技能点】

园林景观照明施工的步骤方法。

相关知识

一、供电电源与电压

供电设施与其他工程管线设施是公共园林能够正常运转的保障。园林工程管线是以电力电信线路和给水排水管线为主的管网系统。搞好这个管网系统的建设，对园林各项功能作用的发挥有着重要的意义。

（一）电源

电源有交流电源和直流电源两种。在园林中，广泛使用的是交流电源，即使在某些场合使用直流电，也往往是通过整流设备将交流电变成直流电后使用。大小和方向随时间作周期性变化的电压和电流分别称为交流电压和交流电流，统称为交流电。以交流电的形式产生电能或供给电能的设备，称为交流电源，如发电厂的发电机、公园内的配电变压器、配电盘的电源刀闸、室内的电源插座等，都可以看做是用户的交流电源。

（二）电压类型

在三相四线制供电系统中，可以得到两种不同的电压，一是线电压，一是相电压。两种电压的大小不一样，线电压是相电压的 1.73 倍。单相 220V 的相电压一般用于照明线路的单相负荷，三相 380V 的线电压则多用于动力线路的三相负荷。

（三）用电负荷

连接在供电线路上的用电设备，就是该线路的负荷，例如电灯、电动机、制冰机等。不同设备的用电量不一样，其负荷就有大小的不同。负荷的大小即用电量，一般用度数来表示，1 度电就是 1kW/h。

二、送电与配电

（一）电力的输送

发电厂、电力网和用电设备组成的统一整体称为电力系统。而电力网是电力系统的一部分，它包括变电所、配电所以及各种电压等级的电力线路。其中变、配电所是为了实现电能的经济输送以及满足用电设备对供电质量的要求，以对发电机的端电压进行多次变换而进行电能接受、变换电压和分配电能的场所，根据任务不同，将低电压变为高电压称为升压变电所，它一般建在发电厂厂区内。而将高电压变换到合适的电压等级，则为降压变电所，它一般建在靠近电能用户的中心地点。

（二）配电线路布置方式

1. 确定电源供给点

2. 配电线路的布置

公园绿地布置配电线路时，应注意以下原则：

①经济合理、使用维修方便。

②从供电点到用电点，尽量取近，走直路，尽量敷设在道路一侧，不要影响周围建筑及景色和交通。

③地势越平坦越好，尽量避开积水和水淹地区，避开山洪或潮水起落地带。

④在各具体用电点，要考虑到将来发展的需要，留足接头和插口，尽量经过能开展

活动的地段。

三、照明工程施工规范

（一）配线

1. 在剖开导线的绝缘层时，不应损伤线芯。

2. 铜芯导线的中间连接和分支连接应使用压接法或焊接。

3. 采用压接法时多股铜芯线的线芯应先拧紧，连接管的接线端子压模的规格应与线芯截面相符。

4. 电缆和绝缘导线的分支接头，宜不断开干线，采用导电性能、防护性能良好的接线端子或线夹的连接方法，以减少发热、提高可靠性。允许在电缆桥架上或线槽内，采用绝缘穿刺线夹作电缆或导线的分支连接。

5. 采用传统做法时，绝缘导线的中间和分支接头处，应用绝缘带包缠均匀、严密，并不低于原有的绝缘强度。在接线端子的端部与单线绝缘层的空隙处，应用绝缘带包缠严密。

6. 施工中配线还应符合《电气装置安装工程　质量检验及评定规程　第 16 部分：1kV 及以下配线工程施工质量检验》（DL/T 5161.16—2002）中规定。

（二）配管

1. 敷设于多尘和潮湿场所的电线管路、管口、管子连接处均应作密封处理。

2. 暗配的电线管路应沿最近的路线敷设并减少弯曲。

3. 塑料管在进入接线盒或配电箱时，应加以固定。

4. 硬塑料管的相互连接处应用胶合剂，接口必须牢固、密封，插入深度应为管内径的 1.1～1.8 倍。

5. 明配硬塑料管应排列整齐，固定点的距离应均匀，管卡与终端、转弯中点、电气器具或接线盒边缘的距离为 150～500mm，中间的管卡最大距离内径 20mm 以下为 1.0m，内径 25～40mm 为 1.5m，内径 50mm 以下为 2.0m。

6. 配管施工还应符合《电气装置安装工程　质量检验及评定规程　第 16 部分：1kV 及以下配线工程施工质量检验》（DL/T 5161.16—2002）中规定。

（三）管内穿线

1. 同类照明的几个分支回路，可以穿入同一根管子内，但管内导线数不应多于 8 根。几个单相分支回路的中性线，不可共用一根线。

2. 导线在管内不得有接头和扭结，其接头应在线盒内连接。

3. 管内穿线还应符合《电气装置安装工程　质量检验及评定规程　第 16 部分：1kV 及以下配线工程施工质量检验》（DL/T 5161.16—2002）中规定。

（四）灯具安装

1. 固定灯具用的螺钉或螺栓应不少于两个。

2. 应将灯具出进线口做密封处理。

3. 振动场所的灯具，应用防振措施，并应符合设计要求。

4. 灯头的绝缘外壳不应有损伤和漏电。

5. 灯头开关的手柄不应有裸露的金属部分。

6. 室外照明用灯头线最小线芯截面为1.0铜线。

7. 灯具不得直接安装在可燃构件上。

8. 需要在树干上安装灯时，必须小心不要伤害树木或影响其生长。要安支架时，应用保护性皮革或塑料带包裹树干以利树木生长。

（五）配电箱

1. 导线引出时，面板线孔应光滑无毛刺，并均应装设绝缘管保护。

2. 三相四线制供电的照明工程，其各相负荷应均匀分配。

3. 配电箱（板）上应标明用电回路名称。

4. 户外安装应注意防水。

任务实施

一、施工前准备工作

1. 要熟悉电气系统图，包括动力配电系统图和照明配电系统图中的电缆型号、规格、敷设方式及电缆编号。

2. 熟悉配电箱中开关类型、控制方法。

3. 熟悉灯具数量、种类。

4. 熟悉电气接线图，包括电气设备与电器设备之间的电线或电缆连接、设备之间线路的型号、敷设方式和回路编号。

5. 熟悉配电箱、灯具的具体位置，电缆走向等。

6. 根据图纸准备材料，向施工人员做技术交底，做好施工前的准备工作。

二、照明设备的安装

施工现场常用的电光源有白炽灯、荧光灯、卤钨灯、荧光高压汞灯和高压钠灯。不同的电光源配备有不同的灯具，并根据对照明的要求和使用的环境进行选择。

1. 测量定位

照明管线、灯具及支架安装得整齐、美观，测量定位是关键。根据设计图纸结合施工现场进行测量定位，如有偏差作适当调整。测量定位应按设计并考虑美观，应尽量与四周环境协调。

2. 灯具检验

灯具运到现场首先检查外形及绝缘有否损伤，数量、型号、附件是否与设计相符，灯具配线必须符合施工图要求。需组装的灯具，应按说明书及示意图，确定出线和走线的位置，并预留足够的出线头或接线端子。组装时注意不要刮伤、碰损灯具外表，灯具和各元件应安装平整、牢固。安装灯具前，必须先确定安装基准点，以合理光照强度及美观、整齐为原则。灯具金属外壳必须与PE线可靠连接。

3. 灯具配线

灯具配线时，首先核对线径相数、回路数、起止位置及回路标号，根据照明回路的导线类型，制作导线分歧头，导线穿后引入接线盒内，与灯具对应，并用金属软管作线头保护套。导线敷设完毕后核对并遥测有无错误，无误的导线两端系好标牌，并将临时白布带去掉，用万用表及电话机核对，相间绝缘电阻不小于1MΩ。最后检查导线敷设有无其他不妥，发现后马上处理，然后将管口用防火材料密封好。

4. 灯具安装

①灯具、光源按设计要求采用，所有灯具应有产品合格证，灯内配线严禁外露，灯具配件齐全。

②根据安装场所检查灯具（庭院灯）是否符合要求，检查灯内配线，灯具安装必须牢固，位置正确，整齐美观，接线正确无误。3kg以上的灯具，必须预制吊钩或螺栓，低于2.4M灯具的金属外壳应做好接地。

③安装完毕，摇测各条支路的绝缘电阻合格后，方允许通电运行。通电后应仔细检查灯具的控制是否灵活，开关与灯具控制顺序相对应，如发现问题必须先断电，然后查找原因进行修复。

④灯具接地装置安装。为确保用电安全，每个回路系统都安装一个二次接地系统，即在回路中间做一组接地极，接电缆中的保护线和灯杆，同时用摇表进行摇测，保证摇测电阻值符合设计要求。

任务二　园林照明设计步骤

【知识点】

照明技术的基本知识。

园林照明的方式和照明质量。

照明光源及选择。

灯具的类型。

照明设计的原则。

【技能点】

照明设计前的准备工作。

照明设计实施过程。

相关知识

一、照明技术的基本知识

照明被分为天然照明和人工照明，天然照明是指依靠日光的照明，人工照明是指依靠人工光源的照明。作为人工照明，具有光线稳定、易于控制、能够调节的特点。

（一）色温

色温是电光源技术参数之一。光源的发光颜色与温度有关。当光源的发光颜色与黑体（指能吸收全部光能的物体）加热到某一温度所发出的颜色相同时的温度，就称为该光源的颜色温度，简称色温。用绝对温标 K 来表示。

（二）显色性与显色指数

当某种光源的光照射到物体上时，所显现的色彩不完全一样，有一定的失真度。这种同一颜色的物体在具有不同光谱功率的光源照射下，显出不同的颜色的特性，就是光源的显色性。常见光源的显色指数如表 8-1 所示。

表 8-1 常见光源的显色系数

光　源	显示指数/Ra	光　源	显示指数/Ra
白色荧光灯	65	荧光水银灯	44
日光色荧光灯	77	金属卤化物灯	65
暖白色荧光灯	59	高显色金属卤化物灯	92
高显色荧光灯	92	高压钠灯	29
水银灯	23	氙灯	94

二、园林照明的方式和照明质量

（一）照明方式

照明方式是指照明设备按其安装部位或使用功能而构成的基本制式。进行园林照明设计必须对照明方式有所了解，方能正确规划照明系统。照明方式按照其照明器的布置特点和所得照明效果，可分为以下三种：

1. 一般照明

一般照明是指在设计场所（如景点、园区）内不考虑局部的特殊需要，为照明整个场所而设置的照明。一般照明的照明器均匀或均匀对称地分布在被照明场所的上方，因而可以获得必需的、较为均匀的照度。

2. 局部照明

局部照明是为了满足景区内某些景点、景物的特殊需要而设置的照明。如景点中某个场所或景物需要有较高的照度并对照射方向有所要求时，宜采用局部照明。局部照明具有高亮点的特性，容易形成被照明物与周围环境呈亮度对比明显的视觉效果。

3. 混合照明

混合照明是一般照明和局部照明共同组成的照明方式，即在一般照明的基础上，对某些有特殊要求的点实行局部照明，以满足景观设施的要求。此时，一般照明照度按不低于混合照明总照度的5%～10%选取，且最低不低于 20lx（勒克司）。

（二）照明质量

良好的视觉效果不仅是单纯地依靠充足的光通量，还需要有一定的光照质量要求。

1. 合理的照度

照度是决定物体明亮程度的间接指标。在一定范围内，照度增加，视觉能力也相应提高。照度是决定被照物体明亮程度的间接指标。各种场景、各项活动的性质，需要相应的照度。表 8-2 列出了各类建筑物、道路、庭园等设施一般照明的推荐照度。

表 8-2　各类设施一般照明的推荐照度

照明地点	推荐照明度/lx	照明地点	推荐照明度/lx
比赛足球场	1000～1500	更衣室、浴室	15～30
体育正式比赛大厅	750～1500	库房	10～20
足球场、游泳池、冰球场、乒乓球、台球、羽毛球	200～500	厕所、盥洗室、热水间、楼梯间、走道	5～10
篮球场、排球场、网球场、计算机房	150～300	广场	5～15
绘图室、打字室、字画商店、百货商场、设计室	100～200	大型停车场	3～10
办公室、图书馆、阅览室、报告厅、会议室、博展馆、展览厅	75～150	庭园道路	2～5
一般性商业建筑（钟表、银行等）、旅游饭店、酒吧、舞厅、餐厅、咖啡厅	50～100	住宅小区道路	0.2～1

2. 照明均匀度

对于单独采用一般照明场所，表面亮度与照度是密切相关的。在视野内照度的不均匀容易引起视觉疲劳。游人置身于园林中，如果有彼此亮度不相同的表面，当视觉从一个面转到另一个面时，眼睛就有一个被迫适应的过程。当适应过程不断反复时，就会导致视觉疲劳。所以，在设计园林照明时，除了满足景色的置景要求外，还要注意周围环境的照度与亮度的分布，力求均匀。

3. 阴影控制

定向的光照射到物体上就会形成阴影和产生反射光，这种现象称为阴影效应。不良的阴影效应可能构成视觉障碍，产生不良的视觉观赏效果；良好的阴影效应可以把景物的造型和材质完美地表现出来。阴影效应与光的强弱、光线的投射方向、观察者的视线位置和方向等因素有关。

4. 限制眩光

眩光是影响照明质量的主要特征。所谓眩光是指由于亮度分布不适当或亮度的变化幅度太大，或由于在时间上相继出现的亮度相差过大所造成的观看物体时感觉不适或视力减低的视觉条件。严重的眩光可以使人眩晕，甚至引发事故。

三、照明光源及选择

（一）常用照明光源

根据发光特点，照明光源可分为热辐射光源和气体放电光源两大类。热辐射光源最具有代表性的是钨丝白炽灯和卤钨灯。气体放电光源比较常见的有荧光灯、荧光高压汞灯、金属卤化物灯、钠灯、氙灯等。

1. 白炽灯

普通白炽灯具有构造简单、使用方便、能瞬间点亮、无频闪现象、价格便宜等特点。用在超低电压的电源上，可即开即关，为动感照明效果提供了可能，可以调光，所发出的光以长波辐射为主，呈红色，与天然光有差别，其发光效率比较低，灯泡的平均寿命为 1000h 左右（图 8-1，图 8-2）。

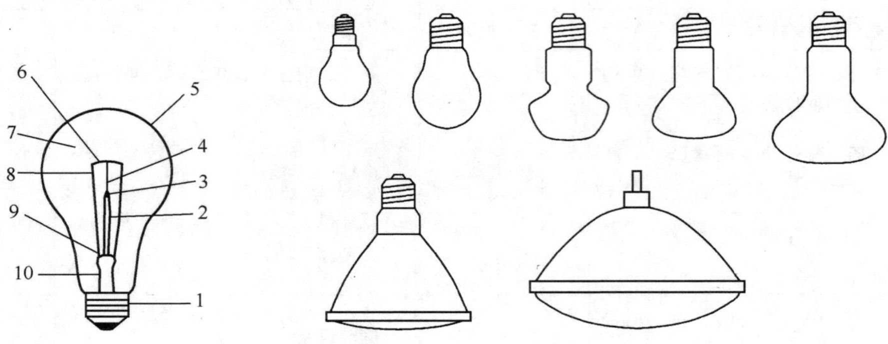

图 8-1　白炽灯结构

1—灯头；2—实心杆；3—玻结；4—支架；5—玻壳；6—灯丝；7—填充气；8—导丝；9—芯柱；10—排气管

图 8-2　七种常用白炽灯示意图

2. 微型白炽灯

这类光源虽属白炽灯系列，但由于它功率小、所用电压低，因而照明效果不好，在园林中主要是作为图案、文字等艺术装饰使用，如可塑霓虹灯、美耐灯、带灯、满天星灯等。

3. 卤钨灯

卤钨灯（图 8-3）是白炽灯的改进产品，光色发白，较白炽灯有所改良，平均寿命 1500h，其规格有 500W、1000W、1500W、2000W 四种。卤钨灯有管形和泡形两种形状，具有体积小、功率大、可调光、显色性好、能瞬间点燃、无频闪效应、发光效率高等特点，多用于较大空间和要求高照度的场所。管形卤钨灯需水平安装，倾角不得大于 4°，在点亮时灯管温度达 600℃左右，故不能与易燃物接近。

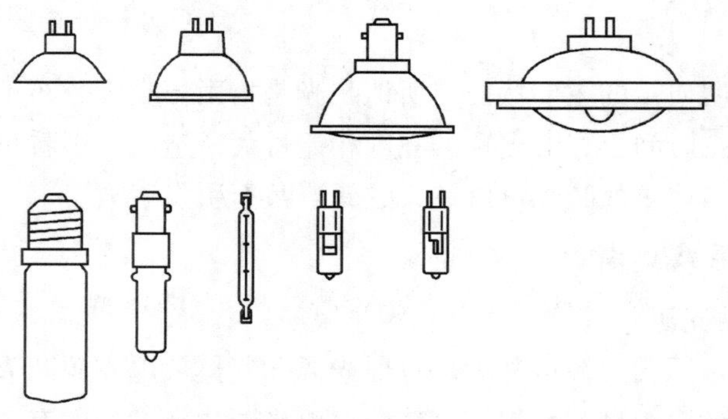

图 8-3　不同种类卤钨灯示意图

4. 荧光灯

俗称日光灯，其灯管内壁涂有能在紫外线刺激下发光的荧光物质，依靠高速电子，使灯管内蒸气状的汞原子电离而产生紫外线进而发光。其灯管表面温度很低，光色柔和，眩光少，光质接近天然光，有助于颜色的辨别，并且光色还可以控制。灯管的寿命长，一般 2000～3000h，国外也有达到 10000h 以上的。

5. 冷阴极管

发光原理类似于荧光灯，但是它在更高的电压（通常在 9000～15000W 之间）下运行，光效更低。优点是能够任意塑形，在尺寸和形状上具有灵活性，还能产生各种鲜艳的色彩。主要用于标志牌、光雕塑、建筑物轮廓照明等。

6. 高压汞灯

发光原理与荧光灯相同，有外镇流荧光高压汞灯和自镇流荧光高压汞灯两种基本形式。由于其不能瞬间点亮，因此不能用于事故照明和要求迅速点亮的场所。这种光源的光色差，呈蓝紫色，在光下不能正确分辨被照射物体的颜色，故一般只用作园林广场、停车场、通车主园路等不需要仔细辨别颜色的大面积照明场所。荧光高压汞灯结构如图 8-4 所示。

7. 钠灯

钠灯是利用在高压或低压钠蒸气中，放电时发出可见光的特性制成。其发光效率高，寿命长，一般在 3000h 左右。低压钠灯的显色性差，但透雾性强，很少用在室内，主要用于园路照明。高压钠灯的光色有所改善，呈金白色，透雾性能良好，故适合于一般的园路、出入口、广场、停车场等要求照度较大的广阔空间照明。高压钠灯结构如图 8-5 所示。

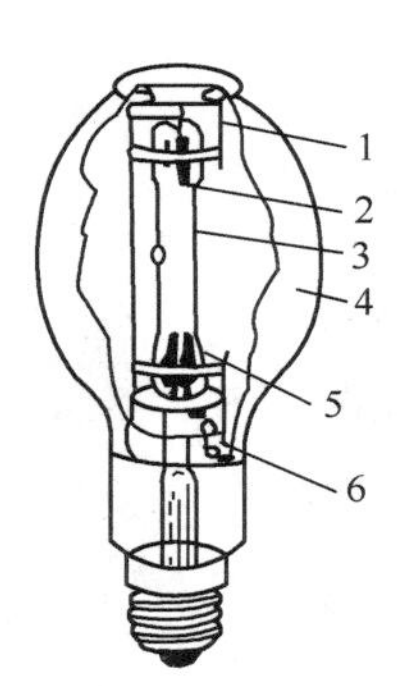

图 8-4　荧光高压汞灯结构

1—金属支架；2—主电极；3—石英玻璃放电管；4—硬玻璃外壳；5—辅助电极；6—电阻

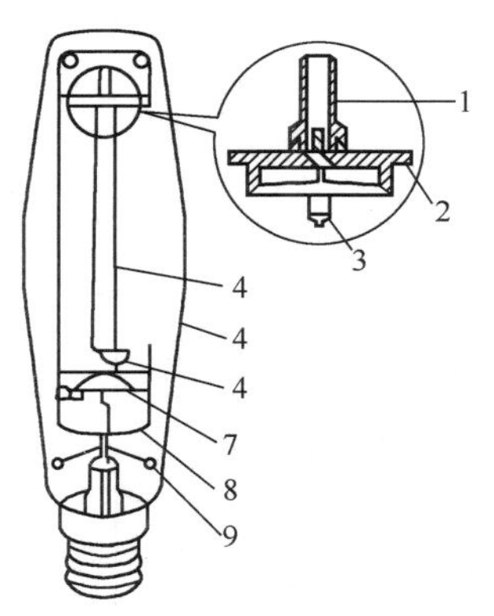

图 8-5　高压钠灯结构

1—金属排气管；2—铌帽；3—电极；4—陶瓷放电管；5—硬玻璃外壳；6—管脚上涂有热气剂；7—双金属片；8—金属支架；9—钡消气剂

8. 金属卤化物灯

金属卤化物灯是在荧光高压汞灯基础上，为改善光色而发展起来的所谓第三代光源，灯管内充有碘、锡、银、钠、镝、铁等金属的卤化物。紫外线辐射较弱，显色性良好，可发出与天然光相近似的可见光（图 8-6）。

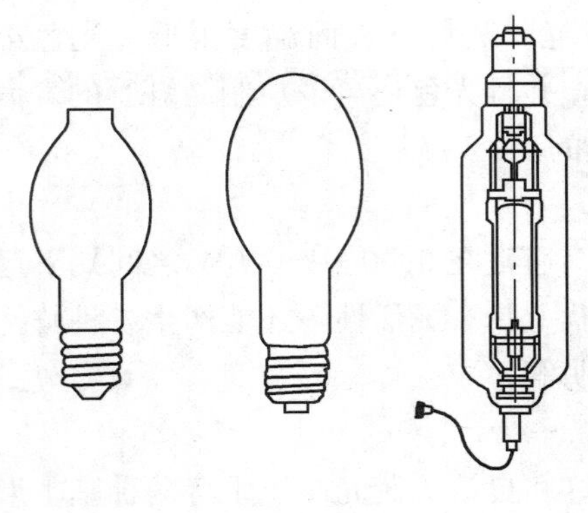

图 8-6 金属卤化灯

9. 氙灯

氙灯具有耐高温、耐低温、耐震、工作稳定、功率可做到很大等特点，并且其发光光谱与太阳光极其近似，因此被称为“人造小太阳”，可广泛应用于城市中心广场、立交桥广场、车站、公园出入口、公园游乐场等面积广大的照明场所。显色性良好，平均显色指数达 90～94，其光照中紫外线强烈，因此安装高度不得小于 20m。不足之处是寿命较短，一般在 500～1000h 之间。

10. 发光二极管

LED 是一种半导体器件，发光原理属于场致发光。LED 为一块小型晶片封装在环氧树脂里，所以体积小、重量轻。LED 典型用途是显示屏及指示灯，已大量用于景观装饰中，如标志牌、光雕塑、LED 美耐灯等。

在园林中常用的照明光源主要特性比较及适用场合列于表 8-3 中。

表 8-3 常用园林照明电光源主要特性比较及适用场合

光源名称 特性	白炽灯（普通照明灯泡）	卤钨灯	荧光灯	荧光高压汞灯	高压钠灯	金属卤化物灯	管形氙灯
额定功率范围/W	10～1000	500～2000	6～125	50～1000	250～400	400～1000	1500～100000
光效（lm/W）	6.5～19	19.5～21	25～67	30～50	90～100	60～80	20～37
平均寿命/W	1000	1500	2000～3000	2500～5000	3000	2000	500～1000
一般显色指数/Ra	95～99	95～99	70～80	30～40	20～25	65～85	90～94
色温/K	2700～2900	2900～3200	2700～6500	5500	2000～2400	5000～6500	5500～6000
表面亮度	大	大	小	较大	较大	大	大
频闪效应	不明显	不明显	明显	明显	明显	明显	明显
耐震性能	较差	差	较好	好	较好	好	好
所需附件	无	无	镇流器 起辉器	镇流器	镇流器	镇流器 触发器	触发器 镇流器
适用场所	彩色灯泡：可用于建筑物、商店、橱窗、展览馆、园林构筑物、孤立树、树丛、喷泉、瀑布等装饰照明。 聚光灯：舞台照明、公共场所等作强光照明	适用于广场、体育场、建筑物等照明	一般用于建筑物室内照明	广泛用于广场、道路、园路、运动场所等作大面积室外照明	广泛用于道路、广场、园林绿地、车站等处照明	主要可用于广场、大型游乐场、体育场、照明及高速摄影等方面	有“小太阳”之称，特别适合于作大面积场所的照明，工作稳定，点燃方便

(二）光源选择

园林照明中，一般宜采用白炽灯、荧光灯或其他气体放电光源，但因频闪效应而影响视觉的场合，不宜采用气体放电光源。

同一种物体用不同颜色的光照在上面，在人们视觉上产生的效果是不同的。红、橙、黄、棕色给人以温暖的感觉，人们称之为“暖色光”，而蓝、青、绿、紫色则给人以寒冷的感觉，就称它为“冷色光”。不同色调的光源在照射有色景物时会形成相应的不同色彩。这些不同的色相色彩，就会使游人产生不同的心理感受。所以，在选择光源时，还应结合置景要求，充分考虑光源的色调色相情况，见表 8-4。

表 8-4　常见光源色调

照明光源	光源色源
白炽灯	偏红色光
日光色荧光灯	与太阳光相似的白色光
高压钠灯	金黄色、红色成分偏多，蓝色成分不足
荧光高压汞灯	淡蓝-绿色光，缺乏红色成分
镝灯（金属卤化物灯）	接近于日光的白色光
氙灯	非常接近日光的白色光

四、灯具的类型

在园林中灯具的选择除考虑到便于安装维护外，更要考虑灯具的外形和周围园林环境相协调，使灯具能为园林景观增色。

(一）灯具的分类

1. 按结构分类可分为开启型、闭合型、密封型及防爆型。

2. 按光通量在空间上、下半球的分布情况，可分为直射型灯具、半直射型灯具、漫射型灯具、半反射型灯具、反射型灯具等。而直射型灯具又可分为广照型、均匀配光型、配照型、深照型和特深照型五种。

(二）园林中常用的灯具类型

根据使用功能与安装的部位不同，常有以下几种。

1. 门灯

庭园出入口与园林建筑的门上安装的灯具称为门灯，可以营造出高大雄伟的气势。门灯可以细分为门顶灯、门壁灯和门前座灯。

（1）门顶灯。竖立在门框或门柱顶上，灯具本身并不高，但与门柱等混成一体就显得比较高大雄伟，使人们在踏进大门时，抬头望灯，会感到建筑物的气派非凡。

（2）门壁灯。分为枝式壁灯与吸壁灯两种。枝式壁灯的造型类似室内壁灯，可称得上千姿百态，只是灯具总体尺寸比室内壁灯大，因为户外空间比室内大得多，灯具的体积也要相应增大，才能匹配。室外吸壁灯的造型也相似于室内吸壁灯，安装在门柱（或门框）上时往往采取半嵌入式，能增强出入口的华丽装饰效果（图 8-7）。

图 8-7　门壁灯

（3）门前座灯。位于正门两侧或一侧高约 2～4m，其造型十分讲究，无论是整体尺寸、还是装饰手法等，都必须与整个建筑物风格完全一致，特别是要与大门相协调，使人们一看到门前座灯，就会感觉到建筑物的整体风格，而留下难忘的印象

2. 庭园灯

庭园灯置于庭园、公园及大型建筑的周围，既是照明器材，又是一种园林艺术欣赏品。根据设置的环境景物不同，相应的庭园灯形状、性能也各不相同。

（1）园林小径灯。园林小径灯竖在庭园小径边，或埋于小径路面底下，灯具的功率一般不大，灯光柔和，使庭园显得幽静舒适。如图 8-8 所示。

（2）草坪灯。草坪灯设置于草坪边或草坪内，设置高度不宜大，一般为 400～700mm 高，灯罩为透明或乳白色玻璃，灯杆、灯座为黑色或其他深色，以显得大方与美观。如图 8-9 所示。

图 8-8　庭院灯实例图

图 8-9　草坪灯

3. 水池灯

水池灯具有良好的防水性能。灯具的光源一般选用卤钨灯，这是因为卤钨灯的光波呈连续性，光照效果好，尤其是光经过水的折射会产生色彩艳丽的光线，形成五彩缤纷的光色。如图 8-10 所示。

图 8-10　水池灯实例图

4. 道路灯具

道路灯具主要服务道路，作照明与美化道路之用。根据灯具的侧重点不同分为功能性道路灯具和装饰性道路灯具两类。

(1) 功能性道路灯具具有良好的配光，使光源发出的大部分光能比较均匀地投射在道路上。可分为横装式与直装式灯具两种。横装式灯具反射面设计比较合理，光分布情况良好。外形有方盒形、流线形、琵琶形等，美观大方深受喜欢。如图 8-11～图 8-13 所示。

图 8-11　功能性路灯

图 8-12　横装式路灯

(2) 装饰性道路灯具。装饰性道路灯具不强调配光，主要依靠外表的造型来点缀环境，强调灯具的造型，配置时应使其风格与周围环境情况相匹配。如图 8-14 所示。

图 8-13　直装式路灯

图 8-14　装饰性路灯

5. 广场照明灯具

一种大功率的投光类灯具，具有镜面抛光的反光罩，采用高强度气体电光源，光效高，照射面大。

(1) 旋转对称反射面广场照明灯具。灯具采用旋转对称反射器，因而照射出去的光斑呈现圆形。灯具造型比较简单，价格比较低。缺点是用这种灯斜照时(从广场边向广场中央照射)照度不均匀。此种灯具用于停车场以及广场中电杆较多的场合。(图 8-15)。

(2) 竖面反射器广场照明灯具。高强度气体放电光源大多是一发光柱，使照射光比较均匀地分布，特别是在一些需要灯具斜照向工作面的场所（如体育比赛场地等，中间不能竖电杆，灯具是从场地四周向中间照射)，就必须选用竖面反射器广场照明灯具。这类灯具装有竖面反射器，反射器经过抛光处理，反射效率很高，能比较准确地把光均匀地投射到人们需要照射的区域。竖面反射器广场照明灯具适宜于体育场及广场中不能竖电杆的场合。如图 8-16、图 8-17 所示。

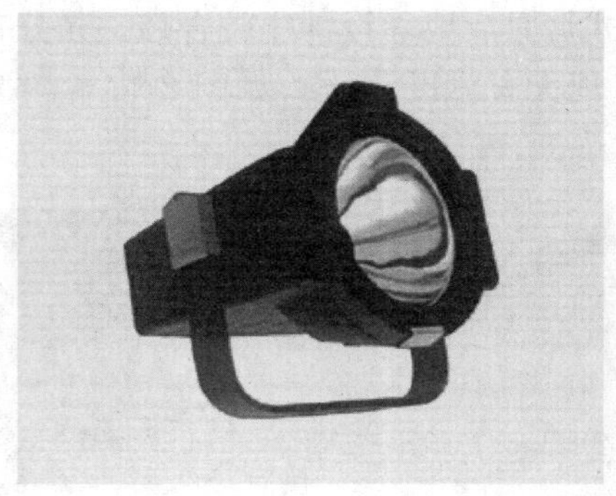

图 8-15 旋转对称反射面广场照明灯

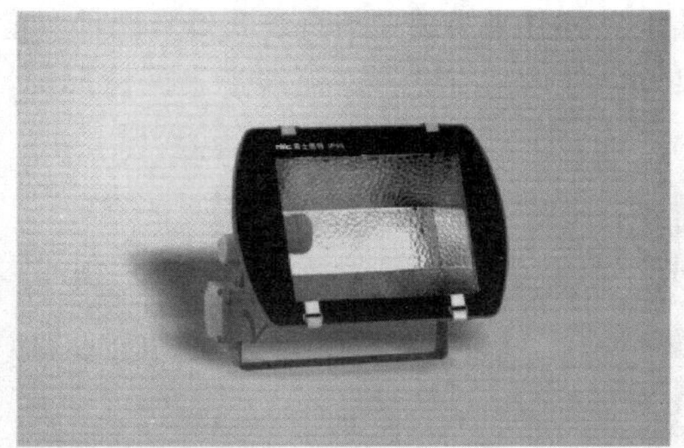

图 8-16 竖面反射器广场照明灯具

图 8-17 广场灯实例图

6. 霓虹灯具

霓虹灯是一种低气压冷阴极辉光放电灯。霓虹灯具的工作电压与启动电压都比较高，启动时电箱内电压高达数千伏，故必须注意相应的安全问题。

（1）透明玻璃管霓虹灯。这是应用很广的一类霓虹灯，其光色取决于灯管内所充的气体的成分（电流的大小也会影响光色）。

（2）彩色玻璃霓虹灯。利用彩色玻璃对某一波段的光谱进行滤色，也可以得到一系列不同色彩的霓虹灯。

（3）荧光粉管霓虹灯。在霓虹灯管上涂上荧光粉，灯内充汞，通过低压汞原子放电激发荧光粉发光，就制成了荧光粉管霓虹灯。灯的光输出颜色取决于所选用的荧光粉材料。

7. 光源远置型照明灯具

光纤与光管同为光源远置型照明灯具，利用导线或导管技术使光在其内进行多次完全内部反射，传导至所需之处。光纤与光管的差别在于传播光的媒介，前者为实体（玻璃或塑胶），后者则为空气。

（1）光纤

通常由100～100000支玻璃或压克力纤维所组成，形成导光核心，包容于套管中（图8-18，图8-19），套管的折射系数略低于核心纤维，以防漏光。一般直径在3～12.5mm，亦有高达20mm的。

图8-18　端头发光型光纤

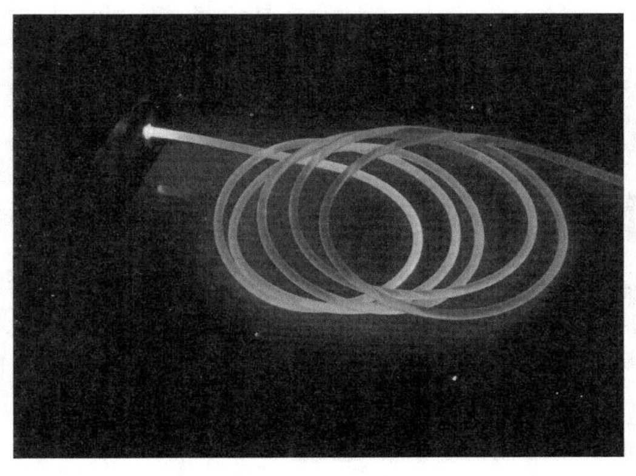

图8-19　侧边发光型光纤

光纤最早用于通讯系统，因其导光性良好，近年来逐渐成为室内照明系统甚至室外装饰照明的替代方案之一。可满足近距离、无高热的迷你型投光需要。

（2）光管

光管为棱面光管系统的简称，由厚 0.5mm 的特殊光学薄膜卷起而成。此薄膜外表面为极精细的棱面结构，其作用在于使入射光线二次反射回管内；朝内则为镜面般高反射率的光滑表面。

五、照明设计的原则

（一）植物的饰景照明

树叶、灌木丛林以及花草等植物以其舒心的色彩，和谐的排列和美丽的形态成为园林装饰不可缺少的组成部分。在夜间环境下，通过照明能够创造出或安逸祥和、或热情奔放、或绚丽多彩的氛围。

1. 对植物照明应遵循的原则

（1）要研究植物的一般几何形状（圆锥形、球形、塔形等）以及植物在空间所展示的程度。照明类型必须与各种植物的几何形状相一致。

（2）对淡色的和耸立空中的植物，可以用强光照明，得到一种轮廓的效果。

（3）不应使用某些光源去改变树叶原来的颜色，但可以用某种颜色的光源去加强某些植物的外观。

（4）许多植物的颜色和外观是随着季节的变化而变化的，照明也应适于植物的这种变化。

（5）可以在被照明物附近的一个点或许多点观察照明的目标，要注意消除眩光。

（6）从远处观察，成片树木的投光照明通常作为背景而设置，不考虑个别的目标，只考虑其颜色和总的外形大小。从近处观察目标，并需要对目标进行直接评价的，则应该对目标作单独的光照处理。

（7）对未成熟及未伸展开的植物和树木，一般不施以装饰照明。

（8）所有灯具都必须是水密防虫的，并能耐除草剂与除虫药水的腐蚀。

（9）考虑到白天的美观，灯具一般安装在地平面上或灌木丛后。

2. 树木的投光照明

（1）投光灯一般是放置在地面上。根据树木的种类和外观确定排列方式。有时为了更突出树木的造型和便于人们观察欣赏，也可将灯具放在地下。如图 8-20 所示。

图 8-20　安装在地下的投光灯具

（2）如果想照明树木上的一个较高的位置（如照明一排树的第一根树杈及其以上部位），可以在树的旁边放置一根高度等于第一根树杈的小灯杆或金属杆来安装灯具。

（3）在落叶树的主要树枝上，安装一串串低功率的白炽灯泡，可以获得装饰的效果。但这种安装方式，一般在冬季使用。因为在夏季，树叶会碰到灯泡，会烧伤树叶，对树木不利，也会影响照明的效果。

（4）对必须安装在树上的投光灯，其系在树杈上的安装环必须能按照植物的生长规律进行调节。

（5）对树木的投光造型是一门艺术。

①对一片树木的照明。用几只投光灯具，从几个角度照射过去。照射的效果既有成片的感觉，也有层次、深度的感觉（图 8-21）。

图 8-21　对一片树木的照明

②对一棵树的照明。用两只投光灯具从两个方向照射，成特写镜头（图 8-22）。

图 8-22　对一棵树的照明

③对一排树的照明。用一排投光灯具，按一个照明角度照射。既有整齐感，也有层次感。

④对高低参差不齐的树木的照明。用几只投光灯，分别对高、低树木投光，给人以明显的立体感（图 8-23）。

⑤对两排树形成的绿荫走廊照明。对于由两排树形成的绿荫走廊，采用两排投光灯具相对照射，效果较好（图 8-24）。

图 8-23　对高低参差不齐的树木的照明　　图 8-24　对两排树形成的绿荫道照明

⑥对树杈树冠的照明。在大多数情况，对树木的照明，主要是照射树杈与树冠，因为照射了树杈树冠，不仅层次丰富、效果明显，而且光束的散光也会将树干显示出来，起衬托作用（图 8-25）。

（二）花坛的照明

1. 由上向下观察处在地平面上的花坛，采用蘑菇式灯具向下照射。这些灯具放置在花坛的中央或侧边，高度取决于花的高度。

2. 花有各种各样的颜色，就要使用显色指数高的光源。白炽灯、紧凑型荧光灯都能较好地应用于这种场合。如图 8-26 所示。

图 8-25　对树杈树冠的照明　　图 8-26　天安门立体花坛照明

（三）雕塑、雕像的饰景照明

在园林中的雕塑，高度一般不超过 6cm，其饰景照明的方法如下（图 8-27）。

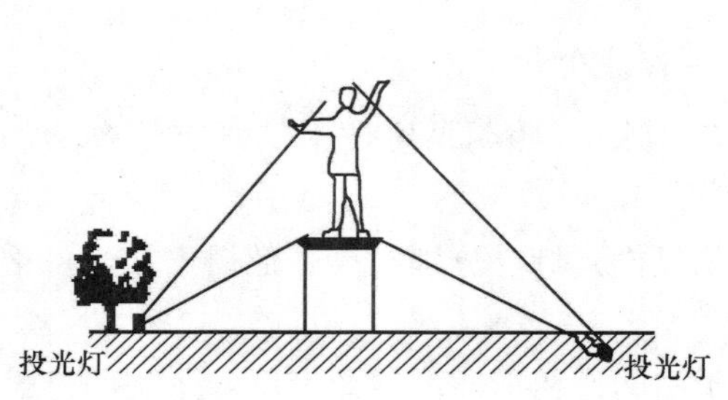

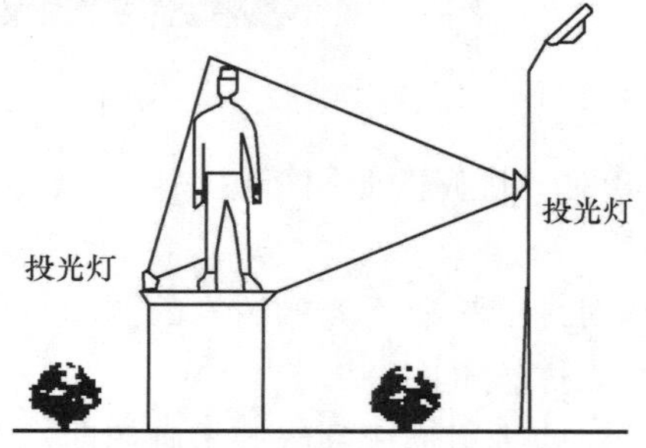

图 8-27　雕塑的照明

1. 照明点的数量与排列，取决于被照目标的类型。要求是照明整个目标，但不要均匀，其目的是通过阴影和不同的亮度，再创造一个轮廓鲜明的效果。

2. 根据被照明雕塑的具体形式和周围环境情况确定灯具的位置和高度。

3. 对于人物塑像，通常照明脸部的主体部分以及雕塑的主要朝向面，次要的朝向面或背部的照明要求低，甚至某些情况下不需要照明。应注意避免脸部所产生不良的阴影。

4. 虽然从下往上的照明是最容易做到的，但要注意凡是可能在塑像脸部产生不愉快阴影的方向不能施加照明。

5. 某些雕塑材料的颜色是一个重要的要素。一般情况下用白炽灯照明有好的显色性。通过使用适当的灯泡——汞灯、金属卤化物灯、钠灯，可以增加材料的颜色。采用彩色照明最好能做一下光色试验。

6. 处于地面并孤立与草地或开阔场地的雕塑物，灯具应安装于地面，以保持周围环境的景观不受影响和眩光的产生。

7. 坐落在基座并位于开阔地中的雕塑物，为了控制基座的高度、防止基座的边在雕塑物底部产生阴影，灯具应设置在远离基座一些的地方。

8. 坐落于基座并位于行人可接触位置的雕塑物，将灯具提高设置，并注意眩光现象的产生（图 8-28～图 8-31）。

图 8-28 雕塑照明实例一

图 8-29 雕塑照明实例二

图 8-30 雕像照明实例一

图 8-31 雕像照明实例二

(四) 水景照明

园林中的水景，通过饰景照明处理，不但能听到流水的声音，还能看到动水的闪烁与色彩的变幻。对于水景的饰景照明，一般有以下几种方式：

1. 喷水景观的照明

对喷水的饰景照明，以投光灯设置于喷水体的内部，通过空气与水柱的不同折射率，形成闪闪发光的景观效果。如图 8-32、图 8-33 所示。

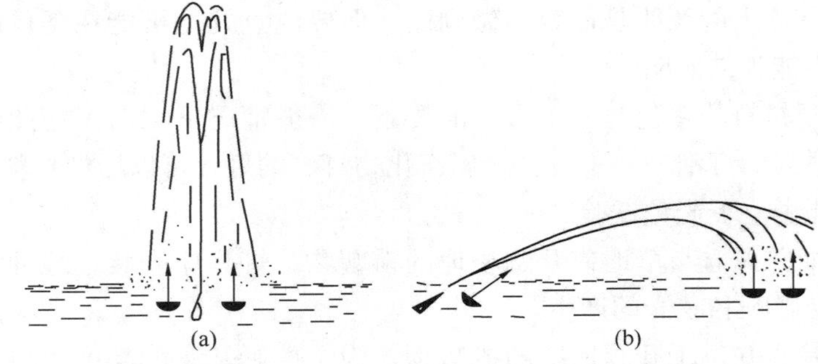

图 8-32　喷水景观图示

图 8-33　喷泉实例

2. 瀑布的照明

将投光灯设于瀑布水帘的里侧，由于瀑布落差的大小不同，灯光的投射方向不同，可以形成不同的观赏效果（图 8-34）。

图 8-34　瀑布的照明实例

3. 湖的照明

对湖的照明，一般采用以下方式：

(1) 在地面上设置投光灯，照射湖岸边的景象，依靠静水或慢慢流动的水，其水体的镜面效果十分动人。

(2) 岸上引人注目的景象或者突出水面的物体，依靠埋设于水下的投光灯照射，能在被照景物上产生变幻的景象。

(3) 水体表面波浪汹涌的景象，通过设置于岸上或高处的投光灯直接照射水面，可以获得一系列不同亮度、不同色彩区域中连续变化的水浪形状。

水体照明效果如图 8-35 所示。

图 8-35 水体照明实例

(五) 园路照明

园路是人们休闲散步、观赏景物、开展各种活动的场所，需要一种明亮的环境，所以园路照明主要以明视照明为主。在设计时必须根据照度标准中推荐的照度进行设计，从效率和维修方面考虑，一般多采用 4～8m 高的杆头式汞灯照明器杆。

照明灯具的布置方式有单侧、中心、双侧等几种形式。对有特定艺术要求的园路照明，可以采用低压灯座式的灯具，以获得极好的园路效果。一般园内道路照明可设在警卫室等处进行控制，道路照明除各回路有保护外，灯具也可单独加熔断器进行保护。

任务实施

一、照明设计前的准备工作

在进行园林照明设计以前，应具备以下原始材料：

(一) 公园、绿地的平面布置图及地形图，公园、绿地中主要建筑物的平面图、立面图和剖面图。

(二) 公园、绿地对电气的要求（设计任务书），特别是一些专用性强的公园、绿地照明，应明确提出照度、灯具选择、布置、安装等要求。

(三) 电源的供电情况及进线方位。

二、照明设计实施过程

(一) 明确照明对象的功能与照明要求

以照明与园林景观相结合，突出园林景观特色为原则，明确照明对象的功能和要求，正确确定照明对象、照明方式，选择合理的照度。

（二）选择照明方式

根据设计任务书的要求，针对不同的场景情况，选择相应的照明方式。一般照明方式常采用均匀布置方式，即照明的形式、悬挂高度、灯管灯泡容量为均匀对称设置。

（三）光源和灯具的选择

主要是根据公园绿地的配光和光色要求与周围景色配合等来选择光源和灯具。

1. 光源的选择设计中，要注意利用各种光源显色性的特点，除了显示被照物的基本形体外，应突出表现其色彩，并根据人们的色彩心理感觉进行色光的组景设计。

2. 在园林中灯具的选择应考虑以下几个方面的内容：

（1）灯具的安全性能。灯具外壳应有安装地线的螺栓。

（2）便于安装维修。

（3）灯具的外形和周围园林环境相协调。选用艺术特色明显的灯具，以达到丰富空间层次，能为园林景观增色的目的与效果。

（4）室外灯具防护等级应不低于 IP55，水下灯具防护等级不低于 IP68。

（5）应有调节水平和垂直投射角的装置。

（6）应有散热装置。

（四）灯具的合理布置

灯具的布置包括确定灯具的配置数量与设置位置。配置数量主要根据照明质量而定，设置位置主要根据光线投射角度和维护要求而定。除考虑光源光线的投射方向、照度均匀性等，还应考虑经济、安全和维修方便等。

（五）确定照明装置安装容量，进行照度计算

1. 公园绿地用电量的估算

公园绿地用电量分为动力用电和照明用电，即：

$$S_{总} = S_{动} + S_{照}$$

式中 $S_{总}$——公园用电计算总容量；

$S_{动}$——动力设备所需总容量；

$S_{照}$——照明用电总计算容量。

（1）动力用电估算

公园或绿地的动力用电具有较强的季节性和间歇性，因而在作动力用电估算时应考虑这些因素。其动力用电估算常可用下式进行计算：

$$S_{总} = K_c \frac{\Sigma P_{动}}{\eta \cos\phi}$$

式中 $\Sigma P_{动}$——各动力设备铭牌上额定功率的总和，kW；

η——动力设备的平均效率，一般可取 0.86；

$\cos\phi$——各类动力设备的功率因数，一般在 0.6～0.95，计算时可取 0.75；

K_c——各类动力设备的需要系数。由于各台设备不一定都同时满负荷运行，因此计算各容量时需打一折扣，此系数大小具体可查有关设计手册，估算时可取 K_c=0.5～0.75（一般可取 0.70）。

(2) 照明用电估算

照明设备的容量，在初步设计中可按不同性质建筑物的单位面积照明容量法（W/m²）来估计：

$$P=\frac{S\times W}{1000}\quad (\mathrm{kW})$$

式中　P——照明设备容量；

S——建筑物平面面积，m^2；

W——单位容量，W/m^2。

2. 照度计算

照明计算的目的是根据照明需要及其他已知条件，确定需安装的灯具数量并合理布灯，或者在照明器型式布置和光源容量都已确定的情况下，计算工作面上照度是否符合标准要求。

(六) 选择供电电压和电源

1. 选择供电电压

在一般情况下，公园内照明供电和动力负荷可共用同一台变压器供电。选择变压器时，应根据公园、绿地的总用电量的估算值和当地高压供电的线电压值来进行。变压器的容量选择和确定变压器高压侧的电压等级。

2. 选择公园绿地的电力来源

(1) 借用就近现有变压器。

(2) 利用附近的高压电力网。

(3) 自行设立小发电站或发电机组。

(七) 选择照明配电网络的形式

照明网络一般采用 380/220V 中性点接地的三相四线制系统，灯用电压 220V。为了便于检修，每回路供电干线上连接的照明配电箱一般不超过 3 个，室外干线向各建筑物等供电时不受此限制。

(八) 选择导线型号、截面和敷设方法

1. 公园绿地的供电线路，应尽量选用电缆线。在选择导线时，必须考虑气体放电灯的功率因数值和启动电流启动时间值，以及各相零序谐波电流叠加流过中性线的因素。室外电缆线路以 TN-S 系统供电时，三相供电回路宜选用五芯电力电缆。单相供电回路宜选用三芯电缆。

2. 室外景观照明供电系统中，中性线截面不应小于相线截面；分支供电回路，宜采用单相供电。分支导线截面不宜大于 $6mm^2$。电线截面选择的合理性直接影响到有色金属的消耗量和线路投资以及供电系统的安全经济运行，应采用铜芯电力电缆线路供电。

3. 线路敷设形式可分为两大类：架空线和地下电缆。目前在公园绿地中都尽量地采用地下电缆。架空线仅常用于电源进线侧或在绿地周边不影响园林景观处。当然，最终采用什么样的线路敷设形式，应根据具体条件，进行技术经济的评估之后才能定。

(九) 选择和布置照明配电箱、控制开关、熔断器以及其他电气设备

配电控制位置及线路分配如图 8-36 所示。

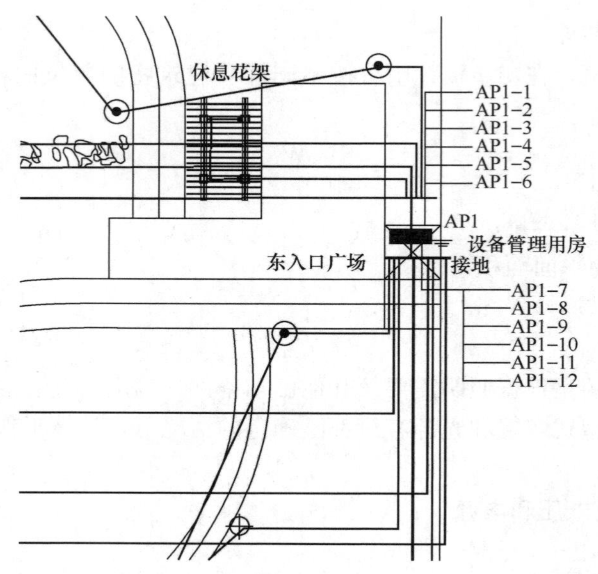

图 8-36 配电控制位置及线路分配

（十）绘制照明装置平面布置图（必要时还有剖视图）、供电系统图、部件安装图，开列设备材料清单及编写施工说明（图 8-37）

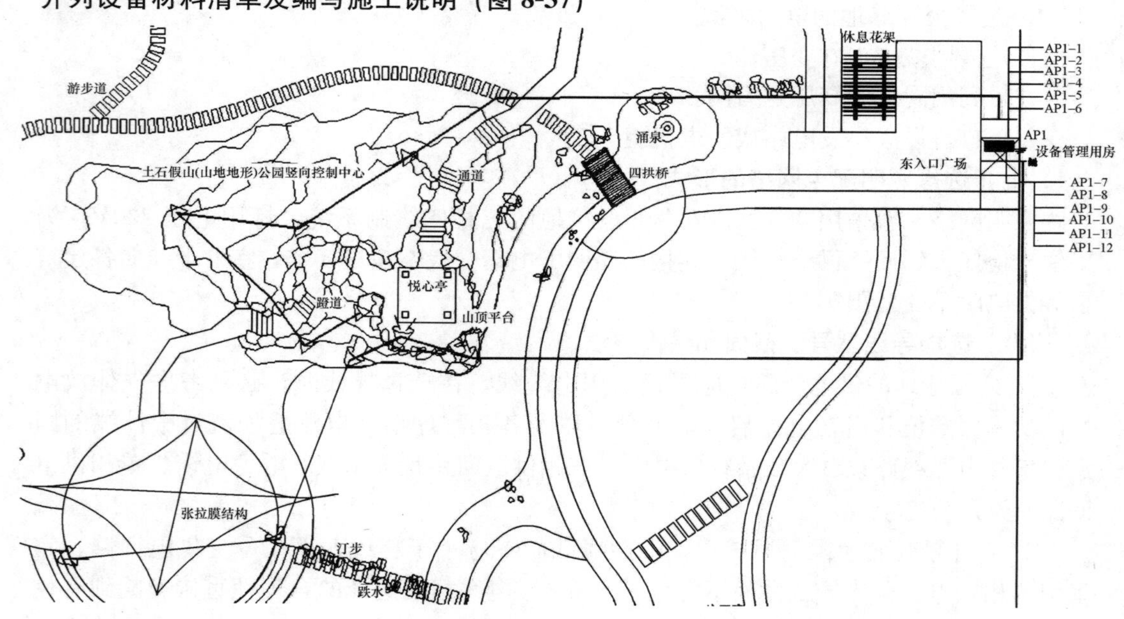

图 8-37 地上安置式泛光灯和景观壁灯的配电线路布置

1. 在平面图中标明灯位、亮度分布、配电箱等布置原则。平面布置图一般按 1∶100或其他合适的比例绘制，图中照明设施、线路等应使用标准的图形符号绘制。

2. 绘制施工图。根据施工图编制预算、安排设备材料和非标准设备的订货加工、进行施工和安装。施工图包括照明平面图、照明系统图、照明控制图、设备材料表。

3. 图纸的内容和深度等还应根据各工程的特点和实际情况有所增减。

【思考与练习】

1. 配电线路的布置方式是什么？
2. 如何进行灯具的安装？
3. 如何进行管内穿线？
4. 如何提高照明质量？
5. 常见的照明光源有哪些？
6. 园林中常用的灯具类型有哪些？
7. 如何对植物进行照明？
8. 如何对园路进行照明？
9. 照明设计时注意哪些问题？

【技能训练】　园林照明工程设计

一、训练目的

了解园林照明的方式和照明质量，熟悉照明光源及选择，灯具的选用，公园、绿地的照明原则，掌握照明设计实施过程。

二、材料与用具

1. 材料：绿地的平面布置图、地形图，电源的供电情况及进线方位。
2. 用具：图纸、制图工具等。

三、方法步骤

1. 分组：以 3～5 人为一组。
2. 选择照明方式。
3. 选择光源和灯具。
4. 合理布置灯具。
5. 确定照明装置安装容量，进行照度计算。
6. 选择供电电压和电源。
7. 选择照明配电网络的形式。
8. 选择导线型号、截面和敷设方法。
9. 选择和布置照明配电箱、控制开关、熔断器以及其他电气设备。
10. 绘制照明装置平面布置图（必要时还有剖视图）、供电系统图、部件安装图，开列设备材料清单及编写施工说明。

四、作业

完成实习报告。

项目九 园林机械

【内容提要】

随着经济的发展和人们环保意识的增强，城市园林绿化建设迅速发展起来。主要包括防护林的营造、城郊园林的建立、市内大面积绿地的培植，如行道树、垂直绿化带、森林公园、植物园、公园等公共绿地的营造和管理。由此园林工程中不可或缺的园林机械也随之发展起来。本章重点介绍园林工程机械与种植养护机械中比较常见的几种园林机械的使用。

任务一 园林工程机械的使用

【知识点】

土石机械。

混凝土机械。

起重安装机械。

水泵。

夯实机械。

【技能点】

土石机械的使用。

混凝土机械的使用。

起重安装机械的使用。

水泵的使用。

夯实机械的使用。

相关知识

一、土石机械

（一）推土机

推土机是一种多用途的自行式施工机械。推土机是以履带式或轮胎式拖拉机牵引车为主机，再配置悬式铲刀的自行式铲土运输机械。它除了能完成铲土、运土及卸土三种基本作业外，在园林工程中还可清理施工场地，平整场地，铲除树根、灌木、杂草以及扫雪等作业，是园林工程中最常用的工程机械之一（图 9-1）。

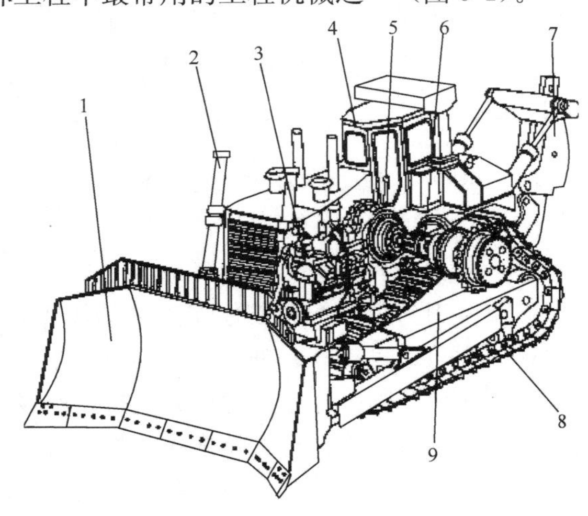

图 9-1　推土机的总体构造

1—铲刀；2—液压系统；3—发动机；4—驾驶室；5—操纵机构；6—传动系统；7—松土器；8—行走装置；9—机架

（二）装载机

装载机是一种作业效率高，用途十分广泛的工程机械，它可以用来铲装、搬运、卸载、平整散状物料，也可以对岩石、硬土等进行轻度的铲掘工作，如果换装相应的工作装置，还可以进行推土、起重、装卸和搬运木料及管材等长料和包装物件。装载机一般由车架、动力装置、工作装置、传动系统、行走系统、转向制动系统、液压系统和操纵系统组成，如图 9-2 所示为轮胎式装载机示意图。

图 9-2　轮胎式装载机

（三）铲运机

铲运机是一种循环作业式的铲土运输

机械。能综合铲土、装土、运土和卸土四个工序。它在铲土场地行走过程中进行铲土，并把切下的土壤装在其工作部件——铲斗中，然后将铲斗提升到运输位置，把土运到卸土场将土卸掉。铲运机按行走方式可分为拖式铲运机和自行式铲运机两种。拖式铲运机（图 9-3）本身不带动力，工作时由履带式或轮胎式牵引车牵引。这种铲运机的特点是牵引车的利用率高，接地比压小，附着能力大，爬坡能力强，在短距离和松软潮湿地带的工程中普遍使用，工作效率低于自行式铲运机。

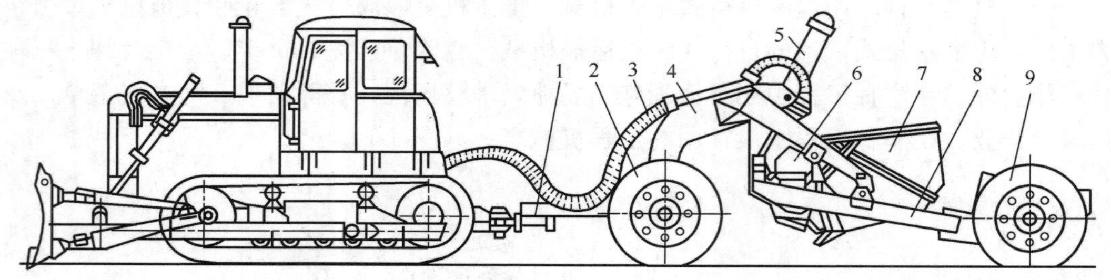

图 9-3 拖式铲运机的构造简图

1—拖杆；2—前轮；3—油管；4—辕架；5—工作油缸；6—斗门；7—铲斗；8—机架；9—后轮

（四）平地机

平地机是一种装有以铲土刮刀为主，配有其他多种辅助作业装置，进行土的切削、刮送和整平作业的施工机械。它可以进行砂、砾石路面、路基路面的整形和维修，表层土或草皮的剥离、挖沟、修刮边坡等整平作业，还可完成材料的混合、回填、推移、摊平作业。平地机按行走方式的不同可分为自行式及拖式两种。自行式平地机由于其机动灵活、生产率高而被广泛应用。主要由发动机、传动系统、制动系统、车架、行走转向装置、工作装置、操纵及电气系统等组成，如图 9-4 所示。

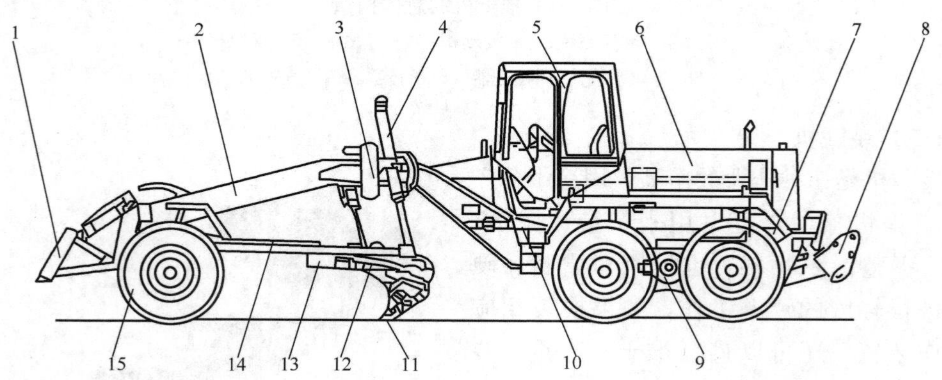

图 9-4 平地机的总体构造

1—前推土铲；2—前车架；3—摆架；4—刮刀升降油缸；5—驾驶室；6—发动机；7—后车架；8—后松土器；9—后桥；10—铰接转向油缸；11—刮刀；12—切削角调节油缸；13—回转圈；14—牵引架；15—前轮

（五）液压式单斗挖掘机

挖掘机是挖掘和装载土石的一种主要工程机械。它在建筑、水利工程、筑路、露天采矿和国防工程中都有广泛的应用。常用的工作装置除正铲工作装置外，还有反铲、抓斗等型式的工作装置，如图 9-5 所示。

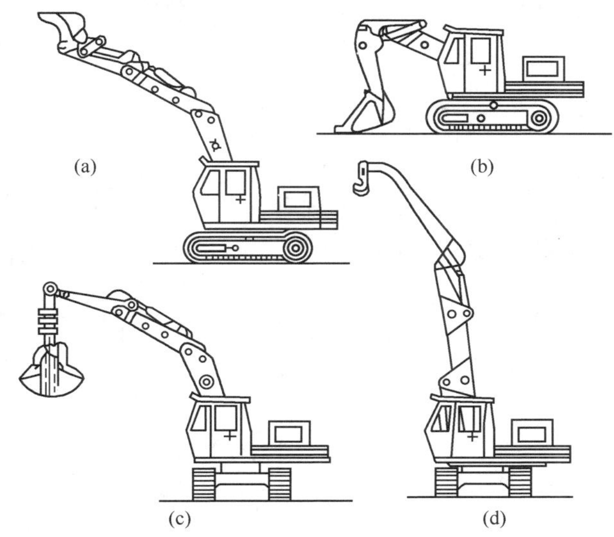

图 9-5　液压式单斗挖掘机工作装置主要型式图

（a）反铲；（b）正铲；（c）抓斗；（d）起重

二、混凝土机械

（一）水泥混凝土搅拌机

1. 用途

水泥混凝土搅拌机是将水泥、砖、砂、石和水等按一定的配合比例，进行均匀拌合的专业机械，它是制作水泥混凝土的专用设备，主要应用在道路、桥梁、房屋建筑等工程施工中。

2. 分类

水泥混凝土搅拌机的种类很多，各种搅拌机的分类如下：

（1）按搅拌原理分为自落式（图 9-6）和强制式（图 9-7）。

图 9-6　自落式混凝土搅拌机　　图 9-7　强制式混凝土搅拌机

(2) 按作业方式分为周期式和连续式。

(二) 混凝土振动器

振动器按振动的方式分为内部振动器、外部振动器(图 9-8)、振动台等。

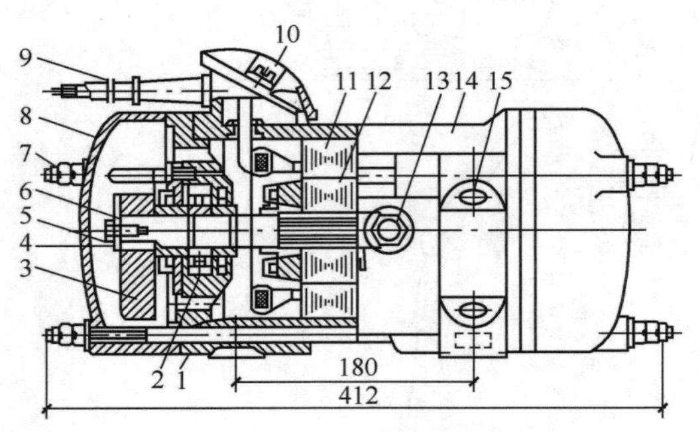

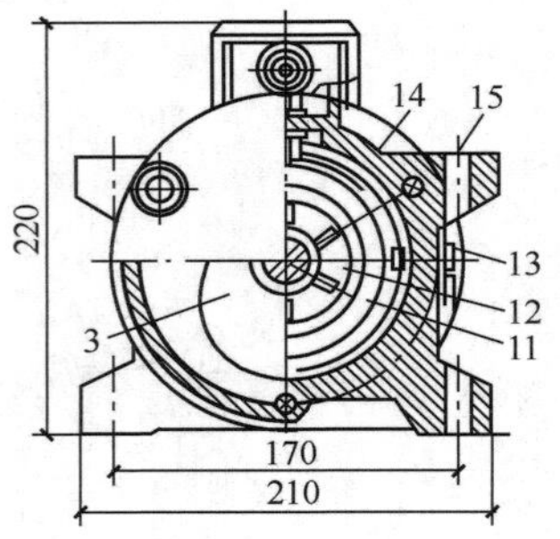

图 9-8 外部振动器外形图

1—轴承座；2—轴承；3—偏心轮；4—键；5—螺钉；6—转子轴；7—长螺栓；8—端盖；9—电源线；10—接线盒；11—定子；12—转子；13—定子紧固螺钉；14—外壳；15—地脚螺钉孔

三、起重安装机械

(一) 电动葫芦

电动葫芦是一种轻小型起重设备，具有体积小、自重轻、操作简单、使用方便等特点，用于工矿企业、仓储码头等场所。起重量一般为 0.1～80t，起升高度为 3～30m。如图 9-9 所示。

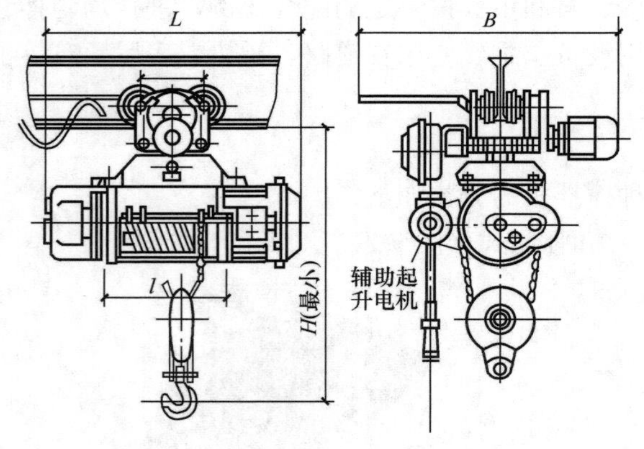

图 9-9 电动葫芦

1. 电动葫芦主要结构

减速器、起升电机、运行电机、断火器、电缆滑线、卷筒装置、吊钩装置、联轴器、软缆电流引入器等集动力与制动力于一体。

2. 电动葫芦的构造

电动葫芦的组成部分有：电机、传动机构、卷筒和链轮。

3. 电动葫芦分类

环链电动葫芦、钢丝绳电动葫芦(防爆葫芦)、防腐电动葫芦、双卷筒电动葫芦、卷扬机、群吊电动葫芦、多功能提升机。

4. 电动葫芦应用领域

提升、牵移、装卸重物，油罐倒装焊接，如各种大中型混凝土、钢结构及机械设备的安装和移动，适用于建筑安装公司、厂矿的土木建筑工程及桥梁施工、电力、船舶、汽车制造、建筑、公路、桥梁、冶金、矿山、边坡隧道、井道治理防护等基础建设工程的机械设备。

（二）起重机

起重机主要有以下几类：

1. 履带式起重机。履带式起重机是自行式、全回转、接触面积较大、重心较低的起重机。如图 9-10 所示。

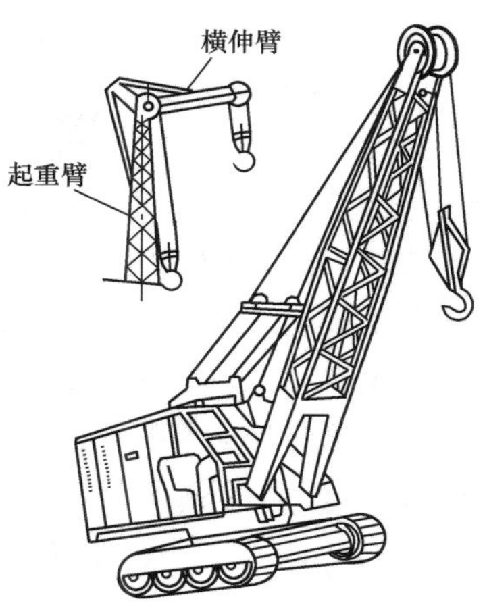

图 9-10　履带式起重机外形图

2. 轮胎式起重机。轮胎式起重机是一种自行式、全回转、起重机构安装在以轮胎为行走轮的特种底盘上的起重机。如图 9-11 所示。

3. 汽车式起重机。汽车式起重机是一种自行式、全回转、起重机构安装在通用特制汽车底盘上的起重机。如图 9-12 所示。汽车起重机一般可分为两大部分：上车和下车，下车部分就是底座支撑部分，上车即上车作业部分。

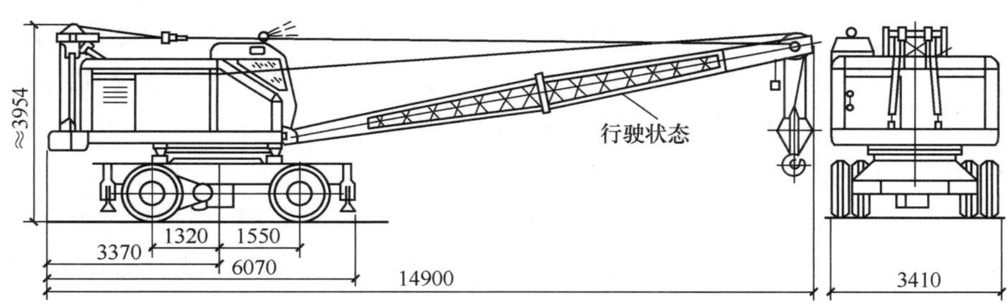

图 9-11　Q151 型轮胎式起重机外形图

4. 塔式起重机。塔式起重机是一种具有竖直塔身和回转起重臂的起重机。

四、水泵

水泵的型号很多，目前园林中使用较多的是离心泵。离心泵的品种也很多，各种类型泵的结构又各不相同。离心泵的主要构造如图 9-13 所示。

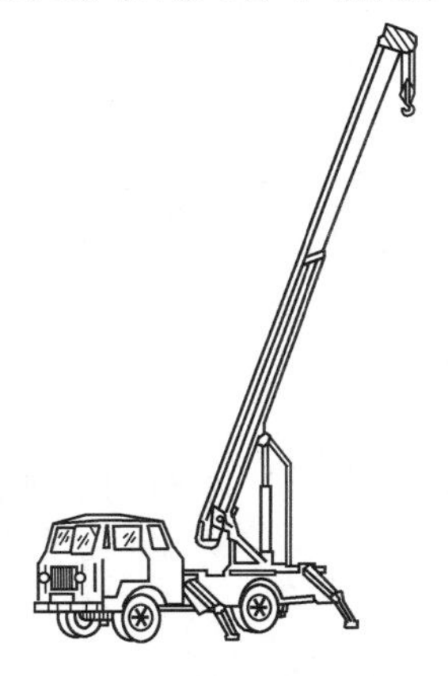

图9-12　汽车式起重机外形图

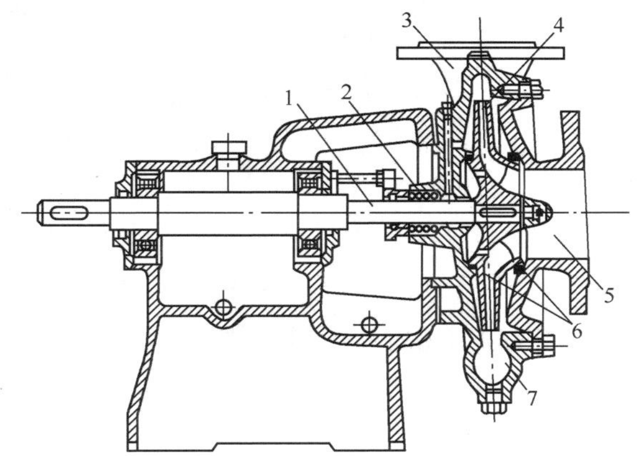

图 9-13　离心泵的主要构造

1—轴；2—机封；3—扩压管；4—叶轮；5—吸入室；6—口环；7—蜗壳

下面简单地介绍一下单级单吸悬臂式离心泵。

(一) 水泵的分类

水泵一般多以泵的结构和作用原理来分类，有时根据需要也按使用部门、用途、动力类型和泵的水力性能等进行分类。

(二) 离心泵工作原理

驱动机通过泵轴带动叶轮旋转产生离心力，在离心力作用下，液体沿叶片流道被甩向叶轮出口，液体经蜗壳收集送入排出管。液体从叶轮获得能量，使压力能和速度能均增加，并依靠此能量将液体输送到工作地点。

五、夯实机械

(一) 用途

夯实机械是一种适用于对黏性土壤和非黏性土壤进行夯实作业的冲击式机械，夯实厚度可达 1～1.5m，在园林工程施工中应用广泛。

(二) 工作原理

把重物提升到一定高度，然后利用重物自重落下冲击土壤，使土壤在动载荷作用下产生永久变形而被压实。冲击式压实机械压实土的厚度大，冲击时间短，对土壤的作用力大，适用于压（夯）实黏性较小的土壤，但有噪声污染。

(三) 小型打夯机

有冲击式和振动式之分，由于体积小，质量轻，构造简单，机动灵活、实用，操纵、维修方便，夯击能量大，夯实工效较高。现主要介绍电动蛙式打夯机和内燃式夯土机。

1. 蛙式打夯机

蛙式打夯机的组成如图 9-14 所示。工作时由于偏心块旋转所产生的离心力使夯锤升起又落下，夯实土壤，而且能边夯边前进，像青蛙行走一样，故得其名。

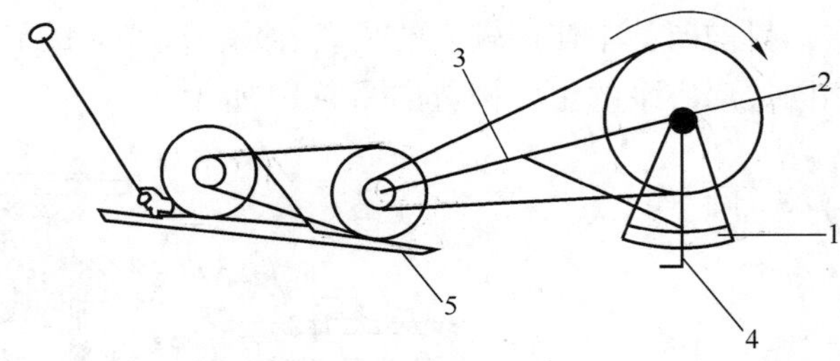

图 9-14　蛙式打夯机

1—偏心块；2—前轴；3—夯头架；4—夯板；5—拖板

电动蛙式打夯机由偏心块、夯头架、传动装置、电动机等组成，其外形构造如图 9-15 所示。

2. 内燃式打夯机

内燃式打夯机是一种以内燃机为动力的夯实机械。由于其冲击频率很高，因此具有振动作用，适用于多种土壤，尤其适用于砂质土壤。

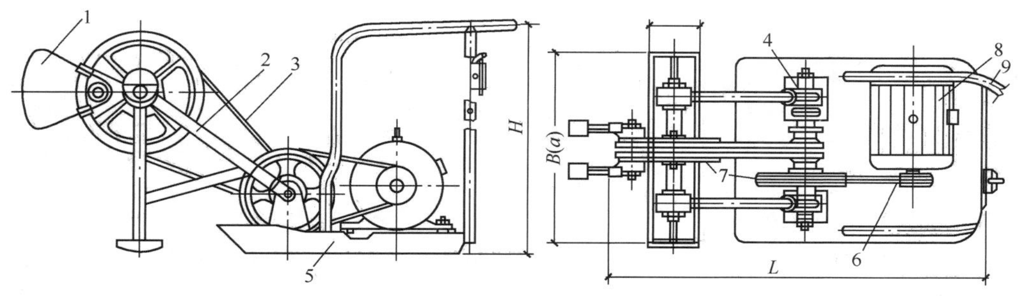

图 9-15　电动蛙式打夯机

1—偏心块；2—夯头架；3、6—三角胶带；4—传动轴架；5—底盘；7—三角胶带轮；8—电动机；9—扶手

3. 电动振动式打夯机

电动振动式打夯机是一种平板自行式振动夯实机械，适用于含水量小于 12%和非钻土的各种砂质土壤、砾石及碎石和建筑工程中的地基、水池的基础及道路工程中铺设小型路面，修补路面及路基等工程的压实工作。其外形尺寸和构造，如图 9-16 所示。

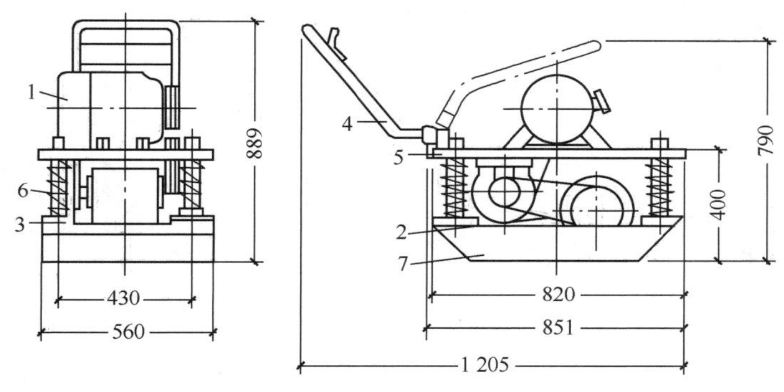

图 9-16　电动振动式打夯机

1—电动机；2—传动胶带；3—振动体；4—手把；5—支持板；6—弹簧；7—夯板

任务二　种植养护机械的使用

【知识点】

种植机械。

养护机械。

【技能点】

种植机械的使用。

养护机械的使用。

相关知识

一、种植机械

（一）挖坑机

1. 挖坑机的基本构造

挖坑机的主要工作部件是钻头，有挖坑型和松土型两类。挖坑型钻头主要为螺旋型，它由钻尖、刀片、螺旋翼片和钻杆组成，钻尖起定位作用，刀片用于切削土壤，螺旋翼片起导土、升土作用。

2. 挖抗机分类

分为手提式挖坑机（图 9-17，图 9-18）和机械式挖坑机，手提式又分为便携式和背负式。以手提式和机械式使用比较普遍。

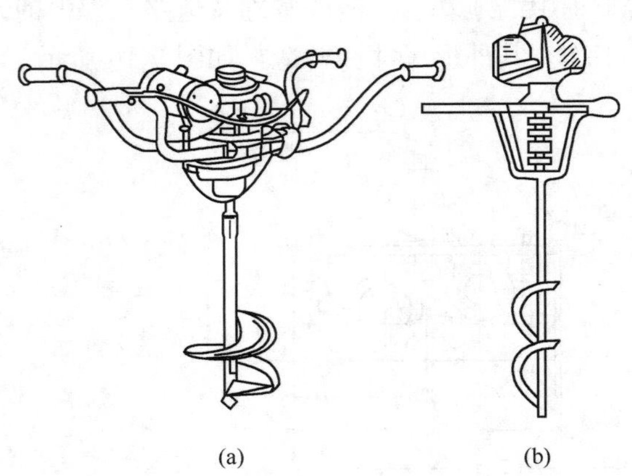

图 9-17　手提式挖坑机
（a）W-3 型动力挖穴机；（b）单人便携式挖穴机

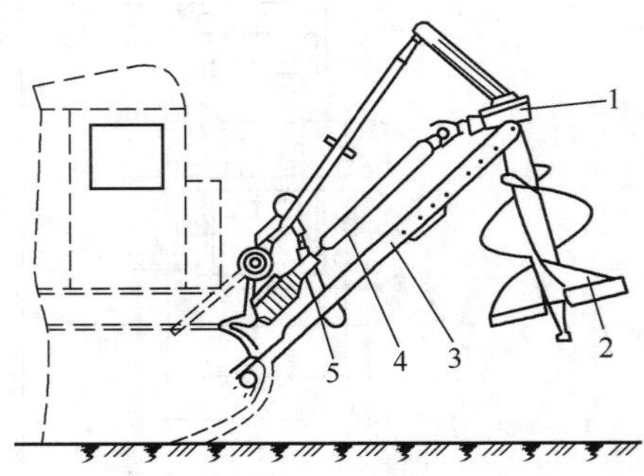

图 9-18　悬挂式挖坑机
1—减速箱；2—钻头；3—机架；
4—传动轴；5—升降油缸

（二）移植机

使用树木移植机则可以一次性完成全部或大部分树木带土移植的作业。在城市园林绿化工程中，往往要求移植比较大的树木，特别是城市重要位置的绿化，乔灌木的栽植造景，要求效率高、见效快，树木移植机成了重要技术装备。

图 9-19　车载式树木移植机

树木移植机按底盘结构分成车载式（图 9-19）、特殊车载式、拖拉机悬挂式、自装式。

（三）草坪播种机械

1. 按照种子下落的形式分类

（1）点播机。指靠种子或化肥颗粒

的自重下落来实现播种，也叫跌落式撒播机。这种机械适用于小面积的补播。

（2）撒播机。指靠星式转盘的离心力将种子向四周抛撒实现播种的机械。抛撒的量通过料斗底部落料口开度的大小调节，抛撒距离取决于转盘的转速。悬挂式草坪撒播机如图 9-20 所示。

图 9-20　悬挂式草坪撒播机

2. 按照操作形式分类

分为手持式撒播机、肩挎式撒播机、推行式撒播机和拖带式撒播机。

（四）草皮移植机

1. 用途

把草坪切成一定厚度和宽度的草皮块或草皮卷。

2. 分类

草皮移植机分为手扶和自行式草皮移植机（图 9-21，图 9-22）。

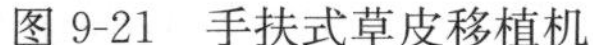
图 9-21　手扶式草皮移植机

图 9-22　大型自走式草皮移植机

（五）喷播机

喷播机也叫喷植机，分气流喷播机和液压喷播机（图 9-23，图 9-24）。

二、养护机械

（一）中耕机

中耕机（图 9-25）的主要工作部件分为锄铲式和回转式两大类。其中，锄铲式应用较广，按作用分为除草铲、松土铲和培土铲三种类型。

图 9-23　气流喷播机作业场景

图 9-24　液压喷播机作业场景

图 9-25　中耕机

（二）草坪修剪机械

草坪修剪机械的发展从最初的手工作业、内燃机驱动，到如今的电动、液压、电子控制。草坪修剪机械的类型很多，按照配套动力和作业方式分为手推式、手扶推行式、手扶自行式（图 9-26）、驾乘式（图 9-27）、拖拉机式等；按照工作装置的不同，可分为滚刀式、旋刀式、往复割刀式和甩刀式等几种。不同割草机的比较、参数及适用条件见表 9-1，表 9-2。

图 9-26　手扶式修剪机

图 9-27　驾乘式草坪机

表 9-1　不同类型剪草机的比较

剪草机类型	剪草高度/cm	留茬高度/cm	适应性
滚刀式	0.3～9.5	0.2～6.5	需求管理水平较高，低修剪的运动场草坪，如高尔夫球场果岭。修剪的草坪平整干净，草细匀
旋刀式	3～18	2～12	一般的草坪草，修剪的草坪较平整，粗匀
剪刀式	自然	3～5	杂草与细灌木或公路两侧和河堤的绿地，修剪的质量差
甩刀式	自然	5～8	杂草与细灌木，修剪的质量很差

表 9-2　剪草机主要参数及适用条件

操作方式	动力配备/HP	工作幅宽/cm	工作效率/（m^2/h）
推行式	3.5～5	40～50	700～1000
随行式（自走式）	3.5～6	45～60	900～4000
坐骑式	8～18	70～110	3000～6000
拖拉机式	12～80	80～200	4000～18000

（三）草坪通气养护机械

草坪通气养护是草坪更新复壮的一项有效措施，草坪通气是通过草坪打洞（孔）实现的。通过草坪打洞（孔），可改善地表排水状况，促进根部的营养吸收，增加观赏性，延长草坪寿命。主要有手工打洞工具和打洞机（图 9-28，图 9-29）。

图 9-28　手工打洞工具

图 9-29　打孔机及清理工作

（四）草坪施肥机械

草坪施肥是为草坪提供养分，促进其健康生长的有效措施。利用机械施肥，效率高，速度快，省时省力，且施撒均匀度优于人工作业。主要有旋转式施肥机和滴式施肥机（图 9-30，图 9-31）。

图 9-30 旋转式施肥机

图 9-31 滴式施肥机

（五）割灌机

割灌机（图 9-32～图 9-34）主要清除杂木、剪整草地、割竹、间伐、打杈等。它具有重量轻、机动性能好、对地形适应性强等优点，尤适用于山地、坡地。便携式割灌机按结构型式分硬轴手持式、硬轴侧挂式和软轴背负式，按动力分内燃割灌机和电动割灌机，内燃割灌机相对于电动的重量较大，以侧挂或背负式为主。

图 9-32 电动手持式割灌机

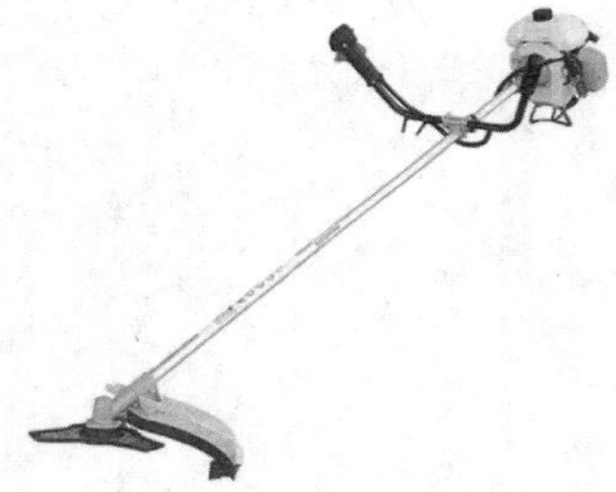
图 9-33 硬轴侧挂式割灌机

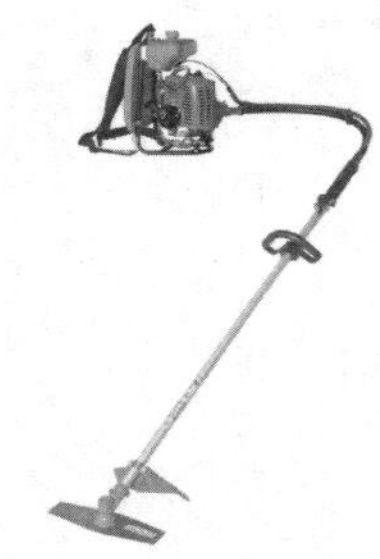
图 9-34 软轴传动背负式割灌机

（六）绿篱修剪机

用于修剪绿篱、灌木丛和绿墙的机械。通过修剪控制灌木的高度和藤本植物的厚度，并进行造型，使绿篱、灌木丛和绿墙成为理想的景观。

绿篱修剪机拉切割装置结构和工作原理不同，可以分为刀齿往复式和刀齿旋转式两种，根据动力的不同，可以分为电动的和汽油机的，还有液压的，而根据整机结构型式分为便携式和悬挂式两大类（图 9-35，图9-36）。

图 9-35 往复式绿篱修剪机

（七）油锯

油锯又称汽油动力锯，是现代机械化伐木的有效工具。在园林生产中不仅可以用来伐树、截木、去掉粗大枝杈，还可应用于树木的整形、修剪。油锯的优点是：生产率高，生产成本低，通用性好，移动方便，操作安全（图 9-37）。

图 9-36　车载悬挂式绿篱修剪机

图 9-37　油锯

（八）喷雾机

植物的病虫害防治机械是植物保护机械的主要部分，其种类很多。按喷施药剂的种类分成喷雾机、喷粉机、喷烟机、撒粒机等；按液体药剂雾化的方式分成液力喷雾机（图 9-38）、气力喷雾机（弥雾机，图 9-39）、热力喷雾机、离心喷雾机（超低量喷雾机）、静电喷雾机等；按机械型式分成背负式、担架式、手持式、拖拉机牵引式、拖拉机悬挂式和车载式等。

图 9-38　液力喷雾机

图 9-39　气力喷雾机

（九）喷灌机

草坪应用最多的移动式喷灌系统是卷盘式（自卷管）喷灌机，由绞盘和喷头车组成，其工作原理是利用压力水驱动水涡轮旋转，通过变速机构带动绞盘旋转，随绞盘旋转，输水软管慢慢缠绕到绞盘上，喷头车随之移动进行喷洒作业（图 9-40）。

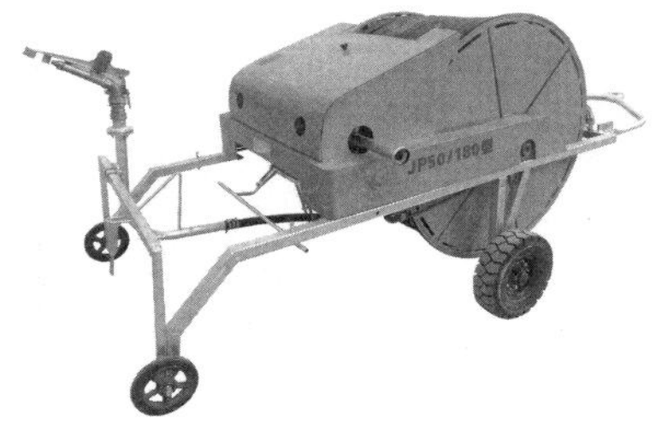

图 9-40　卷盘式（自卷管）喷灌机

（十）喷头

草坪用喷头种类繁多，为喷灌系统的关键部分。

不同喷头的工作压力、射程、流量及灌强度范围不同，用于草坪的喷头根据工作压力（或射程）的大小可分为低压喷头、中压喷头和高压喷头。根据喷头的结构形式和水流形状又分为庭院式喷头、埋藏式喷头（上喷式喷头，图 9-41）和摇臂式喷头（图 9-42）三大类。

图 9-41　埋藏式喷头

图 9-42　摇臂式喷头

【思考与练习】

1. 推土机在土石方工程中可以做哪些施工作业？
2. 液压式单斗挖掘机可以进行哪些作业？
3. 简述挖坑机的施工作业原理。
4. 草坪机与草坪车各有什么特点？
5. 割灌机的功能有哪些？
6. 绿篱机的功能和使用要点有哪些？
7. 油锯的功能和特点有哪些？
8. 喷雾机在使用时注意哪些问题？

【技能训练】　园林机械的识别与应用

一、训练目的

了解园林机械的工作原理，掌握机械的使用方法。

二、材料与用具

1. 植物材料：草坪、乔木、绿篱。

2. 用具：手提式挖坑机、油锯、电链锯、割灌机、高树修剪机、喷灌机、草坪割草机。

三、方法步骤

1. 分组：以 2～3 人为一组。

2. 利用油锯、电链锯、割灌机、高树修剪机、草坪割草机等园林机械完成对草坪、乔木、绿篱的修剪、修型。

四、作业

完成实习报告。

参 考 文 献

[1] 蒋林君. 园林绿化工程施工员培训教材[M]. 北京：中国建材工业出版社. 2011.

[2] 田建林. 园林景观铺地与园桥工程施工细节[M]. 北京：机械工业出版社. 2009.

[3] 徐德嘉. 园林植物景观配置[M]. 北京：中国建筑工业出版社. 2010.

[4] 周代红. 园林景观施工图设计[M]. 北京：中国林业出版社. 2010.

[5] 孟兆祯. 园林工程[M]. 北京：中国林业出版社. 1996.

[6] 张晰. 景观照明工程[M]. 北京：中国建筑工业出版社. 2006.

[7] 吴立威. 园林工程招投标与预决算[M]. 北京：高等教育出版社. 2012.

[8] 梁伊任. 园林建设工程[M]. 北京：中国城市出版社. 2000.

[9] 唐来春. 园林工程与施工[M]. 北京：中国建筑工业出版社. 1999.

[10] 闫宝兴. 水景工程[M]. 北京：中国建筑工业出版社. 2005.

[11] 韩玉林. 风景园林工程[M]. 重庆：重庆大学出版社. 2011.

[12] 陈远吉. 景观养护设备操作与维护[M]. 北京：化学工业出版社. 2013.

[13] 郝培尧. 屋顶绿化施工设计与实例解析[M]. 武汉：华中科技大学出版社. 2013.

[14] 易军. 园林工程材料识别与应用[M]. 北京：机械工业出版社. 2012.

[15] 韩烈保. 草坪建植与管理手册[M]. 北京：中国林业出版社. 2001.

[16] 陈植. 园冶注释[M]. 北京：中国建筑工业出版社. 1988.